○ 广西高校人文社会科学重点研究基地资金资助

海上丝绸之路视野下的广西海洋文化研究（2011-2015年）

HAISHANG SICHOUZHILU SHIYE XIA DE GUANGXI HAIYANG WENHUA YANJIU (2011-2015NIAN)

主　编　徐书业
副主编　吴小玲
编　委　何良俊 张秋萍 黄家庆

中国出版集团
世界图书出版公司
广州·上海·西安·北京

图书在版编目（CIP）数据

海上丝绸之路视野下的广西海洋文化研究：2011～2015年 / 徐书业主编．—广州：世界图书出版广东有限公司，2015.12

ISBN 978-7-5192-0579-9

Ⅰ．①海… Ⅱ．①徐… Ⅲ．①海洋—文化研究—广西 Ⅳ．①P722.7

中国版本图书馆CIP数据核字（2015）第321699号

海上丝绸之路视野下的广西海洋文化研究（2011—2015年）

责任编辑： 程 静 李嘉荟
出版发行： 世界图书出版广东有限公司
（广州市新港西路大江冲25号 邮编：510300）
电 话： 020-84451969 84453622
http：//www.gdst.com.cn E-mail：pub@gdst.com.cn
经 销： 各地新华书店
印 刷： 虎彩印艺股份有限公司
版 次： 2015年12月第1版 2017年2月第2次印刷
开 本： 787mm × 1092mm 1/16
字 数： 450千
印 张： 27.125
ISBN 978-7-5192- 0579-9 / P·0063
定 价： 78.00元

咨询、投稿： 020-84453622 gdstchj@126.com

前 言

广西拥有1628.59千米长的大陆海岸线，12.83万平方千米的海域面积，是我国唯一与东盟国家既有陆地接壤又有海上通道的省区，是中国面向东盟开放合作的前沿和窗口，是连接多区域的国际通道、交流桥梁、合作平台，是西南、中南地区开放发展新战略支点，具有构建21世纪“海上丝绸之路”区位优势、港口优势和政策优势。广西北部湾经济区已成为建设“海上丝绸之路”的国际枢纽和重要支点，中国—东盟博览会和泛北部湾经济合作论坛为把广西建设成为21世纪“海上丝绸之路”始发港提供了重要载体和平台。广西具备了与东盟各国海上合作的港口、产业、商贸基础，将加快构建港口合作网络、临港产业带、海洋经济合作试验区、金融合作区、友好城市和人文交流圈等，正加速建设成为我国西南、中南地区面向东盟、走向世界的国际大通道和“海上丝绸之路”的主要节点和重要平台。

广西沿海地区是中国海洋文明的发源地之一。历经数千年的沧桑变化，积淀了深厚的文化资源和炫目的蓝色文明，拥有悠久而灿烂的渔俗文化、航海文化、海洋文学、海疆文化、伏波文化和海洋生态文化。中国最早的海上丝绸之路——汉代海上丝绸之路就是从广西沿海的合浦与广东的徐闻等地出发，越过沿海，入印度洋，到达印度、西亚及欧洲等国家和地区。广西沿海地区至今还保留有新石器时代贝丘遗址、汉墓群、古运河、古商道、古炮台、古庙宇、古珠池、西洋建筑群等一批海上丝绸之路历史古迹及民间文化遗产。研究、挖掘和整理广西海洋文化资源，加快海洋文化资源的开发利用，可营造海洋文化氛围，促进海洋经济发展，推动沿海地区乃至广西经济社会的科学发展、跨越发展和全面发展。

作为广西沿海地区唯一的公立本科高等院校，钦州学院把打造“地方性、海洋性、国际性”作为办学特色，把海洋学科群建设作为学科建设的重点，把海洋文化研究作为学校的科学研究特色，并在此基础上凝练多个学术方向。其中，2008年成立广西高校重点建设基地“北部湾人文研究中心”开始了海洋文化的基础性研究。2011年成立的广西文科中心特色研究团队“北部湾海疆与海洋文化研究团队”整合了校内外的一批研究力量，以北部湾地区为研究重点，研究广西北部湾地区的历史变迁、广西海洋文化的形成、发展、内涵、特征、作用及其互动机制等，探讨加快广西海洋文化发展的方针政策，对整理、开发、利用广西海洋文化，提升广西海洋文化的实力起到一定作用，产生了一批标志性的学术成果。2014年，以钦州学院的重点学科“海洋科学”为依托，学校整合了经济学、历史学、文学、法学、理学、民族学、社会学、地理学、海洋科学等学科力量，申报了广西高校人文社会科学重点研究基地“北部湾海洋文化研究中心”并获批。“北部湾海洋文化研究中心”成立以来，聚合区内外在北部湾海洋文化研究领域的研究力量，确立了新海上丝绸之路、北部湾海洋经济与文化互动关系、北部湾海疆语言与民族文化三大研究方向，通过开展广西海上丝绸之路历史文化研究、广西海洋生态文明建设研究，广西北部湾非物质文化遗产研究，广西海洋民族文化研究、广西海洋民族文化研究、广西近代海洋文明史研究、广西海洋经济与海洋战略研究等，促进钦州学院海洋人文学科建设。

近年来，钦州学院获得了一批相关课题立项。有国家社科基金资助西部项目：“民族地区农民政治认同的特点、机制及规律研究”、全国教育科学规划重点课题“社会转型时期民族地区学校文化生态研究”、教育部人文社科研究专项任务项目资助“推进民族地区当代中国马克思主义大众化和增强农民政治认同研究”、广西新世纪教改工程立项“服务广西海洋经济发展的涉海学科专业群建构的研究与实践”、广西哲学社会科学研究课题“明清移民与广西北部湾的开放开发”、“生态伦理视角下广西海洋文化发展研究”、“北部湾区域边境少数民族文化调查、保护和传承”、“中越跨境‘艾—依’族群协同发展机制研究”、广西教育厅科研项目“广西北部湾海洋环境影响公众参与研究——以钦州市为例”、“跨国移民与多元认同——环北部湾区域‘艾—依’族群的渊源与流变”、广西高校“党的十八大精神研究”专项课题“广西海洋文化产业发展研究”、广西社会科学联合会重点课题“广西海洋文化简明读本”、广西海洋局课题“中国海洋文化（广西册）”，还有一批校级立项的研究课题，如“广西海洋人文资源的保护与开发利用研究”、“广西建设21世纪海上丝绸之路的历史依据与现实对策研究”、“广西环北部湾地区流寓文化”、“中国古籍中的北部湾形象研究”、“国外学者对宋元明中外交通古籍的研究”、“广西北部湾地区原生态民歌的保护现状研究”等。参加课题研究的教师出版了多部专著、译著，发表了一批相关文章，其中《生态伦理下的广西海洋文化发展研究（之一至之四）》等获广西第十二届社会科学成果二等奖，还有一批论文及著作获得多项钦州市社会科学成果奖等。

这些研究从历史文化、生态伦理建设、民俗文化、文学艺术和文化教育等不同的视角，探讨了广西海洋文化的内涵、特色、表现形式、功能、作用及其传承和保护、开发利用等，展现了21世纪海上丝绸之路视野下广西海洋文化发展的多姿多彩的内涵。为此，特把相关人员的部分研究成果汇编成册，为后续研究提供铺垫。同时，为了体现内容的完整性，给我校教师的研究提供借鉴，特选刊了几篇校外学者的高质量的相关研究论文。

我们将继续开展海洋文化的科研实践与研究，推进学术研究和文化创新，为加强我校的海洋人文社会科学研究，推动广西的海洋强区战略提供智力支持和有效服务。

编 者

2015. 12. 01

目 录

生态文化篇

文学艺术篇

教育文化篇

广西北部湾历史上的四次对外开放及开发高潮

吴小玲

【摘　要】自汉代海上丝绸之路开辟，两千年来，广西北部湾地区经历了四次重大的海上对外开放，迎来了四次发展高潮，各阶段相互衔接、逐次推进并走向快速发展态势，探寻广西北部湾开放开发的客观进程和规律，可为当前广西北部湾加快开放开发提供经验教训。

【关键词】广西北部湾；对外开发；发展

广西北部湾地区特指广西沿海的北海、钦州、防城港三个市及其所属县、市（区）。自汉代海上丝绸之路开辟以来，两千年间，广西北部湾地区经历了四次重大的对外开放，迎来了四次开发高潮：汉代海上丝绸之路的开辟及广西北部湾的前期开发，唐宋广西北部湾对外交往的空前繁荣与进一步开发，1976年北海开埠与广西北部湾的被迫对外开放及近代化进程启动，《广西北部湾经济区发展规划》实施后广西北部湾的持续快速发展。各阶段相互衔接、逐次推进并走向快速发展态势。探寻广西北部湾开放及开发的客观进程和规律，可为当前广西北部湾加快对外开放提供经验教训。

一、汉代海上丝绸之路的开辟与广西北部湾的早期开发

1. 史籍上记载的中国海上丝绸之路最早起点

汉元鼎六年（公元前111年），汉武帝以合浦港等地为起点与东南亚及南亚各国开展大规模官方海上贸易往来，“自日南障塞、徐闻、合浦船行可五月，有都元国；又船行可四月，有邑卢没国；又船行可二十余日，有谌离国；步行十余日，有夫甘都卢国。自夫甘都卢国船行可两月余，有黄支国。……自黄支船行可八月，到皮宗；船行又二月，到日南、象林界云。黄支之南，有已程不国，汉之

译使自此还矣。”[①]据考证：“都元国”在今印度尼西亚，“邑卢没国”在今缅甸勃国附近，谌离国在今缅甸悉利，“夫甘都卢国”在今缅甸卑谬附近[②]，黄支国属印度的建志补罗[③]，皮宗即新加坡西面的皮散岛[④]，已程不国即斯里兰卡[⑤]。东汉（公元83年）后，随着零陵峤道即湘桂走廊的扩建，更多的船只选择以北部湾为终点[⑥]，海上丝绸之路通向了罗马（大秦），“到桓帝延熹九年，大秦王安敦遣使自日南徼外献象牙、犀角、瑇瑁，始乃一通焉”[⑦]。近几十年来，东南亚各国的考古在一定程度上印证了两汉海上丝绸之路的繁荣，如现新加坡国家博物馆内陈列有“汉代罐鼓”[⑧]，印度尼西亚、苏门答腊岛、爪哇和加里曼丹等地发掘了属我国西汉时期的雕像和浮雕、五铢钱、陶鼎、陶魁等[⑨]。

2. 广西北部湾的早期开发

秦统一前，广西北部湾是“地广人稀”[⑩]之地，海上丝绸之路的开辟为其早期开发提供了机遇。

（1）广西北部湾成为中国南方对外交往及贸易的枢纽

“自汉武以来，朝贡必由交趾之道”[⑪]，“南海交通频繁之大港，要不外交广两州”[⑫]。自海上丝绸之路开辟后，东南亚、南亚、西亚、北非乃至欧洲商人、使团随船从合浦登陆来华，以琥珀、壁琉璃、玛瑙、水晶等与中国商人交换丝绸、陶器、珍珠、茶叶等物品。岭南、西南乃至中原地区的货流、商贸也往北部湾聚集，合浦郡的商业日益繁荣，由一个农业地区一跃成为商贸城市，“合浦郡……无有田农，百姓唯有采珠为业，商贾去来，以珠贸米”[⑬]，北部湾沿岸呈现“舟舶继路，商使交属”[⑭]的景象。

（2）广西北部湾地区的社会发展与文明进程的开始

人口的增多及郡县的增设。汉元鼎六年（公元前111年），在平定南越后，汉

---

① （汉）班固.地理志（卷二八上）[M].北京：中华书局，1982.

② 黄铮著.广西对外开放港口——历史，现状，前景[M].南宁：广西人民出版社，1989：7.

③ 郭沫若.中国史稿（第二册）[M].北京：人民出版社，1963：107.

④ 李炳东.广西对外贸易的历史概述[J].南宁：广西社会科学，1994(1)：61-66.

⑤ 张声震.壮族通史[M].南宁：广西民族出版社，1994：379.

⑥ 黄体荣.广西历史地理[M]，南宁：广西民族出版社，1985：58.

⑦ （南朝宋）范晔.后汉书（卷118）[M].北京：中华书局，1982.

⑧ 张维华.中国古代对外关系史[M].北京：高等教育出版社，1993：27.

⑨ 广西壮族自治区地方志编纂委员会编.广西通志·海关志[M].南宁：广西人民出版社，1997：11-14.

⑩ （汉）司马迁.史记·货殖列传[M].北京：中华书局，1982.

⑪ （宋）欧阳修.唐书·地理志[M].北京：中华书局，1975.

⑫ 冯承均.中国南洋交通史[M].北京：商务印书馆，1998：35.

⑬ （梁）沈约.宋书·陶璜传[M].北京：中华书局，1974.

⑭ （唐）房玄龄.晋书[M].北京：中华书局，1971.

武帝在原秦岭南三郡的基础上设置九郡，其中“合浦郡……属交州”[①]，辖徐闻（今广东雷州半岛）、高凉（今广东茂名、电白）、合浦（今广西北海、钦州、防城港、贵港等市）、临允（今广东新兴县）、朱卢（今海南）五县。西汉元始二年（公元2年），合浦郡居民仅有15398户，78980人[②]。东汉永和五年（140年），合浦郡五城“户二万三千一百二十一，口八万六千六百一十七”[③]。

封建文化的传播。秦汉之际，生活在该地的骆越人处于原始社会后期，“交趾昔未有郡县之时，土地有雒田，其从潮水上下，民垦食其田，因名雒民。设雒王、雒侯主宰郡县”[④]。“凡交趾所统，虽置郡县，而言语乃异，重译乃通。人如禽兽”[⑤]。秦统一岭南后，一批“尝逋亡人”、“赘婿”、“贾人”南迁岭南，汉王朝把罪臣及犯人流放该地区，如自西汉成帝阳朔元年（公元前24年）到汉平帝元始五年（公元5年）的30年间，因罪被皇帝“徙合浦”者有10余起[⑥]。这些南迁的士兵和官吏带来先进的生产技术和技能，对开发北部湾起到重要作用。骆越地区开始摆脱落后状态，“其流风遗韵，衣冠气习，薰陶渐染，故习渐变，而俗庶几中州”[⑦]。

汉代海上丝绸之路的开辟使广西北部湾迎来第一次海上对外开放，进入了早期开发期。但它不是一种地域性的自发行为，而是中央集权制的政治和经济辐射的结果。封建政府的兴衰及与此相关联的政治、经济调控的消长，直接影响开发的规模、速度和程度。广西北部湾开发的整体状况也与中原移民的南下发展有密切关系。由于海上航行受制于诸多客观因素，汉至隋朝的中国对外交往主要以陆路为主，加上当时中原政局多变，岭南地区开发程度低，经济上不发达，不能为对外交往提供丰富的手工业品，通过广西北部湾的海上对外交往持续性不强、交往程度低。

二、唐宋时广西北部湾地区对外交往的空前繁荣与进一步开发

唐朝实行全方位的对外开放政策，宋朝特别是南宋朝廷偏安江南，政府重视和鼓励海外贸易发展，广西北部湾迎来第二次海上对外开放及开发的机遇。

---

① （汉）班固著.汉书（卷九五）南粤传［M］.北京：中华书局，1982.

② （汉）班固著.汉书（卷二八上）地理志［M］.北京：中华书局，1982.

③ （南朝宋）范晔著.后汉书（卷23）郡国志五［M］.北京：中华书局，1982.

④ （后魏）郦道元.水经注（卷三六）［M］.北京：中华书局，1991.

⑤ （南朝宋）范晔著.后汉书（卷117）南蛮西南夷传［M］.北京：中华书局，1982.

⑥ 蒋廷瑜.再论汉代罪犯流徙合浦的问题［A］.吴廷均.合浦海上丝绸之路研讨会论文集［C］.北京：科技出版社，2006（6）：248.

⑦ （清）阮元修，陈昌济.广东通志（卷九二）［M］.上海：上海古籍出版社，1990（2）.

1. 对外交通进一步贯通

唐朝时，由于廉江的入海口被淤泥堵塞，加上廉州通交趾的必经之地乌雷岭前有砂碛“海舶遇之輾碎”[①]，朝廷积极寻找新的通道，“唐贞观中（贞观十二年，公元638年），清平公李弘节遣钦州首领宁师京寻刘方故道，行达交趾，开拓夷獠，置襄州（今上思一带）”[②]，修筑从钦州通襄州的道路，直抵交趾。唐咸通八年（公元867年）三月，高骈奏请开凿水道天威径（潭蓬运河）[③]，从此经钦州海面出安南的船只无须绕过白龙尾，可直接穿过天威径达交趾，缩短了航程。宋朝时，钦州通交趾，陆路可通襄州直达；海路可渡海到达，“今安南国，……东海路通钦、廉，西出诸蛮，西北通邕州，在邕州东南隅，去左江太平寨最近。自寨正南行，至桄榔花步，渡富户、白藤两江，四程可至。又自寨东南行……自谅州入，六程可至。自右江温润寨最远。由钦州渡海，一日至。”而且“异时安南舟楫多至廉，后为溺舟，乃更来钦。……交人之来，率用小舟，既出港，循岸而行，不半里，即入钦港。正使至廉，必越钦港。乱流之际，风涛多恶，交人必至钦也，自其境永安州朝发暮到……”[④]由钦州渡海通安南是最便捷安全的通道。

2. 对外贸易空前发达

“唐代南方的主要海港，除扬州外，还有交州（今广西和越南北部）、广州、和泉州”[⑤]，“当时之发航地，首广州次交州，偶亦为今合浦境内之旧治，与钦县境内之乌雷”[⑥]，林邑等东南亚各国“汎交趾海（即北部湾）”[⑦]来朝贡，也有“交、南入贡由钦州路以归”[⑧]。安史之乱以后，西北陆路对外交通逐渐萎缩，海外贸易进一步发展。“交趾之北（北部湾地区），距南海有水路，多复巨舟”[⑨]，“岭南节度使经略使奏：近日船舶多往安南市易”[⑩]。宋朝“……自东北而西南，其行至钦州止矣。沿海州郡类有市舶”[⑪]，“掌番货海船征榷贸易之事”[⑫]。廉州、钦州是东南亚各国前来

① （宋）周去非著，杨武泉校.岭外代答校注（卷一）地理门［M］，北京：中华书局，1999（9）：5.

② （后晋）刘煦.旧唐书（卷四一）［M］，北京：中华书局，1975.

③ （后晋）刘煦.旧唐书（卷十九）［M］，北京：中华书局，1975.

④ （明）王折.续文献通考（卷一）［M］.杭州：浙江古籍出版社，1988（11）.

⑤ 王育民.中国历史地理概论［M］.北京：人民教育出版社，1993：417.

⑥ 冯承均.中国南洋交通史［M］.北京：商务印书馆，1998：60.

⑦ （宋）欧阳修，宋祁.新唐书［M］.中华书局，1975.

⑧ （明）林希元著，陈秀南注.钦州志（嘉靖）卷九历年志［M］.天一阁藏明代方志选刊，中国人民政治协商会议灵山县委员会文史资料委员会翻印，1990.

⑨ （宋）孙光宪.北梦琐言［M］.上海：上海古籍出版社，1991.

⑩ （宋）陆贽.论岭南请于安南置市舶中使状资治通鉴（卷234）［M］.北京：中华书局，2007.

⑪ （清）张堉春，陈治昌.廉州府志（卷三）［M］.道光13年仲冬重修刊印.海门书院文昌阁藏.

⑫ （元）脱脱.宋史（卷167）［M］北京：中华书局，1977.

朝贡的泊岸港口及中原、西南各省进行海外贸易的必经之地。

3. 主要与交趾等南海沿岸国家进行贸易

当时，船舶从交趾（安南）等地运来苏合油、光香、金银、朱砂、沉香、犀角、玳瑁等，把本地的瓷器、牛皮、桂皮、铁器等运往东南亚各国。钦州不仅是陶瓷产地，也是香料的集散地，史书载“桂产于宾、钦二州……于钦者舶商海运，致于东方”[①]。合浦的珍珠贸易也十分繁盛。

4. 钦州博易场成为中国西南地区对外贸易的主要交易地

随着海外贸易的发展，1010年，北宋朝廷准许在廉州及钦州如洪寨（今钦州黄屋屯一带）设互市，在廉州设沿海巡检司“掌番货海船征榷之事”，具有市舶的职责[②]。1079年，广西经略言：“钦、廉州宜创驿，安泊交人。就驿置博易场，委州监押。”[③]钦州江东驿博易场设立，交趾商人“遵岸而行”，“舟楫往来不绝”，富商“自蜀贩锦至钦，自钦易香至蜀，岁一往返，每博易动数千缗”[④]，博易场成为中国西南地区最大的对越贸易场所。

5. 广西北部湾文明进程的加快

在唐宋时期海上对外开放的背景下，广西北部湾社会发展和文明程度加快。到明清时期，随着大量外来人口的涌入，“昔号瘴乡，非流人逐客不至”的广西北部湾，出现“仕宦、乐官其地，商贾愿出其地”[⑤]的趋势，汉族人口比土著人口多出了五倍[⑥]，移民村落大批涌现，圩镇大量出现，形成了众多民族和居民群体的交错杂居的局面，移民文化与土著文化相结合，构成广西北部湾的文化特色。

三、北海的开埠与近代广西北部湾的被动对外开放及近代化进程的启动

1876年北海的开埠是近代广西北部湾被迫对外开放的起点，但开埠后，北海港对外贸易的逐步增长客观上推动了该地区的对外开放及近代化进程的启动。

1.《烟台条约》与北海的开埠

1876年9月13日，英国以“马嘉里事件”为借口，强迫中国政府签订了《烟

① （宋）周去非著，杨武泉校.岭外代答校注（卷八）花木门.［M］.北京：中华书局，1999（9）：188.

② （清）张堉春，陈治昌.廉州府志（卷十六）［M］.道光13年仲冬重修刊印.海门书院文昌阁藏.

③ （清）徐松.宋会要辑稿·番夷［M］.北京：中华书局，1957年影印本.

④ （宋）周去非著，杨武泉校.岭外代答校注（卷八）计财门.花木门［M］.北京：中华书局，1999（9）：188.

⑤ （明）叶权，叶申甫.贤博篇［M］.北京：中华书局，1982.

⑥ 朱椿年.钦州志（清道光）［Z］.广西钦州市钦南区档案馆藏.

台条约》，北海正式被辟为对外通商口岸。英、法、德等国相继在此设立租界、领事馆、商行、教会、医院和学校等，北海关成为殖民主义者推销洋货、掠夺原料和控制北部湾地区的机构。北海海上交通发展很快，“交易的数量和规模，在短期内迅速递增”①，进出口贸易总值迅速由1879年的33万两上升到1888年的258万两，增长了6.8倍。“所有粤省南方各处，以及桂省东北边界一带，居民所需货物，均仰自本口为之接济而北海遂成运输货物总枢矣，概而言之，北海商业日臻繁盛。”②

2. 近代对外交通及贸易格局的形成

北海开埠后对外贸易的发展，推动了交通建设的发展及交通工具变革，近代的新式行业如金融、贸易、工矿企业等在北部湾地区萌发，“……在闭关时代交通尚简，海通以来情势变迁大非昔比。合浦—邕甯北路已划界线，廉北汽车亦谋进行，至航路有海轮，通信有邮电，文报有电传，凡世界交通事业偏远之区亦若具焉……”③，北部湾地区逐步由被动的开埠走向了进一步对外开放，形成了以北海为中心港口，以沿海沿江的一些便于上货卸货的小城镇为主要中转地，以水路运输为主，公路运输为辅的近代对外交往新格局。至1937年抗日战争爆发前，有11个国家的外轮公司在北海开辟了13条以北海港为中途站或终点站的通往中国沿海及南海各国港口的定期和不定期的航线。据《广东经济年鉴（1940年）》记载，1933年，北海的土货出口（转口）总值达628万元，曾一度跃至全国沿海商埠第10位④，北海成为滇桂黔和粤西海外贸易的便捷通道。

3. 近代商业和民族资本主义的出现

随着对外贸易的发展，广西北部湾出现了一批商业店铺，民族资本家也开始出现。如光绪十八年（1892年）以后，北海已有广州商人经营的进出口商行40间，高州商人经营的商号8间，汕头商人经营的商号3间，贵州商人经营的土货店1间，阳江商人经营的皮货店1间，玉林、博白等地商人经营的鱼、盐栏有百户之多⑤。钦州随后出现了“义聚源”、“戴安记”等百家商号，东兴出现了从事进出口贸易的

① 中国近代经济史资料丛刊委员会编.帝国主义与中国海关（第四编）.中国海关与中法战争［M］.北京科学出版社，1957：233-235.

② 中华民国八年通商各关华洋贸易总册.上海通商海关造册处税务司编译发行（英译汉）.民国九年（1920年）.

③ 廖国器.合浦县志·交通志［M］.合浦博物馆藏民国廿年石印本.

④ 黄铮著.广西对外开放港口——历史，现状，前景［M］.南宁：广西人民出版社，1989：144.

⑤ 北海市地方志编纂办公室.北海市志［M］.南宁：广西人民出版社，2001：758.

新和安商号和钟裕源商号等[①]。1907年，北海成立了商务分会[②]；1909年，钦州出现了商务分会[③]。

4. 近代化城市的雏形出现

20世纪初，北海“店铺不下千间，而大中商场约四五十家”[④]，港式发式、服装，西式餐点开始流行，新式学校出现，马路开始铺设，洋楼逐步耸立，出现了民信局、蒸汽轮船、电灯、报纸，市区人口达10万人左右，初步具备了近代化城市的雏形，对周边各地产生了相应的辐射作用：20世纪30年代，钦州、防城等地钱庄、商店、酒楼林立，城市街道建设开始进行，主要街道呈现出与1931年前后北海海珠路的骑楼式建筑格局，近代城镇雏形基本上出现，广西北部湾各地逐步开启了从传统向现代化的过渡。

广西北部湾的第三次对外开放是被动的，是在清政府丧失主权情况下的不平等贸易和经济往来。由航运业开始的交通近代化进程极为不平衡，区域经济不可能协调发展。但客观上引起了广西北部湾地区封建自然经济的瓦解和资本主义市场经济的产生，促进了社会的进步和发展，开启了广西北部湾的近代化进程。

四、1978年以来，开放开发促进广西北部湾的发展

1978年后，中国实行改革开放政策。1984年，中共中央、国务院决定把北海市（含防城港）列为中国14个对外开放的沿海港口城市之一。但由于处于中国的边海防前线，广西北部湾经济增长缓慢，工业化、城镇化程度很低。1992年，借邓小平南巡谈话的东风，以建设大西南出海通道相号召，广西北部湾再次崛起。1992—1993年间北海成为中国区域经济发展的投资热点地区，由于大量的资金主要集中在圈地和房地产业，工业没形成大气候。1995年后，由于国家宏观经济调控政策，北海经济出现了大幅度滑坡。1993年5月8日，防城港市建市。钦州市1993年提出“以港兴市、以市促港、项目支撑、开放带动、建设临海工业城市”的发展战略，自筹资金建设两个万吨级起步码头，于1994年结束了有海无港的历史。但作为后发展地区，由于没有大型工业及龙头企业的带动，没有区域经济中心的带动，广西北部湾的发展始终没有实现大突破。直至2006年，钦州、北海、防城港三市国内生产总值为仅为573.2亿元，第二产业在三产中的平均比重没有

① 防城县地方志编纂办公室.防城县志［M］.广西民族出版社，1993：272.

② 北海市地方志编纂办公室.北海市志［M］.广西人民出版社，2001：761.

③ 广西钦州市地方志编纂委员会.钦州市志［M］.广西人民出版社，2000：908.

④ （清）梁鸿勋.海杂录［M］.香港日华印务公司，1905：908.

达到40%。超亿元工业企业很少，城市基础设施严重匮乏，平均城镇化比率只有16%。

2008年1月，国务院批准《广西北部湾经济区发展规划》，2008年5月，国务院又批复设立钦州保税港区，2010年11月11日，经国务院批准，钦州港经济开发区升级为国家级经济技术开发区。2010年广西北部湾三市GDP增到1210元，年均增长17%，占广西国内生产总值的13.1%，规模以上工业增加值、全社会固定资产投资和城镇固定资产投资3项指标比2005年增长两倍多，GDP、财政收入、社会消费品零售总额、外贸进出口总额、引进外资额等7项指标比2005年翻了一番，出口额实现翻两番，三次产业比重，钦州市为26.2∶40.8∶33；北海市为23.6∶40∶36.5，防城港市为15.0∶51.6∶33.4，第二产业在三产中的比重达到40%以上。北部湾港现已拥有生产性泊位205个，其中万吨级以上泊位40个，年吞吐能力已经超过1亿吨，一个功能完善、现代化的港口正在中国西部沿海跃然而出。港口发展、产业聚集、人流、物流、资金流集中，成为带动广西及周边区域发展的新引擎，一个中国—东盟自由贸易区的新增长极正在形成。

五、广西北部湾历史上对外开放及开发的特点与启示

广西北部湾的对外开放是中国历史上对外开放的缩影，它与中国的对外开放史相同步，经历了开放—闭关—被迫对外开放—主动对外开放几个阶段，体现了以下特点：

1. 军事开发先于经济开发，对外开放的持续动力不强。

自古以来，广西北部湾处于中国南部边陲，经济文化不发达，历次军事活动在一定程度促进了该地的开发。如汉代海上丝绸之路的始发港合浦处于“控蛮夷之襟要，扼西蕃抵中国之道”，秦朝时就是征服岭南的军事基地，“秦征西瓯，必由合浦”①。东汉建武年间（公元41年），汉光武帝派马援平交趾二徵叛乱，马援所到之处“立城郭置井邑”②，开发和发展当地经济文化。此后，历代统治者为加强对岭南的统治，巩固边疆，配合军事活动对该地区进行了一定程度的开发。新中国成立到1978年前，国家对广西北部湾的投资和建设也更多地以国防军事建设的需要为主。由于军事开发具有一定的暂时性，其持续动力不强，影响到开放开

① 林希元著，陈秀南注.钦州志（嘉靖）（卷九）历年志［M］.天一阁藏明代方志选刊，中国人民政治协商会议灵山县委员会文史资料委员会翻印，1990.

② （南朝宋）范晔著.后汉书（卷117）南蛮西南夷传［M］.中华书局，1982.

发的效果。

2. 经济开发与文化开发相结合，形成了独特的多元文化区，但发展程度相对较低。

秦汉以降，随着中原汉族先民大量南迁，儒家文化的影响逐步深入广西北部湾民间。随着汉唐以来海外贸易的发展，外来文化也影响这一地区，使之成为中原文化和海洋文化交汇之地。改革开放以来，北部湾现代港口和现代工业的崛起和发展，使之成为古代灿烂文化与现代科学技术交汇之地。广西北部湾文化，既受骆越文化的影响，又受中原南迁汉文化外来文化影响，在各种文化的交汇中，大量吸收了多种文化的元素，保持了自己的独特性，孕育了以合浦汉墓文化、海上丝绸之路文化、南珠文化、坭兴陶文化等为代表的古文化链条和以钦州港、北海港、防城港为代表的现代文化链条，形成了独特而多元的文化区。但由于它处于祖国西南边陲，客观上受文化中心的辐射较弱，经济社会发展长期处于欠发达阶段，缺乏社会文化的交流和经济上的支撑，文化基础薄弱，文化形态发育不全，文化发展程度相对较低。

3.对外开放的四个阶段相互衔接，逐次推进并呈现快速发展态势。

在中国对外开放史上，广西北部湾曾多次被推到开放前沿：汉代海上丝路的开辟，广西北部湾成为中国向海外传播中华文明的起航点，唐宋时的广西北部湾成为中国与海外各国进行物质文明交往的主要场所，近代广西北部湾被迫对外开放、被动地接受外来文明，近代化因素得以启动；《广西北部湾经济区发展规划》实施以来，广西北部湾出现了快速发展的势头。可以说，历史上，广西北部湾在多次对外开放的机遇期面前，能抓住机遇促发展，也曾因丧失机遇、没有能够及时实现经济社会的转型及发展。但其因海上对外开放所带来的四次发展高潮是相互衔接、逐次推进的，并在《广西北部湾经济区发展规划》实施后呈现快速发展态势。

随着《广西北部湾经济区发展规划》的进一步实施，中国—东盟自由贸易区的建成、泛珠江三角区域合作的推进，发展经济和深化对外开放已经成为人们关于广西北部湾经济区加快发展的基本共识。为此，要在广西北部湾经济发展起点低、规模小、对外开放仍处于相对落后状态这一现状的基础上，充分抓住广西北部湾地区获得国家的特殊关注、具有良好的区位优势和对外开放条件等历史机遇，采取合理的战略来应对国内外的政策环境、资源限制和竞争压力给北部湾经济区带来的挑战，积极主动地争取国家的政策支持及各方面的支持，充分发挥区位优势，大力推进区域合作；加强基础建设，提高与周边地区的对接水平；着力构建科学合理的产业结构；大力推进城市化，全力营造吸引和集聚人才的机制和环境，发挥后发优势，实现广西北部湾经济区的进一步崛起。

本文原刊于《东南亚纵横》2011年第八期，是广西文科中心“科学研究工程”2010年度开放基金课题资助项目“广西北部湾开放开发史”的研究成果。作者：吴小玲，广西高校人文社会科学重点研究基地钦州学院“北部湾海洋文化研究中心”执行副主任，教授。

历史上广西北部湾地区与东南亚地区的海上交往

吴小玲

【摘　要】由于地缘条件的影响，历史上东南亚地区是广西北部湾地区海上对外交往的主要地区。从特点上看，广西北部湾地区与东南亚地区的海上交往早期以朝贡贸易为主，后期私人海上贸易逐步增多，对外交往带有很大的偶发性。交通条件的变化、移民和文化的传播是对双方海上交往产生持续影响的重要因素，这就使广西北部湾地区与东南亚各国的交往不但具有了政治、经济交往的性质而且具有了文化传播的作用。正视这一段历史，可为21世纪海上丝绸之路建设提供借鉴。

【关键词】广西北部湾；东南亚地区；海上交往

广西北部湾地区位于中国南部、北部湾北端，濒临越南，面向东南亚，拥有海外交往的优越地理条件。自古以来，广西北部湾地区就是中国与东南亚地区进行海上交往的前沿和门户。从时间上来看，大抵宋朝以前，中国与东南亚各国的海上交往主要是以朝贡贸易为主的政治交往，以合浦港为中心港口，交往的国家有10多国（涉及今天东盟的大多数国家）。宋代以后，随着安南的立国，中国与东南亚各国的朝贡贸易继续发展，以私人海上贸易为主的经济交往逐步增多。官方朝贡贸易往来的主要港口是合浦港，但中越往来的主要港口逐步移到钦州。《岭外代答》中所涉及的国家有30多国。元明清时期，经由广西北部湾地区的民间交往占主流，官方交往基本断绝。交通的变化、移民和文化的传播对海上丝绸之路的影响是值得关注的问题。正视这段历史，可为21世纪海上丝绸之路建设提供借鉴。

一、历史上东南亚地区是广西北部湾地区海上交往的主要地区

1. 以合浦为起点的汉代海上丝绸之路连接了广西北部湾地区与东南亚各国

汉元鼎六年（公元前111年），汉武帝平南越国后，在原秦岭南三郡的基础上分设南海、苍梧、郁林、合浦、交趾、九真、日南、儋耳、朱崖九郡，置交趾部

刺史总领各郡，随后，以合浦港等为中心港口开展官方海外交往，据《汉书·地理志·粤地》载："自日南障塞、徐闻、合浦船行可五月，有都元国；又船行可四月；有邑卢没国；又船行可二十余日，有谌离国；步行十余日，有夫甘都卢国。自夫甘都卢国船行可二月余，有黄支国，自武帝以来皆献见。有译长，属黄门，与应募者俱入海市明珠、璧琉璃、奇石异物，赍黄金杂缯而往，自黄支船行可八月，到皮宗；船行又二月，到日南、象林界云。黄支之南，有已程不国，汉之译使自此还矣。"①史书上记载的这条航线，是有关中国与东南亚、南亚海上交通的最早的系统记载"②，它大概沿今东南亚沿海一带到印度孟加拉湾，途经10余国。其中途经的东南亚国家和地区有"都元国"即今印度尼西亚，"邑卢没国"即今缅甸勃国附近)，谌离国(即今缅甸悉利)，"夫甘都卢国"(即今缅甸卑谬附近)③，皮宗(即今新加坡西面的皮散岛)④。今天，在当年途经地沿岸的印尼、苏门答腊、爪哇和加里曼丹等地发掘出属西汉的雕像和浮雕、五铢钱、陶鼎、陶魁等；在合浦汉墓中出土了不少中原汉墓少见的璧琉璃(玻璃珠)、人形足铜盘(其人形与马来半岛、苏门答腊岛等地的土著居民"原始马来族相似")，还有头部硕大、胡须满颊、鼻梁钩如鹰嘴的陶俑⑤等。有关资料表明，在合浦现已发掘的上千座古墓葬，大部分是西汉晚期及东汉墓，估计合浦汉墓群约有墓葬10000座，这是至今中国南方已知汉墓最集中的地区。这是以合浦港为中心的广西北部湾地区是汉代海上丝绸之路起点的重要佐证。

2. 三国至隋的广西北部湾是中国与东南亚朝贡往来和佛教从海上进入中国的口岸

从汉末、三国至隋，广西北部湾地区成为中国与东南亚、南亚各国朝贡往来的要地和佛教进入中国的途经地之一。"自汉武以来，朝贡必由交趾之道"⑥，"南海交通频繁之大港，要不外交广两州"⑦。三国时吴王孙权曾派吕岱从番禺抵合浦港，从海道平定交趾，并在公元226年派遣"中郎康泰、宣化，从事朱应，使于寻国(即扶南王范寻)"⑧。南朝齐、梁时，林邑等国商舶大都由合浦登岸再抵中原。

① (汉)班固.汉书.地理志[M].北京：中华书局，1982：1671.
② 刘迎胜.丝路文化——海上篇[M].杭州：浙江人民出版社，1995(11).
③ 黄铮.广西对外开放的重要港口——历史、现状、前景[M].南宁：广西人民出版社，1989：7.
④ 李炳东.广西对外贸易的历史概述.广西地方志通讯[J]，1986(6).
⑤ 廖国一.中国古代最早开展远洋贸易的地区——环北部湾沿岸[J].南宁：广西民族研究，1998(3).
⑥ (唐)欧阳修.唐书.地理志[M].北京：中华书局，1975.
⑦ 冯承钧.中国南洋交通史[M].北京：商务印书馆，1998：35.
⑧ (唐)姚思廉.梁书.扶南传[M].北京：中华书局，1973.

隋大业元年(605年)，隋炀帝派遣刘方和宁长真率兵从合浦等地出海，从海道直取越南中部登陆，大败林邑。随后，隋炀帝又委派宁长真为宁越安抚大使，坐镇合浦，控制南海市舶冲路①。大业三年(607年)，隋炀帝又派常骏、王君政自广州沿安南沿岸行，抵于赤土(今马来西亚)②，赤土国王命王子随同回访，“循海北行，达于交趾”③，从合浦上岸，到首都拜见隋炀帝等。大业六年(610年)，洛阳举行中外商品交易会，“贡于隋者颇多，大抵皆南海中小国”④，均经过钦州湾进入中原。另外，有一批佛教僧侣从广西北部湾地区搭乘远洋商船出洋取经或者经此地登陆上岸进入中原地区，如“南北六朝间往来南海之沙门十人”，南朝宋文帝曾“敕交州刺史(管岭南及北部湾地区)令泛泊”⑤往阇竺(今印尼爪哇等地)延请印度高僧那跋摩。广西北部湾地区呈现出“舟船继路，商使交属”⑥的景象。

3.唐朝时期，合浦、乌雷是广西北部湾地区与东南亚各国交往的主要港口

唐朝廷重视发展海外贸易。“海外诸国，日以通商，羽毛齿革之殷，鱼盐蜃蛤之利，上足以备府库之用，下足以赡江滩之求”⑦。约在龙朔元年(661年)前后，唐开始在广州、交州等到地设立市舶使一职，掌番货、海船贸易之事，海外贸易也由过去以扩大对外政治影响为目的的“朝贡贸易”，转变为以扩大财政经济收入为主的“市舶贸易”。市舶使收取外商十分之三的货物税外，地方政府通过收买、专卖所得“榷”利，即几“与两税相埒”⑧。市舶收入给唐朝带来了财富。岭南地区的海外贸易以广州、交州、合浦等沿海城市为港口，合浦、乌雷是广西北部湾地区与东南亚各国交往的主要港口。“当时之发航地，首广州次交州，偶亦为今合浦境内之旧治，与钦县境内之乌雷”⑨。东南亚各国“汎交趾海(即北部湾)”来朝贡，也有“交、南人贡由钦州路以归”⑩。史书上也记载有广西沿海当地的俚僚蛮酋参加海外贸易并趁机大发横财，“广人与夷人杂处，地征薄而丛求于川

① 黄铮.广西对外开放的重要港口——历史、现状、前景[M].南宁：广西人民出版社，1989：10.

② 冯承钧.中国南洋交通史[M].北京：商务印书馆，1998：41.

③ 冯承钧.中国南洋交通史[M].北京：商务印书馆，1998：39.

④ (梁)沈约.宋书.蛮夷列传[M].北京：中华书局，1974.

⑤ 冯承钧.中国南洋交通史[M].北京：商务印书馆，1998：31.

⑥ (清)阮元修，陈昌济.广东通志[M].上海：上海古籍出版社，1990(2).

⑦ (唐)张九龄著，刘斯翰校注.曲江集(卷十).开凿大庾岭路序[M].广州：广东人民出版社，1986.

⑧ (后晋)刘煦等撰.旧唐书(卷一)王愕传[M].北京：中华书局，1975.

⑨ 冯承钧.中国南洋交通史[M].北京：商务印书馆，1998：60.

⑩ (明)林希元著，陈秀南校.钦州志.卷九历年志[M].政协广西灵山县委员会编印，1990(7).

市"①。中国距东南亚、印度最近的钦州乌雷成为商人、使节、高僧海上出入的重要门户。史书记载，益州高僧义朗和智岸、义玄"俱至（钦州）乌雷，同附商舶，挂卜百丈、陵万波，越轲扶南"②。"交趾之北（北部湾地区），距南海有水路，多复巨舟"③。在安南"岭南节度使经略使奏：近日船舶多往安南市易"④。

4. 两宋时期是广西北部湾与东南亚地区进行海上交往最繁荣的时期

宋时对发展海外贸易更为积极。太宗雍熙四年（987年），特"遣内侍八人，赍敕书、金帛，分四纲，各往海南诸蕃国，勾招进奉"⑤，"今天下沿海州郡，自东北而西南，其行至钦州止矣。沿海州郡类有市舶，国家绥怀外夷，于泉广二州置提举市舶司"⑥，朝廷在廉州设了具有市舶职责的沿海巡抚司⑦，通过广西北部湾沿海与东南亚交往的国家不断增多。据南宋隆兴年两任钦州教授的宋去非所著《岭外代答》"海外诸藩国"载："正南诸国，三佛齐其都会也。东南诸国，阇婆其都会也。……近则占城、真腊为窊里诸国之都会……西南海上诸国，不可胜计，其大略亦可考。姑以交址定其方隅。直交址之南，则占城、真腊、佛罗安也。交趾之西北……。渡之而西，复有诸国。其南为古临国，其北为大秦国、王舍城、天竺国。又其西有海，曰东大食海……"⑧。这里记载了宋代由广西沿海的合浦、钦州等港口出发南航所到的国家有安南、占城国（今越南中部）、真腊（今柬埔寨）、三佛齐（今苏门答腊岛）、阇婆（今爪畦岛）、故临国（今印度半岛西南岸）、注辇拉（今印度的科罗曼德尔海岸）、大秦国（即东罗马帝国今意大利）、大食国（今阿拉伯）、波斯国（今伊朗）、昆伦层期（今非洲西北部马达加斯加和附近岛屿）、木兰皮国（在今非洲西北部和西班牙南部）。据统计，两宋时期，来华朝贡的国家有26个，朝贡次数为302次。⑨其中，越南朝贡45次，占城朝贡56次，真腊，三佛齐33次，合浦港是这些国家进出中国的主要港口，"正使至廉，必越钦港"⑩，但钦州同样也是中越两国官方使者往来的必经之地。

在东南亚国家中，与广西北部湾地区交往最频繁的是安南国，大中祥符三年

---

① （后晋）刘煦等撰.旧唐书（卷一）王愕传[M].北京：中华书局，1975.
② 冯承钧.中国南洋交通史[M].北京：商务印书馆，1998：52.
③ （五代）孙光宪撰，林艾园点校.北梦琐言（卷二）[M].上海：上海古籍出版社，1991.
④ （唐）陆贽.论岭南请于安南置市舶中使状[A].陆宣公集（卷18）[C].北京：中华书局据原刻本校刊聚珍仿宋版本.
⑤ （清）徐松.宋会要辑稿.四四之二[M].北京：中华书局，1957（11）.
⑥ （宋）周去非，杨武泉校注.岭外代答.航海外夷条[M].北京：中华书局，1999.
⑦ （元）脱脱等.宋史（卷16）[M].北京：中华书局，1977.
⑧ （宋）周去非，杨武泉校注.岭外代答.海外诸藩国[M].北京：中华书局，1999.
⑨ 李金明，廖大珂.中国古代海外贸易史.南宁：广西人民出版社，1995.
⑩ （宋）周去非，杨武泉校注.岭外代答.边帅门[M].北京：中华书局，1999.

(1010年)，北宋朝廷准许在廉州及钦州如洪寨(今钦州黄屋屯一带)设互市。宋神宗元丰二年(1079年)，广西经略曾言："钦、廉州宜创驿，安泊交人。就驿置博易场，委州监押"①，钦州博易场于是设立。它位于钦州城外东江驿，当时"凡交趾生生之具悉仰于钦，舟楫往来不断"，不但"其国富商来博易场者，必自边永安州移牒至钦，谓之小纲。其国遣使来钦，因以博易，谓之大纲。所赍乃金银、铜钱、沉香、象齿、犀角"。而且还有"吾之小商近贩纸笔米布之属日与交人少少博易"，更有"富商自蜀贩锦至钦，自钦易香至蜀，岁一往返，每博易动数千缗"②，商贾云集，交易频繁，商战激烈。博易场成为中国西南地区对外(主要是越南)贸易的主要交易地。这一贸易盛况至南宋还在持续，如绍兴三年(1133年)十月，广南东西路宣谕明槖谈二广边郡透漏生口、铜钱事时说到："邕、钦、廉三州与交趾海道相连，逐年规利之徒贸易金、香。"③绍兴二十八年(1159年)二月，知钦州戴万言："邕、钦、廉州与交趾接，自守倅以下所积俸余，悉皆博易。"④除了正常的朝贡贸易和民间贸易外，中越两国间还有走私贸易的发生，如南宋绍兴十年(1140年)广南宣谕明槖奏："邕州之地南邻交趾，其左右江诸峒多有亡赖之徒略卖人口，贩入其国。又闻邕、钦、廉三州与交趾海道相连，逐年规利之徒贸易金香，必以小平钱为约。而又下令其国小平钱许入而不许出。"⑤

5. 元明清时期广西北部湾地区主要与东南亚进行民间交往

元初，两次以广西沿海的钦、廉作为造船基地，对东南亚的缅甸、越南、占婆、爪哇用兵。至元二十四年(1287年)，元世祖宣布开放广西北部湾沿海互市，把廉州的沿海巡检司改为市舶提举司管理港口事务，迎接使者商船，对进出口货物征税等。向真腊(今柬埔寨)、暹罗(今泰国)派遣使者，元朝与东南亚各国的接触和交往进一步扩大。

明初，安南、占城向明朝进贡路线是"北直廉州，循海北岸"⑥。明政府设广东钦州之防城、陶佛二水驿等，增设"交趾云屯市舶提举司，接西南诸国朝贡"⑦。明中叶后，由于实行海禁，官方贸易贡舶不再经广西北部湾沿海，而且朝廷令廉

---

① (宋)李焘.续资治通鉴长编卷(二九八，元丰二年六月癸亥)[M].北京：中华局点校本，7260.
② (宋)周去非，杨武泉校注.岭外代答.钦州博易场[M].北京：中华书局，1999.
③ (宋)李心传.建炎以来系年要录(卷六九绍兴三年十月戊戌)[M].文渊阁四库全书影印本.北京：中华书局，1956.
④ (清)徐松.宋会要辑稿(刑法二之一四七、食货三八之三七)[M].北京：中华书局，1957(11).
⑤ 乞禁透漏生口銅錢奏[A].曾枣庄，刘琳.全宋文(卷四〇四六)[C].上海辞书出版社，2006.
⑥ 冯承钧.中国南洋交通史[M].北京：商务印书馆，1998：52.
⑦ (明)张廷玉.明史(卷八十一)[M].北京：中华书局，1997.

州府“诏禁钦廉商贩毋得与安南夷交通”①。清初，励行禁海、迁海，如廉州府宣布寸板不许下海，违者处死等②，广西北部湾沿海的对外交往受到禁锢。

但海禁的厉行却无法阻止由于历史地理上的渊源关系而形成的中越民间交往。“由钦州之防城，三日程可至交趾万宁州之江坪。由东兴街至江坪，陆路仅五里，间隔一小河。江坪与各省商贾辐辏，民多婚娶安居于斯焉”③。明初，钦州的康熙岭长墩岛设有长墩巡检司署，到嘉靖年间复设，卡往来船只收盐税和进出口货物税④；“及安南事动，商旅少鲜至，然每季犹可得银三四十两”⑤，这多少说明明中期钦州沿海一带进出口贸易的存在。从明英宗天顺四年（1460年）朝廷的一则敕令：“英宗敕令安南盗珠贼，潜与钦、廉贾客交通，盗余珠池，互相贸易……出榜禁约，钦廉濒海商贩之人；不许与安南国人交通，诱引盗珠”⑥，可以说明当时民间私人贸易已达到了一定规模，引起了朝廷的注意。明嘉靖《钦州志》载，当时钦州“民用所资，转仰于外至商贾”，一般百姓“不充役使于官，则贩鬻鱼、盐为业”⑦。到康熙二十三年（1684年），清宣布废除“禁海”令“出海贸易”，并相继设立江海关、浙海关、粤海关，在全国开辟了一百多处对外贸易的港口，其中广东有7个总口，钦州、廉州属于69 个小口之内⑧。乾隆二十三年（1758年），虽撤消了江海关和浙海关，但广东沿海港口仍继续进行对外贸易。民间对外贸易出现了一时的兴盛，“钦州属之东兴街，思勒峒二处，逼近安南，民夷杂沓，私贩甚多”⑨，边贸的对象当然是以越南为主。在广东西部沿海（含广西北部湾地区），有一批商人往来于广东沿海及越南间进行贸易，钦州《冯氏族谱》载：“曾祖广运公业红单船由海广行粤省钦廉安南等处往复贸易，乾隆间……”⑩。乾隆四十年（1775年），广西巡抚上奏，要求“中外定地互市”，原因是“……检查粤海关税薄，本港商船，每岁赴交置备锡箔、土色纸……各种。是该国土产与必要天朝货物，悉从海道往来……”，朝廷奏准在广西平而（今凭祥）、水口（今龙州）两关商人立

① （清）张堉春，陈治昌.廉州府志.事纪五［M］.道光13年仲冬重修刊印.海门书院文昌阁藏.
② 陈德周.钦县志.事纪五［M］.中华民国三十五年印.
③ （清）魏源：海国图志（卷五）［M］.上海：上海国学整理出版社，1936.
④ （清）梁廷楠.粤海关志.卷四职官［C］.台北：成文出版社，民国五十七年.
⑤ （明）林希元著，陈秀南校.钦州志（卷三食货）［M］.政协广西灵山县委员会编印，1990（7）.
⑥ （清）魏源：海国图志（卷五.明实录二一）［M］.上海：上海国学整理出版社，1936.
⑦ （明）林希元著，陈秀南校.钦州志（卷一风俗）［M］.政协广西灵山县委员会编印，1990（7）.
⑧ （清）梁廷楠.粤海关志（卷十一）［C］.台北：成文出版社，民国五十七年.
⑨ 广西壮族自治区通志馆.图书馆.清实录·广西资料辑录（二）［Z］.南宁：广西人民出版社，1992.
⑩ 冯相钊.冯氏族谱［C］.钦南区档案馆藏石印本.

市等[①]，说明清乾隆年间广西与安南的民间边贸往来已有一定的规模，但朝廷并不放松禁止商人往南海贸易的政策。1829 年在回越南国王请求海道来粤贸易一事中，清廷“仍令尔（越南）国王恪守旧章，于广东钦州及广西水口等关，各陆路往来贸易，毋庸由海道前来”[②]。

二、历史上广西北部湾地区与东南亚地区海上交往的特点

1. 早期以朝贡贸易为主，后期私人海上贸易逐步增多

广西北部湾地区与东南亚地区海上交往早期是以朝贡贸易为主的政治交往，后期以私人海上贸易为主的经济交往逐步增多，体现了中国古代海上对外贸易的一般规律。从时间上来看，大抵宋朝以前，中国与东南亚各国的海上交往主要是以朝贡贸易为主的政治交往，以合浦港为中心港口，交往的国家有10多国。如汉武帝时开辟的以合浦港等为起点港的官方海外交往，沿着今东南亚沿海一带到印度孟加拉湾，途经10余国。此后从三国至隋，广西北部湾地区成为中国与东南亚、南亚各国朝贡往来的要地和佛教进入中国的途经地之一。宋代以后，随着安南的立国，中国与东南亚各国的朝贡贸易继续发展，以私人海上贸易为主的经济交往逐步增多。官方朝贡贸易往来的港口主要是合浦港，但中越交往的主要港口逐步移到钦州。《岭外代答》中提到的与中国有交往的国家有近30多国，但主要的交往对象是越南。元明清时期，经由广西北部湾地区的民间交往占主流，官方交往基本断绝。

2. 对外交往带有很大的偶发性

中国历代封建王朝把对外交往的重点放在陆路交往上，海上交往带有很大的偶发性。从史书的记载中，只留下廖廖可数的中国政府出使东南亚的记载，如最早的是三国时期吴国孙权派朱应和康泰出使扶南国（今柬埔寨境内）；后有6世纪南朝梁武帝时派云宝到扶南迎取佛发[③]；隋朝隋炀帝于607年派常骏、王政君出使赤土（今泰国境内）[④]。北宋时，东南亚各国来使频繁（如上述）。但北宋政府出使很少，并限于交趾、占城等国。南宋时期，与东南亚国家的往来更少，唯有民间

① 广西壮族自治区通志馆.图书馆，清实录（清高宗实录卷1434）·广西资料辑录（四）[Z].南宁：广西人民出版社，1988（8）：1–2.

② 广西壮族自治区通志馆.图书馆，清实录（清宣实录卷156）·广西资料辑录（四）[Z].南宁；广西人民出版社，1988（8）：39–41.

③ （唐）欧阳修.唐书（卷54）[M].北京：中华书局，1975.

④ （唐）魏征等.隋书（卷82）[M].北京：中华书局，1973.

贸易兴旺。到元朝时期，除与暹罗保持和平往来外，与东南亚诸国的关系主要是战争及征服的关系。明朝中叶时，朝廷开始实行了对东南亚各国主动示好的政策（如郑和下西洋），但主要是通过明政府控制下的官方朝贡贸易和使节贸易来实现的，它在一定程度上影响了民间海上贸易的发展。可见，中国历代王朝对东南亚各国的政策基本上是消极被动的，双方的接触十分有限和偶然。这在广西北部湾地区与东南亚地区的对交往中体现得较为明显。历史上，广西北部湾地区出现海外交往及贸易繁荣局面的背后都与中国封建王朝对北方或西北的统治失控有关。如西汉时期，匈奴控制河西走廊到西域的交通线；唐朝安史之乱后，陆路丝绸之路的衰落；北宋时，辽和西夏控制中国西北地区；南宋偏安江南，中国经济重心南移局面的固定等，都促使中国封建王朝致力于开拓海外交往，直接导致广西北部湾地区对外贸易的发展。但一旦沿海出现某些不安定因素，如宋朝以后，安南对广西北部湾沿海的骚扰；明清以后“海疆不靖”等，禁止出海往往成为统治阶级的一个首要选择，广西北部湾沿海港口的优势被各种外部不利的因素所掩盖，其对接东南亚地区的作用不能充分发挥。而这一因素也影响到广西北部湾各港口在近现代的开发和利用。

三、在广西北部湾地区与东南亚地区交往中起持续影响的因素

交通的变化、移民和文化的传播是对广西北部湾地区与东南亚海上交往产生持续影响的重要因素。

1. 交通条件的变化对广西北部湾地区与东南亚交往的影响

由于与东南亚地区接壤的地缘优势，广西北部湾地区是中国与东南亚交往的前沿地区。早期，由于航海技术不很发达，只能单纯依靠天文导航，加上尚未掌握季风规律，在远海及越海航行时，外海航行还不够安全可靠，船只只能沿海岸航行，不但可以避风浪，而且可以及时补充给养。广西沿海港口便成为中国与南海各国交往的主要起航点。随着造船技术的进步和航海知识的丰富，海上航行的能力大为提高，中国海船逐渐离开沿海岸向远洋横渡发展，具备良好内外交通条件的广州逐步成为中国南部对外贸易的中心港口，广西北部湾地区的官方对外贸易逐步衰落，民间贸易则逐步成为交往的主要形式，这体现为宋代钦州博易场、如洪寨的设立，明清两代中越民间贸易的发展。

交通条件的变化决定了广西北部湾沿海港口的变迁及发展。自汉代起，位于南流江入海口的合浦港在对外交往中占优势地位，成为朝贡贸易的主要港口。钦

州乌雷，现在虽然只是广西沿海的一个偏僻的小渔村，却因为它正好处于从合浦港到今中南半岛沿海的必经之地，而在海上丝绸之路上占有重要地位。据史籍载，唐高宗李治于总章元年（668年）置乌雷县，隶属钦州。后来又置玉山州、陆州，陆州隶安南都护府等。乌雷县、陆州、玉山郡治所均在乌雷时间长达100年之久。唐朝以后，由于合浦港逐步受到南流江水的冲刷所带来的泥沙淤积，加上广州与交州间的海上运输线路不畅，“初交趾以北，距南海有水路，多覆巨舟。骈往视之，乃有横石隐隐然在水中，因奏请开凿，以通南海之利”，安南都护高骈对交广海路加以浚治，使得海路通畅，“交广之利，民至今赖之以济焉”[①]。咸通八年（867年）三月，高骈奏请开凿了通往交趾的水道天威径[②]，使船只无须绕过白龙尾，可直达交趾。这样从钦州通交趾有了更便利的交通。安南建国后，由钦州通安南是当时最便捷的海上通道，如《桂海虞衡志》载“今安南国，东海路通钦、廉，……由钦州渡海，一日至”[③]。再加上“异时安南舟楫多至廉，后为溺舟，乃更来钦。交人之来，率用小舟，既出港，循岸而行，不半里，即入钦港。正使至廉，必越钦港。乱流之际，风涛多恶，交人必至钦也，自其境永安州朝发暮到”[④]。宋代的钦州便取代合浦（廉州）成为广西北部湾地区对外交往贸易（主要是中越贸易）的主要港口。

明朝廉州通越南的海路：“自乌雷正南二日至交趾，历大小鹿墩，思勒隘、茅头捍门入永安州，茅头少东则白龙尾、海东府界，正南大海外，抵交趾、占城二国界，泛海者每遇暴风则舟漂七、八昼夜至交趾青化（清化）府界，如舟不能挽，径南则入占城。”[⑤]清代广西北部湾到越南的交通线“若广东海道：自廉州乌雷山发舟，北风顺利，一二日可抵交之海东府，沿海岸行八日，始至海东，有白藤、安阳、涂山、多渔诸海口，各有支港以达交州，此海道大略也”[⑥]，“自冠头岭而西至防城……水道皆通”[⑦]。这些都是广西北部湾与越南等东南亚国家保持持续贸易往来的重要条件。

2. 海外移民对广西北部湾地区与东南亚地区交往的影响

广西北部湾与东南亚地区陆地接壤或海道相通，人们因各种原因移居东南

① （五代）孙光宪撰，林艾园点校.北梦琐言（卷二）[M].上海：上海古籍出版社，1991.

② （后晋）刘煦.旧唐书（卷十九懿宗志）[M].北京：中华书局，1975.

③ （元）马端临.文献通考（卷三百三十·四裔考七.骠国）[M].北京：中华书局，2006(11).

④ （宋）周去非，杨武泉校注.岭外代答.边帅门[M].北京：中华书局，1999.

⑤ （明）张国经修，郑抱素纂.廉州府志（卷）.据日本内阁文库藏明崇祯十年刻本影印）[M].北京：书目文献出版社，1992(10).

⑥ （清）张廷玉.清文献通考（卷二九六.安南）[M].商务印书馆万有文库本.

⑦ （清）陈伦炯.海国闻见录.一卷.昭代丛书.

亚地区的现象多有出现。历史上，随同“海上丝绸之路”远航的商人、水手就有“不者数年来还”①。“……而若辈在外又多番妇，或留恋不归，或往来无间，夷境已同内地，久无中外之防。现在虽将隘田封禁，但三关百隘之外，皆有小径可通……”②。在边境地区，由于官府鞭长莫及，民众私下迁徙、违禁通婚、亡命逃奔，甚至拐卖人口的现象也不时发生。此外，沿海民众在海上航行或捕捞渔猎，遇风漂流至越南者时有发生。随着广西北部湾地区与东南亚地区对外交往特别是民间私人海外贸易的发展，来往的商船不断增多，随同商船移民到东南亚地区的广西沿海居民不断增多。“在1820年代，中国每年出洋的商船总数通常为315艘，而赴越南贸易就占了三分之一”③，这其中应有一定数量的随商船移民或滞留越南不归的商民。“这些海外贸易商，有相当一部分在海外各地压冬或长期居留，成为移民的主要来源。”④此外，还有因政治原因移民的，如明钦州龙门总兵杨彦迪、高雷廉总兵陈上川在抗清斗争失败后率3000人移居原柬埔寨东浦地区，是清代广西海外移民中规模最大、人数最多的一次。

海外移民为了谋求生存和发展，不但通过劳动改造了各居住国的山河面貌，促进了当地经济发展，而且传播了祖国先进的生产技术，密切并扩大了居住国与祖国之间的经济文化交往。“华侨移居越南，不论出于何种原因，通过何种方式，在定居之后，大都主要从事商业活动。”⑤移民出国后在贸易航线的港口组构商业网络，东南亚各地商埠涌现了一批具有一定规模的华商侨居区，如越南的广南地区和占城、新加坡、马六甲、暹罗、印尼、文莱等地。“在一定意义上，海外移民潮是被海洋经济特别是私人海洋贸易牵动的，这就使得海外移民区域和传统亚洲经济圈重叠在一起，海外移民社区一般也是中国海商的落脚点和中转站”⑥。移民对祖国物产的依赖性，使移民散居网络与广西北部湾地区的海外贸易圈密切联系起来，为广西北部湾对外贸易的持续发展奠定了社会基础，“如在越南芒街，来自合浦的高德、小江，钦州、防城等地的陶瓷工人把从家乡带来的陶瓷色料、瓷泥、机械零配件用于生产，不断提高产品质量与增加花色品种，使陶瓷制品畅销越南各地甚至法国、古巴等国⑦。随着广西北部湾地区移民的增多，广西北部湾

---

① （汉）班固.汉书.地理志[M].北京：中华书局，1982.

② 广州将军策楞奏折[A].明清史料（庚编第一本，卷112）[C].台湾中央研究院历史语言研究所，1987.

③ 陈希育.越南阮朝前期外贸政策初探[J].东南亚学刊，1993（10），21-24.

④ 杨国祯，郑甫弘，孙谦著.明清中国沿海社会与海外移民[M].上海：高等教育出版社，1997（5）：59.

⑤ 于向东，刘笑盈.战后越南华人四十年历史之变迁[J].华侨华人历史研究，1993（1）：44.

⑥ 杨国祯，郑甫弘，孙谦著.明清中国沿海社会与海外移民[M].上海：高等教育出版社，1997（5）：68.

⑦ 钦州地区侨情资料（1987年）[A].赵和曼.广西籍华人华侨资料选编[C].南宁：广西人民出版社，1990：101.

地区与东南亚地区的对外交往获得持续发展的动力。同时，中国文化也不断渗透到东南亚地区。这样，就使广西北部湾地区与东南亚各国的交往不但具有了政治、经济交往的性质，而且具有了文化传播的功能。

本文原刊于《学术论坛》2015年第七期，是广西高校人文社会科学重点研究基地北部湾海洋文化研究中心2015年重大课题“广西参与21世纪海上丝绸之路建设的历史依据和现实对策研究”的阶段性研究成果。作者：吴小玲，广西高校人文社会科学重点研究基地钦州学院“北部湾海洋文化研究中心”执行副主任，教授。

钦州古代海上丝绸之路的形成、作用及原因

黄立廉

【摘　要】钦州古代有通往国内外的黄金水道，有丰富的物产和始发港，在中国古代海上丝绸之路历史上有着重要的地位和作用。

【关键词】钦州；海上丝绸之路；形成；作用；原因

钦州（指今钦州市境域，下同）位于中国西南边陲，背靠大陆，南临北部湾，面向东南亚，江河密布，自古以来水上交通便利，是古代海上丝绸之路的始发港和黄金水道，在交通运输和商品贸易中有着重要的地位和作用。

一、钦州境内始发港的形成演变

（一）秦汉三国时期浦北泉水镇的江湾成为始发港之一

公元前219年，秦征岭南。前217年，秦始皇令史禄监修灵渠，沟通湘江和漓水，使长江水系和珠江水系连接起来，使秦军从北方运来的军需物品能够直达岭南。东汉时期，马援南征交趾，开凿北流江通往南流江的桂门关（今鬼门关），欲打通从中原地区经南流江出海的通道[①]，但因各种原因，水路工程未完成，进入南流江仍需走小段旱路。修筑灵渠、开凿桂门关，使秦、汉军队可沿桂江、北流江转南流江水路进入北部湾地区，完成军事征伐任务。虽然该条水路主观上为军事服务，客观上却为货物流通提供了便利。北部湾地区的船舶可以通过南流江向北运输货物[②]，经小段旱路转北流江、西江上漓江、湘江，进入长江流域。南运的物品亦可由北流江转南流江，南下合浦郡治、乾体港，西出东南亚沿海各国，或东出粤西、海南。

秦代，从钦州和东南亚地区通过南流江运往中原地区的贡品及货物主要有珠玑、玳瑁、象牙、犀角、翠羽、菌鹤、短狗（宠物狗）、琉璃、蔗糖等。到了汉代，皇室对产自东南沿海地区的香料、水果、珠宝等物品需求更大，当时钦州地区盛

① 潘乐远.合浦县志［Z］.南宁：广西人民出版社，1994：884.

② 玉林市志编纂委员会编.玉林市志［Z］.南宁：广西人民出版社，1993：494.

产龙眼、荔枝、柑橘、珍珠，这些特产和南海珠宝源源不断北运。汉朝皇帝曾用南方进贡的龙眼、荔枝赏赐来朝的匈奴单于。此时中原的丝绸、铁器也通过这条水道出海，运销东南亚各国。

汉代合浦郡治设在今浦北县的泉水镇旧州[①]，这里便成了商品集散地之一，郡治外的江湾常有商船云集。除了外地的船只在这里过往停靠，也有一些船只从这里出发，通过南流江开往东南亚各国进行贸易。汉代中国商船从合浦郡出发，远航东南亚各国乃至印度洋地区，据《汉书·地理志》记载，从合浦出发，“船行可五月，有都元国；又船行可四月，有邑卢没国；又船行可二十余日，有谌离国；步行可十余日，有夫甘都卢国；自夫甘都卢国船行可二月余，有黄支国”[②]。都元国在今印度尼西亚苏门答腊西北巴赛河附近，邑卢没国在今缅甸南部萨尔温江入海口附近，谌离国在今缅甸蒲甘城附近，夫甘都卢国在今缅甸卑谬，黄支国在今印度南部。这些古国都在东南亚或印度洋岸边。当然，《汉书·地理志》记载的合浦港主要是指位于现在合浦县廉州镇的乾体港，乾体港的船舶停靠、流量要大许多(这已被考古所证明)。然而，也可以说位于泉水镇旧州的合浦郡治旁边的江湾也是汉代海上丝绸之路的始发港之一。

此外，汉代海南岛曾是合浦郡的辖地，从合浦郡治出发，经乾体港往东行驶，经徐闻海安，再往南行进，渡过琼州海峡，到达海口。那时不仅有郡县官员来往，还有大陆的丝绸、铁器、陶器运出与海南热带水果的运入。

三国时期，士燮任交州刺史，当时钦州属交州合浦郡合浦县。士燮每年向吴国皇帝孙权进贡杂香、细葛，“辄以数千”，还有明珠、大贝、琉璃、翡翠、玳瑁、犀象、蕉、椰、龙眼之属，这些产自北部湾地区的物品，送给朝廷作为贡品。而其他巨商富豪自然也要享受这类奇珍异宝。此外，销往中原的还有蔗糖、柑橙、桂皮、八角、余甘子及海上鱼虾干品等，其中不乏有钦州的产品。

(二)南朝时钦江和隋唐时期大风江(大观港)、乌雷是始发港之一

南朝梁中大通四年(532年)，梁武帝设立安州[③]，因为那时陆上交通不便，把州治建在靠近钦江的久隆镇上东坝地区。从此，州治边的钦江江湾成了舟船停靠的港湾，货物进出、官员出巡沿江沿海地区，以及与外地交往，多从这里出入。

东场镇的唐池岭靠近大风江，是隋唐时期钦州生产陶瓷的厂场之一[④]。从大风

① 浦北县志编纂委员会编.浦北县志[Z].南宁：广西人民出版社，1994：01.
② (汉)班固.汉书(卷二十八下)地理志[Z].北京：中华书局，1985.
③ (清)徐文范.二十五史补编·东晋南北朝舆地表[Z].北京：中华书局，1955：117.
④ 钦州市地方志编纂委员会编.钦州市志[Z].南宁：广西人民出版社，2000：1161.

江大观港把陶瓷装船出海，十分便利。大风江大观港便成为钦州商品运销外地的始发港之一①。唐代陆州（玉山郡）和乌雷县的治所设在犀牛脚的乌雷，乌雷于是成为商品集散地。过往船只多在乌雷停靠，添水备物，然后横渡今钦州港海面和龙门港海面，将货物运往东南亚各国。

（三）宋代钦州博易场、如洪寨是当时的始发港

五代十国时期，中国分裂，南汉国内讧，安南开始自立，导致南汉国逐渐失去对交州、爱州、驩州的控制②。安南自立后，原来与安南地区的国内贸易变成国际贸易。因南汉刘氏政权对安南进行反分裂的斗争，以及北宋初期与安南的斗争，使得钦（州）廉（州）和交趾（安南）无法进行正常货物交易。到了北宋朝廷与安南宗藩关系建立后，钦廉沿海仍遭交趾兵匪袭扰。直到1010年前后，形势才逐渐稳定下来，海上货物运输逐渐恢复。

1012年，安南人提出开设互市的要求，广南西路地方官向宋朝廷奏告："李公蕴乞发人船直趋邕州（今南宁）互市。"宋真宗答复说："濒海之民常惧（安南）侵扰，承前止令互市于廉州及如洪镇。"宋廷未批准在邕州互市，只批准在廉州和钦州的如洪镇互市。如洪镇位于今茅岭和黄屋屯一带，宋代的如洪江即今天的茅岭江，离入海口不远的上方江中有一个岛，叫长墩岛，那个岛就是宋时与安南人进行边贸的地点。安南人用他们的金、银、铜钱、香料、珍珠、象牙、犀角、海鱼等来换中国的布匹、铁器、陶瓷、纸笔等货物，一个小小的岛屿，常常帆樯林立，人来人往。

1023年，钦州州治从灵山县旧州南宾砦迁至安远县城南（今钦州城区），钦州对外贸易日渐发达。1079年，宋廷又同意在钦州城外的东江驿（今大路街）设立博易场，与安南商人贸易。钦州与安南相距一二百里，海上舟楫往来很方便，最近的可以朝去晚回。北宋政府还提供种种优惠条件，派人迎送安南商人，大幅降低税率，并由中国商人负担。因此，钦州博易场的贸易迅速发展，交易额越来越大，多者上千缗（一缗为一千文铜钱）。就连四川商人亦不远千里，带来他们的蜀锦、丝绸进行交易。安南方面除了商人的贸易外，政府也不时派遣贸易使团到钦州采购或出售土特产品。

宋代钦州博易场是中越古代最大的贸易市场之一，钦江东岸常常舟楫云集。据当时在钦州担任教授的周去非的记载："交趾生生之具悉仰于钦"，"昔时安南舟

① 潘乐远.合浦县志[Z].南宁：广西人民出版社，1994：103.

② 中国历史地图集第五册[Z].北京：中华地图学社，1974：87.

楫多至廉，后为溺舟，故更来钦”，“钦之西，安南也。交人之来，率用小舟。既出港，遵岸而行”，“朝发暮至”，“舟楫往来不绝”，小商贩“小小博易”，富商的大宗生意“动辄千缗”，税收方面“止收吾商”①。市场交易多是以物易物，中国货物有布匹、铁器、陶瓷、纸笔等。交趾以米换布，一般“斗米尺布”。钦州博易场自开设互市起，至元代近200年，两地互通有无，解决了中越两国人民所需。

宋朝及以后，钦州的犀牛脚、大番坡，合浦的西场一带生产食盐。这些食盐的运输路线主要有两条：一条路线是用船通过南流江北运到玉林以北；一条路线是用船从水路运到钦州城边或如洪镇交易，然后由挑夫把盐担到桂西北、云南、贵州销售。钦州的盐埠街是古代食盐交易的场所之一，街外的江边是泊船的地方。

元朝初期，元世祖忽必烈三次征讨安南，安南人对华贸易断断续续，宋时水路运输兴旺的景象不复存在。明清时期，钦州对越贸易随着两国关系的好坏而变化，运输的舟船时多时少。晚清时期，钦州坭兴陶外销，从城外钦江发船，东运香港，西出东南亚，回船运回棉纱、药品等货物。

二、钦州在古代海上丝绸之路中所起的作用

（一）始发港作用

上文论及，钦州市境域古时有合浦郡治边的（泉水镇旧州）江湾、安州治所江湾、大风江大观港、如洪镇港、钦州博易场（港）等从本地出发的始发港。本地出产龙眼、荔枝、柑橘、八角、玉桂、沉香、翠羽、高良姜、草豆蔻、草果子、天竺黄等土特产，钦州湾海产有对虾、青蟹、大蚝、石斑鱼、珍珠、玳瑁等海产品，自隋唐时期起又生产许多陶瓷。钦州有本地的港湾，有本地出产的产品，还要上解贡品，能造大船，又有几处港口，具备了始发港的条件。钦州的货物从本地港口装船外运，无需等待过往船只搭载，实现了直达运输，从效益上讲更方便、更合算。

（二）通道作用

钦州市境内有大陆海岸线560千米，钦州湾近岸海域一般风平浪静，沿岸有淡水和物资补给，适合通航，是近两千年来中外船只过往的黄金水道。秦始皇统一岭南，使用这一水道；西汉时期路博德攻打西瓯，航行在这一水道；东汉时期马援征交趾走这一水道；东南亚国家向中国封建王朝进贡物品走这条水道；中国中东部水运货物西出东南亚走这条水道（三国以后，随着更大船只出现和航海技

① （宋）周去非．岭外代答卷五财计门·钦州博易场［M］．知不斋丛书本．

术的进步，中国东部船运货物远航西亚、中东，一般不走钦州湾水路了，多从海南岛东面过)。钦州还有连着这条黄金水道的南流江、钦江、大风江、茅岭江等江河，这几条江河都有港口。尤其是南流江，往北除走小段旱路，经水路可通至长江流域，是岭南西部前往中原的便捷通道。

（三）促进了生产贸易和文化交流

钦州古代是自给自足的农业社会，农业生产虽不以盈利为目的，但是剩余产品可以进行交换。产品能挣钱，就会促使农民多种农作物，扩大生产规模，促进生产发展。钦州有龙眼、荔枝、柑橘、八角、玉桂、沉香等特产，钦州湾海产有对虾、青蟹、大蚝、石斑鱼四大名产，还有珍珠、玳瑁、翡翠、羽毛、高良姜、草豆蔻、草果子、天竺黄、动物杂皮等名贵物产，通过江海联运的水路运往中原和华北地区，中原和华北地区的丝绸、棉布、铁器、纸张、陶瓷也运销钦州及北部湾地区。钦州的货船可以把中国生产的丝绸、棉布、铁器、纸张、陶瓷运销东南亚和印度洋沿岸国家。关于将钦州陶瓷运销东南亚及波斯湾国家，《广东省志·二轻手工业志》有如下记载："唐，广东出产的瓷器和丝绸，通过海上丝绸之路，大量输往东南亚和中东等地……广州西村皇帝岗、佛山石湾、钦县紫砂窑均有名。"[①]1950年以后，考古学家在西沙群岛的礁盘沙滩上，发现了当时过往沉船散落的瓷器，其中有的产自广州皇帝岗，有的产自佛山石湾、合浦、钦县[②]。钦县就是指今天的钦州。

通过钦州古代海上丝绸之路，常有外国商船来华贸易。宋朝钦州教授周去非记载道："大食国（今伊朗等国）之来也，以小舟运而南行。至故临国，易大舟而东行。至三佛齐国，乃复如三佛齐之入中国。……诸蕃国（东南亚各国）之入中国，一岁可以往返。唯大食必二年而后可。"[③]

钦州古代海上丝绸之路沟通了钦州与中原地区和海外国家的联系，通过人与人的交流，货物互通，增加了彼此间的了解，使钦州了解世界，也使世界认识钦州，传播了文化，增进了友谊。

三、钦州成为古代海上丝绸之路重要一环的原因

（一）优越的地理位置和港口条件

钦州地处中国西南沿海地区，濒临北部湾，大陆海岸线560千米。古代这里

① 广东省志·二轻手工业志[Z].广州：广东人民出版社，1995：08.

② 广东省志·二轻手工业志[Z].广州：广东人民出版社，1995：66.

③（宋）周去非.岭外代答卷三外国门下·航海外夷[M].知不斋丛书本.

的沿海江河提供了丝绸之路上的天然良港，有通向海内外的黄金水道。

钦州是中国距离东南亚最近的地区之一，其中距离越南200千米，距离马来西亚1000千米，比中原地区南下东南亚近1500千米以上，比从古代始发港徐闻港出海西出东南亚近200千米以上，比从古始发港福建泉州港西出东南亚近1000千米以上。所以，从钦州出发到东南亚地区，运输距离最短，既省时，又省人力、物力。

（1）钦州市境内古代始发港——今浦北县泉水镇的江湾，向南航行100多千米，可到北部湾顶端的乾体港，由此向西沿海岸航行，可达东南亚和印度洋沿岸国家；向东可至雷州半岛、海南岛沿海港口，继续沿大陆海岸线往东航行，可达泉州等华东沿海港口；从合浦郡治江湾沿南流江北上，可经桂门关转北流江、西江水路，再溯漓江，过灵渠，进入长江流域，再往北可达中原地区。特别指出的是，秦汉时期，在江河运输的木船一般都是能载两三千斤货物的小船，南流江水路基本上能够满足通航要求。北部湾地区的船只通过南流江水路向中原运货，可比经徐闻、泉州、上海等地进入长江再往北运输要省上千里的路程，还可避免海上行船被台风、大浪袭击的危险，这是经南流江向北发船的好处。汉朝合浦港是《汉书·地理志》记载从中国南部沿海出发驾船驶向南洋、印度洋各国的始发港之一，是当时的重要水上通道，其百船竞发的兴盛景象大致延续几百年，之后日渐衰落。

（2）安州城外的钦江港湾，是因为安州的设立而成为港口，那时水深江宽。民国《钦县志》载："钦江亦称东江，上游无汊江，从江直上达陆屋；下游在盐埠分汊……上游为驳船航路，下游为大帆船航路。""钦江潮水涨时……到久隆下……可通大驳（船）。"[①] 古时钦江水更深，涨潮时船可载几千斤货物从州城外的江湾出茅尾海，经龙门港向东，通达雷州半岛，北上华东沿海，或南下海南岛；也可经龙门港及今钦州港海面西出东南亚各国。此港是钦廉地区重要的内河港口。

（3）位于钦州与廉州交界的大风江大观港，是江海交汇的地方。民国《钦县志》记载："大观港范围，由沙浪角到沙角，计直长四十余里，计横阔上狭下宽，狭处有二里许，宽处有十三四里，大三桅船任可行驶，出至大观港外，与龙门港各大船出至三墩外，可取同一路线，西南往东兴、海防，东往北海、安铺、乌石、海口、澳门、香港。"[②] 东汉时期马援征交趾，曾在此港湾操练水军。隋唐时

① 陈德周.民国钦县志[Z].民国三十五年石印本.8.

② 陈德周.民国钦县志[Z].民国三十五年石印本.9.

期，钦州生产的陶瓷多从此港运出。大观港是钦、廉两州内河重要的港口之一，出海线路大致与安州城外的钦江港相同。唐朝在犀牛脚乌雷建立陆州治所及乌雷县治，乌雷海湾既是过往港，又成了始发港。

（4）如洪镇（港）和钦州博易场（港）是宋朝特批设立的中越贸易场所。如洪镇位于渔洪江（今茅岭江）的如洪寨（今康熙岭、黄屋屯一带）长墩岛，四面环水。民国《钦县志》载："长墩以下，可驶大船。"乘小船向北，可通到大寺、那蒙、小董；向南经茅尾海出龙门港和今钦州港海面，可通往越南沿海各地。钦州博易场位于钦州老城对面的大路街，是继如洪镇之后开放的中越贸易场所。从钦州乘船至安南北部，才200千米路程，"朝发暮至"，"舟楫往来不绝"，"昔时安南舟楫多至廉，后为溺舟，故更来钦"。在钦州设立博易场，还可避免驾船到廉州的奔波和可能覆船的危险。

（二）钦州是连接中国与东南亚国家的桥梁

秦代今钦州市境和今越南北部的谅山、高平等地同属于象郡辖地。汉代中国疆域扩大到今越南中部的岘港地区，与林邑国接壤，在北仑河至岘港陆上地区设立交趾、九真、日南3郡，与合浦郡（当时钦州隶属合浦郡）同为交州辖地①。直到唐代，钦州隶属岭南西道，而由交趾、九真、日南3郡改成的交州、爱州、驩州3州则隶属安南都护府（治今越南河内），管理西南边疆军政事务②。从秦朝至五代十国时期，中国管治越南北部近千年，独立后又长期与中国保持宗藩关系，向中国进贡。直到近代沦为法国的殖民地之前，越南都使用模仿汉字创制的字喃，官僚制度也模仿中国，生活习俗许多与钦州相近。因此，宋代交趾要求与钦州开设贸易场所，是很自然的事情。

钦州除了与越南很近外，往南往西有马来西亚、印度尼西亚、泰国、缅甸等沿海国家。因为中国南北朝时期战乱连连，人民大量南迁，部分迁到东南亚上述各国。元、明、清时期也有南迁的情况，尤其是岭南人南迁的更多。于是南洋各国有了华人华侨，形成华人华侨社会，因为有相同的风俗习惯和需求，通商有更好的基础，从而也更有利于从钦州出发，把商船开往南洋各国，与之进行货物贸易。同时，也通过当地的华人华侨穿针引线，与当地原住居民开展贸易往来。钦州与南洋各国往来越来越多，钦州成为连接中国与南洋国家的桥梁，南洋各国也

① 谭其骧主编.中国历史地图集（第二册）[Z].北京：中华地图学社，1974.

② 谭其骧主编.中国历史地图集（第五册）[Z].北京：中华地图学社，1974.

成了中国连接世界的桥梁。

（三）钦州有丰富的物产

钦州是亚热带季风气候向热带雨林气候过渡的地区，农产品、海产品比较丰富。除产稻谷等粮食作物外，盛产龙眼、荔枝、柑橘、八角、玉桂、沉香等特产。直到现在，灵山还有1400年的老荔枝树。钦州湾海产有鱿鱼、墨鱼、鲍鱼、沙虫、对虾、青蟹、大蚝、石斑鱼等海上名产，还有珍珠、玳瑁等名贵物产。隋唐时期，钦州就盛产陶瓷，今东场镇唐池岭还有遗留的窑址。《广西通志·二轻工业志》对钦州的陶瓷业也有记载："隋唐五代十国时期，广西地区手工业有了进一步发展……这时期的瓷器制造业相当发达，钦州、桂平、灌阳出产的陶瓷器都相当有名。"①据明嘉靖《钦州志》记载："唐，钦州（宁越郡）贡金、银、翠羽、高良姜；国朝，草豆蔻十八斤、草果子一百二十斤、天竺黄一两六钱、杂皮四百五十张。"②可见钦州出产上述物品，并为钦州各港装船运输贸易、进贡朝廷提供了物质基础。

（四）钦州能造较大较好的船舶

宋朝钦州教授周去非在《岭外代答》中写道："钦州海山有奇材二种：一曰紫荆木，坚类铁石，色比燕脂，易直，合抱，以为栋梁，可数百年。一曰乌婪木，用以为大船之柂，极天下之妙也。蕃舶大如广厦，深涉南海，径数万里，千百人之命，直寄于一柂。他产之柂，长不过三丈，以之持万斛之舟，犹可胜其任，以之持数万斛之蕃舶，卒遇大风于深海，未有不中折者。唯钦产缜理坚密，长几五丈，虽有恶风怒涛，截然不动，如以一丝引千钧于山岳震颓之地，真凌波之至宝也。此柂一双，在钦直钱数百缗，至番禺、温陵，价十倍矣。"③

钦州宁氏家族人士曾有四人担任安州（后来改为钦州）的刺史。宁氏家族来自北方的山东地区，受过良好的教育，他们带来中原先进文化，尤其是宁长真努力学习造船技术，在隋朝大使何稠的帮助下造出大船。更关键的是，使用本地出产、质地坚韧的乌婪木建造大船的柂（舵），使可乘数百人的大船在大海发生大风浪时仍能安全行驶，这样就大大增强了运力和远航能力。这种大船既可载人运货，也可作为战船，在北部湾上频繁航行。

总之，钦州成为古代海上丝绸之路的重要一环，具有国际性的黄金水道，有本地的物流和港口。汉朝合浦港是《汉书·地理志》记载从中国南部沿海航行至

① 广西通志·二轻工业志[Z].南宁：广西人民出版社，2003：11.

② （明）林希元，陈秀南点校.嘉靖钦州志卷三[Z].中国人民政治协商会议灵山县委员会文史资料委员会编印.

③ （宋）周去非.岭外代答（卷六）器用门·柂[M].知不斋丛书本.

南洋、印度洋各国的始发港之一，是当时中国重要的水上通道，其百船竞发的兴盛景象大致延续数百年，之后日渐衰落。安州城外的钦江江湾、陆州城外的乌雷海湾成为始发港，主要是建立州城而形成的。大风江的大观港是因运输陶瓷等物品而形成。这些港湾主要供北部湾区域内船舶来往使用。钦州博易场、如洪镇（寨）是中越两国通过海路互市贸易的主要场所。

纵观钦州两千余年来的水路交通史，它的江和海是中国与南洋诸国水上往来不可或缺的黄金水道，不管是从朝廷开出的楼船，还是商船从广东徐闻西出南洋、印度洋，还是印度洋、东南亚各国从海上前来中国贸易、进贡中原王朝，曾经都要经过钦州沿海这条黄金水道。同样，钦州也有商船开往各地。可以说，钦州在海上丝绸之路中曾扮演着重要角色。

本文原刊于《广西地方志》2015年第一期。作者：黄立廉，钦州市地方志办公室科长。

“南海一号”与宋代广西北部湾的对外交往

吴小玲

【摘　要】宋代中国南海海上贸易空前繁荣，留给后人的最直接航海物证是“南海一号”古沉船的发掘。在汉代海上丝绸之路开辟与广西北部湾港口形成的基础上，随着宋代南海海上丝绸之路航线的改变，广西北部湾主要以安南等东南亚小国为交往对象，中心港口移至钦州，钦州博易场等地成为主要的贸易场所。“南海一号”发掘地所在的阳江外海面是商船从广州、福建港口经由北部湾到南海各国的经过地，也是广州与钦州间来往商船的经过地。广西北部湾港口特别是钦州港的对外交往是宋朝海外交往繁荣发展的一个缩影。

【关键词】南海一号；广西北部湾；海上丝绸之路；宋代钦州

自汉代起，以合浦、徐闻等为起点的中国南海海上丝绸之路的开辟，开辟了中国古代以船只为载体，以航海技术为依托，以海外贸易为主要目的的绵延于东西数十国间的海上贸易通道，它与西北大陆的古丝绸之路一起，共同成为连接东西方两大文明的桥梁。到宋代，由于南海海上丝绸之路航线的改变，曾作为汉代海上丝绸之路的启航点和必经之地的广西北部湾沿岸主要以安南等东南亚小国为交往对象，中心港口移至钦州，钦州博易场等地成为主要的贸易场所，它成就了宋代南海海上丝绸之路的局部繁荣。“南海一号”是20世纪80年代发现于广东阳江海域的宋代沉船，是迄今为止考古发现的年代最久远、保存最完整、文物储存最多的远洋货船。“南海一号”古沉船的发现和打捞，是宋代中国南海海上贸易继续得到大发展的重要物证，它与现存古文献资料共同见证了广西北部湾沿岸港口在宋代海上丝绸之路上的变化。

一、汉代海上丝绸之路的开辟与广西北部湾港口的形成

“自日南障塞、徐闻、合浦船行可五月，有都元国；又船行可四月，有邑卢没国；又船行可二十余日，……自武帝以来皆献见。有译长，属黄门，与应募者俱入海市明珠、璧琉璃、奇石异物，赍黄金杂缯而往……黄支之南，有已程不国，

汉之译使自此还矣。”[①]根据这一记载，汉武帝的船队将中原的黄金、杂缯（丝织品）沿着内陆水路过五岭、沿南流江而下，抵合浦港出海，向西过大观港、乌雷岭（今钦州犀牛脚）到达交趾，随后沿着交趾（越南）海岸前行穿过马来半岛，到达黄支（印度东海岸）等地。海外各国的货物到合浦等地上岸后，沿水路北上汉中（长安）或溯江至西南地区贸易，形成了海上丝绸之路与内地的贸易往来。东汉（公元83年）后，随着零陵峤道即湘桂走廊的扩建，更多的船只选择以北部湾为终点，海上丝绸之路通向了罗马（大秦），“到桓帝延熹九年，大秦王安敦遣使自日南徼外献象牙、犀角、瑇瑁，始乃一通焉”[②]。由于当时陆路交通不发达，航海技术水平较低，加上北部湾北部属季风气候区，沿海岸航行、依靠地文导航、取得沿途岛屿的补给是大规模航海活动最可行的办法，合浦港是汉代海上丝绸之路的始发港之一，广西北部湾沿岸是海上丝绸之路的必经地区。

由于汉代航海业刚刚起步，港口建设仍很简陋，航海活动大多是群众自发的、零散的，只要是适合于船只出航或泊岸之处都是出海港，官方所利用的也只能是民间认可的条件较为优越的出海港。因此，汉合浦港应该是指以合浦郡的一个中心港（官方的出海港）为主的多个港口的集合，其范围应包括今北部湾范围内的安铺港、铁山港、北海港及钦州龙门港等沿海港口[③]。

二、宋代南海海上丝绸之路航线的改变

“自合浦徐闻南入海，得大洲，东西南北方千里。”[④]合浦和徐闻在汉代的繁荣，使从雷州半岛到海南岛的海上交通路线得以开辟，一批批汉军从合浦徐闻渡海到珠崖、儋耳，海南岛及西沙群岛、南沙群岛得以开发与经营。在此基础上，由于“海南四郡之西南，其大海曰交阯洋。中有三合流，波头涌而分流为三：其一南流，通道于诸蕃国之海也。其一北流，广东、福建、江浙之海也。其一东流，入于无际，所谓东大洋海也。南舶往来，必冲三流之中，得风一息，可济。苟入险无风，舟不可出，必瓦解于三流之中。传闻东大洋海，有长砂石塘数万里，尾闾所泄，沦入九幽。昔尝有舶舟，为大西风所引，至于东大海，尾闾之声，震汹无地。俄得大东风以免”[⑤]。到三国至南朝时，由广州出发，经海南岛以东、西沙群岛北礁到

① （汉）班固，（唐）颜师古注.汉书·地理志（卷二八）[M].北京：中华书局，1982.
② （南朝宋）范晔，（唐）李贤注.后汉书（卷一一八）[M].北京：中华书局，1965.
③ 李志俭.试论北海港的历史地位[J].南宁：广西地方志通讯，1985(2).
④ （汉）班固，（唐）颜师古注.汉书·地理志（卷二八）[M].北京：中华书局，1982.
⑤ （宋）周去非，杨武泉校注.岭外代答（地理门）[M].北京：中华书局，1999.

东南亚诸国的新航线逐步得以开辟，这比经徐闻、合浦等处曲折航行的航程大为缩短，航行时间减少，降低了运输成本。特别是随着造船工艺及航海技术的进步，远洋船只可以脱离海岸线在茫茫大海中航行，走更远的路和更复杂的航线，抵达更多的国家。广州在六朝之后，逐步成为中国南方海外贸易的中心，北部湾航线及徐闻、合浦港的重要性开始下降。

据《新唐书·地理志下》记载，唐代的四条国际路线，其中一条为“广州通海夷道”，路线所及范围已经自广州延伸至印度洋、波斯湾及东非海岸。交州和广州同为唐代中国南方地区的两大对外贸易港口，“南海舶，外国船也，每岁至安南、广州”[①]，交(州)、广(州)之间也相互贸易，“每岁，广州常发铜船过安南货易”[②]。宋代，海外贸易继续扩大，南海海上丝绸之路的线路不断延伸：商人们由泉州、广州等地出发，穿越南海到达中南半岛，随后穿越马六甲海峡，到达包括印度、东非、阿拉伯半岛、红海沿岸在内的整个印度洋沿岸地区，再经过分支商路，抵达北非和近东。广州与交趾之间仍有正常贸易往来，由于“福建、两浙海滨多港，忽遇恶风，则急投近港”，自广州而东，海道易行，而“广西海岸皆砂土，无多港澳，暴风卒起，无所逃匿。至于钦、廉之西南，海多巨石，尤为难行”[③]，广州而西到交趾的海道难行。三佛齐国为诸国海上要道，也是域外各国从海上至中国的必由之路，《岭外代答》“航海外夷”载三条航线，一是从三佛齐出发，至中国之境；一是从占婆出发，要稍西北行舟，过十二子石，与三佛齐至中国航线合；一是从大食出发，乘小舟南行，至故临国，易大舟而东行，到三佛齐，再至中国。这里却仍记载从三佛齐经屯门至广州、经甲子门至泉州两条航线，没有再言及至廉州的航线。可见，宋代南海海上丝绸之路不再以广西北部湾沿岸为必经之道，廉州(合浦)已失去当年汉代海上丝绸之路中的地位。

三、宋代广西北部湾地区对外交往的特点

在宋代海上对外交往繁荣发展的背景下，广西北部湾地区对外交往发生新变化，主要以安南等东南亚小国为交往对象，中心港口移至钦州，钦州博易场等地为主要的贸易场所。

① (唐)李肇.唐国史补(卷下)[M].上海：古籍出版社，1979.

② (唐)刘恂.岭表录异·海鳝鱼[A].王叔武校，林超民.西南古籍研究(2001年)[C].昆明：云南大学出版社，2002.

③ (宋)周去非，杨武泉校注.岭外代答(地理门)[M].北京：中华书局，1999.

(一)广西北部湾通安南的交通进一步贯通，钦州经海路到交趾是最便捷的通道

早在唐朝时，由于廉江的入海口被淤泥堵塞，加上廉州通交趾的必经之地乌雷岭前有长数百里的砂碛直入大海中，“海舶遇之輙碎”[①]，朝廷积极寻找新的通道，“唐贞观中(贞观十二年，公元638年)，清平公李弘节遣钦州首领宁师京寻刘方故道，行达交趾，开拓夷僚，置襄州(今上思一带)”[②]，修筑从钦州通襄州的道路，直抵交趾。“初交趾以北，距南海有水路，多覆巨舟”，唐咸通八年(867年)三月，高骈奏请开凿通往交趾的水道天威径(潭蓬运河)[③]，从此经钦州海面出安南的船只无须绕过白龙尾，可直接穿过天威径直达交趾，缩短了航程。宋朝立国后，重视发展通往交州的海路，开宝五年(972年)，朝廷“令海门(今广西合浦)造船通交州道”[④]。这样，宋代广西通安南的道路主要有五条：一是“自邕州左江永平寨，南行入其境机榔县，过乌皮、桃花二小江，至浦定江，……凡四日至其国都”[⑤]；二是“自太平寨东南行，过丹特罗江，入其谅州，六日至其国都”；三是自右江温润寨入其国；四是自安南的永安州，用小舟至钦州港，朝发暮到[⑥]；五是自钦州水陆兼行，“自钦西南舟行一日，至其永安州。由玉山大盘寨过永泰、万春，即至其国都，不过五日。”[⑦]自钦州经海路到交趾是最便捷的通道。

(二)钦州成为中越官方使者往来的必经之地

“钦、廉皆号极边，去安南境不相远。”[⑧]宋以后的史书，常称廉州“旧时为入安南之道”，可见此前的廉州是入交趾的主要道路。宋代，钦州通交趾，陆路可由襄州直达交趾，海路可渡海出安南。安南“东有小江过海至钦、廉”[⑨]，其国人一般是“率用小舟，既出港，循崖而行，不半里即入钦港。正使至廉，必越钦港。乱流之际，风涛多恶。交人之至钦也，自其境永安州，朝发暮到”[⑩]，十分便利。由于从钦州至廉州的航线“乱流之际，风涛多恶”，“异时安南舟楫多至廉，后为

---

① (宋)周去非，杨武泉校注.岭外代答(地理门)[M].北京：中华书局，1999.

② (后晋)刘煦.旧唐书(卷四一)[M].北京：中华书局，1975.

③ (后晋)刘煦.旧唐书(卷一九)[M].北京：中华书局，1975.

④ (宋)李焘.续资治通鉴长编(卷一三)[M].上海：中华书局标点本，1995：298.

⑤ (宋)周去非，杨武泉校注.岭外代答(外国门上，安南国)[M].北京：中华书局，1999.

⑥ (宋)周去非，杨武泉校注.岭外代答(地理门)[M].北京：中华书局，1999.

⑦ (宋)周去非，杨武泉校注.岭外代答(外国门上.安南国)[M].北京：中华书局，1999.

⑧ (宋)周去非，杨武泉校注.岭外代答(地理门)[M].北京：中华书局，1999.

⑨ (宋)周去非，杨武泉校注.岭外代答(外国门上，安南国)[M].北京：中华书局，1999.

⑩ (宋)周去非，杨武泉校注.岭外代答(边帅门)[M].北京：中华书局，1999.

溺舟，乃更来钦”[①]，在邕州、钦州道路畅通之后，廉州一道逐渐衰落，钦州港取代了廉州的地位。“正使至廉，必越钦港”，钦州成为中越两国官方使者往来的必经之地。如授予王的称号、吊祭国王时，宋朝皇帝皆遣使经钦廉传达旨意。特别是钦州成为当时接待使者的边邑，安南使者完成朝贡使命后，曾乞由钦州归国，或有安南使者至钦以乞求入贡。如宋嘉佑五年(1060年)，交趾寇邕州，杀五巡检骤。余靖为广西体量安抚使，移檄交趾。交趾即“械五人送钦州，斩于界上”[②]这事发生在邕州，却移交至钦州处理，很大程度上是考虑到道路的便捷。元丰四年(1081年)十二月，宋神宗诏令广西经略司指挥“自今有赐安南诏命，令钦州关报本道，候遣人至界首迎接，乃得付之”[③]。此外，两国投递公文也主要以钦州为通道，“钦州探海往其郡永安州投公文，不容民间交语，馆之骤亭，速遣出境，防之甚密。其国人贡，自昔由邕或钦入境。盖先遣使议定，移文经略司，转以上闻。有旨许其来，则专使上京，不然则否。”[④]

据统计，宋代来华朝贡的国家有26个，朝贡次数达302次，其中安南45次，占城56次，真腊、三佛齐33次，大食40次[⑤]，宋代接受海外国家朝贡较多，也能反映宋代经过广西北部湾等地的朝贡贸易的繁荣。

(三)设立了专门管理对外贸易的机构

宋朝“……自东北而西南，其行至钦州止矣。沿海州郡类有市舶”[⑥]。1010年，北宋朝廷准许在廉州及钦州如洪寨(今钦州黄屋屯一带)设互市，在廉州设沿海巡检司“掌番货海船征榷之事”[⑦]，具有市舶的职责。钦州“港口置抵掉寨以谁何之，近境有木龙渡以节之，沿海巡检一司，迎且送之”[⑧]。进一步加强了管理和防守。

(四)钦州博易场成为中国西南地区对外贸易的主要交易地

大中祥符二年(1010年)，安南王遣使要求互市于邕州，宋真宗予以拒绝，要求遵旧制“止许廉州及如洪寨互市(今钦州市钦南区黄屋屯镇)”[⑨]，这说明此前如洪寨已是中越边民的交易场所。为了便于与安南交易，元丰二年(1079年)六月，广南西路经略使上言“钦、廉州宜各创驿安泊交人，就驿置博易场，委州监押、

① (宋)周去非，杨武泉校注.岭外代答(边帅门)[M].北京：中华书局，1999.

② 朱熹.五朝名臣言行录·尚书余襄公(卷9，四部丛刊本)[M].北京：图书出版社，2003(11)：24

③ (宋)李焘.续资治通鉴长编(卷三二一)[M].上海：中华书局标点本，1995.

④ (宋)周去非，杨武泉校注.岭外代答(外国门上，安南国)[M].北京：中华书局，1999.

⑤ 李云泉.略论宋代中外朝贡关系与朝贡制度[J].山东师范大学学报(人文社会科学版)，2003(2)：101-104.

⑥ (宋)周去非，杨武泉校注.岭外代答(外国门下、航海外夷)[M].北京：中华书局，1999.

⑦ 冯承钧.中国南洋交通史[M].北京：商务印书馆，1998：167.

⑧ (宋)周去非，杨武泉校注.岭外代答(边帅门)[M].北京：中华书局，1999.

⑨ (宋)李焘.续资治通鉴长编(卷七二)[M].北京：中华书局标点本，1995：1644.

沿海巡检兼管勾"①，从之。于是置有江东驿，钦州博易场诞生，它取代如洪寨成为对外贸易场所。

钦州博易场是以中越两国商民交易为主的国际贸易市场。《岭外代答》卷五《钦州博易场》记载了双方在博易场进行贸易的情况。从商人的数量、商品的种类、贸易的规模上都反映了当时贸易的繁盛景象。

前来钦州贸易的交趾商人有"其国富商"，他们由"永安州移牒于钦(州)"，履行入境申报手续，但只能"谓之小纲"；另有交趾官府组织的贸易团队，即"其国遣使来钦，因以博易，谓之大纲"；还有做小买卖的交趾边民"谓之交趾蜑"。宋朝商人，"富商自蜀贩锦至钦，自钦易香至蜀，岁一往返"，小商则是"近贩纸、笔、米、布之属，日与交人少少博易"，"斗米尺布"②，规模较小。

在博易场交易的物品种类较多。有日用品，如交趾商人"以鱼、蚌易斗米尺布"，出售的食盐"二十五斤为一箩"。宋朝商人贩易的有米、布、纸、笔等，"交趾生生之具，悉仰于钦"。两国间更多进行的是奢侈品贸易，如交趾富商"所赍乃金银、铜钱、沉香、光香、熟香、生香、真珠、象齿、犀角"，来自四川的富商则贩蜀锦，此外琥珀也是交易的物品，钦州人"持以往博易场，卖之交趾，骤致大富"③。有些商品产自交趾，如"光香，出海北及交趾，与笺香同，多聚于钦州"，有的是从交趾转贩来的其他国家产品，如"沉香来自诸蕃国者，真腊为上，占城次之"，"凡交趾沉香至钦，皆占城(沉香)也"④。奢侈品交易的规模较大，"每博易动数千缗"。此外，两广稻米"常岁商相转贩，舶交海中"⑤。用于制造船柁的乌婪木，"在钦州只数百缗，至番禺、温陵，价格增十倍"⑥。南方号称桂海，桂枝、肉桂、桂心的药用价值皆很高，"桂产于宾、钦二州，于宾者，行商陆运致之北方；于钦者舶商海运，致于东方"⑦。合浦海中产珍珠，"蛋人采珠，黠民以升酒斗粟易之，分等级卖入城中，又经数次倒卖，至京师"⑧。广西瑶峒中多沙木，当地人将沙木"劈作大板，背负以出，与省民博易。舟下广东，得息倍称"⑨。

宋代钦州博易场，不仅商品种类繁多，而且商业博弈激烈，甚至出现欺诈，

① (宋)李焘.续资治通鉴长编(卷二九八).[M].北京：中华书局点校本，1995：7260.
② (宋)周去非，杨武泉校注.岭外代答(财计门)[M].北京：中华书局，1999.
③ (宋)周去非，杨武泉校注.岭外代答(财计门)[M].北京：中华书局，1999.
④ (宋)周去非，杨武泉校注.岭外代答(香门)[M].北京：中华书局，1999.
⑤ 朱熹.与建宁诸司论岩济札子[A].晦庵先生朱文化文集(卷二五)[C].四部丛刊本.北京：图书馆出版社，2003(11).
⑥ (宋)周去非，杨武泉校注.岭外代答(器用门)[M].北京：中华书局，1999.
⑦ (宋)周去非，杨武泉校注.岭外代答(花木门)[M].北京：中华书局，1999.
⑧ (宋)周去非，杨武泉校注.岭外代答(宝货门)[M].北京：中华书局，1999.
⑨ (宋)周去非，杨武泉校注.岭外代答(花木门)[M].北京：中华书局，1999.

具备了相对成熟市场的特征。如宋朝商人与交趾商人间常有价格心理战，“各以其货互缄，逾时而价始定。既缄之后，不得与他商议。其始议价，天地之不相侔。吾之富商，又日遣其徒为小商以自给，而筑室反耕以老之。彼之富商，顽然不动，亦以持久困我。二商相遇，相与为杯酒欢，久而降心相从”，在其中撮合交易的“侩者”则“左右渐加抑扬，其价相去不远，然后两平焉”。官府主要起监督作用，“官为之秤香交锦，以成其事”，按“实钱一缗征三十”[①]的比例收取宋朝商人的交易税。在交易过程中，不可避免会出现相互间的欺诈，“率以生药之伪，彼则以金银杂以铜，至不可辨，香则渍以盐，使之能沉水，或铸铅于香窍以沉之”[②]。

（五）钦州成为广西沿海及越南等周边地区的一个中心市镇

“州府治城和县邑市镇在东南市场等级网络中起到了各级中心地的作用。一大批因海外贸易而兴起和繁荣的市镇也是如此。它们不仅是舶货聚积之地，也是周围地区的市场中心地。每一个贸易港口都能在一定程度上起到带动周围市场发展的作用”[③]。宋代的钦州，始设如洪寨，后设博易场，特别是钦州博易场吸引了交趾商人等远近居民聚此交易，它不仅是香药宝货进出口的交易之所，而且成为各种商品聚集的中心市场，具备了相对成熟市场的特征，兼有货物聚积之地和带动周围市场发展的双重作用。由钦州博易场等地所呈现的贸易繁荣在南宋时期仍继续保持，如南宋绍兴三年（1133年）十月，广南东西路宣谕明橐谈两广边郡透漏生口、铜钱事时说到：“邕、钦、廉三州与交趾海道相连，逐年规利之徒贸易金、香。”[④]绍兴二十八年（1158年）二月，知钦州戴万言：“邕、钦、廉州与交趾接，自守倅以下所积俸余，悉皆博易。”[⑤]都说明了广西钦州、廉州等地与交趾贸易所出现的繁荣景象。

四、宋代广西北部湾海上对外交往与“南海一号”的关系

宋代，中国的对外交往重心由西北陆路转向东南海洋，海外贸易迅速发展。东南沿海出现了一批对外贸易的港口，如泉州、明州、广州等。南海航线是宋代海外交通的重要航线，从中国的泉州或广州港出发，经南海南下可至中南半岛、菲律宾群岛、阿拉伯半岛等地，甚至远及东非、地中海沿岸。在广南西路沿海，

① （宋）周去非，杨武泉校注.岭外代答（财计门）[M].北京：中华书局，1999.
② （宋）周去非，杨武泉校注.岭外代答（财计门）[M].北京：中华书局，1999.
③ 龙登高.宋代东南市场研究[M].昆明：云南大学出版社，1994.
④ 李心传.建炎以来系年要录（卷六九.绍兴三年十月戊戌）[M].文渊阁四库全书影印本.北京：中华书局，1956（7）.
⑤ 徐松.宋会要辑稿（刑法二之一四七、食货三八之三七）[M].北京：中华书局，1957（11）.

沿钦州、廉州海岸南下即达交趾，并可下南海诸国。宋代广西北部湾海上对外交往的繁荣是海上丝绸之路繁荣的一个局部体现。

"南海一号"发掘地所在的广东阳江外海面是商船从广州、福建港口经由北部湾到南海各国的经过地。在中国早期航海还依赖于沿海岸线行使，以确保航海安全及食物来源保障的情况下，广西北部湾凭借其特殊的地理位置成为汉代南海海上丝绸之路的始发港和必经之地。但当轮船能够脱离海岸线在茫茫大海上航行，由广州可直抵今爪畦，再经巽他海峡或马六甲海峡至印度，缩短航海距离和时间后，广西北部湾的钦州、廉州等地对外作为对安南国管制绥服的中点站，对内作为货物外运的港口，其地位和作用远远比不上泉州、明州、广州等地。但尽管如此，由于当时广州设市舶司，其外销瓷器的运输量大，一旦满足不了运输需要，就必须另辟港口。广西沿海各港口是与东南亚交往的最便捷的出海通道，便成为当时的对外贸易港口，所运送的是当时外销的主要货物即各地生产的陶瓷器。从实际情况来看，从广州出海的商船，大的商船可以直接跨海而行，经海南岛到马来半岛再西行，缩短行程。而小的商船由于续航能力有限，不敢跨海航行，只能沿海岸航行，不但能避风暴，还可以补充淡水及粮食给养。它们往往从广州出发，西行经过广西北部湾诸港，南下越南经马来半岛再西行。"南海一号"沉船就是欲西行的小船，该船集中了江西景德镇窑、福建德化窑、浙江龙泉窑等中国古代名窑的瓷器，估计是从广州或福建港口起航，经阳江往西沿北部湾海岸再向南洋诸国行驶，结果却在阳江外海面沉没。此外，近年来越南海域附近也出水了中国宋代沉船，都是经广西北部湾各港口出去的。从考古发掘来看，近年来在今防城港市公车镇下港村的松柏港发现了唐宋时的窑址，所烧的是常见的外销瓷。1987—1990年，在浦北县共发现了9处宋代窑址，其中寨圩窑的饰纹有莲花和菊花，属外销瓷的刻花方式①。这说明，宋代泉州、广州的一部分商船经过北部湾海域向南航行，刺激了广西北部湾地区的陶瓷生产和对外贸易。号称中国四大名陶之一的钦州坭兴陶，其起源可追溯到隋朝，到宋朝时有较大发展，也与南海海上丝绸之路上繁荣的陶瓷运输的影响有关。

"南海一号"的发掘地也是广州与钦州之间来往商船的经过地。当时，广州是广南地区交通的总枢纽，从广州沿海岸西行可达钦、廉两州。广州当时生产的远洋船"木兰舟"属"持万斛之舟"，其桅杆长3丈，动辄行驶数万里，桅杆是否

---

① 覃芳.广西古代环北部湾陶瓷制造业[A].王锋.北部湾海洋文化研究[C].南宁：广西人民出版社，2010(10)：113-115.

结实是关键，“唯钦产缜理坚密”，一定要用钦州出产的纹理坚密的乌婪木制造。“钦州海山，有奇材二种：一曰紫荆木，坚类铁石，色比燕脂，易直，合抱。以为栋梁，可数百年。一曰乌婪木，用以为大船之柂，极天下之妙也。”紫荆木，坚硬似铁，色如燕脂，数百年不腐坏；乌婪木，专门用来造大船之桅杆。造一双桅杆的乌婪木料，在钦州山中价值不过数百缗，“至番禺、温陵，价十倍矣”[①]即一运到广州，就翻涨10倍，仍供不应求。由于以广州为中心的海外贸易的发展，造船业的兴盛，对钦州乌婪木和紫荆木的需求不断，钦州与广州之间有较频繁的往来。

综上所述，中国海上贸易空前繁荣，留给后人的最直接的航海物证就是“南海一号”沉船的发掘。“南海一号”所反映的经由中国南方沿海的对外交往是宋代中国海外交往总特征的体现，它与古文献资料一起共同证实了广西北部湾沿岸港口在宋代海上丝绸之路上的变化。广西北部湾沿海港口特别是钦州的繁荣是宋朝海外交往繁荣发展的一个局部缩影，其客观影响可与汉代海上丝绸之路相提并论。当然，进一步探讨广西北部湾沿海这个自古便拥有航海传统、汉代成为海上丝绸之路始发港、宋代又与安南等国有频繁贸易往来的地区，此后为什么没有能够发展成为对外贸易大港的原因，也成为广西北部湾进一步加大对外开放开发的一个重大课题。

本文原刊于《广西民族研究》2012年第一期，是广西文科中心“科学研究工程”2010年度开放基金课题资助项目“广西北部湾开放开发史”的研究成果。作者：吴小玲，广西高校人文社会科学重点研究基地钦州学院“北部湾海洋文化研究中心”执行副主任，教授。

① (宋)周去非，杨武泉校注.岭外代答(器用门)[M].北京：中华书局，1999.

广西北部湾地区明清时期的海商文化与移民

吴小玲

【摘　要】明清时期，广西北部湾地区成为中国私人海上贸易较为兴盛的地区，一批商船往来于北部湾近海和南洋各地，为广西北部湾移民海外提供了交通条件；华侨华人在海外的广泛分布，为北部湾海商建立了一个商业网络，并为广西北部湾地区的持续海外移民奠定了基础。广西北部湾海商文化在成长和发展过程中形成了独特的特色，明清持续的移民潮为海商文化的发展提供了社会基础。

【关键词】广西北部湾；私人海外贸易；海商文化；移民

海商主要是指来往于海外各国、从事海上对外贸易的中国东南沿海省份的商人。明清时期，中国东南沿海的私人海外贸易在禁海与开海夹缝间发展起来，成为海上对外贸易的主体。处于华南沿海一隅的广西北部湾地区，私人海外贸易也极为兴盛，一批海商活跃在海外贸易线上，一批商船往来于北部湾近海及南洋各地，为广西北部湾地区移民海外提供了交通条件；而华侨华人在海外的分布，为北部湾海商建立了一个商业网络。广西北部湾海商在成长和发展过程中形成了独特的文化特色，明清持续的移民潮又为海商文化的发展提供了社会基础。研究由明清私人海外贸易的发展所引发的海商、海商文化及移民问题，可以更好地把握广西北部湾文化的海洋性特征，进而全面把握广西北部湾文化的全貌。

一、明清广西北部湾地区私人海外贸易的发展

明清广西北部湾的私人海外贸易的发展呈现以下特点：

1. 私人海外贸易的范围为广西北部湾近海及东南亚各国，尤以越南为多。

“钦廉皆为极边，去安南境不相远。”①由于帆船载重量及运输条件的限制，广西北部湾对外贸易的范围主要限于相邻省区的近海口岸及东南亚各港口，尤以越

① （宋）周去非著，杨武泉校注.岭外代答（卷一），地理门.北京：中华书局，1999.

南居多。商人在钦、廉沿海运出的大宗产品是“廉盐”，还有生丝、牛皮、海产品、靛青、布匹、纸张、陶器、铁锅、茶和药材等，运进的大宗物品是安南大米（夷米）及槟榔、胡椒、冰糖、砂仁、竹木、香料和海产品等。康熙二十四年（1685年），清朝“复界”，开放北部湾海上贸易，从廉州冠头岭出发的航船纷纷驶往安南、占城、暹罗、真腊等国及广州、澳门等地。“在1820年代，中国每年出洋的商船总数通常为315艘，而赴越南贸易就占了三分之一”①，这其中有来自广西北部湾的商船，史载合浦“其出洋经商作工者以海防为多”②。

2. 私人海外贸易人数逐步增多，规模不断扩大。

粤西“高、廉、雷、琼滨海，诸夷往来其间，志在贸易，非盗边也。故奸人逐番舶之利，不务本业”③。与越南一江之隔的东兴成为私贩云集之地，“钦州属之东兴街，思勒峒二处，逼近安南，民夷杂沓，私贩甚多”④。钦州长墩司如洪寨在宋代已是中国对越的大型贸易市场之一，明初在长墩岛设巡检司署，到嘉靖年间复设，卡往来船只收盐税和进出口货物税，“及安南事动，商旅少鲜至，然每季犹可得银三四十两”⑤，可见当时中越贸易的繁荣。从明英宗天顺四年（1460年）的一则有关处理“安南盗珠贼范员等四名……潜与钦、廉贾客交通，盗氽珠池，互相贸易”的敕令，可反映出当时民间私人对外贸易已形成一定规模，否则不会引起朝廷下令“出榜禁约，钦廉濒海商贩之人，不许与安南国人交通，诱引盗珠……”⑥。17世纪后期至19世纪中期，越南的港口城市“市中百货云集，其茶叶、药品、瓷器、故衣诸货，皆中国客船贩卖为多”⑦，在最繁盛的港口城市会安市场上，华侨除了经营越南土特产外，主要经营由海商转运来的舶来品。

3. 出现了一批对外贸易的港口。

明清时期，合浦冠头岭、钦州龙门港、东兴竹山港和江坪等都成为对外贸易的港口。随着海外贸易的发展，北海港成为新兴的对外贸易港口。

明洪武元年（1368年），北海仍属廉州珠场八寨之一的“古里寨”。随着海外贸易船舶吨位的增大，合浦港入海口逐渐被泥沙淤塞，港口主要位置便逐步南移

① 陈希育.越南阮朝前期外贸政策初探.东南亚学刊.（10）：21-24.

② 北海市地方志编纂委员会编.廉州府合浦县民情风俗民事纲目册.北海史稿汇纂.北京：方志出版社，2006：79.

③ （明）张瀚撰，萧国亮校.松窗梦语（卷四）.上海古籍出版社，1986：76.

④ 广西壮族自治区通志馆、图书馆编.清实录（广西资料辑录）（一）卷150.广西人民出版社，1988.

⑤ （明）林希元著，陈秀南校.钦州志.政协广西灵山县委员会编印，1990.

⑥ 李国祥编.明实录类纂（广西史料卷）卷317.桂林：广西师大出版社，1989.

⑦ （清）蔡廷兰.海南杂著.台北大通书局，1987.//（明）林希元著，陈秀南校.钦州志（嘉靖）.政协广西灵山县委员会编印，1990.

至冠头岭一带。明朝嘉靖年间，已有商船不定期地从冠头岭发舟通往交趾等地，“广东海道自廉州冠头岭发舟，北风利，二三日可抵安南海东府，若沿海岸西行，……第五天抵万宁州”[①]。乾隆元年（1736年），粤海关在廉州口设海关，道光年间，北海已是“商贾辐辏，为海舶寄碇之所”[②]。清咸丰、同治年间（1851—1874年），北海拥有载重量176～295吨的头艋（大帆船）40余艘，开辟了通往澳门、香港、海防、新加坡、广州等地的七条外海航线。同治二年（1863年），英轮开始定期往来于北海及广东沿海港口。同治十年（1871年），北海常关设立，光绪二年（1876年），北海设厘金厂，只向华商抽厘，洋商进出口皆免[③]。从税钞的官方数目来看，同治十年北海港进出口货物达85万两以上（这个数字还不包括无法统计的走私及偷漏税的数目）[④]。北海成为货物进出滇桂黔和粤西的重要集散地。

4. 以小股私人海商贸易为主、出现某些资本雄厚、船多势大的海商集团。

明清广西北部湾地区的民间工商业规模较小，“民用所资，转仰于外至之商贾”[⑤]。从事海外贸易的商人大多数是零星的、独家经营的小股私人海商，“各船所认所主，承揽货物，装载而还，各自买卖，未尝有群”。由于海上贸易竞争，同时也为了对付官兵的追捕，海商们“因各结综，依附一雄强者，以为船头”，逐渐形成了个别有资本雄厚、船多势大的私人贸易集团，如以杨彦迪为首的海商集团。杨彦迪等率众移民东浦后，“奠定了今日西贡堤岸及南忻各埠商业繁荣之基础”[⑥]，这批移民大都从事商业贸易，拥有自己的船只，活动范围很大，形成了一个海外华商网络。

5. 亦商亦盗的武装走私贸易（海寇贸易）是北部湾海商贸易的主体形式。

明清时期，广西北部湾的海外贸易经历了前期的小股走私贸易到海寇贸易再到合法贸易的过程。但海寇贸易所占的时间较长。

“濒海之民，惟利是视，走死地如骛，往往至岛外瓯脱之地。”[⑦]由于厉行海禁，原有通商港口被严查，沿海商民便将货物集散地、交易场所、仓储、补给基地等转移到沿海小岛与偏僻港湾之处，形成沿海走私港网络。处于中越交界狭小水道上的东兴江坪镇，是“中国人去时是渔民，出来时便成了海盗”的地方，密聚着

---

① （明）黄佐.广东通志（嘉靖）卷58.广东省地方志办公室誊印本，1997.

② 北海市人民政府编.北海地名志，1985.

③ （清）梁鸿勋.北海杂录“官廨”.香港日华印务公司，1905.

④ 黄铮主编.广西对外开放港口——历史、现状、前景.广西人民出版社，1989：28.

⑤ （明）林希元著，陈秀南校.钦州志（嘉靖）.政协广西灵山县委员会编印，1990.

⑥ 陈荆和.十七、十八世纪之会安唐人街及其商业.新亚学报.第三卷第一期，286.

⑦ （清）顾炎武，昆山顾炎武研究会编.天下郡国利病书.上海科学技术文献出版社，2002.

来自不同省份的包括商人、小贩和渔民在内的中国人与越南人混合居住，是中越海盗活动的巢穴[①]。钦州龙门岛“地枕交广之间”，与安南国万宁州江坪仅一潮之隔，为钦、廉二州门户，每当“海疆多事，则往往盗贼盘踞其中为窟宅”[②]。杨彦迪、冼彪等据之为海上活动基地，成为当时在中国东南沿海纵横捭阖的郑氏海商集团的一部分。

由于海上私人贸易是沿海人民生计所系，海商一般都具有海盗和海商的双重特性。在海禁政策下，沿海商民先是以走私贸易对付海禁政策，走私贸易被严厉打击后，则下海为寇，武力与官军对抗，甚至勾结外国走私商和海上浪民，劫掠东南沿海地区。正是所谓“寇与商同是人，市通则寇转为商，商禁则商转为寇”[③]。明永乐七年(1429年)，钦州海盗阮瑶率船队攻长垫与林虚巡司，“焚廨舍，毁斋栅而去”，自此开始的“钦州海寇之乱”历时280余年，到清康熙二十九年(1690年)“始得休息”。乾隆十八年(1753年)二月，朝廷下令“以廉州府等八府渔船久居洋面，难保无抢劫商旅之弊，均应行保甲，十船编为一甲，连环互保”，目的就是为了防范一些渔船以海上贸易之名行抢劫来往商旅之举[④]。

二、广西北部湾明清时期的海商文化

广西北部湾明清海商属于当时享誉海外的粤商的一部分，它无论是经营规模还是人数都比同时期的其他商帮如潮州海商、海南海商、嘉应海商要少得多。但由于它诞生于岭南地区或受到岭南文化影响，是古骆越文化、中原汉文化和海洋文化三因素的融合体，在成长和发展的过程中形成了独特的文化特色。

1. 广西北部湾明清海商文化具有较多的兼容性。

历史上，古骆越人崇海、敬海，“仰潮水上下，垦食骆田”，“饭稻羹鱼，果隋蠃蛤”[⑤]，农耕和渔猎经济占相应的地位。秦汉以降，中原汉族先民大量南迁，儒家文化的影响逐步深入广西北部湾民间，农耕是主要经济形式，但靠海为生的环境使人们学会贸易谋生，或以海洋产品换取农业产品，或以农副产品换取手工业品，形成了以农业为根基、以渔业为出路、以海外贸易为延伸、以手工业为补充的生产模式。广西北部湾文化既受骆越文化的影响，又受中原南迁汉文化习俗的

① (美)穆黛安著，刘平译.华南海盗.中国社会科学出版社，1997.

② (清)潘鼎哇.安南纪游.四库全书史部地理类.四库全书(精华).中国文史出版社，2008.

③ 虔台倭纂“倭原二”.郑振铎辑.玄览堂丛书续集(第十七册).国立中央图书馆影印本，民国三十六年(1947).

④ (清)周硕勋.廉州府志(乾隆)“纪事”.梅菴书屋，清乾隆二十一年(1756)刻本.

⑤ 屈大均.广东新语“介语”.中华书局点校本，1985.

影响和汉唐以来海外贸易发展所带来的外来文化影响，成长于这一文化背景下的海商带有更多的兼容性：它在各种文化的交汇中，大量吸收了多种文化的元素，保持了自己的独特性。如在服饰文化、饮食文化、居住习俗、渔歌传说、信仰禁忌等方面都有自己的特点。特别是海商的多神崇拜。他们除了崇拜妈祖（天后、天妃、又称三婆）信仰外，还崇拜海神、蛇神（龙神）、雷神、飓母神、伏波神、孟尝君和镇海将军等地方海神。19世纪初，在广西北部湾华侨商人最集中的堤岸，华侨的会馆、公所、同乡会以及关帝庙、天后庙等林立，有“海外中华”之称。此外，广西北部湾地区的传统宗教是道教，但它又是佛教从海上进入中国的地区之一。同治六年（1867年），法国天主教势力进入涠洲，逐步在广西沿海扩展。多元化宗教信仰特别是多样性的海神信仰，为北部湾海商的冒险与开拓提供了强大精神支持，增强了海洋文化的兼容性。

2. 广西北部湾海商文化具有对外辐射性和交流性。

在海外经济活动中，海商开设商行，一方面吸收当地的习俗文化，按照当地的生产经营方式发展；另一方面传承中国文化的精髓，将中国优秀的传统文化带到其所在地，发挥积极的影响。东南亚国家的民间风俗习惯中，不同程度有广西北部湾地区民间生活的影子。如越南的许多城镇寺庙有中国汉学书写的楹联，中国儒家的忠、孝、仁、义之道对人们观念影响到越南各地，越南北部、中部，甚至南部地区的社会、家庭、居住、饮食、服饰、工艺、婚嫁、岁时、丧葬、信仰、礼仪、娱乐等习俗都与广西北部湾民间有相似之处[①]。19世纪末20世纪初，在新加坡、印度尼西亚、马来西亚等国华侨中不约而同地开展了振兴儒教的运动，儒家文化的价值观念得到积极的推崇。

海商往返于中国与东南亚各国之间，在文化传播中充当了中介和桥梁的角色，使外来文化渗入到北部湾民间，丰富了海商文化的内涵。如西方语言、生活习惯的影响渗入到广西北部湾民间，出现了中西文化融合的现象；海商带回的经验、性格、气质和财富、新的思想观念以及生活方式等，潜移默化地影响到与之接触的群体及社会风尚。在广西北部湾沿海，与小农经济相联系的传统观念和传统家庭已受到一定的冲击，一些女性开始把嫁出洋去作为生活的理想。海商还通过回国投资，直接移入西方的先进技术和文化。如清末，归国侨商在北海兴建了高德蒸汽锯木厂，归侨黄作兴投资兴办了合浦第一个汽车公司“廉北普益汽车股

---

① 王光荣.北部湾中越民族文化交融溯根探源.广西环北部湾文化研究.广西人民出版社，2002（09）：469-475.

份有限公司”等，华侨还投资兴建合浦一中（今北海中学）等[①]，更多的海商回乡建房，使中西合璧的建筑出现在民间，成为明清中西文化交流的历史见证。

3. 广西北部湾海商文化富有开拓冒险、追求自由的精神特质。

“行船泅水三分命”，海洋商业的艰难与危险，使广西北部湾海商形成开拓冒险、追求自由的性格。即便是明清海禁，“严通番禁，寸板不许下海”，“一切官员及军民人等，如有出洋经商或移住外海岛者，以交通反叛处斩立决。”[②]海商仍辍耒不耕，远商海外。在传统中国社会中，只有富于冒险精神的人才有勇气走向海洋，这种冒险精神与海外经商结合起来，往往取得重大成功。而由于商贸活动的拓展，迁移成为海商的一种生活、习惯和性格，甚至东南亚也仅成为移民到美洲、澳洲以及世界任何地方的一块跳板。

海洋生活造就了广西北部湾人出海的传统，区域性海上交易活动又形成了与内陆经济活动向内用力不同的向外用力的思维定势，与安土重迁的中原农耕文化相较，海商文化更具开拓性与闯荡性，形成开拓冒险、追求自由的精神特质。与陆路商帮贩运的多是土特产、原料制成品相比，海商贩运的是差异大的产品，以本地的特色产品交换东南亚等国的特色产品。海商的思想观念、行为习惯等与其他商帮有所区别，他们在交易过程中，往往兼具精明性与灵活性，交易行为的规则性与交易活动的豪爽性。

4. 广西北部湾海商倡导了沿海人民下海贸易与移民海外的风气。

尽管明清时期向外拓展的广西北部湾海商人数不是很多，区域也局限于东南亚国家，但对扩大北部湾人的视野、促进开放的心态产生了较大影响。特别是海商们倡导了沿海人民下海贸易与移民海外的风气，从此，平民将下海贸易以及向海外移民看作是一条重要生活出路。“望海谋生，十居五六”，一代又一代的平民走向海洋，在海洋中艰难崛起，奠定了海商的平民文化底色。随着移民的不断拓展，海外华人社会的形成，华侨与侨眷之间经济联系的日益加强，激发了沿海社会向外开拓的意识的提升，北部湾海外移民的推动力也发生了变化。如果说早期海外移民属被动性质的移民，那么当侨乡社会因侨汇的影响发生重大改变的时候，海外移民已经是自发性质的海外移民了。从这个角度来看，侨乡社会的形成，为海外移民的持续作了人口上的准备，使广西北部湾地区社会更富于开放性。

---

① 北海市地方志编纂办公室编.北海市志.广西人民出版社，2001：1352.

② （清）刘兆麒.总制浙闽文檄（清康熙十一年刻本）.中国古代地方法制文献（乙编）.影印本.

5. 海商在对外拓展中注重内外联结，铸造了“钦廉人”重亲的文化性格。

远离故土的海商，出于经济利益、精神生活和社会存在的原因，非团结不足以图生存，非互助不足以言发展，他们很注重以家族或亲缘关系为纽带的凝聚性，形成浓重的宗族观念和认同情结。广大海商注重与家乡的联系，通过祭祀祖先等各种形式的活动，加强宗族成员的联系，积极参加原宗族或家族的公益活动，如修祖坟、建宗祠、修族谱、办学校等。在海外，海商大多也依靠乡族关系立足，从事工商业或工矿及种植业。他们乐此不彼地联乡谊，叙乡情，传承乡土文化，组织会馆及同乡会，广西北部湾海商聚集地区大都有钦廉同乡会或钦廉会馆。如19世纪初，在广西北部湾华商最集中的越南堤岸，就有华侨会馆、公所、同乡会等。新加坡（桂廉高）三和会馆在清光绪九年（1883年）成立。“钦廉人”成为广西北部湾商人的代名词，注入了他们在不断拓展过程中重亲的文化内涵。

自古以来，广西北部湾就是“风声、文物不能齿于上国”[①]的经济文化落后之地，与广东、福建沿海相比，该地居民进取意识相对淡薄，海商的人数较少、影响力很弱，谋生和创业的压力很大，对文化、社会等事务的关注有限。但海商文化根植于广西北部湾的传统社会和文化基础之上，在历史大变动中，通过分化、开拓、融合得到不断发展，具有了越来越强的生命力和适应力，成为一代又一代海外移民不断开拓奋进的精神动力。

三、广西北部湾明清海商与移民的互动

如果说，广西北部湾明清海商文化发展的物质动因是不断发展的私人海外贸易，而社会基础则是海商贸易影响下的明清移民潮。

1. 广西北部湾地区是移民出洋的便利通道。

“钦之西南，接境交趾，陆则限以七峒，水则舟楫可通。自钦稍东，曰廉州，廉之海，直通交趾”[②]，明朝廉州通越南的海路：“自乌雷正南二日至交趾，历大小鹿墩，思勒隘、茅头捍门入永安州，茅头少东则白龙尾、海东府界，正南大海外，抵交趾、占城二国界，泛海者每遇暴风则舟漂七、八昼夜至交趾青化（清化）府界，如舟不能挽，径南则入占城。”[③]清代广西北部湾到越南的交通线“若广东海道：自廉州五雷山发舟，北风顺利，一二日可抵交之海东府，沿海岸行八日，始至海东，

① （明）林希元著，陈秀南校.钦州志.政协广西灵山县委员会编印，1990.

② （宋）周去非著，杨武泉校注.岭外代答（卷一）地理门.北京：中华书局，1999.

③ （明）张国经.廉州府志（卷六）.中国书店出版社，2002.

有白藤、安阳、涂山、多渔诸海口，各有支港以达交州，此海道大略也”，“自冠头岭而西至防城”水道皆通[①]。清乾隆年间“惟西南之东兴街及竹山村地方，均之番境之吒硭、暮采等处接壤……又多内地之民在彼开铺煎盐，每日行旅如织”[②]。

2. 海外贸易的发展，来往的商船为移民出入提供便利的交通工具。

“华侨与祖国的联系完全靠自己的帆船”[③]。明中期后，来往于广西北部湾与东南亚国家之间的商船急剧增加，成为移民出国的经常性的交通工具。鸦片战争前，广西北部湾沿海移民以到东南亚，尤其是越南居多。如明钦州龙门总兵杨彦迪、高雷廉总兵陈上川率3000人移居原柬埔寨东浦地区，是清代广西海外移民中规模最大、人数最多的一次。“在1820年代，中国每年出洋的商船总数通常为315艘，而赴越南贸易就占了三分之一”[④]，这其中应有一定数量的随商船移民或滞留越南不归的商民。“1820年代，安南首都河内（西贡）以及东京之间的国内航线上，一年中有载重50～70吨的船只，往返三趟进行贸易。其中华侨船只有60艘。暹罗与安南之间的贸易，绝大多数是有属于华侨所有并营运的暹罗船完成的”[⑤]。伴随着帝国主义掠卖华工政策的出现，广西北部湾移民的地区向其他东南亚国家及法国等国在非洲的殖民地国家扩展，移民的规模和社会不断扩大。

3. 移民主要沿着海商航路的沿岸分布，广西北部湾海商是东南亚华侨的主要来源之一。

明清广西北部湾的海外移民最初均主要搭载商船到达南洋东南亚各地。19世纪末，由于英、法、德、日等国轮船公司纷纷涌入北海，仅1890—1899年间，外轮开辟了北海至国内外各地的6条航线，进出港达2300余艘次、116万吨位，平均每年230艘次[⑥]。随着对外航线的延伸，契约华工的激增及华商的发展，移民范围进一步延伸至美洲、澳洲和非洲，北部湾对外贸易航线成为移民出洋的传统航道。海商沿着贸易航线的港口组构商业网络，东南亚各地商埠涌现了一批具有一定规模的华商侨居区，如越南的广南地区和占城、新加坡、马六甲、暹罗、印尼、文莱等地。“在一定意义上，海外移民潮是被海洋经济特别是私人海洋贸易牵动的，这就使得海外移民区域和传统亚洲经济圈重叠在一起，海外移民社区一

① 清文献通考（卷296）.上海：商务出版社，1995.
② 清军机处录副奏折.中国第一历史档案馆编藏.
③ 田汝唐.17-19世纪中叶中国帆船.上海人民出版社，1957.
④ 陈希育.越南阮朝前期外贸政策初探.东南亚学刊，1993（10）：21-24.
⑤ 陈希育.越南阮朝前期外贸政策初探.东南亚学刊，1993（10）：21-24.
⑥ 北海市地方志编纂办公室编.北海市志.广西人民出版社，2001：1352.

般也是中国海商的落脚点和中转站”，“这些海外贸易商，有相当一部分在海外各地压冬或长期居留，成为移民的主要来源。”[①]，“华侨移居越南，不论出于何种原因，通过何种方式，在定居之后，大都主要从事商业活动。”[②]

4. 帝国主义以北部湾的港口为据点，掠卖猪仔（契约劳工），输出移民成为广西北部湾商船最重要的商品之一。

19世纪末，法、英、德国及荷兰等国纷纷在北海及芒街等地设点招募华工到各殖民地去充当契约华工，如1896—1897年，法国把招募的华工（主要是钦州、廉州、防城等地农民）分四批共3003人运往非洲马达加斯加修路建桥[③]。英国，于光绪五年（1879年）从北海转运香港再卖到新加坡的劳工达500多人，光绪十六年（1890年）七月，有1300名广西劳工从北海运往印度尼西亚（苏门答腊），“光绪十七年（1891年），从北海出口华工千余人，光绪二十六年（1900年），1361名华工由北海前往新加坡[④]。据不完全统计，从1885年至1925年间，经北海海关注册出境的华工和妇女儿童不下10万人，大多来自合浦 、钦州、灵山、博白、北流、玉林和容县等地[⑤]，他们分别到达新加坡、文岛（印度尼西亚）、马来西亚等地，甚至到达非洲。

5. 广西北部湾移民遍布广泛，但分布相对集中。

明清广西北部湾的海外移民最初主要分布在南洋东南亚各地，19世纪末，契约华工的激增及华商的发展，移民范围进一步延伸美洲、澳洲和非洲。据统计，至1992年止，有88.4%的广西籍华侨华人集中在亚洲各国，其中又有130万人定居在越南[⑥]，其次是马来西亚、新加坡、泰国等东南亚各国，形成了广西海外移民分布相当集中的特点。而广西北部湾地区现为广西的三大侨乡之一。

6．海外移民的拓展之处往往也是北部湾对外贸易所延伸之处。

海外移民为了谋求生存和发展，不但通过劳动改造了各居住国的山河面貌，促进了当地经济发展，而且传播了祖国先进的生产技术，密切并扩大了居住国与祖国之间的经济文化交往。移民对祖国物产的依赖性，使移民散居网络与北部湾地区的海外贸易圈密切联系起来，为北部湾对外贸易的发展奠定了社会基础，“明

① 杨国桢，郑弘甫，孙谦著.明清中国沿海社会与海外移民.北京高等教育出版社，1997.
② 于向东，刘笑盈.战后越南华人四十年历史之变迁.华侨华人历史研究，1993（1）：44.
③ 非洲华侨史资料选辑.北京新华出版社，1986：391-392.
④ 北海市地方志编纂办公室编.北海市志.广西人民出版社，2001：1350.
⑤ 北海市地方志编纂办公室编.北海市志.广西人民出版社，2001：1350.
⑥ 广西壮族自治区地方志编纂委员会.广西通志·侨务志.广西人民出版社，1994：204.

清时最重要的华商型移民的主要特征，就是把中国国内的商业、手工业和矿业等技术实践传统向海外居住地引伸，并保持这种经营与祖乡的联系且世代承传”[①]。“如在越南芒街，来自合浦的高德、小江，钦州、防城等地的陶瓷工人把从家乡带来的陶瓷色料、瓷泥、机械零配件用于生产，不断提高产品质量与增加花色品种，使陶瓷制品畅销越南各地甚至法国、古巴等国[②]。越来越多的广西北部湾人沿着商船的航路出洋，海外移民的拓展之处，往往也是北部湾对外贸易所延伸之处。持续的海外移民，是广西北部湾对外贸易获得发展的动力，为广西北部湾海商的发展壮大奠定了社会基础。

综上所述，明清时期，广西北部湾的私人海上贸易发展催生了该地区空前的海外移民和华人社会的形成，移民散居网络与海外贸易圈密切联系起来，移民与贸易成为广西北部湾海商网络的两大支柱。广西北部湾海商的人数不多，影响力很有限，但其海商文化具有特殊的文化秉赋和鲜明特征，在发展过程中，能够通过分化、开拓、吸收、融合，具有越来越强的生命力和适应力，成为一代又一代海商不断开拓奋进的精神动力。海商与海外移民的互动促进广西北部湾的社会变迁，客观上为广西北部湾社会、经济、文化发展创造条件。这一系列由明清广西北部湾人民向海洋发展所引发的文化现象，展现了广西北部湾文化所呈现的海洋性特征，是中国古代海洋区域性社会特征的体现。

本文刊于《广西民族研究》2011年第二期，是广西区哲学社会科学规划课题“明清移民与广西北部湾的开放开发”的研究成果。作者：吴小玲，广西高校人文社会科学重点研究基地钦州学院“北部湾海洋文化研究中心”执行副主任，教授。

① 杨国桢，郑弘甫，孙谦著.明清中国沿海社会与海外移民.北京：高等教育出版社，1997：156.

② 广西壮族自治区侨联.八桂侨史，1987(2).

20世纪30年代北部湾地区交通建设研究

唐湘雨

【摘　要】近代钦州、北海、防城交通事业的举办与法国的殖民扩张有极大的关系。法国在此着力最早，影响也最深；美国也有一定的影响力。自清末以来，历届中央政府既与法国、美国侵略行为作斗争，又与之相互妥协，以维护国家利权。在这一过程中，孙中山的影响最大，《建国方略·实业计划》有关西南路港建设的主张对北部湾的交通规划建设作用最大。1928年北伐完成，国家重新统一，掀起了交通建设的一个新高潮，但是对北部湾交通建设有实际性的推进与建设，是在陈济棠主政广东时期。近代北部湾交通建设是在陈济棠推行《广东省三年施政计划》的规划下发展起来的，从这个意义上说，陈济棠是北部湾地区近代交通事业的奠基人。

【关键词】北部湾地区；交通建设；陈济棠

一、1920年前有关北部湾筑路主张与纷争

中法战争期间，北部湾地区曾经非常火热，引起国内外媒介的广泛地关注，“中越边疆划界”、“对汛制度”、“湖广协饷广西”……进入民国后，北部湾地区像中国大多数地区一样贫困落后的面貌依然没有多大的改变，且有继续沉沦的趋势，“其居室简陋异常，入室所见，除一、二大锅以供作膳，及一、二板床以为休眠外，无一长物。可令人注意，其食料虽同作饭，惟其粗糟，且水浊泥多，白米面成红饭矣。又因其生活甚简，消费自廉，普通工人每日苟获工资二、三角，亦足以给其生也。”[①]民国二十二年（1933年），民国时期著名的旅行家田曙岚在钦州的见闻也可印证这一时期北部湾地区的贫穷落后。田曙岚晚上留宿钦州贵台的一个旅店，“仅购得酸芋苗一大碗和新鲜蕹菜一大把而已，”求代购油盐，“店主人答以此处无油可沽”；晚上睡觉，蚊帐“呈深褐色。细验之，知为粗麻布所制成。

① 张仲平，袁梦鸿.勘龙门港第一次报告书[J].建设月刊，第一卷第五期，1928：91.

上有不规则形之白色块十余处，以手扪之，知系用用纸糊以补破穴者。”所盖被子十分沉重，“略加审察，乃知系用小麻绳为经，各色破布条及破旧棉絮等剪成条状为纬所织成，如普通草鞋底之扩大者。戏以手秤之，当在二十斤以上；因戏呼之为‘千斤被’。后以其颜色之多也又戏改为‘千锦被’”。[①]交通事业十分落后，尽管英国于1876年在北部湾的北海开埠建署，使北海有了向近代港口发展的可能，但就整个区域而言，既没公路，也没有铁路，有的只是青石板路，其路港况态的落后可想而知。

近代广西北部湾地区交通事业的举办与法国的殖民扩张有极大的关系。追根溯源可追溯到清末。中法战争后所签署的《中法新约》中有这样的规定：“……日后若中国酌拟创造铁路时，中国自向法国业此之人商办，其招募人工，法国无不尽力襄助。惟彼此言明，不得视此条件为法国一国独受之利益。”[②]这一规定看是空洞，中国似乎不排除法国以外的国家“襄助”中国铁路建设，但中国铁路利权的丧失以此为滥觞，近代北部湾地区的铁路建设，乃至整个广西铁路建设，以至整个大西南铁路建设与这一规定有极大的关系。

甲午战争后，法国以帮助中国狙击日本获得辽东半岛有功为由，乘机要求“从安南（越南）建筑铁路入中国境内”的让予权[③]，并与清政府于光绪二十一年（1895年）签订同登至龙州铁路的协议。1898年在列强掀起瓜分中国狂潮期间，法国乘机取得延长同龙铁路到南宁或至百色，及自广东北海港筑铁路至南宁或至别处的权利[④]。至此，法国已视广西铁路为其禁脔，北部湾的路权首次被法国所重视。

民国建立后，法国对广西铁路的政策不但没有变化，反而更趋积极。民国三年（1915年）法国向中国索得同成、钦渝、叙成三路投资权，其中钦渝一线为贯穿广西南北的大干线，其南端起于广东的钦州湾，向北经广西的南宁与百色，穿过贵州的兴义而进入云南昆明与滇越铁路相衔接，并连接四川的叙州府至重庆。北部湾的路权再次被法国所重视，法国侵占中国西南路网权益第一次完整暴露出来。同年9月法国向中国中央政府要求完全独占广西全省铁路投资权利，北洋政府竟然予以同意，宣称“本政府今格外表明睦谊，此后广西省内如有修造铁路，

① 田曙岚.广西旅行记［J］.中华书局，1935：3–4.
② 越南条款，1885年5月9日［A］.王铁崖编：中外旧约章汇编（第一册）［C］.北京：中华书局，1957：468.
③ 续议商务专条附章，1895年6月20日［A］.王铁崖编：中外旧约章汇编（第一册）［C］.北京：中华书局，1957：466.
④ 法国公使毕盛致总署照会（光绪二十四年四月初六日）［J］.政艺通报（光绪丁未年，“皇朝外交政史”，第二卷）.1–2.

或开办矿业之事，如需用外资时，亟愿首先借用法国资本。”[①]至此，法国取得了垄断广西铁路投资的优先权。

法国对中国西南铁路投资的优先权尽管已经获得中国政府的正式承认，但是在其以后的几十年，未见法国任何正式建筑。同龙铁路广西段因为有鉴于滇越铁路工程所费巨大，行车收入不敷开支，因而瞻顾却步了。钦渝铁路由中法实业银行投资，计划在法国发行六亿法郎钦渝铁路债券。中法实业银行因法国受第一次世界大战的影响，不能依约募集资金而停办而中止合约，因而钦渝铁路成为一条“决而不建”的死线路。

法国虽然无力在广西兴建铁路，但是法国始终绝对排斥他国资本进入广西。1916年北洋政府与美国裕中公司签订1100英里铁路借款权时，其中株钦铁路一线，即联系湘、桂、粤三省，从粤汉铁路的株洲站为起点，经过广西的全县(州)、桂林、柳州、武宣、贵县(港)而到达广东的钦州，法国公使立即提出抗议。北洋政府以株钦铁路的终点为钦州，而非北海为由，否定了法国政府的抗议。并组织了株钦铁路工程局，积极进行路线勘测活动。从1916到1920年分五段(株洲—宝庆；宝庆—桂林；桂林—柳州；柳州—西江；西江—钦县)先后三次实地勘测株钦线路，耗资150万美元。这是民国时期规模最大的一次对北部湾地区铁路路线的勘探，后来因为裕中公司得不到美国政府及银行界的赞助，筹不到足额的建筑资本而无形耽搁下来。

对于法国及美国对中国西南铁路的侵略，中国政府是有自己想法的。除了上述的事例以外，1906年广西商办铁路公司奏准成立，拟兴建邕桂铁路(南宁至桂林)时，法国驻华公使立即提出抗议，被清政府驳回。宣统二年(1910年)邮传部有建筑滇桂铁路之议。经过近一年的实地勘测，工程师罗国瑞认为，以百色为起点至昆明为终点途经桂、黔、滇的滇桂铁路是不合理的。他建议：这一线路应该是北起曲靖，修至贵阳入川境，南自百色修筑至南宁，以出北海港，“如此上下脉络相通，方称完善”[②]。这是中国政府第一次提出，沿广西的铁路的出口应该是通江达海。民国元年(1912年)交通部再次派出工程师钱世禄与陇高显继续勘探滇桂铁路的线路。这次得出来的结果与罗工程师的不同，他们认为，从百色向南修至南宁后，不宜向北海港出口，而应改道西行至梧州，至三水与粤汉铁路相

① 外交总长孙宝琦致法国驻华公使觉琦函(1914年9月26日)[A].宓汝成：中国铁路史料(1912-1949)[C].北京：社会科学文献出版社，2002：126.

② 陈晖.广西交通问题.商务印书馆，1938.

连。同年云南都督蔡锷派出工程师袁绩熙与伍文渊勘探滇桂铁路线路。袁绩熙与伍文渊二人的建议又与前面的二次勘探持不同意见，他们主张从百色至南宁后向南的终点是钦州的龙门港。这三条线路孰是孰非，不可一概论之，不过这三条线路有二条选在北部湾出口，这反映出无论是中央政府还是地方政府都是重视以北部湾做出中国西南铁路的出海口，并且这也是中国自主规划建设中国西南交通的开端。

民国八年（1919年）贵州省政府倡议兴修渝柳铁路，即从重庆南行经遵义、贵阳，过荔波、怀远至柳州。他们并向广西省政府建议，他们将负责展拓柳州经南宁最后通达龙门港的路线。为修建渝柳铁路，川、黔、桂三省函电纷纷，密集磋商有近一年时间，最后因资金困难未能成行。这说明以北部湾为西南铁路的出海路也被贵州人民所看好。

光绪三十四年（1908年）广西巡抚张鸣岐奏请兴修衡邕铁路局，即从衡阳出发，经零陵、全县至桂林，过洛清江至柳州最后达南宁，全长八百多千米。清廷中枢对这一路线非常看好，在对张鸣岐的复函中提到“查桂省地处边圉，道路艰险，而桂林省会又与各处交通梗塞，诚有鞭长莫及之虞，非特平时无以振兴实业，遇有军事征调，其贻误戎机，尤匪浅鲜，所议修筑铁路为贯通全省之命脉，与军事关系重大，洵属切要之图”。这一线路揽括了广西铁路的基干线，被人们一致认可，以后无论是美国裕中公司所提议的株钦铁路，还是铁道部所提议的宝钦路（宝庆—钦州）或者衡桂路基本上所走的线路是1908年的衡邕路。此线路自柳州以下与钦渝铁路相合，至龙门港出海，成为贯通广西南北最重要的一条铁路干线。

围绕北部湾线路兴建的铁路在民国十年（1921年）有了一个结果，就是孙中山先生《建国方略》的出版。成书于民国八年（1919年）前后《建国方略》原为英文版，于民国十年在广州翻译出版。该书是孙中山对第一次世界大战后如何建设中国的一个反思，一家之言，“故所举之计划，当有种种之变更改良，读者幸毋以此书为一成不易之论，庶乎可”。[①]尽管如此，国民党主政中国后，将《建国方略》作为中山先生最重要的遗教之一，长期作为南京国民政府执政治国的基本方略，因而《建国方略》成为民国时期最重要的纲领性文件之一。

依据《建国方略》，孙中山将在北部湾建一大港和修一铁路。钦州港被规划为南方第二大港，“改良钦州以为海港，须先整治龙门江，以得一深水道直达钦州城。其河口当浚深之，且范之以堤，令此港得一良好通路。此港已选定为通过

① 孙中山.建国方略之二物质建设.商务印书馆，1930：2.

湘、桂入粤之株钦铁路之终点。虽其腹地较之福州为大，而吾尚置之次位者，以其所管地区，同时又为广州世界港、南宁内河港所管，所以一切国内贸易及间接输出入贸易皆将为他二港所占，惟有直接贸易始利用钦州耳。”[①]孙中山主张，将钦州港建成除广州、上海、天津三个世界大港之外而与营州、海州、福州并列四个全国二等级大港。修筑一条广州至钦州的铁路，“此线从西江铁路桥西首起算，约长四百英里。自广州起，西行至于太平墟之西江铁路，与已线同轨。过江始分支，向开平、恩平，经阳春，至高州及化州。于化州须引一支线，至遂溪、雷州，达于琼州海峡之海安，约长一百英里。于海安再以渡船与琼州岛联络。其本线，仍自化州西行，过石城、廉州、钦州，达于与安南交界之东兴为止。东兴对面芒街至海防之间，将来有法国铁路可与相接。”[②]

总之，至《建国方略》出版，民国时期关于在北部湾兴建出海通道的纷争基本结束，大西南的路港网络的蓝图已经确立，北部湾的路港网络建设已提到议事日程，并展现出美好前景。

二、北伐成功后有关北部湾筑路主张与纷争

《建国方略》出版后的很长一段时期，实业计划无法实现或者说是无法执行，主要是因为国家处于内战中，国民党也没能执掌政权。民国十七年（1928年）第二次北伐取得胜利，国家重新统一，实现实业计划的环境与客观条件基本具备，实现这一转变的枢纽是同年8月10日至20日在南京召开的全国交通会议。

对于参加这次会议，广东省政府是做了比较充分的准备。在《中央全国交通会议广东建设厅预备提案会议》上，广东省的提案分铁路、电政、航政和其他四个方面内容，大小议案二三十项，其中与北部湾交通建设有关的议案主要是《广东急需举办之交通事业请中央拨款协助案》，在这一提案中，广东建设厅要求中央政府协助广东地方政府“展筑三水至钦廉之铁路”。主要理由为“广东南路地方辽阔，交通困难，海运船少，然钦廉各属，物产富饶，又钦州与法属安南毗连，北海为海疆重镇，均属边防要地。广三铁路如展筑至钦廉，则省会物价可望调剂，南路商务渐形发达。法国现改赤坎为无税口岸，与我竞争，北海商务旋即衰落，此宜急起直追也是；再查钦州与广西之南宁密迩邕镇铁路，正在筹划，两路成后，两粤即可呵成一气矣”。基于此，广东省政府计划兴建自三水—钦县的铁路，“计

① 孙中山.建国方略之二物质建设.商务印书馆，1930：95.

② 孙中山.建国方略之二物质建设.商务印书馆，1930：88.

自三水经高要、新兴、阳春、茂名、化县、廉江、合浦，南趋北海，西向钦县，路线共长约1100余华里，建筑费约4600万元。”①

但是这一提案在全国交通会议上反响不大，没能被认可。尽管如此，在这次全国交通会议上，株钦铁路的修筑被提到一个新的高度。江西代表柳民均提出《请完成浙滇线之杭州至萍乡一段与株钦铁路提前办理，以利南方各省交通而维平民生计案》的议案，倡议优先兴建株钦铁路。无独有偶，广西地方领袖李宗仁代表广西也提出《速筹建筑株钦铁路案》的议案。考虑到李宗仁在国民党与国民政府崇高的影响力，修筑株钦铁路成为这次会议的一大热门问题。

全国交通会议后不久，两广建设厅组织了对钦县龙门港的实地勘察。民国十七年(1928年)9月14日至27日邕钦铁路筹备委员会委员张仲平(广东)与代筹备委员袁梦鸿(广西)联合对龙门港进行了一次较为全面的考察，最后写成《查勘龙门港第一次报告书》(简称《第一次报告书》)，分别在《广西建设月刊》和《广东建设公报》上刊载。该报告书分别从港之位置、港之形势、港之沿革、港之门户、港之水程、港之面积、港之周围、港之人口及其生活和港之未来发展计划九个方面较为全面地介绍龙门港的基本现状、历史沿革与发展建议。从报告书中我们可以了解到，开展这一次勘查活动是由中国国民党政治会议广州分会倡议的，目的是为筹办邕钦铁路做准备，而勘查龙门港的直接原因在于通过对龙门港的实地考察以明确龙门港“具有开筑港口之价值与否”。依据《第一次报告书》，从地形来看，“其形势之优良，实比胶州、威海卫、大连湾为胜”。从港之水程来看，“港口内水程之足容巨轮，可无异议。”据本地人反映，外国军舰不时出入龙门港，间接证明龙门港“可便航行也”。从港之未来规划来看，报告人建议，军事方面“亟宜屯驻海陆军，并修复旧有炮台，以资镇守而备不虞，指定猫尾海为海军训练场所，或设海军学校于此。”城市建设方面“宜先将龙门大门扇两岛辟为市区，削高填低，成一平陆，就岸筑堤，使商船直便停泊，并划分市有其地，使各商备价投承……至市区之经营，宜另设机关主理之。”交通方面“首期将龙门岛先行整理，车站码头均设于此，使龙门日渐发达。得有余资，继筑铁桥，贯连龙门大门扇两岛间，进行次期工作，将路线延长，直达大门扇岛南端，使与各大商船直接输运。如此则龙门港之航线，不难日臻频繁，而成为世界交通上之重要位置。”对于龙门港的目前状况，报告人颇为叹息，“噫！我之天然良港，竟废弃不察，反令外人出入不禁？边防不振，莫斯为甚！一旦有事，吾恐龙门之港，其不为外兵登陆

① 中央全国交通会议本厅预备提案会议纪事录附提案全文.广东建设公报，第三卷第一期，1928年7月30日，159.

长驱捷径，而沦为广州湾者几希！此可为国人特别报告者也。”报告人没有把握的事，“惟港外出入口，有无积沙，水深几何?”“殊难臆度”，建议“以定开港之价值，非由海军实地测量不可，此为特注之点也”。报告人总的观点，“龙门港既得水利之胜，复占地位之美，形势之佳，面积之广，此所谓天赋良港”。①

此后不久，铁道部长孙科提出了“庚关两款筑路计划”，为动议中的邕钦铁路提供了资金基础。民国十八年(1929年)1月28日，孙科在中央政治会议提出《庚关两款筑路计划提案》，并获得了通过。在这一提案中，孙科详细地阐述了修建铁路的线路、程序和资金来源问题。在第一期修建计划中，宝钦铁路被正式列为计划。宝钦铁路全长约751英里，预置耗资一亿四百万元。宝钦铁路为“新拟线，连同湘滇线，为粤滇之比较线，”孙科在备注中注明“此系武株、株钦之变相，而北端连于宝庆(湖南邵阳)”，也就是说宝钦铁路综合了以前的粤滇线、湘滇线、武株线和株钦线四线的路线，结合已建铁路的情况而将北端的起点定在宝庆罢了。在整个提案中，第一期四组铁路建设全长5378英里(8655千米)至6102.5英里(9817千米)，六年完成建筑。筑路的资金来源一是英、德、意三国的庚子条约(即辛丑条约)中的退款总值约13850万，将以此发行“庚款筑路公债”，另一部分来源于1928年后新增的关税约3亿元，将发行“关税筑路公债”，两种公债约可募集资金4亿多元。这样六年内修筑近10千米铁路就有了基本资金保障。②

孙科的“庚关两款筑路计划提案”公布后不久，引起川系首领刘湘的不满，他认为第一期铁路修筑计划应该将渝钦铁路列入计划。将渝钦铁路列入第一期计划，刘湘认为有九个方面好处：“查渝钦线衔接成渝铁路，横贯川、黔、桂三省行政省会，正为联络西南腹部干线。既有政治控拆之宜，复得物产出海之便，其利一。北海要塞有铁路以资联络，呼应灵通，无声气阻隔之虞，定足巩固国防……其利二。贯通川、黔、桂三省而出海口，三省共蒙福利，庶黔、桂两省不再有争筑湘滇及粤滇两路之问题，而广大四川亦免偏枯不及之患，其利三。由重庆、綦江、松坎、桐梓、遵义、贵阳、独山、南丹、河赤、庆远、迁江、南宁出钦州湾，坡度不大，则所费既省，工程自易，其利四。渝钦铁路筑成后，逐次兴筑由长沙而贵阳或出贵阳至昆明。斟酌财力，分工并举，成一段有一段之效力，其利五。对于渝钦铁路路基实已粗具规模，及时兴筑，成功较易，其利六。足裕国库之收入，其利七。渝钦铁路筑成以后，得就其营业所入，赶筑成康铁路。巩固西南边

① 邕钦铁路筹备委员勘查龙门港第一次报告书.广东建设公报，1929(05)：42-46.

② 庚关两款筑路计划提案.广东建设公报，1930(01)：1-21.

防，对于我国政治军事经济均有莫大之益，其利八。似此不仅在发展西南交通，即以沟通东北地脉，其得九。”[①]尽管刘湘将军的提议最后没有成行，但是将北部湾作为西南地区的出海通道的认识在国民党内中枢人物中越来越强化。

三、《广东省三年施政计划》与近代北部湾交通建设

近代北部湾地区的交通事业的发展与陈济棠的宏伟雄图有极大的关系，特别是与他推行《广东省三年施政计划》关系深远。陈济棠（1890—1954年），字伯南。广东防城（今广西防城）人，粤系领袖之一。陈济棠主政广东期间（1928—1936年），积极推行“三年施政计划”，创造了一个“陈济棠神话”。

“广东省三年施政计划大纲提议书”最早由陈济棠提出，并于民国二十一年（1932年）9月27日国民政府西南政务委员会第三十六次政务会议议决通过，于民国二十二年一月一日正式实施。在提议书中，陈济棠提出“苟非豫定步骤，严缠方略，各本其牺牲奋斗之精神，一致努力，则所谓革命建设、人民权益无所寄托，甚非本党革命建国之本旨”建设思想，按照“就中确立施政原则，缠定施行程序及进度表，务求纲目具举，率由有章”[②]的要求建设广东。“广东省三年施政计划大纲提议书”分为三年施政计划之原则、三年施政计划之施行程序和三年施政计划进度表三部分组成，与北部湾交通有关的建设主要在三年施政计划进度表中建设类公路建设中。

依据民国二十二年六月出版的《广东省三年施政计划说明书》，北部湾地区的公路建设分二个方面：一个方面是完成各公路计划，三年计划第一年（1933年）完成合灵公路与南路第一干线。合灵公路是省道支线，由合浦县城起，经石康、武利、壇墟，以达灵山县城，全长264里，1932年已经竣工，1933年工作是将尚未完竣的桥梁涵洞修缮一新。南路第一干线是省道，由佛山起，经江门、台山、开平、恩平、阳江、电白、水东、化县至合浦，1932年大致完成，1933年的工作是将阻碍通车的码头工程建筑完工，预置耗资21.3万元。三年计划第二年（1934年）与第三年（1935年）完成合钦、钦防、防仑公路。合钦、钦防、防仑公路是省道，由合浦起经上洋墟、钦县城、东兴市场、那良，至北仑止，全长452里，已建成162里，未完成的290里分两年完成，1934年与1935年各完成145里，合计费用791318元。另一方面是整理各公路计划，建立各级公路管理机构，制定章程，

① 刘湘请筑渝钦铁路.工商半月刊，1930，2（5）：9.

② 陈济棠.广东省三年施政计划大纲提议书.广东省政府公报.第205期：116.

实行全省公路联运，施行有效监督。

依据计划，北部湾地区的铁路建设有两条线路，一条是修建江钦铁路，一条是修建邕钦铁路。民国时期广东省政府有建设广东铁路网的打算，计划分别建设粤省东方铁路、北方铁路与西方铁路三条干线，西方铁路干线就是江钦铁路。就其重要性而言，以江钦干线为重要，而广韶（北方干线）次之，广汕（东方干线）又次之。推究原因，有下列两个方面："（一）粤省西方富源未开，宝藏未兴，其中矿产如煤、铁、锑、钨之类，全未开采，有此干线，则开启发富源。（二）广西为兄弟之省，唇齿之邦，有此干线，不独能开发其富源，且可以联络其军政，是一举而两利，西南巩固，端赖此着。"因而广东省政府有"实不能不从速兴筑也"的想法。[①]

江钦铁路有二条可建线路：一条被称之为甲线，一条被称之为乙线。甲线由江门市至公益埠，经开平、恩平、阳春、信宜，而至钦县治路线，全长共903里。这一线路沿途偏北，途径稍湾，山多路长，而矿产丰富。乙线也是由江门市至公益埠，从公益埠分路经化县、廉江，而至钦县治路线，全长共885里。乙线偏南，途径较直，河宽路短，而桥梁过多。广东省政府选线时更重视于甲线。依据当时筑路的预算，如果以每华里须要大洋85000元，甲线需要大洋76755000元，而乙线需要大洋75225000元。这一笔修路款项如何筹集？广东省政府的办法是立足于内资，同时也借一定的外资。"（一）该路建筑工程，限四年完成，每年由省库拨款若干万元，并由筑路委员会筹集若干万元，分期划拨，另由省府发行公债若干万元，以全省某种捐税为抵押品。（二）借用外资，以资挹注。"[②]

钦邕铁路是一条历史悠久的线路，是钦渝路与钦株路的最后一程路，其重要性不言而喻。民国三年，民国五年和民国十七年先后三次提议修筑，均因资金或因战乱中止。修筑钦邕铁路不见于《广东省三年施政计划大纲提议书》，但在《广东省三年施政计划说明书》中又现其内容，不过其目录与书中标题已变为"钦邕公路"。总的来说，在《广东省三年施政计划说明书》中钦邕铁路计划书相对来说比较粗糙，既没有精确的线路，也没有相对准备的预算，所有的数据均为大约数。钦邕铁路计划书耐人寻味。

北部湾交通的枢纽——龙门港也没有列入到"广东省三年施政计划大纲"，但在民国二十二年（1933年）十一月廿九日，广东省政府却以训令的形式发布龙

---

① 广东省政府秘书处编.广东省三年施政计划说明书.东承印书局，1933：346.

② 广东省政府秘书处编.广东省三年施政计划说明书.东承印书局，1933：346.

门建港的公告。事情的缘由是这样的，1933年6月，钦县县长章萃伦在广东南路政府会议上提出开发“龙门港案”议案，得到与会人员的赞同，报请第一集团军总司令部暨广东省政府核办，并请以广东建设厅的名义下发正式文件。该议案计划筹款120万元兴建龙门港，采取“官商合办”的方式集资兴建。计划“省库官股四成，县库官股一成，商股五成”[①]，预先成立开港筹备处，负责招商集资与测量设计工作，民国二十三年（1934年）一月起至六月止，为实测招股期，以三年为期兴建龙门港。不过这一举措有一些虎头蛇尾，本人查遍整个《广东省政府公报》，提议修建龙门港的只有这一份记载，没有下方。这意味着，兴建龙门港的议案缺乏后续的推动。议案通过了，政府批文也有，就没能建成龙门港。

总之，以《广东省三年施政计划》为依据，北部湾的近代交通事业有了切实的发展，尽管广东西线铁路——江钦铁路没有修到钦县，龙门港也没真正的兴建，但是施政计划里有关公路的修建得到了切实的执行，北部湾的公路网络就是这时完成的。对比以往，说得多做得少，而陈济棠时期的广东政府不声不响地将北部湾公路网建成了，从这个意义上说，陈济棠实是北部湾地区近代交通事业的奠基人。

本文原刊于《天府新论》2015年第三期，是广西海疆与海洋文化研究团队阶段性成果。作者：唐湘雨，钦州学院思想政治课教学部门副教授，广西高校人文社会科学重点研究基地北部湾海洋文化研究中心兼职研究员。

---

① 令发开辟龙门港案.广东省政府公报，1933（234）：121-127.

陈济棠主粤与广西沿海地区的近代化

吴小玲

【摘　要】20世纪20年代的广西沿海(钦廉)地区出现了某些近代化的因素。陈济棠主粤期间，广西沿海的立体交通与通讯网络初步形成，近代化交通体系初步建成；农产品商品化趋势不断增强，北海成为粤西主要对外贸易口岸；商贸繁荣，物价平稳，经济发展上一个台阶；社会事业得到一定发展，城市建设成就较为突出。陈济棠的治粤在一定程度上推动了广西沿海的近代化进程。

【关键词】陈济棠主粤；广西沿海；钦廉；近代化

陈济棠，广西防城人(原属广东)，国民党一级上将。他统治广东八年(1928—1936年)，人称南天王。尽管后人对他的评价褒贬不一，但客观上看，他确实在政治、经济、文化方面给广东社会发展予较大影响。广西沿海地区(钦州、北海、防城港三市，简称钦廉地区)时属广东南路地区，对钦廉地区的治理是陈济棠治粤计划中的一部分，陈济棠的治粤措施在一定程度推动了处于广西沿海地区的近代化进程。缅怀历史，可客观分析地方实力派在促进地方经济社会发展中的作用。

一、20世纪20年代广西沿海地区经济社会发展情况

1.民初的钦廉社会政局多变，战事频繁，军政派系斗争激烈

辛亥革命后，钦廉地区各县境政局多变，战事频繁，军政派系斗争激烈。这里地处粤桂两省交界，成为粤桂等派军阀展开拉锯战的地区。不但有“东军”(广东军阀陈炯明的部队)与“西军”(广西军阀陆荣廷的部队)争夺地盘之战，还有邓本殷的八属军(八属指高、雷、罗、阳、钦、廉、琼、崖等州)与孙中山的中华民国军政府南路讨贼军总司令黄明堂的对峙，还有讨伐军、救国军等的纷争。军阀不但招兵买马，互相争战，而且在各自地盘里铸造货币，牟取暴利，鱼肉百姓。如邓本殷在八属内铸造伪币，称八属银，铸工粗糙，与当时流行通用的银毫

差别很大，但又规定其价值与银毫相等[①]。民众拒绝接受，但八属兵强令使用。民国十二年(1923年)，八属军副总指挥申葆藩分别于钦城占鳌街和防城竹山埠设厂造八属银发行。外地奸商又学样仿铸，致使假银币充斥市场，真假混杂难分，影响正常贸易，人民苦不堪言[②]。

由于地方军阀忙于战争，无暇顾及地方治安，盗贼、土匪乘机四出抢劫，社会混乱不堪。在合浦，就发生了影响较大的民国十年山口的“匪焚沈仙舫宅”匪案和民国十六年刘朱华匪乱[③]。民国元年至十五年(1912—1927年)，灵山县内各地盗匪如毛，到处杀人放火，勒索、抢劫财物，社会一片混乱[④]。

2.经济近代化因素的微弱出现

1876年北海开埠后，特别是中法战争后，外国资本主义势力逐步进入钦廉地区。外国货物源源不断地流入，在一定程度上促使广西沿海地区自然经济的瓦解，经济逐步半殖民地半封建化。到20世纪20年代，钦廉地区已经出现了较明显的经济近代化趋势。

农产品商品化趋势的出现。当时，外轮从钦廉的港口运出花生油、桂皮、靛青、土制纸、八角油(茴油)、矿石(石膏、锰矿)、锡材、牛皮、陶瓷制品、铁锅、爆竹、猪鬃、桐油、烟叶等农产品，刺激了原有经济作物(甘蔗、桑树、花生等)的种植。明嘉靖年间，钦州“蚕，钦人少养”，“桑，木坚，可制弩”[⑤]，到清朝“乡间种桑，屋角门前，种大桑叶三五株，或五七株，此外多种于山岭边……”[⑥]。人们开始投资种植一些有利可图的出口土特产，如1907年，驻钦州防军分统宋安枢、凌霄等合股于十万山的马笃山、叫岐、大塘等地大面积种植茴桂[⑦]。

传统经济结构发生变化，一批专业销售(收购)行业开始形成，如北海“蓝靛行、牛皮鸭毛行，资本皆甚钜，生猪、蔗糖、花生油、元肉、黄麻等副邦行专与香港贸易获利亦够”[⑧]。蓝靛行“为清末民初廉州最大行业”，主要聚集在合浦廉州的下街[⑨]。一些对农产品如桐油、牛皮、八角、茴油、靛青等进行初步加工的行业迅速发展起来，各种专门生产区域，如钦州的“三那”、平吉的甘蔗种植、小董

① 薜勇.灵山县志.军事志[M].南宁：广西人民出版社，2000(3).

② 广西钦州市地方志编纂委员会编.钦州市志[M].广西人民出版社，2000(8)：689.

③ 潘乐远主编.合浦县志编纂委员会编.合浦县志.民国故事[M].广西人民出版社，1994.

④ 薜勇.灵山县志.军事志[M].南宁：广西人民出版社，2000(3).

⑤ (明)林希元著，陈秀南校.钦州志[M].政协广西灵山县委员会编印，1990(7).

⑥ 陈德周等.民国·钦州志[M].钦州市志编纂委员会办公室，2011年重印本.

⑦ 防城县地方志编纂办公室编.防城县志.大事记[M].南宁：广西民族出版社，1993.

⑧ 廖国器等.合浦县志[M].合浦博物馆藏民国二十年石印本.131-132.

⑨ 张振钿.合浦蓝靛业史话[A].载北海文史编纂委员会编.北海文史(十)[C]，1998.

的蚕桑业、合浦廉州的爆竹作坊、合浦、灵山及博白等地的蓝靛业等生产区域开始出现。一些专业圩镇如钦州黄屋屯锰矿外运，平吉、青塘的石膏和钛铁集散地等开始形成。

近代民族工业开始兴起。光绪二十六年（1900年），由中国商人集股的怡和公司在北海的高德建锯木厂和木材贮货场，全套设备从英国格拉斯哥市运来[①]，这是钦廉地区最早引进机械化设备的企业。清光绪三十四年（1908年），廉钦道龚心湛在钦州设平民实习工场，雇请师傅教习藤器、毛巾生产技术，培训了一批技术工人[②]，这是钦廉地区较早出现的带有微弱资本主义性质的企业。

商号、商会的出现。光绪年间，北海有“店铺不下千间，而大中商场约四五十家，以广府人尤占多数”[③]。钦州也出现了“义聚源”、“戴安记”等百家商号。民国前后，在东兴出现了新和安、钟裕源商号等，云集了一批经营日用百货的进出口商[④]。光绪三十二年（1906年），北海成立了商务分会，光绪三十三年（1907年），北海商人成立了本埠商会并成立了商务分会[⑤]；1909年，钦州出现了商务分会[⑥]。

各类银行分支机构设立。1904年，广东省银钱局在北海设立北海关银号。辛亥革命前夕，中国银行、中国农业银行等陆续在北海设立办事机构。洋行出现，“银号始设于有洋关之处，主收税关银，该号每日派人到海关兑收”，洋商行不断增多，如“德商森宝行……”，“德商捷成行……法商孖地行”[⑦]。当时，市面上出现的货币不但有本国的银毫、银元、铜仙，还有英国鹰洋、法国楂柱、墨西哥银元、越南银元等[⑧]。

新式教育的出现，始于外国教会在北海设立的学校。如英国人开设的义学，法国创办的法国学堂、德国人创办的德华学堂等。光绪三十年（1904年）至三十三年（1907年），钦州知州李象辰在钦兴办两等小学和中学堂[⑨]。

文化环境和社会风气的改变。广西最早的民信局、最早的蒸汽轮船、第一台发电机均首先在北海出现，电灯、报纸也出现。资产阶级革命思潮影响到这一地

---

① 中国海关十年报告（北海关）（1892—1901年）[A].五十年各埠海关报告（1882—1931）.

② 广西钦州市地方志编纂委员会编.钦州市志[M].广西人民出版社，2000（8）：444.

③ （清）梁鸿勋.北海杂录[M].香港日华印务公司，1905.

④ 防城县地方志编纂办公室编.防城县志.大事记[M].南宁：广西民族出版社，1993：272.

⑤ 北海市地方志编纂办公室编.北海市志[M].南宁：广西人民出版社，2001（12）：761.

⑥ 广西钦州市地方志编纂委员会编.钦州市志[M].广西人民出版社，2000（8）：908.

⑦ （清）梁鸿勋.北海杂录[M].香港日华印务公司，1905.

⑧ 广西钦州市地方志编纂委员会编.钦州市志[M].广西人民出版社，2000（8）：689-690.

⑨ 广西钦州市地方志编纂委员会编.钦州市志[M].广西人民出版社，2000（8）：1089.

区，以孙中山为首的资产阶级革命派于1907—1908年在钦廉地区发动了两次起义，一批钦廉籍的资产阶级革命派黄明堂、刘梅卿、唐浦珠等追随孙中山参加了革命。

3.近代化的交通建设崎形发展

水运交通是钦廉地区的主要交通手段。北海开埠后，外国侵略者掌握了海关、港务和航运大权。由于外轮的进入，打破了钦廉地区传统的运输格局，也促进了其近代对外交通格局的出现。但在帝国主义的控制下，钦廉地区的交通建设呈崎形发展。陆路交通一直不发达，近代公路到清末才出现，1906年“钦廉道”王秉恩修筑廉（州）北（北海）大路路基，辛亥革命后，钦廉道郭人漳将其开通并开始行驶汽车①。县级公路直到1923年才开始动工。

以上种种迹象表明，在20世纪20年代，由于政治上的动乱，再加上处于中国的边陲地区，钦廉（广西沿海）地区虽然已经出现近代化的曙光，但其发展是比较微弱的，还处于近代化的起步阶段。

二、陈济棠的治粤措施对广西沿海地区近代化的推动

1926年7月，陈济棠率领国民党第十一师进驻广东钦廉灵防四属，师部设在北海。随后，陈济棠部通过参加第二次东征和南征，打败了邓本殷、申葆潘在钦廉的势力，张瑞贵率部归顺，钦廉地区因各派军阀长期争夺而造成的混乱局势得到了一定程度的控制。接着，他以钦廉为地盘，利用国民党内部的派系斗争，于1929年执掌广东军政大权。陈济棠上台后，为了摆脱困境，扩大实力，同南京政府抗衡，高度重视经济建设。1932年，他颁布了《广东三年施政计划》，明确“三年计划系以经济为重心”，其项目分为“整理”和“建设”两大方面，从1933年1月1日开始实施。“建设”是施政的重点，涉及政治、经济、交通、教育四大建设。经济建设包括有农林、蚕桑、渔业、矿业、工商等项事业。交通建设分为公路建设、铁路建设、航政建设、电话通讯建设、航空建设等五大方面。教育建设作为“国家根本大计”和“文明根本”列入三年施政计划②。三年施政计划内容详尽明确，多处明确地提到钦廉地区。的确，陈的主粤，特别是三年施政计划的实施，使钦廉地区的社会经济发展在整体上上了一个台阶，近代化步伐得到加快。这主要体现在以下几个方面：

① 潘乐远主编.合浦县志编纂委员会编.合浦县志.大事记[M].广西人民出版社，1994.
② 广东省档案史料丛刊.陈济棠研究史料[M].广东省档案馆，1985：318，168.

1. 立体交通与通讯网络初步形成，近代化交通体系初步建成

按照《广东三年施政计划》的规划，到1936年，广东初步形成了以公路运输为主、水路运输为次、铁路与航空运输为辅的立体交通网，广东的公路总长与密度皆居全国第一位。全省94个县除南澳外都通了公路，通讯业也得到了迅速发展。钦廉地区也不例外，民国廿年《合浦县志·交通志》道："……在闭关时代交通尚简，海通以来情势变迁大非昔比。合浦一邑甯北路已划界线，廉北汽车亦谋进行，至航路有海轮，通信有邮电，文报有电传，凡世界交通事业偏远之区亦若具焉……"。

早在1926年，广州经江门直达廉州、北海、钦州的公路开始修建。1927年，广州湾通钦州、防城的公路开通。1932年，北海开通了与平南、郁林等地公路。1933年，"北灵（北海至灵山）年内业已通车，而灵山距桂边，则仅有数千米之遥耳"[①]。1934年，广州经江门、阳江直通廉州、北海和钦州的公路修通。到抗战前，北海经廉州至闸口、白沙、山口、安铺、遂溪、赤坎、广州的公路通车，境内建成公路262.9千米，为抗战时公路里程最多的县份[②]。在防城县，陈济棠投资7万元（毫银）用于交通事业，1931年，修建从东兴罗浮至茅坡的公路（其老家所在的村），1933年，又从茅坡修至那良，然后由那良再修56千米到那巴。还修筑了从松柏至竹山、防城至企沙、防城至大直、防城公车至龙门等公路。1934年，茅岭至钦州段公路建成通车。至此，钦防两县可以通车，由东兴可达省会广州[③]。

在水路交通方面，陈济棠接管北海、钦州、防城等港口后，把整顿航运作为重点。1929年，国民党交通部增设了钦廉航政局，后改为船务所；1932年广东省港务管理局成立，拟设江门、北海、九龙、拱北、三水、汕尾六个港务分局，统一管辖沿海港口。1933年2月，北海航政局更名为"交通部广州航政局北海办事处"。民营水运事业也得到了发展，如民国二十四年（1935年），钦州出现了一批从事商业运输的船只，其中最大的是县城翁其均的均兴行等大商家合资修造的石膏船，载重30万吨，直接与南洋各地往来，钦州的物资出口南洋从此可以不用经北海转运[④]。

为开创广东的航空事业，广东省府于1932年冬集资100万元，与广西合资在

① 上海总税务司署统计科.民国十一年至二十年最近十年各埠海关报告（下卷）[M].上海：海关贸易统计年刊编者出版，1933-1939：320-354.

② 北海市地方志编纂办公室编.北海市志[M].南宁：广西人民出版社，2001（12）：228.

③ 防城县地方志编纂办公室编.防城县志.交通[M].南宁：广西民族出版社，1993.

④ 广西钦州市地方志编纂委员会编.钦州市志[M].广西人民出版社，2000（8）：530.

广州成立了西南航空公司，并在北海建立飞机场，开辟了每周一班的广州—北海—河内的国际航线。据资料记载："本年广州、北海间航空业已开始飞行，中间经过茂名、琼州等处，因而本埠与各该处关系，乃益密切矣。"[①]在通讯建设方面，广东省建有广州无线电话总台及汕头无线电话分台，于1933年底设立广东长途电话管理处，统一管理通讯事宜，先后扩充、开通了广韶线、广惠线及西江线、南路线，使电话通讯普及到90个县，钦县于1932年建成电话所，有3/4的乡镇通了电话[②]，钦廉的通讯网络初步建成。

2.经济发展上了一个台阶

为了开辟更多的财源，陈济棠将蒋系控制的中央银行广东分行改组为广东省立银行，在北海、钦州、东兴等地开设银行，控制金融市场；对外国进口货物增加关税捐，保护土货出口；施行保护地方工业的法规，鼓励当地民族资本家发展地方工业和商业，把大批国产货投入港澳市场；提高进口税，排斥和减少洋货进口；对土货出口则实行优惠税，保障广东的地方产品投入国内外市场。这在一定程度上促进了钦廉经济的发展。

（1）农产品商品化趋势不断增强，农副产品出口量增加

钦廉气候温暖，土地肥沃，农副产品极为丰富。由于广东政府鼓励土货出口，当时由北海港出口的水靛、糖、花生油、牛皮、桂皮、八角、生丝、烟叶、锰矿和猪、牛、"三鸟"等畜产品，以及鱿鱼、墨鱼、大虾等海味，大量打进国际市场。其中，桂皮、八角每年出口几百万斤，经香港转销欧美。这刺激了更多的人从事农副产品生产。

水靛作为一种纺织品的染料，销路极广，价格高，每担售价白银十两，每年由北海出口数万担。产于合浦及周边的玉林、博白一带的水靛在香港市场上以质地优良闻名。

南流江和钦江沿岸一带是糖的主要产地。以前，由于大批洋糖进口，冲击了国内市场，钦廉糖在香港市场上价格低廉，加上商家的盘剥，农民种蔗收入低，积极性不高。1929年从北海出口的糖只有二万至三万担。广东省政府实行对进口货增加关税和纳捐、对出口货减税的办法，如洋糖进口每担课税1.6元（银元），政府另加纳捐8元，使其成本每担增至24元，这大大打击了洋糖的进口。1932年，

① 上海通商海关总税务司署辑.中华民国廿三年通商海关华洋贸易全年总册总论（上卷）[M].民国廿三年（1934年）铅印本：70.

② 广西钦州市地方志编纂委员会编.钦州市志[M].广西人民出版社，2000（8）：24.

从北海进口的洋糖由上年的4589担降为142担。而从北海港出口的本地糖运往上海，每担课税只有1.6元(银元)左右，价格相对低于进口糖。1933年，从北海输出赤糖达73000担[①]。糖业在钦廉地区得到一定发展。

北海港是渔港，北海的鱿鱼、墨鱼、鱼干、咸鱼和虾米等大宗海产品，大部分输往香港，每年估值18万两关平银。生猪，是钦廉地区传统的出口贸易产品，“向居出口货重要部分，因豢养较廉，而香港常取给于此。历年输出，有加无几”[②]。由于钦廉地区的农户粮食一般能自给有余，青饲料多，农民养猪成本低，出售价格便宜。同时养猪也是农民相对较稳妥可靠的收入来源。因此，钦廉一带家家户户养猪。1919年北海输出生猪往香港只有3.4万头，1929年便升为5万多头。

锰矿，主要产自钦州黄屋屯至大寺、大直一带。所产矿大部分出口日本，每年约16万担。早在清光绪三十四年(1908年)，刘永福就与上海人徐悲元、徐悲武合作在钦州黄屋屯八角矿区开锰矿。宣统三年(1911年)5月，徐氏兄弟成立裕钦公司，到民国十五年(1926年)，矿石年产量达到4000吨。随后，北海的刘瑞国在黄屋屯开办三益锰矿公司，广州黄洛基在黄屋屯创办利民锰矿公司。裕钦公司日趋兴旺。1933年，开矿人数发展到4000多人，产区不断扩大[③]。

当时，钦廉地区的农产品通过北海港出口，大部分输往香港和越南海防，小部分输往广州、上海、天津等处。农产品的商品化促进人们发展实业，振兴经济的积极性。

(2)北海仍成为粤西主要对外贸易口岸，政府的关税收入不断增加

农副产品的商品化与对外贸易的增长是相辅相成的。由于陈济棠主粤期间采取高筑关税壁垒的策略，客观上刺激了地方商品经济的发展，北海港对外贸易由原来的入超变为出超，这也是陈济棠统治时期财政状况好转的一个局部反映。

当时，粤西和桂南的土货出口，“皆系由本口(北海)转运出洋”。商家在北海投资，“获利尤厚”，吸引了大批中外商家抵此从事贸易。他们一方面推销煤油、棉花、针织品，一方面组织糖、桂皮、八角、水靛和生猪等农副产品出口，由轮船运抵香港或上海中转欧美各国。北海成为粤西主要对外贸易口岸。这可以从1929—1936年北海港货运发展的情况中得到证实。[④]

---

① 上海总税务司署统计科.民国廿二年海关中外贸易统计年刊(卷一)[M].民国二十二年(1933):57.

② 中国海关民国十八年华洋贸易总册(上卷)[A].海关总署总务厅、中国第二历史档案馆编.中国旧海关史料[C].京华出版社，2001(10):95-97.

③ 吴小玲.近代钦州矿产资源的开发与对外交往[J].钦州师专学报，2002(2):48-51.

④ 防城县地方志编纂办公室编.防城县志[M].南宁：广西民族出版社，1993.

陈济棠主粤时期北海外贸统计表（1929—1936年）[①]

单位：万元（洋银）

年份	洋货进口	国产货入口	土货出口	土货转口	贸易总值	税收（海关）
1929年	149	113	162	（缺）	423	18
1930年	210	246	231	（缺）	686	31
1931年	182	206	241	（缺）	629	32
1932年	251	320	201	60	771	59
1933年	336	300	438	190	1264	84
1934年	160	360	354	350	1224	59
1935年	141	280	300	200	921	49
1936年	67	260	148	160	635	37
合计	1496	2085	2075	960	6553	366

从表中可以看出，这八年期间，北海土货出口（包括出口通商口岸）总值为3035万元（银元），国产货进口为2085万元（银元），洋货进口为1496万元（银元），进出口总值达6553万元（银元）。国产货已在北海市场占优势，土货出口和转口总值为洋货进口总值一倍以上。民国十八年，进出北海港的轮船达538艘次，创开埠以来最高记录。据《广东经济年鉴（1940年）》记载，民国二十二年（1933年），北海港土货出口（含转口）总值为628万元（洋银），居全国沿海商埠第十位。北海对外贸易已由入超变为出超。另外，广东省政府在北海港收税为366万元（银元），比前8年（1921年至1928年的关税收入只有97万元）增加3.8倍[②]。对外贸易的增长，税收的增加，从侧面说明了经济的好转。

（3）商贸繁荣，物价平稳，人民生活水平有所提高

对外贸易的发展，商贸的繁荣，客观上改善了人民的生活。20世纪30年代，从北海出口的生猪、鱿鱼、虾米、墨鱼、咸鱼出口往香港，销路极旺，创汇极高，“渔业大见发达，出口海产之估值，为数甚巨”[③]。北海埠“商务状况，一时顿为活跃”。据载，1933年，从北海港出口地生猪达6万多头，每百斤价格约为港币18元，平均每头生猪可得港币30至40元。到抗战前，钦廉土货价格十分低贱，每

① 李志俭.陈济棠主粤时期，北海对外贸易短暂繁荣[A].北海文史(5)[C].政协北海文史委，1987(11).

② 防城县地方志编纂办公室编.防城县志.解放前货运[M].南宁：广西民族出版社，1993.

③ 中国海关民国十八年华洋贸易总册(上卷)[A].海关总署总务厅、中国第二历史档案馆编.中国旧海关史料[C].京华出版社，2001(10)：95-97.

担（一百斤）活鸡，仅值港币40元；每担花生油，仅值港币20元；每担鱿鱼价值港币65元；每担白糖，价值港币15元。吸引了不少外商前来交易。在钦廉最热闹的合浦埠民街，商铺多至1200多间，烟丝铺（厂）连片30余家，爆竹铺连片20多家，钦廉四属的商品几乎都可以在这条街上找到[①]。当地经济的繁荣和人民生活的改善可从中略见一斑。

3. 社会事业得到发展

陈济棠提出“教育是立国之本，是永久的事业”。在老家防城，陈济棠捐资相继创办思罗学校（今东兴市马路中心小学）[②]、防城中学、谦受图书馆、伯南公园、防城医院、慰慈救济院，围海造田13900亩等，大力推动文化教育等社会事业的发展，惠泽家乡父老。

早在1926年，陈济棠便委托乡人集资7万元，并捐出部分薪俸，处理一些旧枪械换钱，发动部属和旅穗钦廉人士募捐，选址狗岭脚建防城中学，一年后建成小学部和初中部，后增设两个师范班。陈济棠还手令防城中学要实行服务大众、有教无类、不分贫富的办学方针，并对学生给予生活补贴。为引进优质师资力量，他从广州高薪聘请了十多名教师来防城任教。1933年，成立了高中部。陈济棠将前清遗留的一些难以辨明田产及盐田等划归公有，以作为教育发展基金，并在校园内建起“谦受图书馆”[③]。

陈济棠的教育建设措施也影响到钦廉地区各地，1933年，陈济棠的部将香翰屏在合浦捐资创办了合浦农业职业学校，1932年，广东省立钦州中学校长章泽柱等募捐筹建了“耀垣图书馆”[④]。合浦县在民国二十二年（1933）就有207所小学，学生人数达到28028人[⑤]。民国二十四年（1935年），灵山县有小学239所，学生14013人。这是近代钦廉教育得到较快发展的一个时期。

4. 城市建设成就突出

陈济棠主粤期间始终将广州的市政建设作为全省建设的榜样来抓，他陆续投入巨资，先后完成了七八项标志性的大型市政建筑工程，这对广东各地的城市建设起到示范作用。钦廉各主要县城如北海、合浦、钦州、防城等的近代格局基本

---

① 政协北海市委员会.北海合浦海上丝绸之路史（二十六）[N].北海日报，2009-12-31.

② 中共东兴市党史研究室、地方志办公室.东兴市大事记（535-2004年）[M].南宁：广西美术出版社，2006（6）：15.

③ 甘良，陈秋泓.在家乡兴办的文教卫生事业[A].广州市政协文史委编.南天岁月——陈济棠主粤时期见闻实录[C].广州：广东人民出版社，1987（11）：545-549.

④ 广西钦州市地方志编纂委员会编.钦州市志[M].南宁：广西人民出版社，2000（8）：39.

⑤ 钦州市教育志编纂委员会编.钦州教育志[M].南宁：广西人民出版社，2000（8）：127.

上是在20世纪30年代形成的，如1927—1937年，防城县拓马路，建西式洋房、交易场所、米行、打铁街等①；民国二十三年(1934年)，钦州县县长章萃伦将原来窄小不能通汽车的壕坝街、惠安街(即一马路口至三马路口)房屋拆除，扩建马路，铺上混凝土路面，与大南路(今人民路)及一二三四马路相连，定名为民族路(即今中山路)。钦州城区的街道得到拓宽、取直，并建西式洋房，形成了整齐划一的市容格局②。合浦廉州埠民街，全长1550米、拥有300多骑楼式近代建筑群和200多间商号店铺，其格局也是在这一段时间建设的。城市内的各类文化娱乐设施也开始兴起，如北海的升平街在1931年前已经以"五馆"(酒旅馆、烟馆、赌馆及妓馆)出名。钦廉地区近代化城市的格局基本形成。

三、对陈济棠主粤时期广西沿海地区社会发展的评价

作为20世纪30年代广东近代化建设的总策划与总导演，陈济棠是有过较大贡献的③，其影响当然也及于时属广东的钦廉(广西沿海)地区。

1. 陈济棠主粤加大了钦廉地区近代化进程中的内力影响

近代化的过程一般是指由传统社会向现代社会变迁的过程，中国社会的近代化动力因素往往归结为：一是外力的推动，二是内力的影响。外力推动主要指殖民主义势力的侵入，推动或带动中国社会的发展；内力影响指清政府及其部分臣僚在殖民主义，资本主义等因素影响下实施的"新政"、"洋务运动"等一系列近代性质的政策和活动等对中国社会的影响。钦廉地区处于祖国南部边陲沿海，总体上也受着中国近代化进程的影响。由于处于中国的边缘地带，其近代化进程的开端受政府政策变动的影响较弱，直接受到外国资本主义的影响相对较强，显得较被动，带有明显的"响应"式特征。

北海开埠后特别是中法战争后，由于帝国主义势力对广西沿海地区的入侵，客观上给钦廉社会带来了近代化的曙光，社会正缓慢地发生着一系列变化。但到20世纪20年代，与沿海同类地区相比，钦廉地区经济文化仍很落后，外界的关注度低。如果没有一定的内外力作用，其社会发展只能在原有的轨道上缓慢地发展。20世纪20—30年代，钦廉籍人陈济棠崛起并主政广东，他生于斯、长于斯，熟悉当地社会，所实施的计划能从细节上关注钦廉地区，造就了钦廉地区发展的

① 防城县地方志编纂办公室编.防城县志[M].南宁：广西民族出版社，1993：9.

② 广西钦州市地方志编纂委员会编.钦州市志[M].广西人民出版社，2000(8)：24.

③ 周兴樑.陈济棠治粤与广东的近代化建设[J].广州：中山大学学报社科版，2000(6)：64-72.

难得的一段顺境，从内力上加大了对广西沿海地区近代化进程的影响，使钦廉地区在一段时期内出现了追赶上其他同类地区的趋势。如民国二十二年（1933年）的北海港土货出口（含转口）居全国沿海商埠第十位[①]。

2. 陈济棠主粤客观上推动了钦廉地区社会近代化进程

作为主掌一省的地方实力派，陈济棠能够注重地方建设并颇有建树，本身就非常难得。其施政泽于家乡，对桑梓建设给予大力支持和帮助，使家乡人民从中受益，其客观影响更不可低估。在陈济棠主粤期间，公路、机场及港口的建设使广西沿海的近代化交通体系初步建成，一系列保护地方经济发展的措施使广西沿海的农产品商品化趋势增强，刺激商品经济的发展，广西沿海出现了商贸繁荣、物价平稳、经济和社会事业得到发展的景象。这些与陈济棠本人的崛起一起，成为吸引外界眼球的亮点。这是人们在回顾广西沿海历史发展过程中不能回避的事实。

3. 陈济棠对广西沿海地区近代化进程的推动是一个短期的因素

陈济棠的统治毕竟是军阀统治，他所采取的开放措施，他对广西沿海地区近代化进程的推动是一个短期的因素，随着陈济棠从权力鼎峰坠落，这一内力因素迅速消失。而近代化的外力因素——帝国主义是不允许半殖民地的中国发展资本主义的，他们一方面加紧对钦廉地区进行掠夺，获取高额垄断利润；另一方面疯狂地在此推销商品，排斥北海口岸及其内地工业的发展。由于北海关的大权仍由洋人操纵，港口大权没法真正收回，北海口岸及内地工业基础薄弱，产品难以对外竞争。再加上相邻的广西盗匪横行，运输不易，出口货成本加重，1935年后，“出口贸易理应受鼓励而趋蓬勃，无如内地捐税繁重，连年战事频仍，逐使生产受阻。”北海港的对外贸易开始下降。钦廉地区的重要经济支柱赖以维继，“纵欲与他国产品角逐于市场上，终亦难操胜算矣”[②]。1936年7月，随着陈济棠倒蒋失败下野，曾一度繁荣的钦廉经济成为昙花一现。不久，抗日战争爆发后，广西沿海的近代化进程受打断。

本文原刊于《学术论坛》2013年第三期，是广西文科中心特色研究团队项目“北部湾海疆与海洋文化研究团队”阶段性成果。作者：吴小玲，广西高校人文社会科学重点研究基地钦州学院“北部湾海洋文化研究中心”执行副主任，教授。

---

① 黄铮.广西对外开放港口——历史、现状、前景［M］.南宁：广西人民出版社，1989：144.

② 中国海关总署.十年海关报告（民国十一年至民国廿年）（下）［A］.五十年各埠海关报告（1882—1931）［C］.中国海关出版社，2008（1）：320.

广西海洋文化资源的类型、特点及开发利用

吴小玲

【摘　要】广西海洋文化的积淀深厚，内涵丰富，特色文化元素明显。但由于各种原因，海洋文化资源还没有得到较好的开发利用。开发和利用广西海洋文化资源，要从增强海洋文化意识，提升广西海洋文化精神；加强海洋文化研究，推动广西海洋文化发展；加强海洋文化遗产保护与传承，创新发展广西海洋文化；深度开发海洋文化资源，实现海洋文化的良性发展；集聚人才，加强海洋文化的人才队伍建设；构筑平台，充分展示海洋文化的魅力等方面入手，大力促进广西海洋文化繁荣发展。

【关键词】广西海洋文化资源；开发利用；对策

"海洋文化，就是和海洋有关的文化；就是缘于海洋而生成的文化，也即人类对海洋本身的认识、利用和因有海洋而创造出来的精神的、行为的、社会的和物质的文明生活内涵。海洋文化的本质，就是人类与海洋的互动关系及其产物。"[①] 广西海洋是我国1.8万千米海岸线中最洁净（也是处于最原始状态）的部分。广西海洋文化是广西沿海人民在开发、利用和保护海洋的社会实践中所形成的思想道德、民族精神、教育科技、文化艺术等物质和精神成果的总和。广西海洋文化的历史积淀深厚，内涵丰富，特色文化元素明显。在重视文化强国战略的今天，利用海洋文化资源、科学合理地布局并发展海洋文化产业，形成特色海洋经济，是广西加快建设海洋经济，促进富民强桂战略的重要措施。

一、广西海洋文化资源概况

按照资源的形态来分，广西海洋文化资源可分为自然生态资源和人文历史资源。

① 曲金良.海洋文化概论［M］.青岛：青岛海洋大学出版社，1999（12）：6.

（一）海洋生态自然资源

1. 海岸岩礁沙滩类景观资源

广西海岸线长2199.25千米，其中大陆海岸线长1628.59千米，岛屿岸线长576.66千米，岸线长度在全国11个沿海省份中居第6位。广西沿海海岸线曲折，以大风江为界可分为两段，以东沿岸多为堆积海岸地貌，以西则多为海蚀海岸地貌。海蚀海岸地貌往往由于岩石被海水蚀成各种奇特造型，并在沿海形成众多的港湾和高质量的滨海沙滩，如涠洲岛、银滩、怪石滩、天堂滩、大平坡、玉石滩、金滩，三娘湾等。

2. 海岛及海湾类景观资源

广西沿海岛屿众多，据初步统计，面积大于500平方米以上的海岛共有651个，岛屿面积达66.90平方千米。岛屿海岸线长460.9千米。沿海海岛多是大陆岛，如京族三岛、麻兰岛、龙门群岛等。还有火山岛，如涠洲岛、斜阳岛、防城港的蝴蝶岛等。还有大陆延伸到海上的半岛如江山半岛、企沙半岛、渔澫半岛、大环半岛等。这些岛屿还兼具沙滩、珊瑚礁、红树林和火山地貌等优美风光，具有较高的旅游观光价值。

3. 海口及海滨类景观资源

广西沿海直流入海的河流有10多条，在入海口往往有连片红树林、河口围海连岛堤堰，显现江海交汇的壮丽景色及掩映于海天一色中的渔村风光。如南流江入海处“三河入口”景象、钦江入海口海堤景观、北仑河口中越两国异域景观以及北海外沙海堤、防城港西湾海堤、东兴金滩海堤，钦州大新围及康熙岭海堤风光等。北海冠头岭、钦州乌雷岭、尖山、那雾岭等滨海丘陵历来是北部湾畔兵家重地及人民登高观海的胜地。

4. 海洋生态类景观资源

广西海滨地带或一些无人居住的小岛上或保护区，往往有一些珍稀的、独特的生物群落，如北仑河口红树林自然保护区、合浦儒艮国家自然保护区、钦州三娘湾白海豚保护区、山口红树林保护区、钦州港红树林保护区等。此外，还有北海大冠沙城市红树林、廉州湾红树林、茅尾海红树林、渔洲坪红树林等。

5. 海洋生物类资源

广西濒临的北部湾海域属热带海洋，适于各种鱼类繁殖生产，加之河流携带大量的有机物及营养盐类到海洋中去，使之成为中国高生物量的海区之一。北部湾不仅是中国著名的渔场，也是世界海洋生物物种资源的宝库。据调查，北部湾有鱼类500多种、虾类200多种、头足类近50种、蟹类190多种、浮游植物近140种、浮游动物130种，其中儒艮、中国鲎、文昌鱼、海马、海蛇、牡蛎、青蟹十分著名，举世闻名的合浦珍珠也产于这一带海域。这些对发展海洋捕捞、海水养殖、海产品加工、海洋生物制药和价值的提取以及科学研究都有非常重要的作用。

（二）海洋历史文化资源

1. 海洋历史人文遗迹类资源

海洋历史文化资源是指生活在滨海地区的居民在各历史时期活动形成的痕迹以及其他有历史与纪念价值的遗迹。它包括：古人类文化遗址（如灵山新石器时代遗址、茅岭杯较墩遗址、交东社山遗址、芭蕉墩、上羊角新石器时代遗址、合浦古汉墓群、钦州久隆独料新石器时代遗址等）；古码头遗址如合浦石湾的大浪古港，防城港市的企沙码头、茅岭古渡、洲尾古码头，钦州乌雷码头、江东博易场遗址、龙门港等；古运河、古商道如潭蓬运河遗址、杨二涧（伏波故道）、十万山古商道等；古代生产遗址如钦州唐池城遗址和古龙窑遗址，北海上窑、下窑遗址、造船遗址、白龙珍珠城遗址及七大珠池遗址；古城镇及民居遗址如钦江县古城遗址、越州古城遗址、北海永安古城遗址、北海近代西洋建筑群、钦州刘永福故居群、冯子材故居群、北海老街、灵山大芦村等；海防、海战足迹如烽火台和炮台、军营和屯寨等；历史人物足迹如东坡亭、东坡井、海角亭、惠爱桥、防城港市境内的大清国1～33号界碑、海上胡志明小道等。

2. 海洋民俗文化类资源

作为少数民族的聚居地，广西沿海人民在长期的海洋捕捞、浅海采集等生产活动中形成了饶有地方色彩的文化，有风格迥异的生产生活习俗如疍家婚礼、京族高跷捕鱼和拉大网等；有丰富多彩的节日如京族哈节、北海外沙的龙母庙会，神秘动人的民间传说如《合浦珠还》的故事、三娘子的传说等；有悦耳动听的民间音乐艺术如京族的独弦琴艺术、北海咸水歌、钦州采茶戏和跳岭头等。民俗文化资源是民族记忆和人类文化可持续发展的重要载体，必须采取有效的措施进行创新性的开发。

3. 海洋特色技艺类资源

在长期的耕海生活中，广西沿海人民总结并创造发明了一些极具特色的海洋生产生活技艺。有南珠的生产及捞捕技艺、北海贝雕技艺、钦州坭兴陶工艺、防城港石雕工艺、京族高跷捕鱼及拉大网、海盐生产技艺及各种海产品加工工艺等。

4. 海洋宗教文化类资源

广西沿海人民在传承中国优秀传统文化的同时，将儒、道、佛与地方民间信仰结合在一起，形成了具有地域色彩和海洋特色的宗教文化。据《广西通志·宗教志》载，广西沿海的主要宗教有道教、佛教、天主教、基督教等，还有对海神、三婆庙、伏波庙、土地公、关公等的崇拜，体现了宗教文化的多样性，多神崇拜还与浓厚民族特色相结合、和谐共存。各类宗教古建筑较多，如合浦东山寺、武圣庙、关帝庙，北海普度震宫，钦州的北帝庙、雷庙，防城的水月庵，各地的三界庙、妈祖庙、伏波庙和现存的天主教堂等。这是进行观光祈福、科普教育的重要场所。

特别值得一提的是：广西海洋文化资源中的非物质文化遗产项目众多，特色鲜明。截至2012年5月，已列入自治区级以上的非物质文化遗产名录的涉海类项目有23项，如民间传说《合浦珠还》、《美人鱼传说》，传统民俗“京族哈节”、“外沙龙母庙会”、“疍家婚礼”，传统手工技艺“钦州坭兴陶制作技艺”、“北海贝雕技艺”、“京族服饰制作技艺”、“京族鱼露”、“北海疍家服饰制作技艺”[①]，民间音乐“京族独弦琴艺术”和《北海咸水歌》，民间曲艺《老杨公》、钦州《跳岭头》、《京族民歌》[②]等。其中，“京族哈节”、“京族独弦琴艺术”和“钦州坭兴陶制作技艺”被列入国家级非物质文化遗产名录。“海上丝绸之路·北海史迹”与广东广州、浙江宁波、福建泉州、江苏扬州、山东蓬莱正在联合申报“中国世界文化遗产预备名单”。

二、广西海洋文化资源的特点

广西所特有的民族文化、渔文化、珍珠文化和古代海洋贸易是其发展海洋文化的重要历史积淀，它们共同构成并丰富了海洋文化的内涵，是广西海洋文化发展的特色文化元素。

1. 浓厚的民族特色

广西沿海是多民族聚居的区域，各族人民在长期耕海过程中形成了独特的民族风情。这里有全国唯一的海洋民族——京族，也有被称为“海上吉普赛”的疍家和散布于沿海的客家。广西海洋文化是以骆越文化为基础的，在与内陆文化的

① 广西壮族自治区人民政府关于公布第四批自治区级非物质文化遗产代表性项目名录的通知(桂政发〔2012〕48号)[EB/OL].广西壮族自治区人民政府门户网站(www.gxzf.gov.cn/zwgk/zfwj/zzqrmzfwj/201207/t20120705_413903.htm).

② 广西壮族自治区人民政府关于公布第四批自治区级非物质文化遗产代表性项目名录的通知(桂政发〔2012〕48号)[EB/OL]，广西壮族自治区人民政府门户网站(www.gxzf.gov.cn/zwgk/zfwj/zzqrmzfwj/201207/t20120705_413903.htm).

交流中，它接受并融汇了中原文化、楚文化、巴蜀文化的影响。而在与海外文化交流中，又包含了基督教文化、佛教文化、近代西方文化等因素。在吸纳多元文化影响的同时，广西海洋文化还保留了自己的独特性，这在民俗、饮食、艺术、建筑、宗教等方面均有反映，表现出鲜明的地域特色和各种地方文化的共存共生现象。如这里长期是多神崇拜，包括海神、龙神、雷神、飓风神、天妃、伏波神和孟尝神等，其中伏波神崇拜与伏波将军南征活动有关，孟尝神的崇拜与“珠还合浦”的故事有关。广西海洋文化中还有广府文化、客家文化、福佬文化、壮族文化、京族文化等文化的内容特征，在区域内部又表现出鲜明的区域差异，具有浓厚的民族特性。

2. 浓郁的南疆特色

首先体现为在沿海地区形成了独特的人文风俗。古代广西沿海远离中原，开发相对滞后，生态环境十分恶劣。为了克服生活上的种种困难，人们被迫与大自然进行顽强的斗争，形成勤劳、勇敢、敢于冒险、勇于开拓的文化特征，养成笃信鬼神，求助于超自然力的保护的习惯。即使在现代文明社会，这种求神拜佛的风气仍然承袭不衰。

其次是形成了别具特色的南珠文化。自古以来，广西沿海海域就是驰名世界的南珠产地，有“西珠不如东珠，东珠不如南珠”[①]的说法，珍珠文化相当发达。现在，南珠已成为广西重要的文化品牌，北海成为国内海水珍珠的集散地和交易中心。围绕着南珠的开采、收集和贸易等，广西沿海形成了白龙珍珠城、合浦汉墓、北海古窑址（群）等众多的历史文化古迹。近年来，虽然珍珠养殖业走向萎缩，但“南珠”的文化影响却使之成为北海的城市文化形象之一。

第三，广西沿海有其特有的海洋文化元素。海天一色的广袤海域，海鸟海湾的旖旎风光，滨海红树林群落等孕育了独具风韵的南方海洋生态文化。疍家婚礼和服饰、京族哈节与渔具渔法、《珠还合浦》、《白龙城的传说》、《美人鱼》等美丽传说及渔业谚语等，展示了斑斓的南方海洋民俗文化。

3. 较强的商贸性

广西北部湾沿海是中国古代最早开展远洋贸易的地区[②]。古代合浦郡沿海盛产珠玑、玛瑙、玳瑁、象齿、犀角、宝石、美玉和名贵香料等奇珍异宝，成为向中原统治者进贡的珍品，吸引了大批商人来岭南贸易。由于珍珠贸易的盛行，当

① 屈大均. 广东新语卷十五［M］. 北京：中华书局点校本，1985（4）：414.

② 廖国一. 中国古代最早开展远洋贸易的地区——环北部湾沿岸［J］. 南宁：广西民族研究，1998（3）.

地居民以采珠贩珠为生，很少从事农业生产，“崇利”的商品价值观念渗透到社会各个角落。自西汉元鼎年间起，合浦就是当时中国往东南亚、南亚、欧洲各国的“海上丝绸之路”的始发港之一。隋唐，钦州陶瓷文化发展成熟，宋代钦州是对外贸易的一大港口。近代北海成为中国西南地区对外贸易的通商港口。合浦汉墓群、潭蓬运河、北海百年老街、合浦上窑明窑遗址、宋代钦州博易场遗址及明代瓷烟斗和压槌，见证了昔日海上丝绸之路的繁荣与喧闹；现代北部港三大港正在续写海上丝绸之路的辉煌。以上这些都反映了航海文化与海洋商贸文化所构成的丰富内涵。

4. 忠于国家、勇敢善战的海疆文化特质

自古以来，广西沿海是中国南部的边海防要地，有“古来征战第一线”之说。历经千年，这里留下了许多战争遗迹和记载：有伏波将军马援的活动遗址、伏波庙会遗址、白龙古炮台、水师营遗址、刘永福和冯子材故居及其英雄故事，展现了可歌可泣的守边卫国、抗击外辱的海疆文化。

5. 丰富的人文历史资源

早在新石器时代，广西沿海居民就从事渔猎和农业活动。先秦时期，生活在这里的骆越人有“断发纹身”的习俗。合浦是汉代中国海上丝绸之路的始发港。合浦港的兴盛促进了以合浦为中心的古合浦郡（包括今广西沿海地区）的经济、文化繁荣。合浦大型汉墓数量之多，规模之大，出土文物之华美全国罕见。现存于沿海各地的新石器时代贝丘遗址、古运河、古商道、伏波庙、白龙珍珠城、京族哈节、珠还合浦及三娘湾的神话传说等记载着广西沿海地区厚重的历史。北海中山路骑楼商业老街及西洋建筑群成为近代史的一个缩影。据统计，广西沿海三市拥有近400处（项）各级文物保护单位、历史建筑以及非物质文化遗产等。这些历史文化遗迹近年来得到更为完整、妥善的发掘、保护及修缮。如北海老街已得到重新修缮并对外开放，北海的西洋建筑群已纳入第六批国家重点文物保护单位，2010年，北海成功申报并被列入中国第四批历史文化名城。此外，白龙炮台、海上胡志明小道、刘冯故居、陈济棠故居、胡志明故居、伏波庙等遗迹也是重要的人文历史资源。

三、广西海洋文化资源开发面临的问题

一直以来，海洋渔业、盐业和海洋交通运输业是广西传统的海洋产业，是地

方性支撑产业，其总体上规模不大。[①]相对于其丰富的海洋资源及与其他沿海省区的发展水平相比，广西海洋经济总量和产业规模很小，目前总产值仅占全国1%。广西海洋历史文化资源、饮食文化资源潜力大，但由于没有得到合理开发。广西海洋文化资源开发滞后的主要原因是：

1.海洋意识淡薄，海洋智能人才严重缺乏。

由于长期沉浸在“八山一水一分田”的优势中，广西从上到下守着大海不见海，靠海不近海，无视或忽视海洋所带来的巨大经济效益。由于对海洋宣传的重要性认识不够，广西的海洋理论研究、海洋意识的宣传和教育工作严重滞后。

国民海洋知识的来源主要依赖大众传媒（宣传），培养海洋意识最为有效的是海洋教育课程。而广西在这两方面都存在着严重缺失，从而影响海洋人才的数量和质量，制约广西海洋经济的发展。

2. 广西海洋文化资源的开发利用还处于粗放型阶段。

虽然广西的“海洋经济”、“滨海产业”已成为其发展的一大热点，但由于相关部门还缺乏海洋经济发展的整体观念和战略高度，偏重于局部和眼前利益，海洋文化资源的开发利用还处于粗放型阶段，开发水平不高。主要表现为：一是没有形成优秀的品牌。广西沿海至今仍没有出现知名的海洋品牌产品和优秀的海洋文化企业，更无从谈起品牌效应。如曾风光一时的“南珠文化”品牌已走向严重衰落，甚至已到亟待抢救的地步；二是产业边界不清，海洋文化企业混合强，很多地方政府和企业对当地海洋文化缺乏准确定位，不做仔细的调查研究，盲目追随其他地区的发展经验，急于投资上项目，所开发出来的海洋文化产品同质化严重，许多具有地方特色的海洋文化资源没有得到充分的开发，在一定程度上造成了资源的浪费。三是海洋文化开发范围较窄。没有对海洋文化资源进行系统而深入的研究开发，高度依赖原生态海洋文化资源，或对海洋文化资源的开发进行展示性开发，或是借助旅游让人们领略海洋风光，或通过简单的制作加工出售海洋文化类纪念品，许多海洋文化项目和产品基本上是滨海旅游业的“副产品”。即使是开发相对成熟的海洋休闲体育运动项目仍显单一，限于海上跳伞、滩球类运动、摩托艇冲浪等，不能满足高层次游客的需求。

3. 广西对海洋文化的内涵挖掘不够。

广西海洋文化产业由于起步晚，开发水平比较低，对海洋文化内涵挖掘的深

---

① 广西壮族自治区人民政府关于印发广西海洋产业发展规划的通知（桂政发［2009］97号）［EB/OL］. 广西壮族自治区人民政府门户网站（www.gxedu.gov.cn/UploadFiles/gxgxfwbbwzt/2010/3/201031217353.pdf）.

度不够，对海洋民俗文化、海洋艺术业等开发较少。不少庆典活动经济味过浓，缺乏对海洋文化的较深层次的发掘，对游客吸引力不强。滨海旅游业是广西的海洋文化产业的重要组成部分，但对滨海旅游区开发深度不够，重点旅游项目创新性欠缺，全国闻名的重点旅游项目不多，市场营销和产品开发力度不足。旅游资源的开发大部分停留在低层次。广西的涉海工艺品主要是低端的珍珠、贝类等，缺乏高附加值的拳头产品；涉海艺术业仍处于起步阶段，与发达地区存在较大差距，高科技、高附加值的文化产品不多。

4. 广西对海洋历史文化资源的保护力度不够。

随着广西沿海开发的深入推进，大规模的海涂围垦必然会对自然生态环境造成不同程度破坏。在沿海加快工业园区建设的同时，传统的海洋文化载体正在萎缩，如渔村、海洋神话、海图海志、海洋民俗、盐民船民等都在逐步地减少、弱化或消隐。一批涉海非物质文化资源如海歌、海舞、水上木偶戏等正逐渐从人们的视野中消失。

5. 海洋文化的产业化程度较低，带动经济发展的作用弱。

如涉海会展庆典业对区域经济发展的作用还不够强，东盟博览会、民歌艺术节等大型庆典对提升广西海洋文化的影响，带动海洋文化产业的整体发展所起的作用不够明显。

五、开发和利用海洋文化资源，促进广西海洋文化的发展及繁荣的对策

中共十七届六中全会强调："坚持保护利用、普及弘扬并重，加强对优秀传统文化思想价值的挖掘和阐发，维护民族文化基本元素，使优秀传统文化成为新时代鼓舞人民前进的精神力量"①。广西是我国沿海最后一块尚未开发的"处女海"，利用海洋资源、发展海洋文化产业，是广西经济发展最具潜力的一个增长点。为此，必须抢抓机遇，采取有效措施，大力推进海洋文化的发展与繁荣。

（一）增强海洋文化意识，提升广西海洋文化精神

1. 加强海洋文化教育，增强全民海洋知识

要充分发挥海洋文化传承创新中的基础性作用，大力宣传海洋国土观念，增强群众的海洋意识。为此，各级教育、宣传部门要充分发挥海洋文化"进课本、

① 文件起草组编著.〈中共中央关于深化文化体制改革推动社会主义文化大发展大繁荣若干重大问题的决定〉辅导读本［M］.北京：人民出版社，2011（10）.

进校园、进课堂”的作用，在中小学文化素质教育课程中增加广西海洋文化知识的比重，在大中专院校开设海洋知识专题讲座、海洋文化论坛，开展海洋科技活动等，通过各种渠道促进广西人民海洋知识的进一步提高。

2. 加强海洋文化的宣传，提高全民海洋意识

要创新和改进海洋文化宣传的内容，大力挖掘海洋文化中的优秀精神、及时宣传广西海洋文化事业发展新成就、海洋文化建设的新成果。要加强海洋文化传播渠道的建设及传播系统的信息化建设，充分利用各种传统媒体如报刊、电视、广播，开拓各种新兴媒体如互联网等，创新开发海洋文化宣传的平台。同时，要加快数字及网络技术在海洋文化传播中的作用，加快图书馆、博物馆等公共文化设施的数字化海洋文化资源库的建设，实现海洋资源共享。

（二）加强海洋文化研究，推动广西海洋文化发展

1. 加强对广西海洋文化资源的调查

抓紧落实并开展广西海洋文化遗迹普查工作，明确调查的重点：具有广西民族特色的海洋文化资源的调查、广西海洋文化遗产资源状况的调查、广西海洋文化资源开发、利用状况的调查等。

2. 开展广西海洋文化资源的研究

要根据广西海洋文化事业发展的现状及广西民族传统文化理念，提炼积极向上的广西海洋文化精神，推动当代海洋先进文化思想的宣传和创新，增进全社会对发展海洋文化的共识。要吸收世界各国海洋文化发展史上的优秀成果，借鉴我国其他沿海省份的先进经验，加强对海洋思想、海洋政策、海洋发展模式的研究，提出发展广西海洋事业的创新性思路。

（三）加强海洋文化遗产保护与传承，创新发展广西海洋文化

具有广西民族特色的海洋文化的保护和传承，要按照保护为主、抢救第一、合理利用、加强管理、传承发展的原则，在开展广西海洋文化资源普查的基础上，打造结构完整、适合广西海洋文化遗产保护和传承的保护利用体系。

（1）各级部门要采取措施加强对海洋文化资源的整理与研究，使之与沿海和海洋开发互动并进。同时要修订沿海和海岛开发规划，把海洋文化建设纳入规划之中。在海洋文化建设中，要确立理念和思路，为海洋文化资源的保护、研究和利用留下足够的空间，避免对海洋资源做单一的产业开发。

（2）加快制订相关政策和地方性法规，加强对广西涉海的历史文化名村名镇的保护和利用，抢救濒危广西海洋文化遗产和海洋非物质文化遗产。特别是挖掘

和抢救一批散落在实物、文字、图片、风俗、口头文学、信仰观念及其他口述资料中的海洋文化资源。

（3）加强全区涉海博物馆、纪念馆建设，增加文物保护单位海洋文化文物的收藏和陈列，开展广西海洋文化考古与科研项目。

（4）建立广西海洋非物质文化遗产的传习基地，努力培育国家级、自治区级海洋非物质文化遗产保护示范项目。

（5）充分发挥海洋传统节庆与习俗的积极作用，对传统节庆和习俗形式进行改造、融入时代元素，使之适应广西人民的精神生活，创新和发展富有广西民族色彩的海洋传统节庆的内容、风俗、礼仪，体现海洋文化特色和广西民族特色。

（四）深度开发海洋文化资源，实现海洋文化的良性发展

1.充分挖掘、整理和弘扬广西海洋文化的丰富资源，激活历史文化沉淀。

深入挖掘、悉心整理广西海洋文化的各类古遗址、古遗迹和古典籍，重点挖掘整理和利用海上“丝绸之路”文化、南珠文化、疍家文化、京族文化、海疆文化等重要历史遗产，进一步挖掘并重新审视广西北部湾文化中所闪烁的海洋文化历史光芒，强化海洋文化氛围。

2.加强海洋文化产业方面的基础设施建设，为海洋文化的发展搭建立体的、全方位的载体。

利用广西北部湾经济区开放开发的契机，重点加强海洋文化传播、海洋文化休闲度假、海洋文化创意产业等三个方面的海洋文化基础性工程，建设一批惠及普通民众、承载区域功能、贴近多元需求，而且具有广西海洋文化特色的基础设施。

3.加快各种海洋文化资源的整合。

把广西海洋历史文化、海洋民俗文化、海洋宗教文化、海洋生态文化以及海洋旅游文化等资源整合为一个相互交融、相互促进的文化系统，实现海洋文化资源开发的良性发展以及多样性、持续性。

4.加大海洋文化发展的创新力度，培育一批具有广西特色的文化精品工程。

用全球性眼光、高科技手段、现代性标准来发掘、突出、打造、铸成具有民族风格、传统意蕴、地方特征的广西海洋文化产业。以广西北部湾经济区的开放开发为背景，把树立广西精神、弘扬海洋文化的主线结合起来，挖掘城市科学发展、跨越发展、率先发展、和谐发展的重大现实题材，精心组织、策划和推进文艺精品创作；同时要培育广西支柱型的海洋文化新兴产业，把广西建设成区域性海洋文化传播与产业培育基地，不断提升与深化海洋文化在广西北部湾经济区建设中的影响力。

（五）集聚人才，加强海洋文化的人才队伍建设

（1）借助民间文化研究队伍和高等院校研究力量，在广西建立海洋文化研究会，提升研究水平，拓展研究领域，培育研究人才。

（2）以高校、科研院所为依托，建立海洋文化产业人才培训基地，培养一批多层次、多专业、多领域的人才队伍。特别是要抓紧在各个海洋文化特色项目中培养一定数量的优秀传承人和表演的稳定队伍。同时落实抢救保护传承责任。

（六）构筑平台，充分展示海洋文化的魅力

要高起点构筑展示平台，在办好现有的北海国际珍珠文化艺术节、钦州国际海豚文化节、中越边境文化旅游艺术节和国际龙舟节、北海海滩旅游文化节、北部湾海洋风情艺术节、京族“哈节”、北部湾海洋文化论坛等一批节庆活动的基础上，把广西海洋文化做活做响。建议创办中国—东盟海洋文化节，“北海老街艺术节”、“钦州坭兴陶艺术节”、“钦州刘冯文化节”、“京族民俗文化节”、“金滩风筝节”等，让广西海洋文化从中展示迷人的魅力，提升广西海洋文化的品位。要有步骤有针对性地引进全国性和国际性的海洋文化大赛，如国际海洋民间艺术大赛等。同时提升现有的防城港国际龙舟邀请赛等的赛事规格，让广西优秀海洋文化走出家门、国门，彰显中华海洋文化的魅力。

本文原刊于《广西师范大学学报》2013年第一期，是广西文科中心特色研究团队项目“北部湾海疆与海洋文化研究团队”阶段性研究成果。作者：吴小玲，广西高校人文社会科学重点研究基地钦州学院“北部湾海洋文化研究中心”执行副主任，教授。

广西防城港市皇城坳遗址的保护与开发利用

吴小玲　梁云　贾春莉

【摘　要】广西防城港市皇城坳遗址是明末清初抗清将士活动的重要见证，是清初广西沿海最大一批海外移民的产生地。但是由于各种原因，该遗址的保护、开发还处于较低水平。必须提高对皇城坳遗址的保护与开发利用的重要性的认识，深入挖掘其内涵和价值，创新保护措施，更好地保护我们民族生存、发展、斗争的一段历史，保护我们曾有的精神家园。

【关键词】皇城坳遗址；杨彦迪；历史文化；保护开发利用

皇城坳遗址是位于广西防城港市内的一处明清文化遗址，它记录着广西海洋文化的众多符号：它是明末清初海上抗清力量的潜伏地，是清初广西沿海最大一批海外移民的产生地，是古代广西沿海人民走向海洋的一个起点。保护这一处历史文化遗址，就是保护我们民族生存、发展、斗争的一段历史，保护我们曾有的精神家园。开发利用皇城坳遗址，可提升广西海洋文化的内涵，进一步打造广西沿海与东盟各国交往与合作的纽带和平台，为推动地方经济社会发展服务。

一、皇城坳遗址的基本情况

1. 皇城坳的地理位置

皇城坳位于广西沿海的防城港市港口区光企半岛公车镇沙港村，背陆面海，东距钦州龙门群岛五千米，西临东兴市，南与越南隔海相望，北靠防城区。自古以来，这里就是中国沿海最偏僻的地方之一，是历代中国中央王朝的统治势力鞭长莫及的地方，明清时期曾属“三不要地区”(广东不要、广西不要、安南不要)。

广西沿海地区位于中国南方边陲，处于大陆边界线与海洋边界线的交汇处，沿岸有大大小小的岛屿，由于沿海的潮汐涨落以及季风气候，船队从沿岸出发可顺着风向和海流、沿着海岸线到东南亚、南亚各国，自古以来这里便是海上贸易频繁之地。由于滨海地区河流纵横交错，半岛、小岛及港湾密布，在近海航行时，为了避开海上风浪的威胁及海盗的袭击，人们常选择走岛屿间的小径。在皇城坳村边，现还可看到一条弯弯曲曲延伸的平坦的田垌，东北接龙门海、西南接防城港暗埠江口海面，如果把这一田垌挖开通航，船只可顺道从钦州龙门港进入皇城坳，经暗埠江进入防城湾前往安南，这不但可以避开企沙外海狂风恶浪，还可缩短三分之二的水程。距皇城坳不远的旧码头——洲尾港，与皇城坳一起构成内外交往通商，进退自如的海上交通。

2. 皇城坳遗址的发现

皇城坳遗址的发现是从零星文物的发现开始的。

民国初年，翁冲村村民陆开浚在皇城坳附近岭头开荒，挖出金书一册、金镜一面及金条、金器、玉器、瓷器等物。1997年底，村民又挖出一面直径约20厘米的莲花状铜镜，背面有小字“湖州百家无比炼铜照子”。20世纪60年代，村民在附近的水岭坳挖出一缸重约一百多公斤的铜钱，2004年10月，民工在修建沙企一级公路时挖出重约五十多公斤的一缸铜钱。这些铜钱上布有铜绿、沾满泥尘，字迹模糊，依稀可辨有“开元”、“咸元”、“太平”、“至元”、“通宝”等十多种字号。随后，在距皇城坳不远的光坡、企沙、渔洲坪等地的建筑工地上也出土了古铜钱，每次数量都上几十公斤。从铜钱上的年号来看，大多属唐、宋、元、明几个朝代，尤以宋朝居多。另据相关记载，民国初年以来，还有人陆续在以上几个地方发现金条、银碇、玉器、陶罐、瓷碗和红色楔形砖等[①]。

皇城坳出土的一系列古代器物引起了防城港文物管理局的注意。文物局经实地考察发现：在皇城坳内一块占地不到一万平方米的长方形平坡上，有整齐顽石砌成的墙脚，隐约可看到形似围墙的走向及殿宇的位置。平坡中凸起来的部分是一长约30米、宽20多米、略似古城的前殿和后殿的痕迹。坡地边的茅根棘丛间，还能看到一些红色砖碎，以两三指大至巴掌大的居多，偶尔还发现灰黑色的陶片。这些红色砖碎，厚度只有1.2厘米，颇似地板砖的碎片，村民认为它来源于距村两千米远的皇帝沟西岸的一个古砖窑。现在砖窑遗址还能看到一些碎砖块，其厚度比现代的标准砖略薄，砌窑的砖是形状特别的楔形砖，长16厘米，大的一头宽12厘米，小的一头8.5厘米，厚度为6厘米，窑外的碎砖与砌窑的楔形砖均为红色，与周边沙质岭的泥土颜色一致。由于当地村民世代都没有在离村这么远的地方烧过窑，人们认为这一砖窑是为供应古城所用砖而设的。

皇城坳西面、东面和东北面的岭头，传说曾有兵营与哨所。现东北面的田垌里有一块圆形的水田，据说就是当年兵营的储水池所在地。从皇城坳南至东头接

---

① 邓向农.衰草斜照古皇城[J].防城港市：天堂滩，2009年(春季刊)：53-58.

长歧干渠渡槽处，有一宽10米左右丢荒的狭窄水田，绵延曲折于矮岭间，有人工挖掘的痕迹，人们称之“皇帝沟”[①]。

在皇城坳这个地处中国南部边疆、古称蛮荒之地的地方，怎么会连续出土那么多明代以前的古钱币及相关物品？而相邻的其他村庄及钦州、北海等地的类似地区却没有发现这些物品？结合相关的史志记载和民间传说，人们猜测皇城坳很可能是当年反清复明将领杨彦迪等人的盘踞之地。

二、史料中记载的杨彦迪与皇城坳

1.杨彦迪是明末清初纵横驰骋于广东西部沿海至北部湾海域的抗清将领

杨彦迪（？—1688年），又名杨二（义），清初粤西著名“海盗”和反清首领，明末郑成功的部将。据康熙《遂溪县志》载，杨彦迪为“土贼”。一般认为，杨彦迪是钦州人，而据陈荆和先生考证，杨彦迪极有可能是遂溪人。杨彦迪率领的龙门军是由当年盘踞龙门一带、在广东沿海从事海上掠夺的海盗组成。他后来联合邓耀、冼彪、杨三等纵横广东西部沿海，曾盘踞廉州和龙门岛多年，并奉郑经之命，保护郑氏往来南洋的船只，同时确保广东沿海之若干岛屿，作为明郑政权向大陆进攻的跳板，或扰乱闽海沿岸的基地[②]。

从史料可知：明清易代之际，当南明政权与入主中原的清朝在东南沿海进行反复较量时，一批明朝宗室及大臣辗转南方建立抗清根据地。杨彦迪，出身渔民，早年沦为流寇，曾为遂溪匪首祖泽清、钦廉匪首谢昌同党，祖、谢两从被清兵击败后，他收拾其残部并成为首领，不断笼络接收广东沿海各路匪首的残部，加上他善于海战，逐渐成了明末清初粤西著名的海商集体（清朝史料称“西贼”或“海盗”）首领。后来他投靠延平郡王郑成功，当上南明镇守广东龙门水陆等处总兵，盘踞在广东西部沿海至北部湾海域一带，不断扩充势力，与南明的其他势力遥相呼应，与清兵反复争夺龙门港及附近海域，成为粤海及北部湾地区重要的反清复明首领以及明郑王朝的杰出军事人物[③]。

清顺治十八年（1661年），郑成功击败荷兰殖民者，收复台湾。同年正月，杨彦迪与其弟杨三率兵占据钦州龙门岛，开始在钦州龙门、防城港光坡、翁冲一带活动。后来，杨彦迪被郑经封为礼武镇总兵，自立为“杨王”。据《防城县志》所

---

① 邓向农.衰草斜照古皇城［J］.防城港市：天堂滩，2009年（春季刊）：53-58.

② 陈荆和.清初郑成功残部之移殖南圻（上）［J］.新亚学报，1968，5（1）：451-454.

③ 李庆新：15-17世纪广东人在越南考述［A］.华夏文明与西方世界（蔡鸿生教授古稀纪念论文集）［C］.香港博士苑出版社，2003.

载："顺治十八年（1661年）正月，台湾郑成功部将杨彦迪、杨三等，占据龙门，响应台湾，图谋反清复明。"1663年，清朝派尚可喜前往征讨，杨彦迪在乾体港战败。1669年再次战败，退至大风江海面。康熙十一年（1672年）十一月，平西王吴三桂在云南起兵反清，平南王尚之信在广东、靖南王耿精忠在福建、广西将军孙延龄先后响应，占领云、贵、桂、粤、闽、湘、蜀等省及赣、浙、陕、甘、鄂一部。康熙十六年（1677年），杨彦迪回师粤海，主动出击钦州、高州、雷州、廉州等沿海地区，攻城夺邑，使清军顾此失彼。康熙十七年（1678年），杨彦迪"自漳州、海澄告变，惠潮震惊。又郁林失陷，梧州可虑。高、雷、廉三府逆贼肆行，兼之海贼杨彦迪侵扰沿海之地，官兵不足分遣。"[①]十二月初三日，清琼州水师副将王珍领水陆官兵大败杨彦迪部于山墩地方[②]。1679年，清军攻占龙门岛。同年，吴三桂死去，台湾郑氏势力日见衰弱。杨彦迪见恢复明朝无望，遂同副将黄进率部三千人逃往广南国，请求阮福濒给予庇护。阮福濒将他们安置到了水真腊的东浦之地（嘉定）。杨彦迪率部在边和、定祥等地建立村庄和城市，使当地成为了贸易繁华之地。康熙二十年（1681年）杨彦迪舰队又出现在广东海域，攻陷琼州海口所城、澄迈、定安二县，三月十五日，杨部与清军大战，损失惨重，总督周胜、总兵陈曾被擒斩，战船100余只被焚，30余艘被夺，县所三城复失，杨彦迪"势穷逃窜"，此后再没有在广东海面出现[③]。1688年，黄进杀死了杨彦迪，反抗真腊国王。真腊王匿螉秋也筑成防备，拒绝向广南臣服。阮福溱派兵讨伐，设计杀死了黄进，吞并了该地区。

2. 皇城坳等地是杨彦迪等在广西北部湾沿海活动时的重要基地

从1661年至1681年，杨彦迪率部在钦州龙门港周围海域活动长达20年，与清军激烈争夺龙门岛，其部下几千人不可能一直在海上漂泊，在距龙门岛不远的地方应该有一个基地，与之形成犄角，侍机而动。光企半岛的光坡、翁冲所处的地理位置正符合杨彦迪部安身立命的需要。

皇城坳四面山头拱卫，三面海水萦抱、踞高而西南面向大海，易守难攻。杨彦迪选择此地建筑"皇城"，以防城、钦州、北海及其附近的北部湾海域为势力范围，形成了一股与清朝对抗的割据势力。为了沟通龙门海与防城港暗埠江口海面之间的交通，杨彦迪利用自然海汊，开凿东起钦州龙门的生牛岭，西至防城

---

① 清圣祖实录（卷七十六）[M].康熙十七年八月丙戌.华文书局，1987(3).

② 清圣祖实录（卷七十九）[M].康熙十八年正月癸卯.华文书局，1987(3).

③ 清圣祖实录（卷九十六）[M].康熙二十年五月丙寅.华文书局，1987(3).

光坡镇的沙港村畚箕窝的长约12千米的海岸运河，这就是后人所称的“皇帝沟”。今天，人们在皇城坳附近仍可看到宽仅10米左右的狭窄水田，绵延曲折于矮岭间。虽经几百年的淤积，但整条田垌表面几乎同一水平面，宽度也几乎一致，荒垌两侧比较陡削，有明显的人工挖掘痕迹，很可能便是当年杨王开凿的运河遗址。另外，近年来，在相邻不远的钦州市犀牛脚镇西坑村，人们也发现了一段古运河，当地人称“杨二涧”[①]（与杨彦迪在广西沿海的活动有关），它与“皇帝沟”一起形成了互相关联的杨彦迪部在广西沿海活动的见证。当年，杨王在广西沿海一带活动，借助运河运输军需，与内地、与海外（越南）通商，征收渔盐税赋，维持其庞大队伍的生存。该运河连接了从钦州龙门港到王城，经暗埠江入防城湾再往安南的海上走廊，使船队不仅可以避开外海的狂风恶浪，缩短水路里程三分之二，而且从山间岭坳间穿过，十分隐秘安全。

种种迹象表明：皇城坳等地是抗清将领杨彦迪等在广西沿海活动时的重要基地。杨彦迪占地建城池，造堡垒仓库，征收赋税，发号施令，成为独立王国，人们便称之为“皇城坳”；而距此不远的部下及眷属住所，称为“王府村”。为了坚持长期斗争，与清争夺龙门岛这一战略要地，杨彦迪开凿了海岸运河。随着杨彦迪等兵败而从北部湾漂洋过海进入越南湄公河流域定居立业，皇宫被夷为平地。其传说和故事便流传下来。

三、发现皇城坳遗址的价值和意义

1. 遗址的发现印证了史书上所记载的以杨彦迪为首的反清复明势力在广西沿海活动的史实。

关于杨彦迪部活动的情况，《防城县志》（民国版）有记载，清及民国版的《钦州志》也有一些零星记载。但他们活动的遗址在哪里，留下了哪些证据，一直鲜有线索。该遗址的发现印证了史书上记载的史实。杨彦迪曾几次占据龙门，其间长期占据翁冲等地建立“大本营”，治舟缮甲，煮海屯田，固筑炮台，征收赋税，广有财富。在兵败逃亡之际，很可能埋藏下一批财宝，准备东山再起，这也是近代人们不断在皇城坳周边发现宋代以后的一系列钱币等物的原因。

2. 皇城坳遗址的发现为研究广西海外移民史提供了重要史料。

杨彦迪是反清复明的一代将士。但随着清朝统治的稳定，台湾郑氏势力的日

① 林雪娜.探秘临海古运河——钦州三娘湾发现古运河遗址［N］.广西日报 2010-06-30.第011版.

益衰弱，反清复明已没有多大希望。杨彦迪与高雷廉总兵陈上川等一批固守“义不事清”的前南明将士，漂泊海外。康熙《遂溪县志》记载：康熙二十年（1681年）春三月，清水师总兵蔡璋、副将张瑜“率舟师自海道大破贼于海门，追至龙门，尽破诸巢。杨彦迪遁，海贼悉平①”。杜臻《粤闽巡视纪略》谓：“协镇蔡璋勒兵剿捕，二力战，自午迄日中不退。璋势颇窘，踞伏于舟余艎中，祷于天曰：贼恶已稔，天倘若歼之，以除民患，愿假我东风。一帆未起，东风骤作，一军欢呼。因纵火焚贼舟俱尽。二乘走逸入交址，龙门遂虚。”②杨彦迪等率众3000余人，从钦州三娘湾出发，乘战船50余艘，漂洋到达广南国（今之越南）顺化后，阮福准许其进驻水真腊的东浦。杨彦迪率部在边和、定祥等地起筑房舍，招集华夷，结成廛里，形成明乡社③。这一批明军移民，后被称为明乡人（越南文为Minh Huong）（即以明朝为故乡者）④。他们是清初广西沿海地区有记载的最大的一次，也是最早的一次海外移民⑤。皇城坳遗址的发现，为研究广西海外移民史提供了重要史料。

3. *杨彦迪悲壮、传奇的一生，也是广西北部湾地区一代先民典型人生的体现。*

杨彦迪等人大都出身于渔民，在特殊的历史条件和背景下（海禁政策），曾为海盗，后成为抗清队伍中的一员。在兵败后，有组织地到越南南部地区，垦荒安身，开发建设，把蛮荒之地开发建设为“鱼米之乡”，并积极传播中华文化，成立“明乡会馆”，定时烧香向祖国领土方向朝拜，表达其对故土的怀念之情。杨彦迪是其中的代表，类似的人物还有邓耀、鄚玖、陈上川、杨三等。史载，陈上川、陈安平率部开往芹滁海门，进驻仝狔处盆粦（Baria）地方，即后来的边和镇。杨彦迪、黄进率部开往雷猎大小海门，驻扎美湫，即后来的定祥镇⑥。鄚玖、鄚天锡父子在河仙地区建立起半独立的政权[13]。他们在移居地立村建城、招集流亡，开荒辟地，把一片荒芜之地发展成为人烟稠密、农商发达的富庶之区，表现了一代华人在海外拓展的顽强奋斗精神。

四、对皇城坳遗址进行保护和开发的重要意义

由于皇城坳遗址是明清之际广西沿海抗清力量活动的重要地区，是清初广西

① 宋国用.遂溪县志［M］（卷一）.舆图志·事纪.康熙二十六年.

② 杜臻.粤闽巡视纪略［M］.康熙二十三年.卷一.上海古籍书店复印，1979.

③ 郑怀德.嘉定城通志［M］.疆域志·定祥镇.卷三.出自戴可来，杨保筠校注：岭南庶怪等史料三种.中州古籍出版社，1996：221-222.

④ 巫乐华.南洋华侨史话/中国文化史知识丛书［M］.上海：商务印书馆，1997（4）：51-60.

⑤ 向大有.清代广西向国外移民三大板块、背景要素的比较研究（上篇）［J］.八桂侨刊，2010（1）：4-8.

⑥ 李庆新.“海上明朝”：鄚氏河仙政权的中华特色［J］.学术月刊，2008（10）：133-138.

沿海最大一批海外移民的产生地，对该遗址的发掘、保护和开发，对于弘扬民族文化，增强民族情感，开展爱国主义教育，促进中国—东盟的经济文化交流与合作等有重要价值和意义。

1. 皇城坳历史文化，是打造广西“海洋文化品牌”的重要资源

海洋文化的内涵非常丰富，但对于广西沿海来说最有特色和价值的应是海洋战争文化和海商文化。皇城坳古皇城和古运河在全国属罕见，杨彦迪等人集海盗、海商及反清将士等身份于一身。皇城坳历史文化是广西打造“海洋文化品牌”的最丰富、最有品位和价值的文化元素之一，它能极大提高沿海地区的历史文化品位：这里是目前中国海上古运河最集中的地区，所发现的三条古运河即钦州的杨二涧，防城港皇帝沟和潭蓬古运河历史上形成了横穿北部湾沿海通往交趾（越南）的交通捷径，是东汉伏波将军马援、唐代安南节度使高骈、明末龙门水陆总兵杨彦迪等历史人物在北部湾地区留下的活动遗迹。皇城坳遗址所发现的大量文物，充分说明这里并非蛮荒之地，而是古来征战的重要战场。广西沿海地区有着悠久的历史文化。

2. 利用皇城坳历史文化，可打造与越南、柬埔寨等东盟国家友好合作的纽带和平台

广西沿海是中国与东盟各国合作与交往的桥头堡。皇城坳等地是散居于南洋国家的“明乡人”的根，如今“明乡人”的后代已经遍布东南亚所有国家，甚至英国、法国、美国的“明乡人”后裔也不乏其数。据有关资料统计，当今世界明乡人的后裔已经超过25万人。而杨彦迪等是“明乡人”这一华侨群体的先驱和鼻祖。以“明乡人”的历史为纽带，传承弘扬中国与越南、柬埔寨等国的传统友谊，可促进中国与东盟各国在政治、经贸和文化的合作交往，进一步打造与越南等东盟各国合作的纽带和平台。如防城港市可与与杨彦迪有关联的越南胡志明市（含美湫）结为友好城市；在皇城坳所在区域，建设“中越”、“中柬”历史文化产业园区，加强与东盟各国的合作。

3. 利用皇城坳历史文化，可进一步丰富广西沿海的旅游资源内涵，提升旅游格局

目前广西海洋文化产业主要以滨海旅游为重点，形成沙滩游、海岛游、渔家游、农家游、出国游、上山游、漂流等项目，但文化内涵不够丰富，吸引游客的项目不多。可借鉴云南丽江、桂林两江四湖、苏杭水乡等的开发模式，修复沿海的三条古运河（钦州的杨二涧，防城港潭篷运河及皇城坳古运河）和古皇城，提

升其文化内涵，形成北部湾古代运河游，还可打造贯穿北海、钦州、防城港和越南下龙湾的广西沿海国际大旅游圈，提高广西沿海的旅游品位，吸引更多游客。由于古运河是当由今越南、柬埔寨的“明乡人”先祖杨彦迪开凿的，对异国华侨具有很大的吸引力。

四、如何保护和开发利用皇城坳历史文化

（一）皇城坳遗址的保护、开发还处于较低的水平

皇城坳是明末清初的人类活动遗址，且是海边的残迹及运河遗址，这在全国都属于稀缺。但该遗址不但至今还没有列入各级文物保护单位，而且正处于日益受破坏的状况。

1. 人为地破坏

由于宣传教育不到位，当地老百姓文物保护意识比较淡薄，皇城坳城墙已遭到人为破坏，出土的文物被糟蹋，人们把挖掘到的文物或据为己有，或拿去变卖，或把出土的金册拿到金店熔化成首饰，或把出土文物作日常用具。甚至有村民把曾挖出的“匣钵”拿来当喂鸡盆。皇城坳后面的兵营和士兵生活大水井现已填平作耕地。

2. 建设性破坏

皇城坳所在的光企半岛是防城港市规划的大西南临港工业园的范围。周围的核电站、钢铁厂已经开工建设。皇城坳附近的坡地大都已被夷为平地将建工厂。2004年峻工的沙企一级公路就填压过皇帝沟，现已开工的企沙铁路也拦腰截断皇帝沟的东北段。当年杨彦迪在洲尾独山设立的贸易港（港口深水港和浅水港）现已开发围垦成虾塘。

（二）保护与开发利用皇城坳历史文化的建议

历史文化资源具有稀有性、不可再生性，如不保护就会面临消失的危险。为此，特提出以下建议：

1. 深入挖掘遗址的历史文化内涵，提高人们对遗址保护与开发利用的重要性的认识

深入挖掘皇城坳遗址的历史文化内涵，利用报纸、电视、广播、网络等媒体举办“抢救皇城坳遗址”的系列专题节目，开展各种形式的卓有成效的宣传活动，唤起群众关注与参与热情，加大保护皇城坳遗址的宣传力度，提高人们对遗址历史文化价值的重要性的认识，形成自觉保护遗址，传承文化遗产的共识。

2. 尽快启动程序，把皇城坳遗址申报为市级以上重点文物保护单位

各级政府要把皇城坳遗址的保护工作提到日程上来，有计划地制定具体的保护与开发规划。文物部门要采取各种手段加强对遗址的发掘及研究，尽快启动程序，申报市级重点文物保护单位，并创造条件申报更高级的历史文物保护单位。同时，相关部门要启动对皇城坳遗址的综合规划，尽快制订“皇城坳遗址保护与开发利用总体规划”，按照规划分步实施，尤其是尽快做好原址的保护及文物的征集工作，有效地保护现存的皇城坳历史文化资源。

3. 以皇城坳遗址的保护为基础，整合广西沿海现有的历史文化资源，打造品牌

皇城坳遗址所在的江山半岛旅游度假区，已有白龙炮台等市级重点文物单位及月亮湾、大平坡、红树林自然保护区、万尾海滨浴场、珍珠港、火山岛景区和红沙白鹭自然保护区等景观，呈现出浓厚的滨海风光及京族风情。可以以皇城坳遗址的保护及开发为基础，对这些旅游景点进行整合，形成以皇城坳古城为中心、系统而又完整的古皇城文化带，以“皇城文化”彰显城市特色，促进旅游业发展。

4. 创新皇城坳历史文化资源品牌的保护及开发利用方式

目前，各地在保护和开发利用历史文化资源方面都有一些创新，如山西晋商文化的开发与话剧《立秋》，成都金砂遗迹的开发与音乐剧《金砂》、云南丽江古城与“丽水金砂”等，可加以借鉴。如可通过建设“皇城坳博物馆”为主的综合文化场馆，利用皇城坳民间传说及历史遗迹等，演绎故事、话剧或电视剧等，活化资源，宣传皇城坳的历史文化价值，形成保护皇城坳非物质文化遗产的载体，促进其文化价值的不断增长。

在传承历史文脉的同时，要对皇城坳历史文化资源开展多维度的研究，通过文化及旅游产业的植入，创新保护机制，“以开发带旅游，以旅游促开发”，使之成为区域经济新的增长点。

5. 完善政府对皇城坳历史文化的法律法规保护机制

政府要加强对皇城坳遗址保护利用工作的领导，完善保护机制，构建多层次的文保管理体系。在制订城市发展总体规划中，最好能将皇城坳古城遗址、古运河遗址、洲尾贸易港遗址等物质文化遗产和民俗文化等非物质文化遗产结合起来，形成科学保护与法律保护有机结合的皇城坳历史文化遗址保护体系，延续皇城坳的历史文化风貌。

中共十八大报告进一步提出文化强国的发展战略。在经济越来越走向全球化的今天，发展民族文化显得尤为重要。皇城坳遗址作为广西沿海的一处明清文化

遗址，它记录着广西海洋文化的众多符号，保护这一处历史文化遗址，就是保护我们民族生存、发展、斗争的一段历史，保护我们曾有的精神家园。只有这样，才能更好地促进广西北部湾文化的发展和繁荣，进而为广西北部湾经济区的开放开发提供更强劲的精神动力。

本文原刊于《东南亚纵横》2013年第9期，是广西文科中心特色研究团队项目“北部湾海疆与海洋文化研究团队”阶段性研究成果。作者：吴小玲，广西高校人文社会科学重点研究基地钦州学院“北部湾海洋文化研究中心”执行副主任，教授；梁云，广西防城港市财政局副局长。

◎民俗文化篇◎

近代西方文化传入广西研究

——以北海老街为例

吴小玲　吕凤英

【摘　要】广西北海老街一般指以珠海路为代表的北海老城区，被历史学家及建筑学家们誉为"近现代建筑年鉴"。老街记录了北海开埠以来的发展进程；老街的建筑吸收了岭南建筑的特点和西方建筑的一些艺术风格；老街的建设过程与西方文化传入中国的进程相联系；老街记录着帝国主义侵略中国的进程；老街的形成，奠定了北海城市生活的基础。在申报中国历史文化名城的背景下，北海市对老街的保护和开发给同类城市历史文化名街的保护和开发提供一个成功的范例。

【关键词】北海；北海老街；西方文化；历史价值

广西北海老街一般指以珠海路、中山路老街为代表的北海老城区，始建于清朝道光年间，至20世纪30年代前，曾为北海最繁华的商业街区。目前，原风貌还保存得较为完整的珠海路老街被历史学家和建筑学家们称誉为"近现代建筑年鉴"。老街，是中国近代经济史、建筑文化史和对外开放史的实证，是中西文化交汇和融合的珍贵历史资料，是对人们开展爱国主义教育的重要场所和文化旅游的景观。北海市在申报中国历史文化名城的背景下对老街的保护和开发为同类城市老城区的保护和开发提供了一个成功的范例。

一、近代北海的开埠和老街的形成

（一）近代北海的开埠

北海（合浦）的对外开放最早可追溯到汉代海上丝绸之路的开辟。西汉元鼎五年（公元前111年），汉武帝以北部湾沿岸的合浦、徐闻等地为起点，开辟了通往东南亚和南亚各国的海上对外通道。自那时起，以合浦港为中心的广西北部湾地区一直是中国历代皇朝与东南亚和南亚各国进行海上交往的便利的出海口。明朝中叶以后，由于采珠活动频繁，北海港湾成为珠船寄碇避风的好地方。随着海外贸易船舶吨位的增大，加上合浦港入海口逐渐被泥沙淤塞，大海船由北海埠上溯南流江抵廉州碇泊困难，港口主要位置便逐步南移至冠头岭一带，为北海的开埠创造条件①。光绪二年(1876年)，英国以"马嘉里事件"为借口，强迫清政府签订《烟台条约》，要求开放湖北宜昌、安徽芜湖、浙江温州、广东北海四处为通商口岸。北海开埠后，英、奥、德、普、美、法等国纷纷来此设立海关、领事馆、洋行、教会、医院、学校等，北海陆续出现一批西洋建筑。老街就是在这样的背景下逐步形成的。

(二)老街的形成

老街位于北海市海城区的北侧，紧邻廉州湾，北起海堤街、南至中山路、西起旺盛路、东至海关路。其中珠海路东西长1.44千米，宽9米，中山路长1.7里，长9米。沿街巷两侧分布着一批原为英国、法国、德国领事馆，德国森宝洋行和天主教堂女修院等一批中西合璧的骑楼式旧建筑②。

老街的形成，最早可追溯到明朝洪武元年(1368年)，当时的北海属廉州珠场八寨之一的"古里寨"，据《北海杂录》记载："未通商时，有北海村"，但直至清嘉庆年间，北海仍是合浦县所管辖下的一个渔村③。随着采珠活动频繁及合浦古港口主要位置南移冠头岭，到清朝道光年间，北海成为商人船舶停靠之处。外沙一带的码头是渔民避风停靠的天然场所，由于渔船上货卸货以及买卖生活用品的需要，人们沿着外沙的"沙脊"建街，形成了北海最早的街市——沙脊街。1820—1862年，特别是1851年后，受太平天国运动的影响，原来沿西江航道往来的广西及云贵等省货流逐渐改由北海进出，北海的货流量突然大增，人们便沿着海滩修建了第二条直街——"西靖街"。1862—1884年间，西靖街向东延伸成"大兴街"。1885—1894年，大兴街又继续东延"升平街"，1911年后，又向东发展了"东安街"、"东华街"、"东泰街"等。至此，包括西靖街、大兴街、升平街、东安街、东华街、东泰街在内的整条街宽约6米，统称"大街"④。大街北面临海，每户都有

① 吴小玲.从开埠到开放：一百年广西北部湾对外通道透视[D].广西师范大学硕士论文，2003-03-01.

② 邹妮妮.北海老街——百年老城[M].南宁：广西人民出版社，2005.

③ 北海开埠对近代北部湾对外通道格局形成的影响——百年北部湾对外通道格局变化的透视[J].钦州师专学报，2005(1).

④ 广西北海老街：繁华褪尽成就百年风景[OL].广西新闻网(http://www.gxnews.com.cn).2011-08-22.

埠头可装卸货物，而相邻的后街（建于清末，即中山路）主要是满足居民日常生活需要而建的百货商业街。《北海杂录》记：北海“商埠横直占地约四里，铺户约千余间，直街只二条，一曰大街，区分数段，若东华，若东安，若升平，若大兴，若西靖诸名。凡殷商巨贾，胥萃于是。一曰后街，以后于大街而名；或曰高街，以高于大街而名。亦分数段。又有新卖鱼街、中华街、兴华街、沙脊街、白坟坡、糖行、旧卖鱼街、旧米巷、西头街。其余横街曲巷，未可缕指。”①

1927年，北海市对老街实行了统一改造，把原来的街面由6米扩为9米，两旁房屋统一改成骑楼式建筑。改建后的两条直街分别称珠海路和中山路，其两旁的领事馆、教堂、海关、女修院、学校等西洋建筑，丰富了街道的格局②。

（三）老街的特色

1. 老街记录了北海市早期城市的发展进程

（1）沙脊街的出现，是北海由简单集市到商港雏形的标志（1830—1840年）。

沙脊街，西起今建设路，东止于民生路，全长418米，宽3米。约始建于清朝道光元年（1821年），据载，当时有圩市在“北海市，城南八十里”③。随着交易点形成并扩大，人们沿着隆起海岸沙堤高端建街，形成了北海最早的街市——宽约3米的沙脊街。这是北海城市发展的雏形。沿此街由西向东延伸，后又有中华街、兴华街等。清朝咸丰、同治年间（1851—1874年），此街是烟馆、酒馆、旅馆、赌馆和妓馆等“五馆”的集中区。民国初年，这里不但有北海最早的医疗机构“太和医局”、最大的会馆“广州会馆”和最早的发电厂“保兴电灯公司”等。还有零售洋货店、首饰店，广州人开的“茗春楼”酒馆和宜仙楼，官方准许公开经营的鸦片烟馆等④。

（2）“大街”的出现使北海具备作为一个城市的街区结构（1840—1925年）。

“大街”是北海继沙脊街后出现的第二条直街即昇平、东泰、东华、东安、大兴、西靖等街道的统称⑤。

西靖街，起于北海村，由西向东，向东延至今珠海西外桥头这段称为大兴街。在北海开埠前后，有一批广府商人前来此定居置业，人们把大兴、西靖二街统称为“大西街”。光绪中期（1885—1894年），随着阳江、博白、高州等地商人来此

① 梁鸿勋.北海杂录［M］.香港：中华印务有限公司出版，1905.

② 周德全.北海老街——百年老城［M］.南宁：广西人民出版社，2006.

③ （清）张堉春修.高州登云楼.廉州府志（舆地图）［M］.清道光13年（1833年）刻本.

④ 黄福祺主编.北海市志［M］.南宁：广西人民出版社，2002.

⑤ 九重春色.北海凝固的历史、百年老街［OL］.新浪博客（blog.sina.com.cn），2011-08-18.

经商，"大兴街"再向东延至金源港口，名为昇平街。光绪后期，北海出现开埠后的第一个发展热朝，昇平街店铺迅速升值，街道便向东拓展至民生路口，东安街东段和珠海路东段逐步形成，分别称为"东华街"、"东泰街"[①]。以上这些街区统称为"大街"，它使北海的街区结构变得复杂，初步具备了城市街区的要素。随着一批富商巨贾的出现，一批行政机构如珠场巡检司、北海洋务局、香坪书院及北海厘金税厂等也聚集于此。特别咸丰五年(1855年)后，清政府把原驻在南康的珠场巡检司移驻大街，加速了北海由简单的居民聚居点及交易市场向城市的转变。

(3)大街和后街的改建及珠海路中山路的形成，标志着北海城区的形成(1911—1937年)。

后街，原为郊区的一条牛车路。清末民初，从此街西端的西炮台，向东发展至担水港口，依次形成庙后街、鱼尾街、唐行街、盐行街、鸡行街，统称后街。

进入20世纪20年代，北海原有城市规模已不能适应经济发展的需要。1927年，北海市对除沙脊街外的主要大街小巷，重点是后街和大街进行改造，把原西靖街、大兴街、升平街、东安街、东华街、东泰街(原大街)从西向东连通扩建为宽9米的岭南特色骑楼街道，统称珠海路。其中接龙桥、东泰街改称珠海东路；东华街改称珠海中路；东安街、升平街和大西街改称珠海西路。后街亦进行了基调和风格与珠海路一样的改建拓宽，改名为中山路。改造后的北海城区是一个相对完整的城区，除了商业建筑，还有传统的民居、公共建筑，以中山路、珠海路为主干，间杂穿插着众多的小街窄巷，面积约为0.4平方千米[②]。其中中山路长1.7千米，珠海路长1.44千米，成为中国岭南地区骑楼老街群之一。

2. 老街体现了岭南建筑的特点并吸收了西方建筑的一些艺术风格

老街的建筑持色最主要体现在以下三个方面：

骑楼：骑楼建筑最早见于2000多年的古希腊，它于楼房前半部跨人行道而建，在马路边相互联接形成自由步行的几百米乃至一两千米以上的长廊。其跨出街面的骑楼，既扩大了居住面积，又可防雨遮晒，方便顾客自由选购商品。这是一种适应南方天气潮湿多雨的商业楼宇密集型建筑，是西方古代建筑与中国南方传统相结合而成的建筑形式，当时已在广东、福建的城市出现[③]。在珠海路、中山路进行道路规划改建时，考虑到北海的地理气候特点，骑楼建筑因有集商业及居住两

① 骑楼[OL].大洋网(http://www.dayoo.com/).2010-05-31.

② 百年骑楼老街风骨仍存[OL].中新网(http://www.chinanews.com/tp/hd), 2011/08-05.

③ 北海凝固的历史、百年老街[OL].新浪网(mblog.sina.com.cn), 2011-08-18.

种用途，楼下做商铺，楼上住人，或前铺后居，或上居下铺，还可遮阴避雨的特点，得到了人们的认可。

窗：仿哥特式窗。老街的沿街建筑以垂直构图为主，以强烈的垂直线条和拉长的拱形窗即哥特窗为特点。骑楼建筑两边墙面的窗顶也多为卷拱结构，而且卷拱外沿及窗柱顶端都有雕饰线、线条流畅、工艺精美①。具有明显的哥特式特点。此外，还有一些仿古罗马券廊式窗。

女儿墙：女儿墙是指屋顶四周围的矮墙，老街的沿街建筑往往在女儿墙上开一个或多个圆形或其他形状的洞口，既可以防台风袭击，也可以用于艺术欣赏，带有南洋式建筑风格（这是一种在南洋地区非常独特且有创造性的形式）。此外，老街建筑的墙面还有不同式样的装饰用的浮雕，形成了南北两组空中雕塑长廊。两边墙面虽是窗顶券拱式，但前后装饰却是中国的浮雕、吉祥物等。在墙头的下部分是长方形构图，这来源于中国建筑的匾额，匾额里面用浮雕代替中国横联，匾额的左右两边还题有对联②。

以上可见，这些骑楼并不是西洋建筑的简单翻版，而是融入了中国传统民间建筑艺术的技巧。

二、北海老街与西方文化传入中国

（一）老街的建设过程与西方文化传入中国的进程相联系

西方文化通过北海传入中国大体可分为两个时期，它和老街建设同步。

1. 西风东渐期（1876—1926年）

清朝咸丰、光绪年间，外国传教士进入沙脊街。旅馆、医院、公司逐渐出现，不久，在西靖街也出现了北海洋务局及北海最高学府香坪书院③。沿海店户由原来的平房改进为二层楼房。到珠海路建成时，这里便成为外国人在北海的集中居住区，出现了洋杂（百货）业的东华公司、日商丸一药房，以及广昌和、合益号、三昌公司等轮船代理行等西方商业性机构。西方骑楼建筑开始引入，老街的建设伴随着西方文化的传入而开始。

随着各西方国家先后在北海设立领事馆、医院、洋行、海关、教会等，以券廊式为主，四坡屋顶、深拱廊、百叶窗、形式简单的建筑逐渐增多。由于它们的

① 薛婧百年老街·百年风情（一）（OL）.人民网（http://finance.people.com.cn/），2014-08-31.

② 范翔宇.岭南第一骑楼长街风情话（二）[N].北海日报，2010-04-11（B3）.

③ 王小东.塑造城市精神 推动科学发展——关于北海历史文化与城市发展的思考[N].光明日报，2010-03-14.

建筑形式及风格与中国传统建筑形式和风格迥异，人们称之为“洋楼”。据《北海杂录》记载，当时共有大小约22座。

2. 东西合璧期（1926—1949年）

进入民国后，北海城市迎来了发展的关键时期。1926年3月16日，北海市政筹备处正式成立。借鉴广州骑楼街道的样式，北海在1927年对城市道路进行改建和扩建，改建和扩建后形成的珠海路和中山路在街道两侧建筑立面装修融入了浓郁的西洋建筑情调，形成了把西方建筑风格、南洋建筑风格和中国传统建筑风格相结合的北海老街的风貌。

（二）老街记录着帝国主义侵略中国的进程

1. 老街是近代中国屈辱史的见证

北海开埠后，老街成为英、法、德各国列强关注的重点之一，先后有英、德、奥、法、意等八个国家在此设立领事馆、海关、教堂、洋行等。在老街商业得到发展的同时，也把老街卷入了多事之秋。发生在北海老街的一个个故事，如清光绪五年（1879年）六月的教民私建教堂事件，光绪五年（1879年）的英国勘测北海港事件，清光绪十一年（1885年）正月二十一日的法国军舰炮击北海口岸事件，光绪二十二年（1896年）五月初七日的集益公司赔偿事件，清光绪二十六年（1900年）的考棚街教案赔款事件，光绪三十二年（1906年）八月的北海至南宁铁路路权事件，民国十一年（1922年）的北海市民罢市拒用纸币事件，民国十五年（1926年）三月的北海圣公会华文学校罢课事件，1936年9月的北海爱国军民刺杀日本间谍中野顺三的“九·三事件”[①]等，记载着帝国主义侵略中国及中国人民反抗斗争的一段段历史。

特别值得提出来的是，1937年7月至1945年抗日战争期间，因与北海隔海相望的越南是法国殖民地，北海曾经在一段时间内成为日本侵略中国沿海的过程中形成的一个真空地带，是中国战场上唯一一个能从海路控制东南亚战场运输交通的城市。日本在1939年至1944年间长期占领涠洲岛、抗战后期美军在北海设立空军机场作为收复东南亚的空中中转站等，都说明了北海在帝国主义侵略中国的战争中占有重要战略地位。

2. 老街是中西文化在中国融合的一个缩影

外国侵略势力在进入北海进行传教等活动的同时，客观上传播了西方先进文化。老街成为广西最早接纳西方文化的街区之一：如光绪十一年（1885年），广西

① 吴小玲.环钦州湾历史文化研究[M].广西人民出版社，2009(12).

最早的官办的电报局首先在这里出现；光绪二十四年（1898年），英、法教会在北海开办了义学和女子学校，并开设英、法文课程；光绪二十六年（1900年），在北海的英国教会首先用上了电灯；同年，由于从英国进口设备，北海出现了第一个木材机械加工厂；光绪三十四年（1908年），北海的英国领事馆开始放电影默片；1909年，中外合办的电灯公司在北海出现；1918年，飞机在北海现身；1929年，北海与广州开始航空通邮……活字印刷机、抽水机、X光机也在这里出现。北海至今还保留着的西洋建筑群、中西合璧风格的老街①，作为近代社会、经济、建筑、宗教和中外文化交流的历史见证，见证着100多年前的开埠给这座城市带来的一系列变化。

随着各国商人纷至沓来，西方文化不断渗透进来，中外文化融合发展反映在北海当地的语言词汇上，如：飞（票）、仕的（手杖）、波（球）、领呔（领带），另外，很多事物名称前面通常有“洋”字，“番”字以及“西”字，如：洋伞、洋葱、洋楼、西餐、西医、番泥（水泥）。对于外国人，老街人称呼他们为“西人”、“番鬼老”、“番人”等，甚至在老街还出现了由于中外婚姻出现的“西仔”②。

（三）老街的形成，奠定了北海早期城市生活的基础

老街早期街道的狭窄弯曲与中后期街道的宽阔笔直，早期建筑物的简洁古朴与中后期建筑的华丽欧化，都记录着当时人们的生存状况、生活态度及价值取向等。

1. 生活习俗

外商的到来，刺激了北海饮食业的发展。北海的饮食文化深受岭南文化影响，同时带有本身的地域性，如海鲜是寻常人家的常用菜肴，沙蟹汁、疍家海鲜、粤式点心、饮早晚茶等。奇装异服乘潮而入，女性服装从连衣裙到套装，从低胸到短裙（裤），从袒胸露臂到隐现芳资，迅速中西合流。首饰从金银玉器逐渐向钻石、珍珠转变。在酒肆歌坊之外，舞狮舞龙、粤剧、讲故事、看电影等娱乐活动纷纷出现。老街出现了便于人们娱乐的戏台，每逢岁时年节，各种形式的娱乐活动不断上演，如正月十五的抬华光神像游、端午赛龙舟、中元节盂兰会、腊月祭三婆（妈祖）大典，还有龙母庙会、北海通衢赛会等。民间崇拜呈现多样性，如祭社公、贴门神，商铺的“铺窗趸”下供奉门官神位等。骑楼建筑的出现，使北海居民由早期居住的简朴的竹木建筑向尚洁明朗的中西结合式建筑靠拢。

① 陈城文.北海的风情老街[OL].人民网（http://roll.sohu.com/）.2011-06-08.

② 吴锡民.北海老街海洋胸襟呈现之层面缘由及价值[J].钦州学院学报，2013（7）.

2. 生产习俗

北海的传统文化重农轻商，居民主要从事渔业生产，随着老街商业的发展，居民从单一的生产方式向多样化发展，骑楼建筑呈上铺下居或上居下铺的格局，这是一种创新、开拓的经营方式。商铺门面两侧几乎都有一高可齐腰的砖砌小平台，当地人称为“铺窗趸”，上端是对开小门，深夜客至拍门购物，商家即可由小门售货，既可保证安全也不怠慢客商，显露了精明的经商之道和客户优先的绅士风度。

3. 老街商号云集，是北海人生活的经济文化中心

从清朝咸丰同治年间至1937年抗日战争爆发前，老街一直是北海最繁荣的商业街区。至今仅珠海路老街还存在老字号印记126处，一批老字号店铺招牌的痕迹仍依稀可见。珠海路东路沿街店铺以经营咸鱼和海味特产为主，被称为咸鱼街或海味街；珠海路中路主要经营苏杭、杭州的绸缎布匹，有“苏杭街”之美誉；珠海西路靠近外沙港口，为便于渔民上岸购买生产资料和生活用品，主要经营木材（造船材料和建置家棚所用）和渔船用具①。代理洋行及进出口业务也是珠海路的主打商业，如进出口商有生泰栈、恒和隆信和行、永安庄、广济隆、金声祥等20多家，体现了北海在开埠初期对外贸易的特点。老街还出现了一批曾在当地享有声誉的商号和商界名人，如被誉为北海商界“四大天王”的陈鸣东（生泰）、吴栋南（荣昌泰）、罗振东（罗仁裕）及梁戴三（广昌和）。至今，老街商铺还有一条100年前流行的商铺广告对联“选办环球货品，经营世界匹头”，这是“开埠第一城”、“百年西洋街”的真实写照②。

三、老街保护与北海申报历史文化名城

老街在发展过程中，积淀了诸多历史文化遗迹。2001年6月25日，由国务院公布第五批全国重点文物保护单位名录，北海有17处列入国家重点文物保护单位名录，北海老城的近现代建筑被列入。珠海路老街的接龙桥双水井、街渡口旧址、北海“九·三事件”旧址丸一药房等被列为北海市文物保护单位。珠海路老街众多重要的名人古迹、历史建筑及商行牌匾，蕴涵着丰富的历史文化，浓缩了一部北海城市的古代史、近代史和当代发展史，是研究北海甚至我国近现代的政治、经济、文化和对外开放史的重要遗物。

---

① 国务院批复同意将广西壮族自治区北海市列入国家历史文化名城[J]城市规划通讯，2010(22).

② 李延强，邹妮妮主编.唤醒老城——北海一期工程实录[M].南宁：广西人民出版社，2006(12).

2010年9月11日，北海成功申报为第六批中国历史文化名城[①]，北海老街百年的历史文化底蕴在其中起到了重要作用。为了成功申请历史文化名城，更为了延续老街的历史风貌，北海市政府自20世纪90年代以来，共筹措资金近3000多万，对全市不可移动文物及历史街区进行了有效的保护。1999年北海市斥资200多万对老街重点文物保护单位——英国领事馆旧址进行了成功平移。2002年投入20万元落架维修了海角亭；2003年投入文物保护经费143万元，用于合浦汉墓大遗址项目。2004年至2006年完成了全国重点保护文物——北海近代建筑普仁医院旧址、大清邮政北海分局旧址以及英国领事馆旧址的维修工程。2008年再筹措资金600万对德国宝洋行旧址、北海海关大楼旧址的维修。2005年至2006年，北海市政府投入1 000多万，启动了对北海老街修复第一期工程，并且重新铺设了珠海路的路面，整治了街道的杂乱环境，以及对部分骑楼立面进行了维修，这使得老街大部分破损的不可移动文物得到有效的保护。2010年市政府投资1 000多万改造珠海路老街，建成了大清邮政分局旧址和北海市国家安全教育馆等等。经过改造后，老街已经成为广西继阳朔西街后又一人文特色明显的街区，这都为北海成功申报历史文化名城创造了条件。

在老街的改造中，北海市重点加强对珠海路、沙脊街、中山路的保护，着力突出以珠海路为中心的旧街区风貌。逐步做好沙脊街、中山路这两处历史街区的保护整治，体现历史的真实性、风貌的完整性和生活的延续性。在做好老街改造一期工程的基础上，推进第二期和第三期的工程建设，全面修复老街临街立面和恢复其原风貌，整治珠海路、沙脊街、中山路的周边环境，特别是对北海天主堂旧址、大清邮政北海旧址、北海关大楼旧址等处的周边环境进行重点整治。把老街的丸一药房、街渡口、电信局、方形电线杆等文物点列入市级文物保护单位预备名册。北海老街深厚的历史和文化，伴随着“申报历史文化名城”工作得到陆续不断的挖掘，释放出璀璨的光辉。

今天的北海老街，不仅作为一个历史人文符号而存在，而且更重要的是用其历史文化作优势引来商业，用商业拉动老街发展。同时，通过经常性地开展各种形式的大型文化娱乐活动，使北海的历史文化精华在这里得到淋漓尽致的宣传与弘扬。

① 程霞，黄娴.北海申报历史文化名城进行曲：留住“文化之根[N].北海日报，2010-04-12.

四、北海老街保护及开发利用的启示

北海——这座位于北部湾畔的城市一直与中国的对外开放有着不解之缘。北海的衰荣起落，堪称中华民族走向海洋、对外开放的缩影。而老街，是北海近百年开放开发的一个历史缩影，是北海近百年受帝国主义凌辱欺压历史的记载，是西方文化从海上传入广西的见证，是中西文化交汇及融合的历史产物。北海老街的骑楼建筑不是西洋建筑的简单翻版，从深层文化根源来看，它流动着的是中华民族灿烂文明的血液，是东西方文化碰撞的一个美丽的结晶①。

近代西洋建筑与现代西洋文化风的搭配相得益彰，以一种融会东西方习俗的创新模式，一手抓经济建设，一手抓文化复兴，成为北海老街开发的一条主线。通过老街的保护和开发，挖掘出北海城市的文化底蕴，以再现当年北海在广西北部湾地区曾有的政治、经济中心的地位②。让人们重新认识北海的历史文化内涵和价值，这将有力地推动北海的开发和发展。

自进入20世纪以来，北海市逐步启动了申报历史文化名城工作，通过对北海老城的历史文化资源的重新挖掘和再认识，不断地把分散的历史文化资源整合在一起，找出北海城市发展的必然性和历史脉络，挖掘其城市文化底蕴③。通过申报历史文化名城来尊重文化、尊重历史，更好地体现北海市的历史文化价值和现实意义④。

从经济发展模式上来看，中国的许多城市其实都很相似。但从文化内涵来看，每个城市都有其独特的历史文化内涵。而一个城市要充分展示其鲜明的个性与魅力，就必须重视其城市历史文化遗产的挖掘和整理。只有通过挖掘城市的历史文化内涵，把厚重的历史文化积淀转化为经济发展的活力，才能进一步集聚人气，推进经济发展和文化建设。北海市在申报中国历史文化名城的背景下对老街的保护和开发已提供了一个成功的范例。

本文原刊于《钦州学院学报》2015年第7期，是2014年钦州学院第一批地域特色项目“广西海洋历史人文资源的开发利用与保护研究”（2014DYTS05）、广西高校人文社会科学重点研究基地“北部湾海洋文化研究中心”研究成果之一。作者：吴小玲，钦州学院北部湾海洋文化研究中心执行副主任，教授。

① 黄娴，周承雪.让老街活得更精彩［OL］.新华网广西频道（www.gx.xinhuanet.com）. 2009-12-24.

② 廖文恬.全力打造北海的近代建筑的历史文化品牌［N］.北海日报，2009-11-05（B1）.

③ 黄钰珍.北海：做好历史文化的保护与传承［OL］.新华网广西频道（www.gx.xinhuanet.com）. 2009-05-25.

④ 黄娴.守护历史记忆 打造“北海模式”［N］.北海日报，2010-04-14（B2）.

论广西海洋宗教文化的特点

吴小玲

【摘　要】广西海洋宗教文化是以海神崇拜为核心的多神崇拜，多元性和交融性紧密结合，民族性和地域性相互影响，功利性和变通性密切联系。开发和利用广西海洋宗教文化，要肯定宗教文化是广西海洋文化的重要组成部分，充分认识广西沿海宗教文化具有的二重性特征，发挥海洋宗教文化在构建北部湾地区和谐社会中的积极作用，深入研究、挖掘和利用广西海洋宗教文化特色资源，推动文化产业发展。

【关键词】广西沿海；海洋宗教文化；特点；海神为核心

广西沿海居住着汉、壮、瑶、苗、京族等20个民族，早在五六千年前这里就产生了强烈的信仰崇拜。随着合浦港成为汉代“海上丝绸之路”的起点，廉州、钦州成为宋元时期中国南方对外贸易的主要港口和近代北海的对外开放，一批批商人、僧侣等在这里出入，带来佛教、基督教等外来宗教文化，它们与本土民间宗教互相辉映，形成了独特海洋宗教文化：以海神崇拜为核心的多神崇拜，多元性和交融性紧密结合，民族性和地域性相互影响，功利性和变通性密切联系。研究广西海洋宗教文化的特点，可以更好地解读广西海洋文化的内涵，为发展广西海洋文化产业服务。

一、广西海洋宗教文化是以海神崇拜为核心的多神崇拜

自古以来，广西沿海人民在长期耕海的过程中，对大海的变幻莫测产生了种种畏惧心理，求助于冥冥中的神灵，出现了对海神等众神灵的崇拜。他们崇拜天地、日月、山川、风神、雷神、水神（龙王）等自然神灵，崇拜盘瓠、蛙神、蛇神、鸟、牛等动物神，还崇拜神仙、圣贤等神，民间宗教呈现多神崇拜性。但核心是海神崇拜，史载“粤人事海神甚谨，以郡邑多濒于海”[①]。人们崇拜的海神有海公、海婆、妈祖、龙母、伏波将军等，海神形象经历了由自然神的海神到人格神的海

① （清）屈大均：广东新语［M］.卷六.神语.北京：中华书局，1985(4).

龙王再到神化了的海神妈祖(天妃)的发展过程，各具特色，相互影响，共同庇护着沿海民众。

1. 广西海洋宗教中的海神或水神的类型

海神(海公、海婆)。古代合浦珠民祭祀海神。他们认为海中有神灵守护着珍珠，必须祭祀，以求庇护获取珍珠。《广东新语》里有珠民割五大牲祭祀海神的记载。京族和疍家每年首次出海、造新船下海前，都要举行“海公”、“海婆”拜祭仪式。海神崇拜反映了沿海人民祈求海神保佑和降福的良好愿望。

龙神。《汉书·地理志》载越人“文身断发，又避蛟龙之害”[①]。古骆越人认为南海是龙之所在，在海中稍不注意，就会受到龙的吞食。他们讲究纹身，便于下水时以避邪防害。明代廉州有龙王庙，北海珠海中路东端旧有龙王庙，冠头岭脚北侧原也有龙王庙，现东兴市巫头村仍建有“龙皇庙”，常年香火不断。

雷神。雷神崇拜源于雷州半岛。北海涠洲岛、外沙一带有雷神，钦州尖山有雷庙。犀牛脚镇乌雷村的伏波庙内、东兴巫头村京族哈亭内也供奉雷神及其配神。《岭外代答》里记载了钦州官民祭祀雷神的情景：“广右敬事雷神，谓之天神，其祭日祭天，盖雷州有雷庙，威灵甚盛，一路之民敬畏之，钦人尤畏，圃中一木枯死，野外片地，草木萎死，悉曰天神降也，许祭天以禳之。苟雷震其地，则又甚也。”在祭拜时须恭谨守时，祭物丰盛，“其祭之也，六畜必具，多至百牲：祭之必三年，初年薄祭，中年稍丰，末年盛祭。每祭则养牲三年而后克盛祭。其祭也极谨，虽同里巷，亦有惧心，一或不祭，而家偶有疾病官事，则邻里亲戚尤之，以为天神实为之灾也”[②]。

风神。风神又称飓母。广西沿海是夏秋间台风的多发地带，台风对当地珠民和渔民危害极大。渔民们把台风或龙卷风称作“龙气”，每年农历端午节，举行祭祀活动，以保平安。《广东新语》载：“海中苦龙气，每龙气过，辄嘘吸舟船人物而去，置于他所，然舟船人物亦无恙也。”[③]

伏波神。汉时南征岭南的伏波将军有西汉邳离侯路博德和东汉的新息侯马援。被北部湾海域奉为海神的主要是东汉时南征交趾的新息侯马援。据屈大均《广东新语》载：“凡渡海……自徐闻者，祀二伏波……而二伏波将军者，专主琼海，其祠在徐闻，为渡海之指南……祠有二，正祠为新息，别祠为邳离。”“伏波

① (汉)班固.汉书卷二十八(上).地理志第八下[M].北京：中华书局，1982.

② (宋)周去非.岭外代答[Z]卷十.志异门280“天神”.北京：中华书局，1999.

③ (清)屈大均：广东新语[M].卷六.神语.北京：中华书局，1985(4).

神，为汉新息侯马援，侯有大功德于越，越人祀之余海康、徐闻，以侯治琼海也。又祀之于横州，以侯治乌蛮大滩也……伏波祠广东、西处处有之，而新息侯尤威灵。”[①]广西沿海各地有多处伏波庙。立伏波庙、塑马援将军神像，既是对伏波将军南征的历史回忆，也是蕴涵古代滨海社会人们对平安、吉祥的一种追求。

天妃。天妃，即“妈祖”，广西沿海称“三婆”。据说每当渔民在海上遇到大风大浪时，便有海神来救助船只，“中以天妃最为灵异”，“凡渡海卒遇怪风，哀号天妃，则有一大鸟来止帆樯，少焉红光荧荧，绕舟数匝，花芬酷烈而天妃降矣，其舟遂定得济”[b]。天妃是广西沿海渔民普遍崇信的主要海神之一，广西沿海各地均有天妃庙(或三婆庙)，其他庙宇也有供奉天妃的。

龙母。广西沿海民众自古有崇拜龙母神的习惯。今钦州犀牛脚镇和龙门镇、北海外沙、防城港江平镇等地仍有龙母庙。渔民出海前一般都习惯把船头对着龙母庙的方向，杀鸡、烧鞭炮、烧香祭拜，祈求龙母娘娘等诸神保佑他们平安、丰收。

孟尝神。清朝，合浦县境内有孟太守祠。太守祠是东汉合浦郡太守孟尝“珠还合浦”德政的历史物证，沿海珠民立祠祭祀他，希望继续得到他在天之灵的庇护，使珍珠不再迁徙异地他乡，为子孙世代所享用。

镇海大王。京族有着以供奉镇海大王为核心的多神崇拜。白龙镇海大王是当地民众信仰神格的最高者，被认为具有保护渔民出海平安、驱赶海贼、管辖海域安全和赐予人民生产丰收的四大法力。

2. 广西海洋宗教文化中的海神形象

广西沿海的海神形象经历了由自然神的海神到人格神的海龙王再到神化了的海神妈祖(天妃)的发展过程，在宋代后基本定型为天妃(三婆)的形象。但无论是以什么形象出现，其性质都是守护神的形象，这反映了民众对美好生活的向往。

自然神的海神。《淮南子·原道训》记载：“九嶷之南，陆事寡而水事众，于是人民被发文身以像鳞虫”[③]，生活在广西沿海的古越人经常与水打交道即“习水”，盛行断发文身之俗。《汉书·地理志》也载：“越人断发，以避蛟龙之害”，因为越人“常在水中，故断其发，文其身，以象龙(蛇)子，枚不见伤害。”[④]认为这是他们避蛟龙的一种自我保护的方式。显然，龙(蛇)是沿海渔民最早崇拜的自然神之一。

① (清)屈大均：广东新语[M].卷六.神语.北京：中华书局，1985(4).
② (清)屈大均：广东新语[M].卷六.神语.北京：中华书局，1985(4).
③ (汉)刘安.淮南子·原道训[Z]卷九.桂林：广西师范大学出版社，2010(5).
④ (汉)班固.汉书卷二十八(上)地理志第八下[M].北京：中华书局，1982.

人格化的海龙王。广西沿海渔民最初认可和崇拜的人格化海神是南海龙王。隋唐时期，人们逐渐赋予海神一种人格和精神的象征，并把之作为理想与精神的寄托。当时，道教结合龙的形象，创造出东海龙王沧宁德王敖广、南海龙王赤安洪圣济王敖润、西海龙王素清润王敖钦、北海龙王浣旬泽王敖顺，统称“四海龙王”。康定元年（1040年），宋仁宗加封南海龙王为洪圣广利王。南海龙王庙从此在广西沿海兴盛起来，每年的二月初二是龙抬头日，广西沿海渔民都要举行隆重的祭祀仪式，祈求南海龙王显灵保佑，风调雨顺。

神化的海神妈祖。在妈祖出现之前，外来神观音菩萨成为广西沿海崇拜的海神。观世音是佛教大乘菩萨之一，传说他广化众生可呈现种种形象，具有“大慈与一切众生乐，大悲与一切众生苦”的德能，能救12种大难。隋唐后，佛教特别是禅宗流行，广西沿海是佛教海路南传进入中国的主要门户之一，沿海渔民崇拜的海神逐渐由男性化的海龙王变成温柔慈祥的女性神——观音（观音原在印度传统中是以男性形象出现，在中国以慈祥女性形象出现）。广西沿海出现了一些观音庙，渔民家中也增加了观音的牌位以供奉。

宋代以后，妈祖（天妃）由福建莆田的一个地域性海神迅速成为环中国海海域最具影响力的海神。妈祖（广西沿海称三婆）逐渐成为渔民崇信的温柔善良的女神，广西沿海的海神从神格化走向人格化。明朝洪武年间，天妃拥有“圣妃娘娘”的封号，“民间舟中所事海神不一，广琼有天妃祠，亦敕封王祭”[①]。对天妃祭祀礼仪也因各地而异。天后宫是渔家出海前举行祭祀仪式、祈祷平安和渔获丰收的场所。在广西沿海，天后宫（天妃庙）的规格仅次于观音庙，廉州、钦州、灵山、东兴等地的沿江两岸、沿海岸、岛屿遍布天妃庙。如合浦、北海境内有20多家天妃庙（有的称天后宫，有的称三婆庙，有的以地名称之）。现存有北海涠洲岛的三婆庙，合浦乾江天后宫、海角亭天妃庙、廉中天妃庙、南康三婆庙、党江天妃庙，东兴竹山三婆庙等，甚至在佛寺和道观里也设有妈祖神位。

二、广西海洋宗教文化的多元性及交融性

佛教、道教、天主教及基督教等传入广西沿海后，与当地原有的民间宗教一起构成多元宗教信仰并存的局面，出现了诸神一庙、诸神同拜、神灵共祭、道巫结合的现象，各种宗教信仰和平共处，各种文化相互交融。

① （明）黄衷.海语“海神”条[A].笔记小说大观丛刊[C].台湾新兴书局，1981.

广西沿海现存的宗教建筑

类　型	主要建筑
佛教建筑	合浦的东山寺、曲樟山心灵隐寺、北海的普度震宫，东兴观音寺和防城的水月庵、钦州的佛堂。
道教建筑	合浦西场四圣庙、白沙帝王庙、关帝庙、武圣庙、大王罗爷庙、公馆关帝庙、武圣宫、曲樟文武庙、三宝岩仙庙、闸口三帝庙、文昌庙、石康罗公寺、北山庵、三界庙，东兴三王庙和水口大王庙，钦州三界庙等。
天主教建筑	涠洲岛盛堂天主教堂和城仔天主教堂，东兴竹山三德古教堂、罗浮天主大教堂、恒望大教堂，钦州天主教堂、灵山伯劳天主教堂、五马岭天主教堂及钦州福音堂、小董福音堂等。
儒教建筑	孔庙
其他宗教建筑	北海公馆永安大士阁、涠洲三婆庙，合浦乾江的天后宫，廉中天妃庙，南康三婆庙，党江天妃庙，石康罗公祠，廉州普云庵，合浦曲樟三宝岩仙祠，东兴竹山三圣宫，东兴罗浮垌伏波庙、钦州乌雷伏波庙、钦州尖山康王庙，京族哈亭等

1. 诸神一庙现象

这在广西沿海的天妃庙、佛寺、道观中可以看到。隋唐时期是广西沿海对外交往最频繁的时期，也是寺庙出现最多的时期，在汉唐中国对外交往的主要港口合浦就出现了“一寺三庵七十二庙”。至今人们还能在史籍记载中查到的寺庙有：东山寺、真武庙、玉皇阁、元妙观、三清观、药王庙、观音堂、三官庙、三圣庙、云霞寺、大云寺、康王庙、东岳庙、准提庵、慈云寺、保子庵、盘古庙、北山庵、三界庙、平江庙、镇海庙、武刀东庙、武刀西庙、西海庙、谭村庙、四帝庙、关帝庙、文昌庙、灵隐寺、平马三官寺、太军庙、沙场寺、永泰寺、北帝庙、满堂寺、太平寺、平隆寺、文武庙、接龙观、火神庙、龙王庙、孔庙、华光庙、地母庙、福寿庵、万灵寺、普云庵、三婆庙、真君庙、武圣宫、风神庙、惠泽庙、雷神庙、城隍庙、万寿宫、学府圣庙、武庙、文昌宫、马王庙、罗公祠、忠义祠、陈五公庙、节孝祠、贤良祠、昭忠祠、鳌鱼寺、觉音庵、海宁寺、接龙庵、万寿宫、千岁庙、新庙、地母庙、佛祖庙、丰隆寺、五谷庙等。此外在东兴有观音寺，防城有水月庵，钦州有崇宁寺和女庵庙等。其中天妃庙（又称三婆庙）占了近二十家，还有部分是道教观院如元妙观，纯粹是佛教寺的不多，大多数寺庙都具有佛道合一甚至儒佛道合一的功能。如在佛寺和道观里一般设有武帝或华光帝的神牌，天妃庙中往往出现诸神集中，在康王庙中也可看到众神聚会的现象。北海普渡晋宫是现今保留最完整的儒佛道合一庙的体现。

天妃庙原是妈祖的供奉场所，但长期以来，广西沿海的天妃庙中，除供奉妈祖外，也供奉土地、神农、关帝等。有的还供奉观音菩萨，甚至释迦牟尼、普贤菩萨、文殊菩萨、弥勒、韦陀等佛教众神。天妃庙成了融佛、道与民间宗教于一身的综合性庙堂。

建于清光绪二十四年（1898年）的北海普渡震宫，是一座集佛、道、儒三家于一体的古庙宇。清末梁鸿勋在《北海杂录》里描述它“庙貌灿然，为北海诸庙冠”[①]。普渡震宫的头座中天殿奉祀玉皇大帝，太阳太阴等神，并设立如来佛祖、孔圣先师、太上老君牌位，集佛儒道三教于一宫。金母殿，正殿祀奉瑶池金母，左殿祀奉三官大帝（上元天官、中元地官、下元水官），右殿祀奉二圣帝君（文昌帝君、关圣帝君）。地母殿的正殿祀奉地母元君，左殿祀奉观世音菩萨，右殿祀奉李铁拐，吕洞宾两大仙，殿左有厅祀奉贞烈圣母等。

2. 诸神同祀现象

在广西沿海的寺庙中，所崇拜的神均有主神与非主神之分，但老百姓在日常所供奉与献祭的各种神灵是没有区别的。人们到寺庙里拜祭神祇，表达希望生活幸福，远离灾难的愿望，至于所祭拜的是何方神圣、它们属何教派、教义是什么等并不关心。如一个整天吃斋念佛的老太太，可以在去佛堂上香的途中拐进天后宫点燃香烛。老人过世一般都请师傅佬做法事，超度亡灵，以示隆重和儿女孝心。但在师傅佬为亡灵超度的过程中，其唱词中所涉及到的人物或事既有佛教特色也有道教特色。在人们看来，无论佛教、道教，做法事都是为超度亡灵，至于是何方神灵、属何种宗教根本无关紧要。无论哪种宗教神灵，都是令人敬畏的“神”。人们的信仰是多重的，多种信仰往往和谐地统一于一个信徒身上。

3. 神灵共祭现象

在广西沿海民间，道教的内丹修炼成为民间宗教的重要内容，关帝、城隍、土地等民间神祇成为道教的神祇，一般寺庙也附设坛祭祀关公、土地公等，佛寺建筑上有道教的明、暗八仙图案，康王庙中观世音菩萨与关公老爷同列殿堂。广西沿海人民崇拜的神多，节日也多，但一年中，民间最重要的宗教祭祀活动一般有两次：正月十五那天，人们抬着菩萨巡村接受香火祭献，故统称为“游菩萨”、“扛菩萨”；八月十五前后，人们请来师公进行祭祀，在祭祀中，师公除了进行念咒、卜卦、请神、驱鬼等巫术活动外，主要是戴面具跳神，并演唱各位神的传说

① （清）梁鸿勋.北海杂录［Z］.香港日华印务公司，1905.

故事，即跳“师公舞”（或称跳岭头）。两次活动都俗称“打醮”，但其活动内容有区别，正月十五侧重在游神，祈求神灵保佑风调雨顺、五谷丰登；八月十五侧重在祭祖，祈求祖先保佑人丁兴旺、人畜平安。但两次活动实际上都是众神的狂欢，所有的神灵——不管佛教神、道教神、祖先神还是自然神、人神，都享受着同等的祭献。

4. 道巫结合现象

自古以来，广西沿海民间民俗信鬼、好淫祀，病鲜求医，专事巫觋。道教作为来自中原的巫觋之术，传入广西沿海，与民间信鬼好巫的习俗相遇，互相渗透，相互影响，逐渐形成了一种道巫难分、本土文化与外来文化不辨的局面。道教的主要活动逐渐演变成设斋打醮、操办丧事、超度亡灵、作会诵经、消灾弥难等。不管城镇农村，不管贫穷富有，道教威仪经常进行，以满足人们的心理需求。有的求神保佑，祛除灾难；有的祈福求子，辟邪治病；有的为了斩妖招魂；有的为了占卜吉凶等。直到现当代，在广西沿海民间，四时奉神，香烟袅袅，有病跳鬼驱鬼，遇丧做道场等仍可见。

承担乡村道教活动的人，一般称为巫觋（一般女性为“巫”，男性为“觋”，都是指从事与看不见的鬼神进行沟通的人）。巫主要是受病人家属所托，查看病人为何方鬼神所戏弄，指引如何送鬼安神治病，有时还降仙药。“觋”与道士实际上合而为一，主要从事做法驱邪、超度安灵等活动。人们每遇不幸或奇怪的事情必请巫，每遇红白喜事便请道公。此外，巫觋有一套完整的经书，记录着丧葬、架桥安花、安神安灶等法事的具体操作过程和内法秘旨，影响了当地民间的生子、婚礼、丧葬等人生礼俗和医术系统，起着传承本民族文化的作用。如在京族的宗教活动中，除“师傅”外，还有“降生童”即降神扶乩，他们自命是神与人之间的沟通者，能够平妖除怪，影响很大。每村有五六个人至十几人不等，全是男性。京族人若有人蓄不旺及身体疾病等，就请降生单作法除妖，以保平安，这种现象还沿续到今天。巫觋早已超出了道教的传统宗教意义，成为广西沿海民俗文化不可分割的一部分。

三、广西海洋宗教文化的民族性和地域性

作为广西沿海的代表性海神龙王、妈祖、龙母、伏波将军、白龙镇海大王等渊源各异，有着不同的发展轨迹，但它们互有交叉，相互影响着广西沿海人民的生活。其中龙母信仰是继承土著越人的信仰演变而来的，龙王、妈祖与伏波将军

属于外来神灵，但它们逐步走进沿海人民的精神生活中，成为人们精神信仰的一部分。京族人民所信仰的白龙镇海大神则是京族三岛的开辟神和海上保护神，其民族特色和地域色彩更为浓厚。

龙母信仰来自岭南土著越人的龙蛇崇拜，主要盛行于西江流域，存在于珠江流域、港澳地区和东南亚一带。据史志载：南汉后主大宝九年（966年），龙母被封为“博泉神日龙母夫人”，此后历代屡有封敕。据方志资料不完全统计，明清时期广东地区龙母庙达64所，遍及广州府、肇庆府、高州府、韶州府等地，沿江沿河传播拓展，形成西江干流流域和西江支流流域两大祭祀带①。广西沿海有多处龙母庙，最典型的是北海外沙龙母庙和东兴江平京族三岛的龙母庙。

北海外沙龙母庙建于1823年，至今仍延续着形式完备和丰富的民间祈福活动。每年正月十六，外沙居民扛着龙母神像，抬着烧猪，穿街过巷，来到龙母庙前舞狮舞龙，祈求新的一年平安、幸福、丰收。到农历十二月十六日，人们又向龙母还福。活动持续三天，龙母庙香客云集，香火鼎盛。此外，在二月初二的社王诞、二月十九的观音诞、三月初三的北帝诞等诞期，当地渔民也举行小型的祭祀仪式，把渔船停泊在外沙海面，船头朝向龙母庙的方位，杀鸡、烧鞭炮、烧香祭拜，祈求龙母娘娘和诸神庇佑他们出海平安。

白龙镇海大王广西沿海的京族人民供奉的核心神祇、信仰神格的最高者。白龙镇海大王被认为具有保护渔民出海平安、驱赶海贼、管辖海域安全和赐予人民生产丰收的四大法力。白龙岛怪石滩西岸白龙岭上有镇海大王庙，立有石碑。京族人把镇海大王的牌位放在哈亭中央供奉，哈节期间要到海边将镇海大王迎回哈亭祭拜。京族确定每年农历八月二十日为镇海大王的“诞日”。

四、广西海洋宗教文化的功利性与变通性

广西海洋宗教文化是人们走向海洋、追求海洋利益时产生的，这就决定了它具有很大的功利性。随着正统宗教信仰与民间文化的结合，民间信仰的体系越来越庞杂，供奉的神祇也越来越多，民间信仰的功利性与变通性也就更加明显。

1. 宗教形式重在实用功利

黎人“遇有病即宰牛告祖先，或于屋，或于野，随其所便，也不设位。”②广西沿海各地各村往往都有各自的土地神，但所立的土地庙往往是在路边、村边、树

① 王元林，陈玉霜.论岭南龙母信仰的地域扩展［J］.西安.中国历史地理论丛，2009（4）：48-61.

② （清）张庆长.黎岐记闻［A］.王有立.中华文史丛书［C］.台湾华文书局，1968-1969影印本.

下或田头立一块石头，作为土地神的形象。宗教信仰不重其表，表现了功能信仰。

2. 天妃与送子观音形象的统一

观音是天妃（三婆）出现之前沿海人民的第一位女性海神。观音除了是“求子娘娘”、普度众生外，还在海上巡洋、护航、驱妖、解困等方面都有求必应。宋元以后，天妃（三婆）成为沿海人民的第二位女性海神。相传天妃不仅能保佑航海捕鱼之人的平安，而且还兼有送子娘娘的职司。其道教封号：辅兜昭孝纯正灵应孚济护国庇民妙灵昭应弘仁普济天妃。天妃出现后，人们往往把天妃的形象与送子观音的形象联系在一起。每逢农历三月二十三日妈祖圣诞日，已婚尚未生育的妇女常到天后面前虔诚祈祷，以求早得贵子，供奉天妃的香火之盛远胜其他海神。这既是广西沿海渔民宗教功利主义思想的反映，又呈现了“佛、道相融”即天妃（妈祖）信仰与观音靠拢的迹象。广西沿海各地所建的天妃庙或三婆庙内一般都同时立有观音像。

3. 崇拜海神与得到庇佑

在广西沿海人们看来，凡是能够保佑海洋活动安全的都可以作为海神，所信仰的海神被赋予了多种职能，甚至无所不能：如避难求生、求渔、求子、求雨、求安、引航、助战等，反映了人们对海神的世俗性要求。如信仰妈祖，是因为妈祖能保佑他们、带来海上活动的安全。当对海神有所求时，人们往往会许下诺言，如果“灵验”则给以各种好处，大者如修庙，或为神像塑造金身，小者有增添香火钱等。如果不是很“灵验”，庙宇就会变得冷冷清清，民众转投其他神灵。

五、开发和利用广西海洋宗教文化时要注意的问题

广西海洋宗教文化是以海神崇拜为核心的多神崇拜，多元性和交融性紧密结合，民族性和地域性相互影响，功利性和变通性密切联系。广西沿海人民用开放的眼光、冒险的精神、实用的心态、变通的手段，对外来宗教广纳善取，在差异中存大同，在冲突中求和谐，从而形成了广西海洋宗教文化的特质。与此同时，这种宗教文化也丰富了他们的生活，深深影响着他们的世界观。为此，在开发和利用广西海洋宗教文化中，要注意：

1. 肯定宗教文化是广西海洋文化的重要组成部分

广西海洋宗教的核心是海神崇拜。但“平时不烧香，临时抱佛脚”这一带有佛教文化特征的话语成为平民百姓的通俗语言。广西沿海民间特别是农村，四时奉神，香烟袅袅，有病跳鬼驱鬼，遇丧做道场等仍时有出现。天主教和基督教堂

在各地都有影子。不少宗教性节日成为民间的重要节日，体现了富有地方特色的民俗文化与儒、释、道等多种传统文化资源相组合的特色。宗教文化已渗透到广西沿海人民社会生活中的每个角落，成为广西海洋文化的一个重要组成部分，同时也是特殊的海洋历史文化现象。

2. 充分认识广西海洋宗教文化的二重性特征

由于宗教自身的复杂性以及不同历史时期社会需求的不同，宗教文化社会作用的复杂性较明显，具有积极与消极的“两重性”。

古代广西沿海，边远偏僻，地理环境恶劣，开发程度有限，社会生活闭塞落后。宗教作为人们认识和改造自然的精神活动的寄托及反映，多少反映了人们的诉求，保存有广西海洋文化的丰富内容，其宗教教义和道德中的积极因素对鼓励广大群众追求良好的道德目标有积极作用。但广西海洋宗教文化也表现出信仰内容庞杂，形式原始，多神信奉，巫占盛行的特点。其崇拜的神具有多样性与分散性，从自然精灵、天神地只到佛道师祖，无所不有，缺乏统一的宗教信仰。即使同一宗教信仰形式，也可能表现了不同的层次或内容。与多神信仰相适应，则是带有浓厚的原始宗教特色.如自然崇拜、鬼魂崇拜等在广西沿海长期占主导地位，宋代钦州“家鬼者，言祖考也，钦人最畏之”①，明人讲:“志称粤俗尚鬼神，奸淫祀，病不服药，惟巫是信。因询所奉何神，谓人有疾病，惟祷于大士及祀城隍以祈福。行旅乞安，则祷于汉寿亭侯，如此安得为淫，以上二事，贤于吾乡甚远。”②说明古代广西沿海人民在接受中原封建文化方面仍有较大的局限性，这与该地区相对落后的社会生活和精神文明水平有着密切关系。

为此，我们在研究和了解广西海洋宗教文化的丰富内涵时，对其积极地扬弃、批判地继承，充分发挥其为经济社会发展和对外服务的积极作用。同时，在开发时，也要持一定的谨慎态度。

3. 充分发挥海洋宗教文化在构建北部湾地区和谐社会中的积极作用

广西沿海处于中国—东盟的前沿阵地，与越南陆海相连，沿线分布着汉、京、苗、壮、瑶等10多个少数民族，大都属于跨境民族，各跨境民族的社会稳定与和谐发展关系到边疆的稳定和国家的安全。在多样性与多元化的背景下，广西沿海的京族、壮族、瑶族等基本上都保留着自身延续几百年的独具特色的传统文化，并用之来规范着人们的行为、情感、思维、道德和社会秩序。由于生产力水平低

① （宋）周去非.岭外代答［Z］卷十.志异门280“天神”.北京：中华书局，1999.

② （明）王临亨.粤剑编（卷二）［M］.北京：中华书局，1982.

下，经济文化不发达，长期处于较低的历史发展阶段等原因，这些少数民族的传统文化往往通过宗教神话和史诗的形式，用生动的内容、多样的形式、丰富的资料表现出来。广西沿海民族传统文化和社会历史的发展，不能忽视这些宗教文化所蕴涵的多样性与多元化的文化内涵的影响。在建设和谐社会的过程中，要充分利用宗教文化中鼓励广大信教群众追求良好道德目标的积极作用的因素，教育引导他们互相尊重、和谐相处，为构建边海疆地区的和谐稳定体系服务。

4.深入研究、挖掘和利用广西海洋宗教文化特色资源，推动文化产业发展

广西沿海独特的宗教文化在沿海居民开拓生活空间方面起到了一定的作用，它是当代广西海洋文化传承和发展不可缺少的载体。由于各种原因，广西海洋宗教文化的丰富内涵一直没有得到系统的发掘，宗教文化资源多以自然形态存在，没有形成特色，更谈不上形成“精品”并进一步转化为经济价值。为此，要深入研究、挖掘广西海洋宗教文化的深刻内涵，努力形成特色，打造宗教文化品牌，发展旅游业等文化产业，吸引游客来旅游。同时要按照党的宗教政策及有关文物保护法规的要求，保护和开发宗教文化遗产，对宗教文物古迹进行恢复和维修，使寺庙宫观恢复本来面目，让人们身临其境，欣赏各种宗教的文化艺术，增长各种宗教知识，让海洋宗教文化得以传承，并为中外宗教文化的交流、传播创造有利条件。

本文原刊于《钦州学院学报》2014年第9期，是广西文科中心特色研究团队“北部湾海疆与海洋文化研究团队”阶段性成果之一。作者：吴小玲，钦州学院北部湾海洋文化研究中心执行副主任，教授。

北部湾地区“跳岭头”民俗文化的儒学显现

黄宇鸿　黄建霖

【摘　要】广西北部湾地区的“跳岭头”民俗文化是脱胎于傩巫文化的产物，以萨满为表演主体，以“玛纳”为主要象征载体，在浓重的象征意味中体现着泛灵信仰和泛生信仰相结合的特点。在人类学视域下，北部湾地区的“跳岭头”民俗文化显现儒学的礼、乐、仁等特征。无论从其体裁还是内容，“跳岭头”民俗文化显现了其儒学确证性，对研究人类学、民俗学、历史学、民族学、乡土音乐和舞蹈、宗教学等多学科具有重要的参考价值。

【关键词】“跳岭头”；北部湾民俗；人类学；儒学文化；教化功能

“跳岭头”民俗现存于今广西北部湾地区（尤以钦州灵山、浦北一带最盛），是广西壮族自治区人民政府于2006年确认的第一批非物质文化遗产，具有重要的历史文化价值。作为凝固在人们生产生活中的一种特殊文化活动，最直接反映的是对北部湾地区人类群体中人性与农耕文化的相互观照。而儒家文化作为中华文明中极为重要的一脉，深刻地影响着包括民俗在内的诸多文化事项。“跳岭头”内外特质显现出了其执行“礼”、“乐”等外在功能和彰显了儒学以“仁”为核心的精神实质。

2012年初，笔者通过对钦州市钦北区文化馆有关“跳岭头”民俗“申遗”材料的详细查阅，以及到钦州市钦北区大寺镇屯妙村对“跳岭头”民俗传承人周武良进行采访等相关田野调查活动，掌握了大量的一手材料。本文拟从人类学的视域，考察广西北部湾地区的“跳岭头”民俗文化所蕴含的儒学的礼、乐、仁等特征，从而为人类学、民俗学、历史学、民族学、乡土音乐和舞蹈、宗教学等多学科研究提供可资参考的资料。

一、“跳岭头”民俗文化在人类学视域下的若干特征

据明朝嘉靖年间的《钦州志》记载：“八月中秋，假名祭报，妆扮鬼神于岭头跳舞，谓之‘跳岭头’。”这是关于“跳岭头”民俗文化最早的界定。“跳岭头”民俗

作为北部湾地区（主要泛指今广西钦州市、北海市、防城港市及其周边地区）一种古老的民俗，是脱胎于傩巫文化的产物。在人类学的视域下研究“跳岭头”民俗文化，具有实质意义。“跳岭头”民俗文化作为凝固在北部湾地区人们生产生活中的一种特殊的人类活动，最直接的反映是人类群体中人性与农耕文化的观照。庄孔韶先生认为：“人类学是研究人性与文化的学科，具有兼容自然科学和人文社会科学的跨学科特征。”[①]由此可见，人类学为深入细致地界定“跳岭头”民俗文化提供了强大的理论支撑。

从人类学的角度分析，“跳岭头”民俗文化具有以下若干特征：

（一）泛灵信仰与泛生信仰的共生结合

“跳岭头”民俗的诸多表现理念中体现了这一“共生结合”的特征。泛灵信仰认为人及其他一切事物存在着物质实体和非物质的替身（灵魂）。而泛生信仰则认为非人格力量的观念通过“玛纳”（mana）而存在，“玛纳”即某种神秘力量为显示其存在而借助于某一客观外物。“跳岭头”仪式中“玛纳”其实就是具有神貌的面具。人们认为，这些面具一旦被表演者所佩戴，神灵就依附于表演者身上，表演者一举一动是面具所代表的是神秘力量的行为。

两者的“共生结合”，在“跳岭头”民俗文化现象中最具代表性的就是“跳三元”和“跳五雷”。“三元（一说是天、地、水泽，另一说为日、月、星辰）”及“五雷”本是自然存在中的事物（现象），而“跳岭头”民俗文化将其视为非物质替身或神圣的客观力量而存在，这与自然中的客观实在是有明显区别的，明显带有泛灵信仰的意味。另外，借助具有神貌特征的面具作为沟通人神的媒介。无论是“跳三元”还是“跳五雷”，都要求表演者必须佩戴面具以扮神鬼，可见神鬼面具在其中发挥了“玛纳”的作用。显然，这是反映泛灵信仰和泛生信仰共生结合的最好例证。

（二）萨满（shaman）是“跳岭头”仪式的主要承担者

《多桑蒙古史》中提到：“萨满者，其幼稚宗教之教师也。兼幻人、解梦人、卜人、星者、医师于一身。击鼓诵咒，逐渐激昂以致迷惘，以为神灵之附身也。继之舞跃暝眩，妄言吉凶。”[②]由此不难得知，萨满其实就是一种具备多种功能于一身的神职人员。“跳岭头”仪式中拥有固定的组织和具有层级性的人员，加之“跳岭头”表演者往往兼有其他巫术组织头目或“巫”的身份，可以占卜解梦，妄

① 庄孔韶. 人类学概论［M］. 北京：中国人民大学出版社，2006.

② ［瑞典］多桑著. 多桑蒙古史［M］. 冯承钧译. 上海：上海书店出版社，2006.

言吉凶，因而也就具备了萨满的特质。在众人的意识中，他们充当着在舞蹈之时与神沟通，控制某种神秘力量的角色。

(三)仪式化中的浓郁象征意味

“跳岭头”仪式被程式化地固定下来，构成了“跳岭头”这一民间信仰的基本要素之一。通过年复一年的重复举行，一是强化了仪式本身，二是强化了仪式所蕴含的象征意味。这种象征更多地体现为“两极性”：一是人类社会存在的生产生活需要和人在群体生活中所依赖的共同价值观的结合，二是对不受社会或理性限制的本能的愿望的表达。具体地说，举行“跳岭头”仪式的主要目的在于期盼丰收，这种出于本能的对粮食的需求和对土地的依赖就是共同价值观的结合，同时也是希冀借助于客观外力实现现实的丰收，表达了人们朴素的愿望。

二、“跳岭头”民俗文化的儒学确证

自从汉武帝任用董仲舒实行“罢黜百家，独尊儒术”政策以来，儒学文化获得了前所未有的发展机遇，其正统地位也从此而开启。顺着历史脉络纵线观察，北宋的二程发展儒学中的“仁”创立“天理”学说、南宋朱熹的“存天理，灭人欲”、明代王守仁的心学等等儒学的新外化和发展，其地位和影响可见一斑。而在民间，儒学又与风俗交织在一起，呈现相互确证的关系。

“跳岭头”民俗文化是带有地方特色的民俗现象，据明嘉靖《钦州志》的记载，大体可以明确这一文化活动至少在明代嘉靖年间即形成了现在的表演体制。孔子认为“礼失而求诸野。”[①]，这恰恰印证了“跳岭头”民俗文化在某种程度上对儒学礼乐功用的传承。

(一)“跳岭头”中“乐”的教化功能

“跳岭头”在每年的八月中秋前后进行，本意在于祭祀，采取戴面具进行演唱(唱格)、跳舞等方式来实现人神间的沟通。其由歌和舞两大部分组成，唱格往往穿插在各段舞蹈之间，具有“歌时不舞，舞时不歌”的特征。这一特点，与现代歌剧有着共通之处：即唱格起到旁白的功能，一则阐明故事梗概、达到补充说明的表现目的，二则推动情节的进一步发展；而舞蹈是整套程序的骨架部分，以舞蹈说事，以舞蹈说理。无论是唱格还是舞蹈，两者之间不是松散的联系，而是相辅相成的关系。这种关系的背后是存在一条隐线的。这条隐线即是“道”。把

① (汉)班固.汉书[M].北京：中华书局，1962.

“跳岭头”文化创作者的个人褒贬蕴含其中。

从舞蹈表演方面来看，既注重舞蹈的整体节奏，同时也注重头部和手部等肢体动作的表现。如“跳三师”讲求“漫游走、舒跨转、快跳跃、疾屈伸”，显然从“漫游走、舒跨转”的动作节奏看，重在肢体表现的舒缓；“快跳跃、疾屈伸”重在肢体表现的疾和快上。头部和手部的协调配合，有“十”等动作，极富变幻。整体上的一张一弛，舒缓有度，并配与肢体的变化，原始美感就会随之产生，具有较强的吸引力和感染力。

仅从“跳三师”的招式就有：跳凳、抖铃、挽刀、掩刀、挑刀、捺刀、左右偏刀等刀法以及乌鸦捎翼、姜公钓鱼、黄牛穿鼻等花式；再如“扯大红”有扬袖磨谷、收袖作鞠、拔腿退步和“跳忠相”又有拎剑、拎相、拍剑游台、弄雌鸡尾等花式[①]。与之相配的背景音乐多以本土高边锣、马锣、鼓等演奏。高边锣和马锣相组合：高边锣音值高旷，极大的凸显出了仪式的隆重氛围，并在无形之中给予听众心灵的庄严感和严肃感；配以马锣的衬托式的敲打，张弛有度，极富感染力。打击乐器相衬相辅的加入，在空旷的田间地头营造了独特的音乐效应。

从唱格艺术表现方面看，“跳岭头”歌曲多倾向于口语化，具有明显的民间小调和歌谣的特征。如：《丰收美酒入心甜》[②]

一只簸箕（列）园（哪）又（呀）园（呀）（哦）

六（呀）亲（呀）百（呀）客坐（呀）旁（呀）边

齐（呀）齐（个）共（呀）饮（咧）庆（呀）丰（呀）酒（呀）（哦）

丰（呀）收（呀的）美（呀）酒入（呀）心（呀）甜

唱格多为两乐句或四乐句的形式。韵律节奏整齐，较为灵活。以五声的羽调式居多，亦有六声的宫调调式。这样就形成了独具一格的唱格模式。

显然在整套“跳岭头”歌曲和舞蹈中包含着极为丰富多样的组合元素以及凸显了乐舞的喧闹性、庄重性、张弛性等艺术特征，并极大的融合了本土音乐和舞蹈元素。可以说，这种乐舞形式，既来源于生活，又高于生活。从中可以探寻到舞蹈和音乐背后所蕴藏的极大吸引力和亲和力。这种力量在于其舞蹈和音乐样式不是脱离民众生活而存在，而是用日常口语化、乡土化的基调来执行“乐”的功能。

---

① 陈宜坚. 桂南“跳岭头”初探[A]. 钦州文史·钦州民俗文化专辑（第十二辑）[C]. 钦州：广西钦州市政协文史资料和学习委员会编出版，2005.

② 韦妙才. “跳岭头”：傩文化的活化石——桂西南“跳岭头”研究之一[J]. 钦州学院学报，2010(1).

从歌舞这一外化的形式考虑，“跳岭头”民俗文化发挥了“乐”的功能。《孝经·广要道》曰：“移风易俗，莫善于乐。”可见先人早已认识到“乐”对于风俗的改造、进化功能极为重要。村民把“跳岭头”作为一项仅次于年俗的节庆歌舞来看待。每逢“跳岭头”节庆日，全村男女老少必定会聚集在仪式场地，客观形成有一定规模的人群。在这样的大环境之下，村民的集合较容易地被“跳岭头”的音乐和舞蹈形成身心上影响，也较容易地被“跳岭头”的内在是非评判和价值标准所同化。这样的一个功能，客观上起到儒学的教化功能。通过“乐”，一则将单调乏味的说教以民间喜闻乐见的载体展现在人的集合当中；二则去掉了平时私塾讲学的正规化成本，较轻松地将唱格、舞蹈创作者的是非评判和价值标准在不经意间感染和灌输于听众、观众的内心。

从“乐”的教化角度而言，“跳岭头”的唱格和舞蹈等一整套的外化形式都在一定程度上确证了儒学的“乐”的教化功能，从另一方面而言，儒学的许多价值取向，比如忠、孝、温、良、恭、俭、让等一套价值体系又恰如其分地迎合了审美者的兴趣被“跳岭头”仪式的一次又一次重复进行中得到加深和巩固。

（二）“跳岭头”中“礼”的教化功能

儒学文化的基本精神，包括“君为臣纲，父为子纲，夫为妻纲”的社会政治生活秩序以及强调贵贱、尊卑、长幼、亲疏之别，并创制了一套适应并能巩固封建统一的王朝礼乐制度体系。这种文化力量渗透到民间生产、生活的方方面面中来，尤其是在人们心中建构的文化判别体系深远地影响着文化的选择和发展。

“跳岭头”民俗文化中不乏其中的代表性内容，这恰如一面镜子，折射了儒学对于民间心理、风俗民情的极大建构作用。最为典型的是《朱千岁》和《五雷格》。《朱千岁》讲述的是明朝皇室镇国将军朱统鉴，在明朝覆没后的1647年率兵反清，阵亡后，由其妻妾继承其遗志继续和匪寇战斗并最终取得胜利的故事。其中人物的精神实质就是“三纲五常”中的忠君、忠夫礼制。朱统鉴作为明朝遗臣，不忘亡国的仇恨，率兵起义，是为忠君的典范。而妻妾继承丧夫的遗志，继续战斗，也可称为忠夫的典型。换句话说，《朱千岁》含蓄地表露了“君为臣纲，夫为妻纲”的政治要求。而这种要求所形成的取向问题正在潜移默化地影响着观众、听众趋向于这一儒学中心原则。再如《五雷格》中讲述了五兄弟被豪姓劣绅迫害致死，后冤魂不甘，上报天堂，被封为五雷神，惩凶除恶的故事。《五雷格》最后四句唱词：“瞩报世间男和女，雇工莫欠气力银。不信你看百家姓，世上全无豪家人。"[①]这个剧情和唱词反映的是忠奸不两立，包含着扬善贬恶的儒学价值取向，同时人物的斗争对立面在于地主阶级，这也表露了儒学中的尊卑有别的内涵以及最后五兄弟的胜利也在某种程度上蕴含了农民对于劣绅地主的不满心态。所以《五雷格》又不纯粹像《朱千岁》那样仅仅阐述儒家的政治理想，更重要的是又寄予了农民一种反抗压迫，追求翻身解放的憧憬。这种现象的产生，是儒学精神与千百年来农民身上被压迫所萌生的一种试图改变现状的憧憬相结合，并在剧本中得到了朦胧地体现。就这一点而言，《五雷格》比《朱千岁》是更近一步的发展和更倾向于人的理性思考。其正是借用了儒学"礼"的教化功能来表露心迹，引发对现实生活境遇的思考，确证了儒学的礼乐制度的强大功效。

这种"礼"的教化是通过类似于明代说书艺人口头艺术加剧本创作的形式实现的。"跳岭头"剧作者和表演者在一定的版本上创作出形象后，又通过吟唱表演，将主人公的做事原则和处世之道显现出来，并作为人们日后待人接物时的参照指导着言行举止。

（三）"跳岭头"中"仁"的精神内核

儒学的精神内核是"仁"。在儒学集大成的经典著作中，"仁"是极其重要的一个名词。仅《论语》一书中，"仁"字共计出现109处，且出现的语句段落极具总结升华意味。笔者认为假使确定某个事项的内核，大致需从以下三个维度衡量：一是假定的内核在事项文献中出现频率相当高；二是在该事项的精神实质常充当提纲挈领的指示作用，换言之，应在总结升华的语段中起到关键字的作用；三是内核还应该是一脉相承、一以贯之的主线（一脉相承，即在发展过程中会发生演变，但内核中心始终没发生质变；一以贯之，即在整个纵向上，始终是有迹可循的）。从这三个维度出发考量儒学的精神内核，"仁"实至名归。乃至国际符号协会副会长李幼蒸先生撰文指出"请用'仁学'代替'儒学'"这一命题。

"跳岭头"民俗文化，既是一种民俗文化，也是一种理想化的艺术形式。探求"跳岭头"民俗文化中的"仁"，就可以从这两个方面考察：一是纯粹民俗层面，二是理想化的艺术呈现。

1. 民俗层面中的"仁"

民俗是在一定的地域、人群之中形成的大都不成文的心理趋向以及在此影响下产生的各种行为，它具有相对的普遍性、稳定性、周期性等特点。"跳岭头"民俗文化在固定的地域形成，且具有上述特征。追究溯源，"跳岭头"民俗文化起源

① 唐虹. 从依生到竞生——"跳岭头"的审美生态学解读[J]. 传承，2010(9).

于傩或巫，这一点上韦妙才先生已有考证[①]。傩或巫，产生于先民对于客观世界的一种本能探索和体验。在社会生产力极其低下的社会中，人们无法抗拒来自自然的力量，如雷电、地震、洪水等的侵袭时，会自觉不自觉地将其与人的性情，尤其是愤怒或惩罚性举动挂钩。这种印象可以说是充满刚性的意味，具有不可抗拒性。当这种刚性印象呈现在人们面前时，往往需要一种带柔性意味的力量来制衡和协调，才能带来可预料的安全。所以，在时常以“愤怒”示人的雷电、地震及洪水，也需要有可协商、可对话的柔性面孔。这种可以猜想的柔性协商和对话机制，就要依靠傩或巫这种介于人与外物的媒介来建构。

可以明确的是，这种可协商和对话的机制中，包含了几层重要信息：一是对话者存在对话的可能，即双方在身份上可以实现对等或近似对等；二是协商对话的目的是双方期望达到可预见的状态；三是一种有来有往的交流（比如人们祭祀或满足某种客观力量的需要时，可以换来人们所期待的庇护或赦免等等）。这三点信息，集中体现的就是“仁”的核心精神。儒学强调“仁”，最为精粹的首推《论语·里仁篇》中的一段：

子曰：“参乎！吾道一以贯之。”曾子曰：“唯。”子出，门人问曰：“何谓也?”曾子曰：“夫子之道，忠恕而已。”

换言之，孔夫子一以贯之的道就是“忠恕”。“忠”是对于自己本身遵循道义的要求，“恕”则是由己度人、由己推人的立场。这两个方面其实本质在于探求人与人之间的相互关系的构建和维系。这主要体现在“己所不欲，勿施于人”和“己欲立人而立人，己欲达人而达人”的理念。由此反观傩与巫的交流形式，先民为得到自然的庇佑，首先必须完成对自身“忠”的改造，体现在日常生产生活中的伦理纲常、长幼有序的秩序建立和维护。同时，满足自然需要的、不要过分伤害自然的情愫，比如不砍伐幼林、不捕抓鱼苗幼兽等等，这些“你来我往”式的良性互动，体现的就是儒学中“仁”的本质。“跳岭头”民俗文化既然脱胎于傩或巫，自然傩或巫所包含的“仁”，也一以贯之地存在于“跳岭头”民俗文化之中。

2. 理想化艺术中的“仁”

理想化的艺术，是“跳岭头”民俗文化的另一个截面。“跳岭头”民俗文化既脱胎于傩或巫，但其演变轨迹又充满了前戏剧色彩。戏剧本质在于娱人，而“跳岭头”民俗文化则是从娱神到娱人的方向发展，娱人是后期的表现。诙谐幽默的程式、夸张写意的脸谱、变化无常的动作等等，凸显的是艺术的理想化色彩。这

① 鲍思陶译. 论语［M］. 武汉：崇文书局，2007.

种理想化的审美情趣，中心在于向娱人的趋近。“三师”“四帅”在舞蹈中完成一组动作，即是现场观众意念上的一次完成，代表了一种层次上的自我安慰。这种自我安慰对于整个仪式的存在意义具有累计作用。正面人物、神祇侧面则是人意志的代言，神祇抓拿妖魔等反面人物，其实就是人在意念上的行为，换言之，正是由于人们具有此类动机，神祇的行为才会发生。由此推断，“跳岭头”民俗文化围绕的中心是人，而理想化的艺术形式则是服务于人的工具。中心在于人，则在很大程度上说明了人本精神的依托和存在。

儒学中的“仁”强调，“仁者，爱人。”故而“爱人”的行为和目的符合“仁者”题中之义。“爱人”追求人本精神、利人利他。“跳岭头”民俗文化的人本精神凸显了儒学中“爱人”的诉求。加上比如五雷、朱千岁、宁原悌等人物身上带有惩凶除恶的正义意味，利人利他的原则更是切合了主题。由此可以确定，作为理想化的艺术，“跳岭头”民俗文化具有极强的“仁”的色彩。

综上，可以看出的是：无论从其体裁还是内容，“跳岭头”民俗文化显现了其儒学确证性。

三、“跳岭头”民俗文化内核的儒学化发展

以“跳岭头”为代表的北部湾地区的民俗文化，以各种生产生活的实际行为为原型，构成了独具特色的文化体系。在漫长的演变和发展过程中，不断接受正统儒学的同化，其内核存在也因儒学的影响而发生变化。价值观由原来的崇拜自然、敬畏自然、歌颂自然，渐进地向崇拜道义、敬畏英雄、歌颂正义典型的儒学价值要求方向发展。

“跳岭头”民俗文化中最初的崇拜对象有三元神和四师、四帅、五雷神等。一说三元神是自然中的日、月、星辰的化身，还有一说是天、地、水泽的化身。且不论何种说法可信，但是唯一确定的是对三元神的崇拜是先民对于大自然伟力的一种崇拜。四师、四帅和五雷神说的均是雷神。这种对于雷神的崇拜，实质也是对于自然的崇拜。

“跳岭头”民俗文化再发展到明清时，受儒学的影响已经相当明显了。这一时期的发展，以《朱千岁》为重要标志。朱千岁的原型是有史可考的历史人物，并且朱千岁这一人物与钦州灵山当地发生过紧密的联系。作为真实人物，不但可以作为演绎的形象载体融入于“跳岭头”的艺术表演当中，并且可以作为崇拜和歌颂的对象而存在，这种现象是意义非凡的。一则说明了朱千岁这一人物具有强

大的吸引力和精神承载价值，二则说明“跳岭头”民俗文化发展到这一阶段后，呈现出了巨大的包容性和开放性。究其根源，不难发现朱千岁背后的儒学精神是其承载的价值效益。

儒学在不同的发展时期会呈现不同的发展倾向，如“天理”学说、心学、理学等等。虽然有所侧重，但其内核始终是一致的。而“跳岭头”民俗文化也经历了一个由依生到竞生、由娱神到娱人的功能发展倾向。

正是在这两个自身不断发展变化着的文化事项也同时在交融碰撞，并在不断碰撞中发生着改造。不过可以确信的是，作为正统的儒学，具备极其强大的号召力和坚定的立场。首先历来的封建君主把儒学作为凝聚人心，巩固统治的一把精神利器来推崇备至；另一方面，先秦的四书五经已经为儒学奠定了基调，而作为金科玉律的经典足可以构成儒学的核心体系。相比“跳岭头”民俗文化而言，其剧本创作均出于民间百姓之手，这就去除了君权的强制性，所以其变化更自由、随意。另外，由于其本来用途在于祭祀和娱神，故而其带有明显的理想化、浪漫化倾向；同时又因为立足于对实际生产生活的美好渴望这一民众心态，所以又带有明显的乡土化倾向。这两种倾向既具有本土元素，又难以避免与现实存在着较大差距。所以，当“跳岭头”民俗文化与中原正统势力——儒学相融合时，处于弱势地位的“跳岭头”民俗文化只能被儒学不断同化，并对能够显现儒学题中之义的事物采取开放和包容的态度。

四、“跳岭头”民俗文化的儒学显现的现实意义

2006年，“跳岭头”民俗文化被广西壮族自治区人民政府列为第一批非物质文化遗产名录。这充分说明了我们政府以及社会对“跳岭头”民俗文化的重视和保护，同时也说明了“跳岭头”民俗文化面临着一个亟待保护和传承的现实问题。

首先，“跳岭头”民俗文化，承载和记录着北部湾地区的风俗民情，揭示南粤民族从古至今的生产生存状态和民族心理，对于研究北部湾地区的民俗学、历史学、民族学、乡土音乐和舞蹈、宗教学、语言学等多学科的研究具有参考价值。采用一个崭新的视角，从儒学的角度解构北部湾地区的“跳岭头”民俗文化现象，将北部湾地区的典型性风俗民俗现象纳入整个中华传统儒学乃至整个中华文化的统一体中研究，具有现实意义。

其次，在现阶段国家建立北部湾经济区的大好形势之下，如何保存、传承、发展本地区的民俗文化，从而形成带有鲜明、特色的民族文化，是形成大众对本

地区文明、生产、生活的认同感、归属感的一个重要环节，同时尊重民俗的本身，就是尊重自身（包括先辈在内）的创造的历史、生活的历史，即会激发本身的主观能动性，以便更好的为现实社会努力。“慎终追远，民德归厚矣。”

再次，传承和发展“跳岭头”民俗文化的同时，关注其儒学内涵的显现是十分必要的。儒学作为中华文明的重要内核之一，不仅对整个中华文明、民族风俗的形成和发展具有举足轻重的作用，而且也深远的影响着世界的文明。探求“跳岭头”民俗文化与儒学的交汇点，既可以不断确证、丰富和发展儒学的精神实质，同时可以凭借儒学的强大优势保存、传承和发展“跳岭头”民俗文化。这也不失为保存、传承和发展民俗文化的一条道路。

总而言之，广西北部湾地区的“跳岭头”民俗文化是脱胎于傩巫文化的产物，以萨满为表演主体，以“玛纳”为主要象征载体，在浓重的象征意味中体现着泛灵信仰和泛生信仰相结合的特点，具有“前戏剧”的若干特征。随着“跳岭头”民俗文化向儒学核心理念的趋近演变，从“礼”教化功能上看，“礼”的特质在北部湾地区“跳岭头”民俗表演体系中，尤以“朱千岁”、“跳五雷”等剧目中得到集中体现；从“乐”的教化功能上看，充满地方性色彩的羽调宫调唱格、夸张写意的舞蹈、高旷值域的打击乐器等表演要素的加入，彰显了儒学的乐的教化功能；从“仁”的儒学核心精神上看，“跳岭头”民俗文化上的“仁”的精神内核从傩巫文化的“仁”就一以贯之地延续到现在，加之采用理想化的艺术表现，人们心理的“仁者”情怀就得以进一步发展。因此，可以说无论从其体裁还是内容，“跳岭头”民俗文化显现了其儒学礼、乐、仁的特质，确证了“跳岭头”民俗文化的儒学显现。

本文原刊于《广西师范大学学报（哲社版）》2014年第5期，是钦州学院北部湾人文研究中心项目（2010RW-A02）阶段性成果之一。作者：黄宇鸿，钦州学院副校长，教授；黄建霖，钦州市发展规划局干部。

客家人的海洋精神与当代意义探究
——以北海客家为中心

刘道超

【摘　要】客家的“海洋精神”，包括：不畏艰难险阻、坚韧不拔、勇往直前、敢为人先的精神，超强的适应力，巨大的包容力，无穷的孕育力与创新力，宽阔的胸怀与崇高的精神，以及坚强与坚守等方面的内容。这些精神，曾经支撑客家族群创造了生存、发展与民族和谐众多方面的奇迹；研究总结并弘扬这一精神，不仅对客家族群本身，乃至于国家的发展，人类和谐共处理想社会的建构等，都具有十分重大的意义。

【关键词】客家；海洋精神；北海；广西

曾有学者指出，客家人的身上天生地具有一种“海洋精神”①。但这“海洋精神”究竟包含那些内容？它们在客家族群形成与发展的过程中，曾经发挥什么作用？在当今世界一体化，同时又充满冲突与矛盾、动荡不宁的格局中，这种精神又具有什么价值与意义？则未见论述。

讨论客家族群的“海洋精神”，首先要明确“海洋精神”到底应该包含哪些内涵：

大海是孕育生命的摇篮，具有无穷的孕育力与创新力；

大海辽阔无垠，蕴藏着无限的宝藏，乐于付出不计回报，具有博大的胸怀与无私奉献的精神；

大海广纳百川，成就其无穷之大，具有无比强大的适应力、净化力与包容精神；

同时，大海又极其险恶、暴躁、神秘、变幻无常，对人类有巨大的挑战性，绝对考验人类的意志和力量。因此，大海又是不畏艰难险阻、坚毅勇敢、敢作敢为精神的象征。

① 谭元亨.客家新探.广州：华南理工大学出版社，2006：159.

此外，大海必有礁石、岛屿相伴。大海的一往无前，与礁石、岛屿的坚强、坚守相应，也应该是海洋精神的重要组成部分。

因此，我们理解，所谓的“海洋精神”，至少应该包括这几种内涵：(1)不畏艰难险阻、坚韧不拔、勇往直前、敢为人先的精神；(2)超强的适应力；(3)巨大的包容力；(4)无穷的孕育力与创新力；(5)宽阔的胸怀与崇高的精神；(6)坚强与坚守。

众所周知，客家以山居、农耕文化为特色。北海则不同。今北海60余万客家人，多数滨海而居，其中不少就住在四面环海的海岛之上，以“海耨”为生。北海客家是海内外少有的“滨海客家”。故本文以北海客家为中心，旁及广西客家的相关史实，探讨客家族群的海洋精神及其当代价值与意义，希冀对客家历史文化之研究、客家社区之发展、国家之强盛与人类社会之和谐有所助益。

一、不畏艰难险阻、坚韧不拔、勇往直前、敢为人先的精神

说到大海，给人印象最为深刻的，就是大海的凶险、狂暴与神秘莫测。它时而风平浪静，时而狂风骤起，掀起滔天巨浪，而当海啸发生之时，更是势不可当，人，以及由人类构建的物质，一概扫荡无余。面对大海的巨大威力，人类只有感叹自己的渺小。因此，“海洋精神”让人想到的，首先就是不畏艰难险阻、坚忍不拔、勇往直前、敢为人先的精神。

在这一点上，客家人有两个方面的表现十分杰出：

1. 不屈从环境，不满足现状，勇于追求幸福生活——表现为不断的迁徙。

与大多数中国人安土重迁不同。客家人也热爱自己的家乡，也眷恋故土，但若因各种原因，譬如异族入侵、匪患频仍地方不宁，或遇灾荒，或因家乡土地过于逼仄，使故土不再宜居，如此之类，客家人就会想到外迁，并付诸行动。由此产生动人心魄的五次（或说六次）大迁徙。开始时，主要是因为外力逼迫而被动外迁。明清以降，“则主要出于谋生，并在农业、商业、手工业和采矿业等行业从事开拓，以自发性的经济移民为主。”[①]即从明清开始，客家人由前期的被动外迁，变成主动的外迁，为谋求更大发展而迁。

譬如广西。唐宋时已有客家徙居，多数是在明清时期，从福建至广东，沿西江逆流而上。除少数人经过长途跋涉一步到位之外，多数是几经辗转，“蛙跳式”

① 钟文典.广西客家.广西师范大学出版社，2005：50.

前行，历尽艰辛，最后才定居下来，散居广西各地。

俗话说："在家千日好，出门一日难。"何况是举家迁徙，前途未卜，扶老携幼，其艰难与困苦，今人难以想象。不论渡海，抑或陆移，都是如此。

一位渡澳客籍乡亲回忆说："当年南中国海上流亡之际遇，幸蹇各殊，不一而足。有航行五七日到达彼岸者，有漂流数十日饥渴而死者，有遇风涛沉船而合家葬身鱼腹者，有遭遇海盗奸杀而沉冤海底者。甚至水尽粮绝，在求生本能下啖食尸体者，亦间有所闻。总之历劫之惨，绝后空前。"[①]

陆路迁徙的艰辛与惨烈之程度亦不比渡海逊色。诸如：迁徙途中遇盗匪打劫，老弱不堪旅途而疾病死亡，或因子女过多而年幼，无法关照而遗弃，其甚者易子而食，亦间或有之[②]。

外迁之路如此艰辛，生死未卜，并且即便幸存下来，也不一定飞黄腾达。为什么客家人还要如此执着地向外迁徙？为什么会"情愿在外讨饭吃，不愿在家掌灶炉"？为什么甘于困守家园者被讥讽为"灶下王"？为什么当年渡洋赴新加坡与南洋各地的客家人，甚至喊出"饿死不如浸死"[③]的豪言壮语？黄、刘诸姓更是以"任从随处立纲常"为族训[④]，鼓励子孙主动迁徙，寻觅理想的拓展空间。凡此种种，表明客家人身上具有一种不甘现状，不屈从压力，勇于追求，为了拓殖发展，"明知征途有艰险，越是艰险越向前"，为了追求更加光明的未来，哪怕死在途中，也要奋力一搏的精神气质。

2. 敢作敢为，敢为人先，不达目的，永不罢休，人称"硬颈精神"。

在政治上，宋末之文天祥，明末之袁崇焕，清末之孙中山，以及洪秀全，黄遵宪，叶剑英，北海合浦之陈铭枢，无一不是敢作敢当，敢为人先，敢干斗争，不怕失败，不达目的，永不罢休。其百折不挠的英雄气慨，至今令人荡气回肠。

在经济上，也是敢作敢为，敢为人先，敢于涉足常人不敢干的行业。世人常说："客家人开埠，广府人旺埠，潮洲人占埠。"客家人每每充当披荆斩棘开疆拓土的"拓荒牛"。有无以计数的荒野、村落、墟场，为客家人开辟。新中国成立前，广西南部的合浦、中部的柳城、宾阳等地，以及湖南的浏阳等客家聚居地，均以

---

① 廖蕴山.黄玉液·怒海惊魂·序.澳大利亚：新金山出版公司，2005.转引自罗可群.澳大利亚客家，2008(09)：29.

② 2010年8月6日，北海涠洲镇，原乡长杨德禄报料，时年82岁。

③ 李小燕.新加坡客家移民史与移民经验.载黄贤强主编.新加坡客家(第二章).广西师范大学出版社，2007：13.

④ 黄刘二姓的认宗诗非常相似。黄氏峭山公一派传下认宗诗甚多，版本不一，其中一首云："骏马匆匆出异乡，任从随地立纲常。年深外境犹吾境，日久他乡即故乡。朝夕莫忘亲命语，晨昏须荐祖宗香。苍天永庇诚吾愿，三七男儿总炽昌。"黄燕熙主编.黄氏通书.香港：天马图书有限公司，1997：1320。刘氏广传公作认宗诗，仅最后两句不同："苍天佑我卯金氏，二七男儿总炽昌。"

烟花爆竹为重要产业——敢于在肖烟火药的威胁下找机会。20世纪80年代改革开放后，陆川客家的风炮补胎，一度风行天下。北海合浦客家人的建筑承包，亦一马当先，不仅驰骋广西，更活跃于整个中国。纯客家的合浦县公馆镇，更是在工商业的发展中，以建筑承包、水泥、烟花爆竹等生产为龙头，诸业并举，长期执合浦县经济之牛耳，对合浦县经济的发展产生举足轻重的影响。

二、超强的适应力

“海纳百川”，既是一种胸怀、包容力，也是一种适应力与净化力。

客家人外徙异域，人地两生，面临着极其严酷的挑战，包括自然环境与人文环境两个方面。客家人凭籍毅力与智慧从容应对，很快成为环境的“适者”。

宋元以后，客家人陆续迁徙北部湾滨海地区。清咸同年间土客械斗后，大量战败的客家人迁至廉州合浦沿海一带，更有部分客家人远渡涠洲岛。20世纪五六十年代，因为兴修大型水利工程，又有部分客家人徙居滨海地区。这些被迫改变生存环境的客家人，先以最熟悉的农耕技能求生存，努力垦植。面对大海的风险与诱惑，虽然深知“行海走马三分命”，客家人勇敢地开始了“耕海”的尝试。

经过几年、十几年甚至几十年的学习、实践，不知流了多少泪，摔了多少跤，晕了多少船，喝了多少海水，习惯于山耕的客家人，终于掌握了从大海耕获财富的技能。他们逐渐学会了挖泥虫沙虫、学会了捡螺捉蟹、学会了织网修网、学会了造船修船驾船、学会了协作，撒网拉网、设钓下勾、近捕远捞，由原来的山耕农户，变成不折不扣的靠海耨为生的渔民①。

对环境的适应，是否善于利用当地资源也非常关键。客家人这方面的能力也非常突出。客家人初到北海涠洲岛，先是利用当地竹木搭建简易竹寮或茅寮。或用当地黄土、砂子与珊瑚石等为原料，夯墙建屋。或炼泥为砖砌墙盖屋。继而以铁钎凿取火山岩石，砌墙盖瓦屋。涠洲岛上没有自然河流，湖泊亦少。客家人利用当地低洼积水地，开垦水田，种植水稻，结束了当地不生产稻谷的历史。

原住民长期在当地生活，形成一套与环境相适的生活方式。客家人虚心向他们取经学习，缩短了与当地环境相适的进程。

在饮食习惯方面，广西客家人爱生吃，嗜“异味”，与当地原住民食俗影响有关。清·黄钊《石窟一征》说：“俗好食鱼生。……吾乡所脍皆鲩鱼，鲢鱼亦偶

① 今涠洲岛上约80%是半农半渔，其中小部分人拥有大船，可出远海捕鱼，完全以做海为生。20%左右完全务农。这些人有些是始终无法战胜晕船难关，有些是因为遭遇海难（自己遭遇或见他人遭遇）产生畏惧之心而甘守传统农耕。

脍之。”[①]而其根源，乃上古越人“不火食”习俗之遗存。在食材方面，广西客家人“行虫走兽”无不以为食，亦与岭南越人喜食“异味”之俗有关。周去非《岭外代答》卷十载：“僚人，……以射生食动物为活，虫豸能蠕动者皆取食。”[②]卷六载：“深广及溪洞人，不问鸟兽虫蛇，无不食之。”[③]今桂北龙胜县及桂西北等地的客家人，仍以“鱼生”为美味，宴客必设之。合浦客家人爱爆炒或油炸笋虫、蜂蛹等物，亦有此遗意。

在人生礼仪方面。客家人入桂后，吸纳了当地越人“用槟榔为聘”的婚嫁礼俗。早在宋代，岭南“蛮僚”已有此俗。至明清时期，两广盛行。明朝王济《君子堂日询手镜》载：“有女之家，初不计财，惟槟榔数裹为聘。”[④]因为岭南夙称“瘴疠之地”，而槟榔具有下气、消食、祛痰的功用。常食槟榔，有助于提高免疫力。客家人不仅像当地人一样平时食用槟榔，亦引为婚聘之礼。

面对人地两生的环境，客家人一方面不畏艰难，信心满满地迎接挑战，迅速适应当地环境；另一方面又虚心向当地人学习，努力缩短适应的过程。当然，客家人向当地人学习，是有选择的，如同大海的净化功能，既吸收有助于自身肌体的营养，又有效保持族群文化的独立与完整。

三、巨大的包容力

大海的广袤无垠，成为胸怀宽广的最佳象征；大海的广纳无拒，为世人塑造了接纳与包容的理想典型。而宽阔的胸怀与巨大的包容，正是形成海洋既浩大无垠又和谐统一的根本原因。

客家是一个因迁徙而形成的族群。客家人迁徙的目的是为了寻找更理想的生存空间，因此，这是一种“良性的迁徙”。为了尽快实现“在地化”转化，达到和平拓殖的目的，客家人在增强文化认同、增加自信的同时，更以大海一般的胸怀，对当地族群及其文化表现出一种由衷的尊重与巨大的包容。主要有：

1. 尊重相邻各族，参与并选择性吸纳他族习俗。

“入境问禁，入国问俗，入门问讳”[⑤]，是汉族与其他民族或族群交往互动的优

① (清)黄钊.石窟一征·礼俗.卷四.

② 周去非.岭外代答.卷十.僚俗.中华书局，1999：416.

③ 周去非.岭外代答.卷六.异味.中华书局，1999：237.

④ (明)王济.君子堂日询手镜.上卷.

⑤ 《礼记·曲礼上》：“入境而问禁，入国而问俗，入门而问讳。”郑玄注云：“皆以敬主人也。”中华书局，十三经注疏本，1983：1251.

良传统。客家人是将这一传统发扬光大的最佳典范。客家人常挂在嘴边的“入乡随俗”，本质是尊重当地民族，包括他们的文化与生活方式。

客家人迁徙至广西之后，与原住民交错杂居，积极参与原住民的各种节庆活动，如瑶族、壮族的祭盘王，仫佬族的祭依饭公，壮族的抢花炮、岁时歌节等。选择性吸纳当地人的特色饮食，其中一些习俗后来成为客家民俗的有机部分。如在丧葬礼俗中，部分客家人接受了当地越人“买水浴尸”之仪。

买水浴尸为南方古越人习俗。《桂海虞衡志》载：“亲始死，披发持瓶瓮，恸哭水滨，掷铜钱于水，汲归浴尸，谓之买水。否则邻里以为不孝。”[①]客家人南迁后，逐步认同了这些习俗，并加以汲纳[②]。

客家族群还巧妙利用当地习俗改善与当地人的关系。如桂平市蒙圩镇客家的四月社习俗，源自当地壮族四月做社敬虫王古俗。从四月初三到十二连续十日，当地各村屯依次做社敬虫王。每至其日，做社的村屯热情邀请亲朋好友前来“吃社”。甚至与主人根本不认识，只要是“亲戚的亲戚”、“朋友的朋友”，主人同样热情接待。客家人迁入之后，利用这一习俗，一方面主动前往当地村屯“吃社”，借以沟通感情；另一方面亦自己做社，并热情延请当地居民吃社，甚至强行将过往的当地人拉入席中！因“吃”而相互了解，拉近距离，使客家人较快得到当地人的认可，很快站稳脚跟并逐渐发展起来。[③]

2. 包容、尊重他族的宗教信仰。

人际交往有一规律：越是对交往对方所爱或所崇拜的东西表示真诚的欣赏和喜爱，越容易产生共同语言，获得对方的接纳。神灵崇拜宗教信仰是各民族最为神圣的世界，客家族群不仅尊重他族的信仰，不触犯其禁忌，并且真诚地“进庙拜神”，是一种充满智慧的族际交往法则。

广西客家俗语说：“进屋要问人，入庙要拜神”。迁入广西的客家族群，不仅敬奉原住民所信仰的神灵，如盘王、依饭公、花婆等。很多客家人在聚居地敬供盘王。甚至在原住民离开之后，仍然敬奉不辍。比如博白客家社区，原为壮族先民百越的居住地，有很多称为“盘古”的社坛。当原居民迁离该地之后，客家人

---

① 桂海虞衡志·志蛮·西原蛮.

② 如桂东贺州客家老人初终后，由长媳拿一陶罐，到河边“买水”给死者净身。买水者在河边烧香化纸，“唱耶”祷告，把硬币丢入河中，然后舀一些水回来，用新毛巾沾水给死者擦身。——韦祖庆、杨保雄主编.贺州客家.广西师范大学出版社，2010：148.

③ 调查对象，蒙圩镇刘旭湘，70岁；调查时间，2007年5月25日；地点，桂平蒙圩镇。

不改其名，不变其俗，四时依礼祭祀，至今不断。[①]无怪乎客家族群能够得到原住民的接纳。

有学者认为，族群交往中的“入庙拜神”，不过是多烧几柱香，求其福佑，并无深意。窃以为不然。这一行为在本质上是对他族宗教信仰的尊重，体现了客家族群与中国文化的包容性胸怀。

尊重、包容原住民的宗教信仰，还包括吸纳他们的民间信仰因素，创造新的信仰。如闽西的定光佛信仰，即吸收了原住民的树崇拜信仰、鸟崇拜信仰，以及巫道等因素。[②]东南亚客家人的“大伯公”称谓之“大”，亦源自当地马来语。[③]

3. 采用对方语言与之交流。

昔日孔子根据不同的对象采取不同的说话态度，这是孔子为人处世的智慧[④]。客家俗谚说:“入山随曲，入乡随俗”;“到麻介（客语‘什么’之意）山头唱麻介歌”;“同麻介人讲麻介话”。甚至说“见人讲人话，见鬼讲鬼话”。广西客家人在与他族交往之时，习惯于先观察或试探对方所操语言，然后马上改用对方的语言与之交流。这既是对对方的尊重、包容，也是与人相处的智慧，双方更容易交流，拉近距离。因此，广西的客家人，大多能够熟练掌握好几种语言（如粤语、平话、桂柳话、壮话、瑶话、苗话等），能够根据交往的不同对象采用不同的语言进行交流。这与闽、粤、赣集中居住的客家人只能操母语的情况有较大区别。

4. 以礼待人，以诚立世。

这是中国传统社会为人处世最重要的基本原则，也是客家人严格恪守的古训。孔子说:“不学礼，无以立。”[⑤]广西客家俗话说:“过门就是客。”意谓即便是住在隔壁的人，进到家门，也要热情招待，不可怠慢。

客家人由异地迁来。初来之时，人少势孤，故最注重以信用和真诚处世，以取得当地人的信任。许多家族将“诚信睦邻”载为祖训。北海陈氏第八世祖建业公八十岁时留下嘱咐:“首以耕读治于家，次以忠恕行于世；兄弟须当友爱，宗族务要和谐。”[⑥]“忠”为忠诚讲信用；“恕”即为包容、宽容，宽厚待人。广西客家人

---

① 仅博白县凤山镇武卫村，就有5座称为“盘古”的社坛，每座社坛都按时祭祀。2007年1月实地调查。

② 参见谢重光著.福建客家.广西师范大学出版社，2005：37.

③ 王娟《新加坡客家人的礼俗和神灵信仰初探》认为，“大伯公”之“大”字可能源自马来文。“原来是马来话称‘神’叫做Datoh一字的缩称toh的译音。大约最初马来人称‘伯公’（土地）为Datoh pekong，华人发音不正，唤作大伯公。”载黄贤强主编《新加坡客家》，广西师范大学出版社，第77页。

④《论语·乡党》:“孔子于乡党，恂恂如也，似不能言者；其在宗庙朝廷，便便言，唯谨尔；朝，与下大夫言，侃侃如也；与上大夫言，闵闵如也。君在，蹙踖如也，与与如也。”

⑤ 论语·季氏.

⑥ 北海陈氏族人陈锦珍（北海市国土资源局退休干部）述。

常说："假是自己做的，面是人家给的"。意谓为人处世，与人交往，只有真诚讲信用，才能得到别人的信任与尊重，颜面有光，立足于世。在调查中，我们发现了大量以诚信赢取当地人信任成功立足的事例。

如广东兴宁人刘弼一，乾隆年间迁入马平县基隆村，当地人排斥他，不但不卖不租给他田地，还不时前来偷窃，意欲将其挤走。刘弼一始终"敬而无失，恭而有礼"，依靠饲养鸡鸭开基立业，最终让当地人了解其忠厚善良，"让卖田地"，成功立业①。

5. 尚和睦邻。

这是包括客家人在内的中国人普遍认可的处世原则。经历坎坷由外迁入的客家人则更为信奉，更能体会"杀人一万，自损三千"、"斗则两害，和则两利"的道理。自觉以"和"为持家与处世的原则。在人际或族际交往之中，以"和"为贵，以"忍让"为先，创造了不少类似"吃和合酒"、"做和合朝"的良俗。②即便是因为某种原因发生族际械斗，最后也能够通过自律实现和合。如贵县"土"、"客"双方在经历了咸丰年间的大规模械斗之后，共同订立了《来土既和章》，决定"以前互相杀死，并抢掠牛马及焚毁房屋各件，两造概行解释，罔念前仇。"③

孟子说："爱人者，人恒爱之"④。爱会产生一种"多米诺骨牌效应"：爱引起爱，尊重引起尊重。入桂客家人凭借对他族宗教文化的尊重、包容，以及对他族他人的谦和、热情有礼与诚信，最终赢得当地人的信任与接纳，构建起良好的族群关系，成功立足并迅速发展。

四、无穷的孕育力与创新力

大海是地球生命的摇篮，为生命的诞生、进化与繁衍提供条件，具有无穷的孕育力与创新力。

客家人在孕育力与创新力方面也是非常突出的。

在传统社会，人口之多寡与竞争实力往往呈正比例关系。客家作为迁徙外来族群，一定数量的人口规模，对生存环境的影响尤其巨大。因此，客家人要比其他民族或族群更注重人口的生产与增殖。

---

① 刘茗，刘玉章修纂.马平著.刘氏族谱.道光三十年.

② 博白县不少客家乡村，在春节或其他节日期间，常常是几家、十几家或数十家，各自捧来自制佳肴，排宴聚饮，以增进感情，共建仁里德邻村庄。此为吃和合酒。做和合朝之俗，则是博白县龙潭镇之旧俗，由道教仪式转化而来。

③ 华中师范学院历史系资料室编.中国近代史资料拾遗.第一辑，1975.

④ 朱熹.四书章句集注·孟子集注.卷八.

客家人的人口增殖可分为社会孕育与自然孕育两大方面。前者指运用社会手段实现人口快速增长，后者指缔结婚姻自然生育。两方面的努力成就都非常突出。

一旦客家人经过前期考察落足某地，立即通过血缘、地缘、业缘、善缘等多种路径，引亲招故，使人口规模迅速扩大，以提高竞争实力，改善生存状况。这是客家人通过社会手段实现人口爆发式增长的基本模式。各地的侧重可能有所区别，或诸招齐上，或偏重血缘、地缘，或偏重业缘、善缘，但差异不会太大，并且成效均比较显著。如桂中柳城县龙头镇龙头街，清朝咸同年间，刘氏传嗣公兄弟三人溯西江、柳江而上经商，见龙头墟发展机会与风水俱佳，即返老家（广东信宜）与众弟兄商议，决定迁徙创业。先是兄弟七人（房），继而将同宗三代以下族人一起鼓动前往，再动员老家姻亲与其他姓氏同乡，其他客家人亦以亲缘或业缘等关系，相继汇聚，使龙头墟在短短一二十年间，迅速成为客家人的重要聚居地。客家人占90%以上，形成一个非常理想的生存发展基地。

至于通过婚姻自然生育，客家人与其他汉族民系无大差异，即都竭力追求人丁兴旺、多子多福，并且重男轻女意识较其他民系更为突出。在这方面，客家人有两个现象值得一提。

一是在祖先崇拜中，客家人似乎更看重“祖婆”。客家人每迁徙到一个地方，或是随身携带祖先遗骨，或是定居后再回祖地搬迁父祖骨殖，择地安葬。相比而言，客家人往往将最好的风水宝地留给“葬好了添人丁”的祖婆，而不是“葬好了发财”的祖公①。同祖诸房分居各地，各房更愿意选择祖婆迎葬。

二是客家人比其他民系更注重风水。不论阳宅、阴宅，都是如此。甚至有不少人主要就是奔着选择风水宝地而迁徙的，至少是在决定定居时主要考虑的因素。并且不论阳宅阴宅，都充满着生殖的内涵或寓意。其奥秘之处在于——不论传统现代科学对传统风水术如何评价——事情的结果，是客家人后来的人丁发展，普遍比较兴旺，以至于原住地很快出现人多地少，而不得不再次分迁的情形。如果说南方更利于生育，②但南方并非仅客家人聚居。这是一个值得进一步探讨的问题。

生命的孕育本身就是一种创造。但客家人的创新精神远不止此，各个时期、各个方面都有非常丰富的展现。譬如：

在政治方面，有太平天国洪仁轩的《资政新编》，民国初年孙中山的《建国方

① 参见曾祥委.客家传统社会村落文化的现代启示——以粤东围龙屋村为模型的思考.

② 《孔子家语》中孔子曰：“流人于南，不归于北。夫南者生育之乡，北者杀伐之域。”

略》，改革开放总设计师邓小平，新加坡总理李光耀等；

在军事方面，有明末袁崇焕的文人抗清，迫使清军不得不采用最卑鄙的离间法去除心腹之患；有太平天国杰出将领冯云山、石达开、李秀成；抗日爱国将领李天佑、陈铭枢；共产党名将叶挺、叶剑英等；

在经济方面，有"万金油大王"胡文虎，张裕葡萄酒的创始人张弼士，爪哇笠旺垦殖公司的创办者张榕轩，领带大王曾宪梓，获得小行星命名殊荣的著名企业家慈善家田家炳等；

文化方面有近代著名诗人黄遵宪、丘逢甲，著名历史学家罗香林、罗尔纲，著名语言学家王力，著名数学家丘成桐等。

这虽是挂一漏万式的例举，然无一不在相关领域充满创新精神与智慧。

五、宽阔的胸怀崇高的精神：崇尚忠义，胸怀祖国

地球表面的70.2%为海水，陆地所占比例不足30%。从月球上看，地球就是一颗蓝色的水球。所以，大海一直以其广袤无垠成为胸怀宽阔、坦荡、不计回报、乐于付出、精神崇高的象征。

从族群整体看，客家人有浓烈的道德价值取向。他们重名节、薄功利；重孝悌、薄强权；重文教、薄无知；重信义、薄小人。他们崇尚忠义，讲伦理、重道义、好学问、守礼节。客家人重感情，重义气、重承诺，可以生死相托。在崇尚忠义的精神支撑下，为追求人道与人性的升华，客家人可以摒弃一切功利，超越物质世界，甚至超越死亡。

当国家民族遭遇危难的时候，客家人勇于挺身而出，以忠勇救国难，演出一幕幕"留取丹心照汗青"的历史壮剧。宋末有文天祥起兵勤王，明末有袁崇焕只身扶危，清末有孙中山倡建同盟会反清。抗日战争时期挺身而出的客家将领更是不胜枚举。而长期传承于粤东民间的"太阳生日"习俗，也是"借太阳生日之名，行纪念明朝崇祯帝之实"，表达了客家人忠义爱国的情怀。①

在义利之辩上，客家人"重义轻利"，与潮汕人的"重利轻义"、广府人的"义利并重"明显不同。这一重一轻，既展示了客家人的价值取向，更体现了客家人气度、胸怀与品格。虽然在赚钱或财富之积累上可能会不及他人，但客家人活得

---

① 每年农历三月十九日，粤东梅州地区客家人，都会举行规模盛大的太阳生日诞会。是日，家家户户都会准备猪、鱼、鸡等供品，焚纸烧衣，祭奠太阳。此节名为庆祝太阳生日，"其实是借太阳生日之名，行纪念明朝崇祯皇帝之实。"谭元亨主编.广东文化史.广东人民出版社，2010：582.

更坦荡、更潇洒，更自如，也更有风采。

六、还有一种精神叫坚强、坚守

“海上无顽石，哪有好浪花。”深处大海之中的礁石、岛屿，一任狂风恶浪，甚至是惊天海啸，依然屹立不动。表现出无比的坚强，及其对自我的坚守。客家人在面对来自异地自然与社会双重压力时表现出的坚强，以及对传统文化的坚持与固守，与此精神极其吻合。

客家人由祖居地向异地迁徙时，每每背负祖先骨骸（或族谱），或者是随带祖居地社坛香炉或香炉灰。这种行为在本质上，是对传统文化的坚持与固守，是一种文化自觉。因为，在祖先骨骸或族谱上，承载着祖先的嘱托与精灵。而客家祖先的嘱托与精灵，不同姓氏虽然有所区别，大体上都是以儒家伦理道德为核心的处世原则，诸如在家要孝、慈、出门须忠、恕之类。土地社坛所承载的，就是客家人对天地自然之崇敬与感恩。而祖先崇拜与土地崇拜，正是中国传统文化或民间信仰的两大支柱与核心。①

客家人从中原辗转迁徙至南方之后，始终不忘其祖先曾为中原世族之光荣，即便原系部曲、家仆，或出身低微，亦认同其曾经依附的主家或同姓世族。客家人将家族历史中曾经的辉煌与成就，汇为郡望、凝为堂号、著为堂联，张贴于祠堂与住宅门楣，岁时更新，时刻不忘。这不仅是客家族群增强自信、自我激励的重要路径——祖先行，我也行；更是对客家族群人格与处世风格的自塑手段。因为，“世族”亦称“士族”。在中国传统文化中，“士族”不仅意味着较高的社会地位，更是“弘毅”，肩负道义责任之象征。孔子说：“士不可以不弘毅，任重而道远。”②所以，客家人对郡望的强调，对祖先历史辉煌之宣扬乃至一定程度的虚构，在本质上是对传统文化与士大夫精神的坚持与固守。

还有，客家人对“祖宗言”的坚守——“宁丢祖宗田，不卖祖先言”；以及对“三代旧俗”③的坚持，包括祖先崇拜、天地崇拜、龙神伯公、门神、灶神、井神、木石诸神的崇拜，本质上也是对传统文化的坚守。

正因为客家族群对传统文化与士大夫精神的自觉传承与固守，为自己构筑起

① 中国民间信仰的最高对象，是“天地君亲师”。五者之中，又以祖先崇拜与土地崇拜为最重要，故民间信仰以祖先崇拜与土地崇拜（中国人言地即带天，同时表示对天地之崇敬）实为中国民间信仰之支柱与核心。参见刘道超著.筑梦民生——中国民间信仰新思维.第二章、第六章.北京：人民出版社，2011.

② 论语·泰伯.

③ 著名晚清客籍大诗人黄遵宪在其《已亥杂诗》中写道：“筚路桃弧展转迁，南来远过一千年。方言足证中原韵，礼俗犹存三代前。”

坚如磐石的精神根基，最终得以成功抵御来自迁徙地各种力量的巨大冲击，使以客家为标志的中国传统文化之旗帜始终高扬不倒。[①]

七、客家海洋精神之由来与当代意义

海洋精神背后的力量之源是不屈的意志与不懈的追求，海洋精神是客家族群的力量之源。应该说，客家族群的海洋精神及其表现是充分而坚实有力的，它对客家形成、发展以及各方面成就之获取，贡献也是十分巨大的。问题是：客家族群的海洋精神从那里来？因何而如此强固？窃以为，主要有以下诸方面：

其一，对传统文化的固守成为整个族群的文化自觉。文化自觉的根本特征是指“生活在一定文化中的人对其文化有‘自知之明’，明白它的来历，形成过程，所具的特色和它发展的趋向”[②]。在这一方面，客家族群较之其他族群是有过之而无不及。客家人的敬宗崇本，包括心怀故土、崇敬祖宗、“以郡望自矜”、注重修筑宗祠、编撰族谱等方面，表现得极其突出。这些行为体现了客家族群对自己文化的强烈认同与自信。这种文化自信，是客家族群在迁离祖居地之后，能够自强、自立，既与周边族群和谐相处生存发展，又能够保持自身文化特色的精神之根。[③]

其二，我国独特的宇宙创生观与民间信仰的独特性质，使我国文化与民间信仰具有包容性之显著特征。我国古代的宇宙创生学说，以老子“道生万物”，[④]与《周易》“太极生两仪”为代表，[⑤]北宋周敦颐的《太极图说》总其成。[⑥]认为天、地、人、万物同出一源，都是由“道”、“无极”、“太极”不断裂变、演化而来的。这一宇宙创生说，与近代以来宇宙演化、人类进化的科学发展观有异曲同功之妙。不

① 客家人迁入广西后，在与诸族群长期交往互动的过程中，既有客家人同化于少数民族或其他族群的情况，亦有其他民族或族群同化于客家人的情况。一些同宗同姓的一个家族，因为不断的分支和迁徙，数百年后在民系或民族上“化来化去”，彼此认同的情况，在广西客家人中十分常见。形成这一结果的根本原因，在于参与互动之诸族群在族属、文化及经济生产方式的同一性或同质性。参见刘道超.族群互动中的文化自觉——以广西客家族群关系为例.广西民族研究，2008（01）.

② 费孝通.反思对话文化自觉.载潘乃谷，王铭铭编.田野工作与文化自觉.北京：群言出版社，1998：52.

③ 《西南商报》2004年8月13日《客家研究也要与时俱进》载曰：1975年谢剑先生在新加坡一个无名的荒凉小岛上偶然发现一排排整齐的木屋。只见每家人的门口都有一个祖宗牌位和堂号，屋里却空无一人。谢先生惊奇不已：“岛上的人都到哪里去了呢？”经过打听，才知道这些木屋是从中国逃难到岛上来的客家人修的。“漂泊海外的客家人在家门口悬挂祖宗牌位和堂号，他们不忘根，不忘本，这真了不起啊！”从此，引起了谢先生研究客家人的兴趣。

④ 《老子道德经》：“道生一，一生二，二生三，三生万物。万物负阴而抱阳，冲气以为和。”

⑤ 《周易·系辞上》：“是故易有太极，是生两仪，两仪生四象，四象生八卦，八卦定吉凶。”

⑥ 周敦颐《太极图说》：“无极而太极。太极动而生阳，动极而静，静而生阴。静极复动。一动一静，互为其根；分阴分阳，两仪立焉。阳变阴合而生水火木金土，五气顺布，四时行焉。……乾道成男，坤道成女。二气交感，化生万物。万物生生而变化无穷焉。”

仅如此，我国古代先哲还有“和实生物，同则不继”[1]及“和而不同，同而不和”[2]的通达见识，肯定事物的多样性统一，主张以广阔的胸襟、海纳百川的气度，容纳不同意见或文化，以促进民族文化的发展。而当民众从祖先崇拜中获得精神归宿的满足之后，民间信仰的主要功能，就是为民众建构、维系并重构现实与未来生活的希望[3]。因此，在传统社会，不论国家，抑或民众，均能以包容的心态对他族的文化与宗教。由于客家族群更得中国传统文化之精髓，故其胸怀更宽广，包容力更强、更突出。

其三，客家族群独特的形成过程——通过迁徙而获得生存、发展，使客家人比一般人更加明白“人挪活，树挪死”的道理，从传统农耕民族“安土重迁”的观念中超脱出来。一旦遇到人力无法改变的环境变故时，更容易采用迁徙之法，最终使主动迁徙成为整个客家族群的行为特征，比其他民族或族群更具行动力。

其四，客家人始终高扬“世族”旗帜，“以郡望自矜”，在潜移默化中涵养了客家人“弘毅”、主动“担当道义”的“士大夫精神”。——此即心理学所说，你心中不断想象自己是什么样的人，你就会成为那样的人。唐代的强盛强化了这种精神，宋代的积弱则激发了这种精神。因此，一旦民族遭遇危难，时代在呼唤，客家人就会挺身而出，舍身救国。

关于客家人较强的创新能力，已有学者指出。即客家人一方面具有魏晋时期士大夫独立、自由、潇洒的精神传统，另一方面又在理学形成时僻处闽赣粤三角地，少受其影响，故客家人没有出现缠足陋习，思想亦少受传统思维之禁锢。

我们今天讨论客家人的海洋精神，意义十分重大。这不仅是全面认识客家、推进客家研究的需要，更是促进国家发展，建构人类和谐共处理想社会的需要。

首先，海洋精神是客家族群形成与发展的力量之源，也应该成为中华民族新的力量之源。当今世界，不论天空、地面、海洋、岛屿、市场、人才，竞争空前激烈，缺乏勇往直前、敢为人先的精神，开拓创新的精神，将会在激烈的竞争中处于被动的地位。缺乏海洋精神，将成为中华民族的致命伤。中国当下十分需要开发海洋精神。

其次，由于科学技术与信息的高度发展，世界变成一个“地球村”。“市场一体化，文化多元化”，已经成为世人的共识。但迄今为止，世界仍是矛盾不已，

① 《国语·郑语》载史伯语：“和实生物，同则不继。以他平他谓之和，故能丰长而物归之。若以同裨同，尽乃弃矣。”

② 《论语·子路》载孔子语：“君子和而不同，小人同而不和。”

③ 参阅刘道超.筑梦民生——中国民间信仰新思维（第二章）.北京：人民出版社，2011.

纷争不已，战争不断。统观这些矛盾、纷争与战争之起因，不外利益与观念两大方面。利益之争易于谐调，观念之别则难以沟通。认真总结以客家族群为代表的中国传统文化的包容性特征，加以推广应用，在今天，具有十分重大的现实意义。因为，“全世界不同信仰不同文化之各族，只有在认识自己文化、认同自己文化的同时，理解和尊重他族文化，并且认可每一个民族固守自己文化行为的合理性，真诚地平等对待，相互沟通、互补、协调、合作，才能共同拥有一个和平的世界。”①

其三，如何在多元文化交融、碰撞的现实当中，既尊重、包容他族文化，与之和谐共处，同时又不迷失自我，能够固守自己的文化系统，维系自己文化的独立性与完整性，并且还能够主动吸纳他族先进文化要素发展自己。

凡此种种，客家族群的海洋精神及其实践，值得作更进一步的探究。

当然，海洋具有两面性。一方面，它孕育生命，辽阔无垠，一往无前，包容，创新；另一方面，它又极其暴躁、神秘、变幻无常，缺乏理性。在广西客家人自身及与他族交往的过程中，虽总体优秀，可歌可颂者居多，但金无足赤，仍不可避免地存在诸多不足。如对他族尤其是少数民族不够尊重（如称少数民族妇女为“蛇嬷”，称壮族民众为“壮牯老”，谓讲平话者为“土拐老”等），个别地区民风强悍过度致使相邻族群/民族不愿与之交往或刻意回避等。这些，也是我们在研究客家民性或精神时必须总结并予改正的重要方面。唯其如此，才能促使客家族群不断完善自己，推动族群与整个民族的健康发展。

本文原刊于《玉林师范学院学报》2015年第1期，是国家社科基金一般项目《广西客家族群民间信仰与乡村稳定研究》（项目批准号：11BJZ027）；广西人文社会科学发展研究中心重点项目《客家文化研究》（项目批准号：KW 276）阶段性成果之一。作者：刘道超，广西师范大学历史文化与旅游学院教授，广西师范大学客家研究所副所长，广西人文社会科学发展研究中心客家研究院副院长。

① 刘道超.族群互动中的文化自觉——以广西客家族群关系为例.广西民族研究，2008（01）：68.

广西北部湾地区海洋文化特色的形成及其民俗形态表现

吴小玲

【摘　要】广西北部湾文化是独特的海洋生产生活方式与海洋生态环境下的产物。其形成和发展与传统海洋经济形式、海洋商业贸易和现代广西北部湾港口的形成密切相关，主要体现在渔业、盐业、商贸、信仰等各种民俗形态上。在海洋强国战略下，广西北部湾地区应制定相应措施，有效地保护和利用海洋民俗文化，加快美丽广西建设。

【关键词】广西北部湾地区；海洋民俗文化；民俗形式

海洋文化是人海互动及其产物和结果，它表现为人们在开发、利用和维护海洋资源与环境生态的过程中所体现的态度、理念、价值取向及结果。广西北部湾地区的海洋性特征不但鲜明地表现在该地区人们的经济与社会生活方式中，还影响到其文化形态及人们的行为方式，在其文化成分中有鲜明的海洋文化印记，充分表现了海滨地区人们独特的思想情感、生活态度与审美观念。研究广西北部湾地区海洋文化的特点及各种表现形态，可以进一步认识广西北部湾地区人与海洋的关系，为科学、合理地利用和开发海洋资源，塑造理想的海洋生态环境、建设美丽广西创造条件。

一、广西北部湾地区海洋文化特色形成与发展的历史轨迹

广西北部湾地区海洋文化特色的形成与发展是在适应不同时期、不同类型的区域经济特点与社会生态环境条件下逐渐丰富、发展起来的。

1. 传统经济形式下的广西北部湾地区海洋文化及其特色

自古以来，为了满足自身的物质生活需要，生活在广西北部湾地区的居民主要从事海洋捕捞、滩涂采集、煮海制盐等传统经济生产方式。如宋代周去非所著的《岭外代答》记载该地有以渔业为生的蜑民："蜑，海上水居蛮也。以舟楫为家，

采海物为生，且生食之，入水能视。合浦珠池蚌蛤，惟蛋能没水探取。”[1]明嘉靖《钦州志》载，嘉靖十一年（1532年），钦州有渔民11户，140人，捕鱼劳力99人。清朝年间，龙门岛有2000余人靠渔业为生，还有从事海洋捕捞的劳力数百人[2]。

长期的海洋捕捞使广西北部湾地区产生了发达的海洋文化，体现在渔业管理、造船织网、观测鱼汛和渔业生产技艺方面，也留下了一批渔业文化遗址。唐代刘恂的《岭表录异》记载有“蚝即牡蛎也，……每潮来，诸蚝皆开房”等报潮现象[3]。清朝李调元《南越笔记》记载：“黄花鱼惟大澳有之……渔者必伺暮取之，听其声稚，则知未出大澳也。声老则知将出大澳也。声老者黄花鱼啸子之候也……及黄皮蚬、鲚、青鳞，亦皆听取声”[4]，当时岭南的渔民不仅能靠声音来判断黄花鱼群是否存在，而且能根据声音的“稚”、“老”来确定鱼群的动向进行捕捞，甚至还能利用其他鱼类的声音进行作业。北宋地理学家朱或在《萍洲可谈》中描述南海的拖钓：“渔人用大钩如臂，缚一鸡鹅为饵，俟大鱼吞之；随行半日方困，稍近之；又半日方可取，忽遇风则弃之。取得之鱼不可食，剖手钩钓”[5]。清朝屈大均的《广东新语》提到广东沿海的捕鱼法有索罛、围罛，即围网。索罛眼疏，专捕大鱼；围罛眼密，以取小鱼，疍人“见大鱼在央穴中，或与之嬉戏，……俟大鱼张口，以长绳系钩，钩其两腮，牵之而出。腹求所吞小鱼，小鱼一腹不下数十枚（尾）数十斤”[6]等。

贝丘文化遗址是包含大量古代人类食余抛弃的海生贝壳和蚌壳为特征的一种文化遗址，广西北部湾地区以海滨贝丘为主，代表性遗址有防城港市杯较山遗址、亚菩山遗址、马兰嘴遗址、社山遗址，合浦牛屎环塘遗址，钦州犀牛脚芭蕉墩遗址、亚陆江杨义岭遗址、黄金墩遗址、上洋角遗址等。这是广西北部湾地区早期人类进行渔猎生产、生活情况的见证。

煮海制盐也是广西北部湾地区人们的一种主要的海洋生产方式。古代廉州“海岸皆沙土”，“斥卤之地尤多”，有利于发展盐业，汉武帝时，已在此地设盐务官实行专营管理。宋朝时，合浦港发展成为广西漕盐集散之地。合浦沿海岸建有许多盐场，以白石、石康两个盐仓最大，是全国四大盐仓之二。历代朝廷都设有

① （宋）周去非撰，屠友祥校注.岭外代答.上海远东出版社，1996.
② 陈秀南点校，（明）林希元著.钦州志（嘉靖）.政协灵山县委员会文史资料委员会，1990翻印.
③ （唐）刘恂.岭南录异.广东人民出版社，1983.
④ 李调元.南越笔记.清代广东笔记五种.广州广东人民出版社，1985.
⑤ （宋）陈师道，朱彧.后山谈丛、萍洲可谈.《历代史料笔记丛刊.中华书局，2007.
⑥ （清）屈大均.广东新语.中华书局，1985.

专门管理海盐漕运的常规机构。海洋盐业经济的兴盛，使古代广西北部湾地区产生了大量的盐文化，它们具体表现在盐业制度、运盐线路和工具、盐场地名、盐民歌谣等方面。

古代广西北部湾地区留下许多与盐业有关的地名，有“西场”、“东场”、“盐仓”、“大灶”、“盐埠”、“鱼寮”等。玉林船埠，曾是明清时广西食盐的最大运销转运点，“盐场滨海，以舟运于廉州石康仓。客贩西盐者，自廉州陆运至郁林州，而后可以舟运”[①]。明代本盂武著《湘江竹枝三唱》的第二首曰：“阿郎中盐贪远游，东风西水使人愁。去年寄书石康县，今年犹在郁林州。”说的是石康盐运水路。

广西北部湾各地方志中有人工挑盐从钦州走到邕宁、从廉州走到郁林州、从防城、东兴到上思、宁明等地的记录，十万山千年古商道（又称粤桂古商道，位于防城港市防城区扶隆乡的扶隆隘）是担盐佬们和货郎们用脚踩出的民间私盐贸易古道。处于盐运线上的邕宁民谣唱：“难呀难！鸡啼喔喔走长滩（今钦州市钦北区长滩镇）。难呀难！膊头担担上雷岩。难又难！行过半路草鞋烂。难难难！带只饭包某够餐。”唱出了担盐佬之难，百姓生活之艰辛。

以上这些海洋文化形态，还不是完全独立的海洋经济的产物，主要依附在渔业、盐业等一些原始海洋产业基础上形成，并与农业生产始终保持着密切联系。“中国古代海洋文化的基本内涵是农耕文化的延伸，以海为田便是这种海洋观的集中概括，以海为田，望海为田，均反映了农耕文化的有力影响，反映了中国的海洋传统文化从属于农业文化的特点。”[②]

2. 海洋商业贸易的出现与广西北部湾地区海洋文化及其特色

海洋贸易是指通过海洋船舶航运方式，在本国沿海地区之间展开与不同国家和地区间的商业贸易。广西北部湾地区自汉代始就出现并逐渐形成了发达的商业经济与对外贸易。

公元1世纪时，汉王朝开辟了由北部湾畔的合浦郡的徐闻、合浦港为起点到东南亚、南亚各国的“海上丝绸之路”。合浦港成为当时国内物资集散和对外贸易的重要口岸，也是东南亚、南亚等地的商人使节由此上岸、经水路进入中原各地的泊岸点。从三国至隋、唐，广西北部湾地区呈现出“舟船继路，商使交属”的景象。宋朝时的合浦港发展为广西漕盐集散之地。北宋大中祥符三年（1010年），朝廷准许在廉州及钦州如洪寨（今钦州黄屋屯一带）设互市，宋神宗元丰二

① （宋）周去非撰，屠友祥校注.岭外代答.上海远东出版社，1996.

② 诸惠华，蒯大申.南汇海洋文化研究.上海人民出版社，2008.

年（1079年），钦州江东驿置博易场设立，这是以中越两国商民交易为主的国际贸易市场。到明清时期，广西北部湾地区的对外贸易主要以民间贸易为主，贸易范围为相邻省区的近海口岸及东南亚各港口。北海冠头岭、钦州龙门港、东兴竹山港和江坪等都成为对外贸易的港口。1876年，北海被迫开埠通商，广西北部湾地区形成了以北海为中心，沿海沿江的小城镇为主要中转地，以水路运输为主，公路运输为辅的近代对外交往开展贸易的新格局。至1933年，北海的土货出口（转口）总值达628万元，曾一度跃至全国沿海商埠第10位，北海成为滇桂黔和粤西海洋贸易的重要商埠。

海洋贸易经济的繁荣，使广西北部湾地区海洋文化中的农业性特色逐渐弱化，而工商性特征逐渐加强。这从明清以后广西北部湾地区市镇的兴起、商品市场的繁荣、商业行规的普及、同行公会组织形式的出现等方面都得到印证。如明朝中期以后，广西北部湾地区的一批沿河圩镇如博白、廉州、小江墟、张黄墟等逐步兴起，北海、龙门、东兴、江平等地发展为货物集散地。清乾隆、嘉庆年间，钦州街道商贾云集，店铺林立，车水马龙，设立了广州会馆等。乾隆《廉州府志》描写当时的广西北部湾地区是“各国夷商无不航海梯山源源而来，……实为边海第一繁庶地。”专门圩镇也初步形成，钦州黄屋屯成为锰矿外运圩市，马屋成为盐埠，平吉、青塘成为石膏和钛铁的主要集散地。专业行市开始出现，如北海出现了泰安祥、同和祥、文记、联茂、昆仑、泰栈等各类批发商行①。商人队伍逐步壮大，商人便由原来自行成帮的堂、馆、会等组织（如北海的敬义堂和高州会馆，钦州的广州会馆）发展为商会，1907年，北海成立了商务分会②。此外还有同行业公会，如盐业公会、船业公会等，近代金融业开始兴起。这些都反映了广西北部湾地区具有海洋文化特色的商业文化现象。

3. 广西北部湾港口群的形成与广西北部湾海洋文化及其特色

尽管，合浦港是中国古代对外贸易的重要港口，北海是近代广西北部湾对外开放的重要口岸。但直到新中国建国前，广西北部湾地区仍处于自然港口的落后状态。新中国建国后，北海港得到开发，但却无深水码头。改革开放以来，广西北部湾港口得到了快速发展。1984年，北海市被列为中国第二批对外开放的十四个沿海城市。1986年，两个万吨级泊位的建成，结束了北海无深水码头的历史。目前北海港共有53个泊位，其中万吨级以上泊位8个。防城港的前身是中国

① 北海市地方志编纂办公室编.北海市志.广西人民出版社，2001.
② 北海市地方志编纂办公室编.北海市志.广西人民出版社，2001.

援越抗美而开辟的海上隐蔽交通线“广西3·22工程”（又称“海上胡志明小道”），1969年9月31日竣工。经过40年的发展，防城港列为全国沿海24个主要枢纽港之一、13个接卸进口铁矿石港口之一和19个集装箱支线港之一。钦州人民自力更生，自筹资金建设钦州港，1994年1月建成2个万吨级起步码头，结束了有海无港的历史。现钦州港有公用、工业泊位52个，其中万吨级以上15个。2009年3月26日，广西区人民政府正式批准“广西北部湾港”的名称，以整合广西原有的防城港、钦州港和北海港。至2012年底，广西北部湾港的货物吞吐量达到两亿吨，正朝着成为中国与东盟之间的重要枢纽大港迈进。广西海洋对外贸易总量不断上升。2012年，广西北部湾经济区实现进出口总额148.9亿美元，比经济区成立前增长6.63倍。

随着广西北部湾港口城市群的发展，广西北部湾地区的海洋文化内涵和特点有了新的发展，一种与现代科技文明与先进生态理念相适应的科技性海洋文化形态正在逐渐形成。它主要以具有高科技特点的知识经济为依托，从科学合理地开发海洋资源与创造和谐海洋生态环境的高度，构建起一个具有现代科技文明特点的海洋文化体系，其文化形式主要包括各种标志性的海洋文化建筑、海洋科技与海洋艺术展示、海洋文化节庆活动、海洋体育运动、海洋生态旅游等。它将使人们能够更好地认识海洋、热爱海洋，并达到与海洋同生共处、和谐发展的境界。

二、广西北部湾地区海洋文化特色在传统民俗形态上的反映及表现

民俗是一定的社会群体在长期的历史发展过程中形成的传承性生活行为模式，是通过一定的生活行为方式反映群体的价值观、审美观与文化心理的一种文化表现形态，它往往成为一个地区展现自身文化个性与风格的重要表征。广西北部湾海洋文化的特点，在该地区的许多传统民俗形态上都有着鲜明的表现。

1. 反映传统海洋生产方式的渔业、盐业民俗形式

广西北部湾地区传统的海洋文化特点，主要通过渔业、盐业生产等传统海洋经济生产方式得以表现，在一些传统生产民俗中体现出来。如该地区渔民在长期渔业生产中积累了丰富的经验，形成了绞缯、拉网、鱼箔、塞网、耥箩、掂罾、高跷捕鱼虾、耙螺、笼捕章鱼和墨鱼等渔业生产习俗。

绞缯：取两根竹或木竖起搭成梯状棚架，棚上安一个“十”字型木绞盘用于缯网起落，绞缯处有四根竹，每竹缚一缯角。放缯时，竹与缯一齐沉入水中，待鱼群游集到缯内时，捕捞者通过绞盘把缯带出水面，取鱼。拉网：即渔民架竹排

在海边作半圆形放网，然后由岸上的两组人同时将网慢慢拉起，把鱼捕获。鱼箔：即插箔。渔民以竹木围成V字型扎于海岸边。宽大、如臂伸向海岸的前半部叫"篱沟"；狭窄、竹蔑密织的后半部叫"箔漏"。当潮水涨时，鱼钻进箔内，只能进不能出。渔民划船进入鱼箔，用鱼罩或撒网捕捉鱼虾。塞网：又名闸网，分疏网和密网两种。一般网长1500米，高约3米。当退潮时，渔民分组分头在海滩上"号桩"(根据地势和网长确定塞网地点、范围)、"插桩"、"挂网"、"挑沙土"(堵塞网脚)等，等潮水涨到相对稳定时，便把网放下围成半圆形，如同一面墙挡住了鱼群的退路，使鱼误撞上渔网而被捕获，在退潮时开始捕鱼。掂罾：将两根木条或竹棍，弯成弓状，两弓弧向下成十字状交叉并扎牢；再把罾网的四角，分别系于弓的四足，足撑网张；然后将一条一米多长的粗木棒作罾柄，系在两弓交叉的地方，便成完整的罾。作业时，把罾平放在鱼虾活动频繁的地方，静等鱼虾进罾。每过两三分钟，掂起一次罾。若发现有鱼在罾，则一手提着罾，一手用捞缴捞鱼进袋。耥箩：在两根竹或木条的下端装上用实木做成的滑行脚板，上端并近，套进一根横木。横木下两木(或竹)如八字作斜张开状，把网袋装进其间，网口紧贴地面。渔民躬身站在横木后面，以肩顶着横木，两手扶着网袋两边的木条或竹杆，用力把箩推进。鱼虾便从网口进入袋底。渔民定期起网以获鱼虾。高跷捕虾：在小腿上绑好竹棍或木棍做的高跷，手持叉型渔网，在海滩来回走动捕虾。耙螺：把竹篓绑在腰间，双手用力压住木耙在沙滩上拖着向后退，在往返来回中，耙齿把贝类拉出来，人们走一段就回头捡一次螺。

当地民间煮盐晒盐的基本程序是：纳潮、制卤、结晶、收盐。盐工总结出一套纳潮经验：每年三、四月和八、九月，是潮位最低的月份。应趁低潮期提前多纳海水，在纳足海水基础上加深低级蒸发池卤水。干旱天气纳潮头，雨后纳潮尾、纳底潮，纳咸避淡。制卤在蒸发池内进行，人们将围内滩涂分成若干个格子滩田，海水一般经过8～15步格子田(即8～15日)晒制蒸发浓缩到一定浓度后，把水抽进结晶池里继续晒制蒸发结晶。最后收盐。

在长期的海洋经济生产中，广西北部湾地区形成了大量的海洋气象谚语。如反映海潮涨落规律的谚语有：正、七月初七、廿一；二、八月初五、十九；三、九月初一、十五、廿九；四、十月十三、廿七；五、十一月十一、廿五；六、十二月初九、廿三[①]。谚语中正、七月初七是初始潮即一眼子、廿一也是一眼子，……六、十二月初九、廿三是一眼子。正月与七月刚好相隔半年，二月与八月……六

① 北海市地方志编纂办公室编.北海市志.广西人民出版社，2001.

月与十二月也是相隔半年；初七与廿一，初五与十九……初九与廿三，刚好是一个水期（14天），即14天后又是下流水（下一个水期）的初始潮，这为渔民们了解气候信息，便于候潮水及时出海或收网上岸提供便利。

此外，在西海歌、咸水歌、疍家歌中也有不少反映北部湾渔业生活习俗的内容。如疍家歌“疍家捉鱼在海中，背脊晒成熟虾公；冬天盖张烂鱼网，终年住在白鸽笼”等。

2. 反映海洋商贸经济特点的民俗形式

随着从事海上贸易活动人数的增多，在广西北部湾地区逐渐形成“开海”的习俗。即每当新船初次下水或新年后的第一次出海，人们往往要用猪头供奉海神，也称为祈福。当渔船安全丰收回港，渔民认为是赖“神力”庇佑所致，必备三牲膜拜酹神，叫“酬神”或“还福”。如北海外沙龙母庙每年农历正月十六和十二月十六日的祈福还福活动，其实是一场祭海仪式，祈求龙母娘娘等诸神给出海打鱼的人们来年的生产生活带来更多的庇护和保佑。

海洋商贸经济的发展，在广西北部湾地区海货经营民俗中体现出来。北海老街在19世纪中叶至20世纪30年代年前是北海最繁华的商业街区，东段的店铺主要经营鱿鱼、沙虫、虾米、鱼干等干海货，西段接近外沙港口，店铺主要经营缆绳、鱼网、鱼钩、渔灯、风帆布、船钉等渔民用品。钦州的鱼寮西街和鱼寮东街、合浦阜民路老街也是当时鱼产品、渔民用品汇集的地方。

1876年北海开埠后，由于海上交通发展，贸易扩大，广西北部湾地区出现了以经营进口贸易为主，兼营代办国内土特产出口的行号。光绪年间，北海有中药批发商泰安祥、同和祥号，有花纱布批发商文记、联茂、昆仑，有五金批发商生泰栈、诚信号、荣昌隆等、有百货批发商南大行、南光等，还有外国商人开设的煤油批发代理商行贞泰号、生昌号等①。北海“蓝靛行、牛皮鸭毛行，资本皆甚钜，生猪、蔗糖、花生油、元肉、黄麻等副邦行专与香港贸易获利亦够”②。

海上商贸活动的频繁以及海上航运的兴盛，带动了广西北部湾地区船运文化的发展，典型体现在“红单船”的出现。红单船（也称头艋），因当时广东商人造船需禀报海关给予红单稽查，而称红单船。它船体大而坚实，行驶迅速，有三根高大桅干，船身镶以铜片，载重量从载重176吨至295吨不等，按船的大小分别配备船工十六至二十名。这些运输船在各港口均设有代理行来办理客商的托运业

---

① 北海市地方志编纂办公室编.北海市志.广西人民出版社，2001.

② 廖国器等.合浦县志.合浦博物馆藏民国二十年石印本.

务，与各地豪绅大贾和地方官吏有一定联系，垄断北部湾航运，通过为客商承运货物，取得“水脚”(运费)收入。在清朝咸丰、同治年间(1851—1874年)，有约四十艘头艋成为北部湾地区航运的主力,《北海杂录·商务》载：“本埠生意，则以同治年间为最旺。斯时转运货物，俱是头艋船，……”[①]。1881年(光绪五年)后，外国轮船进入北海，由于外国人掌握了中国关税权，“洋商之进出洋、土货，只纳税，不纳厘；华商之进出洋、土货，须纳税；又纳厘”，加上洋船安全性能好、高效和航速快。1891年(光绪十七年)后，外轮垄断了北海港的外洋进口和土产出洋。华船退到外轮无法到达的近海和内河从事运输[②]。

3. 反映海洋生活方式、宗教信仰特点的民俗形式

广西北部湾地区海洋文化特色，在当地民众的生活方式及民俗形态，如饮食、语言、民间信仰等方面有大量的体现。

“饭稻羹鱼，果隋蠃蛤”、“越人得髯蛇以为上肴”，喜食海产是广西北部湾地区海洋文化在民俗形式上的典型体现。当地居民普遍食用的海产品有红鱼、石斑、马鲛、鲳鱼、鲨鱼、腊鱼、盲牛鱼(剥皮鱼)、龙利鱼、沙钻鱼、骨丁鱼、白帆鱼、沙角鱼、鲫鱼、大眼鸡等，还有鱿鱼、墨鱼、海马、青蟹、对虾、泥蚶、文蛤、扇贝、螺等。烹饪海产的方法独特，如虾的食用方法有白灼、焖、煎、炒虾仁等；白灼犹鱼的最有挑战性吃法是取刚捞上来的活鱿鱼，不掏内脏，扔进开水里煮熟后连墨带须吃；当地鲜美的沙虫以“沙虫鲜汤”、“沙虫粥”、“脆炸沙虫”、“清蒸沙虫”、“韭黄炒沙虫”等扬名。此外，还有加工、保存海产品的独特方法如蚝鼓、蚝油、蟹酱、咸虾(虾“浸”)、鱼浸、鱼露、鱼干、咸鱼、海蜇等。鱼露成为常用调味品。

在长期海洋渔业生活中，当地产生了一批与渔业和海产品有关的词汇。如做海(捕渔)、开海(捕渔期)、封海(休渔期)。“最后得到”称为“等水尾”,“先声夺人”称作“抛浪头”,“新潮”叫“子水”,“旧潮”叫“老水”,“出海一趟”称“去一水”,“捉水蟹”(意为“骗人”)。还有不少与海产品有关的谚语：如“三月黄瓜，四月瘦蟹、五月虾膏”,“第一罔(鱼，军曹鱼)、第二鲳(鱼)、第三第四马鲛郎”,“虾熟虾腰佝、蟹熟蟹壳红、螺熟螺开口、鱼熟鱼眼凸”、“食得咸鱼抵得渴”、“虾须无讲蟹须红，煮熟大家都是共”等。

---

① (清)梁鸿勋.北海杂录.香港日华印务公司，1905.

② 黄家蕃.晚清时期北海华船航运业是怎样被外轮挤垮的.北海文史——黄家蕃专集《沧痕桑影录》(第十一辑).北海市政协文史委员会，1997.

此外，疍家的传统民居疍家栅、京族的传统民居“栏栅屋”、疍家服饰、疍家“哭嫁姐”等习俗是适应长期海洋生活产生的。京族哈节、独弦琴、“合浦珠还”民间传说、咸水歌、贝雕技艺也都是沿海民俗文化艺术的创造性表现。

广西沿海地区的民间信仰主要是海神崇拜，但与海有关的神有妈祖、龙王、龙母、伏波神、孟尝神、镇海大王等多神。龙（蛇）是当地渔民最早崇拜的自然神之一。每年的二月初二是龙抬头日，他们都举行隆重的祭祀仪式，祈求南海龙王显灵保佑，风调雨顺。宋朝以后，天妃（三婆）信仰成为该地区主要的海神信仰形式。妈祖即天妃（广西沿海称三婆）是传说中保护渔民的海上女神。相传她不仅能保佑航海捕鱼之人的平安，而且还兼有送子娘娘的职司。每逢农历三月二十三日妈祖圣诞日，当地已婚尚未生育的妇女常到天后面前虔诚祈祷，以求早得贵子。供奉妈祖的香火之盛远胜其他海神。天后宫（三婆庙）成为渔家出海前举行祭祀仪式、祈祷平安和渔获丰收的场所。在广西沿海渔家的心目中，天后宫的规格仅次于观音庙，甚至佛寺和道观里也设有妈祖神位。

三、当代广西北部湾地区传统海洋民俗文化形态的保护及开发对策

广西北部湾海洋文化的特点及其在传统民俗形态上的表现，是该地区发展海洋经济和海洋事业的历史文化资源。进入21世纪以来，广西北部湾地区的海洋文化特征发生了较大变化，依附在一定的海洋生产方式与文化生态基础上的民俗形态也有了相应的变化。特别是随着城市化进程的加快以及海洋文化生态环境的改变，一批传统的海洋民俗形态正在日益趋于弱化，有的甚至已经濒临灭亡。如曾在渔民中盛行的渔号、渔歌现在已经很少有人传唱，一些渔家信仰习俗已逐步被年轻人遗忘。这对于认识海洋文化，营造和谐、多元的海洋生态环境十分不利。因此，应制定相应的保护传承和开发措施：

1. 各级部门要做好海洋民俗文化的发掘、宣传、保护工作，使海洋民俗文化的保护工作走上法制化、正规化。

（1）要制订相关法规，把民俗文化的保护工作纳入法制化轨道。联合国教科文组织大会第25届会议于1989年11月15日在巴黎通过了《保护传统文化和民俗的建议》，2005年国务院发布的《关于加强我国非物质文化遗产保护工作的意见》都是保护民俗文化等非物质文化遗产的纲领性文件。各级各地政府还要制订相关的地方法规具体加以落实。

（2）对广西北部湾地区民俗文化形态中那些具有典型意义与鲜明特色的项目

进行重点发掘，重新评估他们的价值，使其成为今后人们认识海洋文化历史的活化石。

（3）对那些正在日益被现代社会所遗忘的传统海洋民俗文化形式，则应该深入挖掘其内涵，将现代文化理念与审美方式融入其中，实现传统海洋民俗文化与现代海洋民俗文化之间的对接与转换，使其在当代快速发展的现实社会中更好地发挥作用。

（4）要做好海洋民俗文化的教育、宣传工作。在学校，图书馆，博物馆，科技馆，文化馆等公益性事业单位进行海洋民俗文化教育，增强公民的海洋文化意识，培养优秀的海洋文化人才。

2. 要运用各种形式对海洋民俗文化加以活态、动态的传承，并积极申报人类口头与非物质文化遗产。

（1）做好海洋民俗文化的民间传承。海洋民俗文化扎根于民间，使用者和传承者来自于民间，其传承具有口传性，依托民间故事、传说、谚语等形式，或通过戏曲、音乐、舞蹈等艺术形式表现出来，或通过社会习俗、人生礼仪、节庆活动等折射。为此要通过举办各种培训班、学习班，吸引年轻人参加，培养民俗文化的传承人，要通过举办各类海洋民俗文化活动传承发扬民俗文化的精华，实现海洋民俗文化的活态、动态的传承和保护。

（2）积极申报人类口头与非物质文化遗产。截至2012年5月，已列入自治区级以上的非物质文化遗产名录的涉海类项目有23项，其中，“京族哈节”、“京族独弦琴艺术”和“钦州坭兴陶制作技艺”被列入国家级非物质文化遗产名录。要积极创造条件使更多的广西北部湾海洋民俗文化事象得到认定，入选各级文化遗产保护名录。

（3）利用海洋民俗文化，打造城市建设景观设计中的海洋文化元素。建设一批体现北部湾海洋文化特色的景观项目，如主题公园、海上丝绸之路博物馆等，设置具有海洋意味的雕塑小品、公共设施等，营造海洋文化的氛围。

3. 对广西海洋民俗文化进行生态保护。

一定的民俗文化形态必须依托于一定的物质环境。为此，应保护广西北部湾海洋民俗文化产生的物质生存环境，使其生态环境全面真实复原，真实地展现民俗文化事象的面貌。如东兴京族三岛建立了京族生态文化博物馆和保护村等。

4. 要对广西海洋民俗文化进行生产性保护。

生产性保护是传承和利用海洋民俗文化中的手工技艺、传统饮食、工艺美术等的最佳途径。可通过与旅游业的结合，通过开发利用海洋民俗文化资源，加速民俗文化产业化的发展，促进民俗文化的传承和发展。为此，要整合广西北部湾特色民俗文化资源，继续通过定期举办北海国际珍珠文化艺术节、钦州国际海豚节、中越边境文化旅游艺术节等各类海洋文化节，打造京族哈节、国际龙舟节等节庆品牌，把节庆活动与民俗文化的保护和开发结合起来，实现海洋民俗文化开发与旅游业的双赢。

“特定的习俗、风俗和思想方式，就是一种文化模式，它对人的生活惯性与精神意识的塑造力极其巨大和令人无可逃脱。”中华民族正面临着复兴海洋，建设海洋强国的机遇和挑战。广西北部湾地区海洋文化的特点及各种表现形态，是中国海洋文化的一道亮丽风景，为人们从中认识人与海洋的关系，科学、合理地利用和开发海洋资源，塑造理想的海洋生态环境、建设美丽家园提供了借鉴。

本文是广西文科中心特色研究团队“北部湾海疆与海洋文化研究团队”阶段性成果之一。作者：吴小玲，钦州学院北部湾海洋文化研究中心执行副主任，教授。

京族传统翁村制村民自治的现代考察

陈 锋

【摘 要】京族传统翁村制是京族传统社会带有原始氏族社会性质的长老制度，是海村村民实现民主选举、民主决策、民主管理、民主监督，实行自我管理、自我教育、自我服务，具有较深厚基层民主特征的乡村社区村民自治制度，深深地植根于京族部落的传统文化和乡村土壤之中，目前仍在海村京族人生活中发挥着国家政策、法律法规不可完全替代的重要作用。

【关键词】京族；传统；翁村制；村民自治；现代考察

近年来，研究海村京族的论文，“既涉及宗教信仰，又包括民俗习惯；既有旅游开发，又有经济贸易；既有民族教育，又有音乐舞蹈。”[①]还论及文化传承、族群认同、民族关系、政治认同、经济发展模式，既有理论分析，又有田野调查。对于京族传统翁村制的考察，虽然有学者在一些著作，如《京族简史》编写组、《京族简史》修订本编写组编写的《京族简史》[②]，周建新、吕俊彪的《从边缘到前沿：广西京族地区社会经济文化变迁》[③]，曹俏萍的《京族民俗风情》[④]，过伟的《京族民俗风情》[⑤]，等等；论文，如吕俊彪的《仪式、权力与族群认同的建构——中国西南部一个京族村庄的个案研究》[⑥]、《族群认同的血缘性重建——以海村京族人为例》[⑦]，钟珂的《浅议中国京族民俗文化的生态保护与传承》[⑧]，周艺、袁丽红的《传统社会组织与京族地区和谐社会建设》[⑨]等等，从“翁村”组织在族群认同、1949年以来海村京族人族群意识的变化，京族民俗活动——举办哈节中的职能和作用，“翁村”作为京族传统社会组织，在管理民族内部事务中的作用以及如何充

---

① 黄安辉.中国京族研究综述[J].广西民族研究，2010(2)：127.

② 《京族简史》编写组，《京族简史》修订本编写组.京族简史[M].北京：民族出版社，2008.

③ 《京族简史》编写组，《京族简史》修订本编写组.京族简史[M].北京：民族出版社，2008.

④ 曹俏萍.京族民俗风情[M].南宁：广西民族出版社，2012.

⑤ 过伟.京族民俗风情[M].南宁：广西民族出版社，2012.

⑥ 吕俊彪.仪式、权力与族群认同的建构——中国西南部一个京族村庄的个案研究[J].广西民族研究，2011(2).

⑦ 吕俊彪.民间仪式与国家权力的征用——以海村哈节仪式为例[J].广西民族学院学报(哲社版)，2005(5).

⑧ 钟珂.浅议中国京族民俗文化的生态保护与传承[J].创新，2008(6).

⑨ 周艺，袁丽红.传统社会组织与京族地区和谐社会建设[M].广西地方志，2007(4).

分利用它的积极因素，促进京族地区和谐社会建设等方面，论及海村京族“翁村”组织等。韩肇明在《关于京族历史中的若干问题》①（1984年）、唐咸仪在《广西少数民族农民原始民主意识浅析》②（1991年）中，较早提及京族传统翁村制，但未深入阐述。因此，此前的论著乏见从村民自治角度对其进行进一步探讨。为配合课题研究，我们组织调研组深入“京族三岛”，开展走访调查，查阅文献资料，试图掀开其数百年历史文化尘封的神秘面纱，揭示其深厚历史文化底蕴。

一、京族传统翁村制的历史沿革和组织框架

我国长期从事农村社会发展问题研究的学者刘友田认为，村民自治的基本内涵是“中国现阶段在农村推行的一项基本村级社区政治制度，由村民自己决定属于本村内部的事务，即村民通过依法民主选举、民主决策、民主管理、民主监督，实行自我管理、自我教育、自我服务，自主办理本村的公共事务和公益事业，促进农村社会的良性运行、协调发展和全面进步。”③根据刘友田对“村民自治”概念内涵的界定和所涉边界，海村京族传统翁村制除了“依法”即依照国家法律法规，限于当时中国社会发展进程而不具备之外，可以说其基本具备当前“村民自治”概念所包含的基本要素和构成因子。

（一）京族传统翁村制的发端溯源

京族传统翁村制的形成可追溯到海村村民移居“京族三岛”的几百年前。历史资料显示，京族由越南涂山刚迁移至“京族三岛”这些无人居住的荒凉小岛时，海岛四面环水，交通闭塞不便，自然灾害频繁。由于地理位置偏僻、自然环境恶劣、生活条件艰苦，而且搬迁来的人大都是关系较好的亲朋好友，大家日常都能和睦共处，甘苦与共，平等相待。后来由于迁移来的人逐渐增多，岛狭人多，人口压力增大，资源短缺、利益冲突、各种纷争增加，现实迫切需要一个组织来管理和协调族体内部事务，这样京族社会长期遗留下来的具有原始社会末期农村公社痕迹的长老机构——“翁村”组织便被搬过来，并在不断适应新的生产生活环境过程中被日渐修补和完善起来。可见，“翁村”组织是京族祖先从越南原居住地“克隆”过来的社会管理组织，是京族社会一套独具特色的村社组织，这种传统社会组织在京族社会存续了数百年，对于调节京族村落社会秩序，管理京族族体内

---

① 韩肇明.关于京族历史中的若干问题［M］.中央民族学院学报，1984（4）.

② 唐咸仪.广西少数民族农民原始民主意识浅析［J］.广西大学学报（哲学社会科学版），1991（2）.

③ 刘友田.村民自治——中国基层民主建设的实践与探索［M］.北京：人民出版社，2010.

部事务，至今仍具有相当大影响力，是京族乡村社区管理中不可替代的本土资源。

（二）京族传统翁村制的组织架构

翁村制是京族传统社会带有原始氏族社会性质的长老制度。1949年前，“翁村”组织是海村部落的最高权力机关，该组织权力很大，甚至可以掌握村民的生死大权，凡是关乎村民集体利益的重大事情，都由“翁村”组织决断。它是京族社会保留着某些农村公社痕迹的社会组织，是京族村民自主办理本村事务、维系海村京族正常社会秩序的核心机构，由翁村、翁宽、翁记、翁祝、翁巫等组成。

翁村即乡正或村正，有村长之意，是管理村中事务的老人。其职责主要是协调处理村内民间纠纷、组织本族生产、维护社会治安、负责对外交际、筹办村内公共事务，组织领导京族一年一度最隆重最热闹、最盛大最重要的传统节日——“哈节”、执行祭祀仪式、召集各种会议、监督执行村约等等[①]。作为“翁村”组织一把手——翁村虽然不是由村民直接选举产生，但是由村内德高望重的老人组成的“嘎古集团”通过讨论商议、民主协商推选出来的，任期3年，可连选连任两届。当选翁村的村民一是必须做过翁宽，有严格的任职资格限制；二是必须经过长期考察和实践锻炼，工作能力和道德品行为“嘎古”们所熟知；三是必须为人公正，有较强的组织领导、综合协调和处理复杂事件的能力，掌握一定文化知识，能写会讲，有较强社交能力，能代表本族与外族打交道，受族人尊敬，深孚众望；四是必须经过“嘎古集团”长老们表决推选。从任职资格、当选条件、产生程序等来看，与今天对“公选差选”领导干部的要求有很多相近地方——德才兼备、资历丰富、逐级提拔、廉洁勤政、政绩突出、群众基础好。而且在任期届满前，如果翁村不称职，“嘎古集团”可以随时罢免，若是戴孝在身，也会即予撤换。当然，翁村的任职条件严苛，待遇也不是很差的。翁村在任职期间，由“嘎古集团”在村内抽出一些公田或渔箔给他作为报酬。翁宽——由村民推举产生，由7人组成，任期3年，没有任何报酬。其主要职责是在翁村直接领导下，协助处理村中具体事务，专司看管山林、执行乡约、防止乱砍盗伐。如果工作不尽心尽责，村民可以随时罢免另选。“翁宽”分为“正宽”和“土宽”，后者任满3年后有资格当选前者，后者接受前者领导，两者均是3年一选，后者可连选连任，前者不可连任。前者任期届满，如未能当选翁村，则退任进入“嘎古集团”成为“嘎古”。翁记——由“嘎古集团”从任过“正宽”的村民中推举产生，只有1人，主要负责管理村中文书、

---

① 广西壮族自治区编辑组编，《中国少数民族社会历史调查资料丛刊》修订编辑委员会.广西京族社会历史调查[M].北京：民族出版社，2009.

哈节帐簿，是村中财务人员。由于职务需要具备财会专业知识，一般任期较长，不像翁村、翁宽那样定期换届选举。翁祝——由村民选举产生，是京族各种节庆中负责撰写、宣读祭文的人，要求有文化、懂汉字，特别是懂京族特有文字——喃字，并无孝在身。翁巫（香公）——由村民选举产生，主要负责哈亭的日常管理并在各种祭祀仪式中进香。

在京族传统社会的翁村制中，真正的决策层是由村中离任翁村、正宽和翁记，本族在官府中有一定职务的现任或离任者，以及现任、离任翁祝和翁巫组成的“嘎古集团”。村中重大事项、村内重大人事任免，都必须先经过“嘎古集团”讨论决定，再交由翁村执行。“翁村”组织更多地负责处理村内生产生活等日常事务，维护村内治安，主持“哈节”等。

二、京族传统翁村制的村民自治职能

“翁村”组织是海村京族兼管民间宗教事务与世俗事务的最高管理机构。“翁村”组织履行村民自治职能，还从它的两项重要职责：一是筹办“哈节”；二是管理山林上明确地表现出来。

从筹办“哈节”来看，表现为制定“哈节”活动方案，并严格按流程操作。“哈节”期间各项仪式、具体活动安排、筹划都是由“翁村”组织负责，海村里其他德高望重的长老也出谋献策。“哈节”整个过程，大致包括迎神、祭神、坐蒙、唱哈（听哈妹唱歌）、送神等几个环节。一是迎神。哈节第一天，村民齐聚哈亭，待到吉时集队举旗擎伞，抬着神架到海边迎神，把本族信奉的神灵请进哈亭，这是“哈节”最具特色的活动之一；二是祭神拜祖。仪式连续操办几天，分为大祭和小祭，“哈节”第二天是大祭，随后几天都是小祭。两者最大区别是前者必须宰杀一头“养象”（即生猪）作为祭品。祭神过程，始终笼罩着隆重、肃穆、庄严的气氛，整个祭祀仪式严格遵循传统程序，数百年来基本上变化不大；三是“坐蒙”。哈节最后两天的“坐蒙”，即祭神礼毕后，在哈亭内设席饮宴。按传统规定，到了一定年龄的本地京族男子，有资格入席。“翁村”组织每年都会根据“乡饮簿”（成年男子参加哈节“坐蒙”的花名册）的顺序，轮流安排“坐蒙”人员。改革开放后，随着与越南京族和其他民族交往交流逐步增多，“哈节”也会邀请一些越南京族、非京族的领导、嘉宾参加“坐蒙”；四是哈妹“唱哈”。“坐蒙”宴饮中，安排从越南请来的哈妹“唱哈”（唱歌）、哈哥演奏独弦琴等独具民族特色的文艺表演，参加“坐蒙”的人也可即兴表演节目，自娱自乐。“哈歌”内容丰富，包括民间宗教信仰、京族历史传说、汉族古典诗词、京汉各族情歌以及反映京族人民生产生活新面貌等，都是由京族人民耳熟能详或喜闻乐见的故事编成，深受海村京族人欢迎和喜爱，“哈词”是以“字喃”写成的流传歌本；五是送神。哈节最后一天吉时，经过“香公”在神位前念颂《送神词》、卜“杯珓”、撤下“封庭杆”、哈妹们跳起“花棍舞”，神灵即可平安送走。“翁村”组织对“哈节”的周密筹划，细致安排，经历数百年的不断修改完善。20世纪80年代“哈节”刚得到恢复，由于海村人对“哈节”仪式疏远较久，各种祭拜程序和仪式不尽完整。因此，2002年重建哈亭后，海村长老们便在过去“哈节”程序仪式基础上，参照越南其他地方京族人的仪式，对哈节各种祭拜仪式作进一步的恢复和规范。京族社区社会等级和社会秩序，也在“翁村”组织的精心安排下，不断得到巩固和延从管理山林来看，由于海村人临海而居，凭借丰富海洋资源，靠海吃海是其最主要生计模式。大海经常风云突变，变幻难测，抵御台风巨浪、防风固沙和抗击海浪侵蚀堤岸主要靠濒海带状防护林。同时，海岛上沙地多，可耕地少，不利于植物生长，因此海岛上的每一寸土地、一草一木、一树一叶至为珍贵，关系海村的生存发展，这是翁村制下海村人早年形成的共识。为此，为保护生命财产安全，保护自然资源不受破坏，维持正常社会秩序，在长期生产生活实践经验中，“翁村”组织带领村民制定了许多保护山林和土地资源的村规民约。有专门成文和不成文的《封山育林保护资源的禁令和规约》，即使解放后，有些乡规民约仍发生一定效力。如万尾村从1949年至1952年，因砍伐山林，违犯乡规民约而被罚款的就有63人①。

海村部落带有强制性的村规民约一定程度上促进了京族传统文化的传承、保护和发展。在京族至今保存有成文的村规民约，内容涵盖生产生活的许多方面，虽然解放后，这些村规民约的作用有所减弱，但仍然对村民行为起到一定约束作用，尤其是以碑文形式订立的有关保护山林、禁止盗窃及赡养老人等方面的规定，对海村社区的稳定和传统文化的传承至今仍有一定促进作用。

三、京族传统翁村制村民自治的现代考察

新中国成立前，“京族三岛”基本上依靠“翁村”这类民间组织由村民自行管理。“翁村”组织负责对海村的用水排水、修路卫生、保护山林、抵御侵略、维持治安、协调纠纷、救济穷人等公益事务和公共利益进行内部协调和自主管理。新

① 广西壮族自治区编辑组编，《中国少数民族社会历史调查资料丛刊》修订编辑委员会.广西京族社会历史调查[M].北京：民族出版社，2009：81.

中国成立后，由于国家权力向乡村部落的渗透下移，“翁村”组织的组织结构、运行机制、职能范围等都发生了很大变化和迁移。

（一）“四民”与“三自”

京族海村村民通过民主选举、民主决策、民主管理、民主监督，实现自我管理、自我教育、自我服务。京族传统翁村制是一种具有较深厚基层民主特征的乡村社区自治制度，民主不是只有西方才有的舶来品，虽然还不是国家形态上的民主制度，但这些村民原创和原生态的原始民主，已经深深地植根于京族部落的传统文化和乡村土壤之中。

“翁村”组织的各个组成人员，如翁村虽然由“嘎古集团”推举，但是规定了比较深的任职资历，要求拥有丰富基层工作经验，并要求经过多岗位锻炼，尤其是要得到民族群众的普遍认可，在村民中有较强号召力和较高威望，其他成员如翁宽、翁记、翁祝、翁巫都是由村中德高望重老人提议，由村民民主选举产生，他们与一般村民相比没有特权，只有为村民办事的权利，而没有任何报酬，与今天村民直选村干部有不少相似之处，而村民对他们的工作进行监督，如果村民觉得他们不称职，可以随时撤换和罢免，另选他人，这些都散发着比较浓厚的乡土民主气息，而且翁村制在京族部落延续了数百年，并得到比较高的尊崇，实为不易，这不得不归功于村民拥有比较强的民主意识。村民在长期乡村治理实践中养成良好民主习惯和一定民主自觉性，对政治生活较强的参与欲望和对主人翁地位的自我认识，对本族本村事务的当家作主具有较好的理性认识和正确把握。可见，“京族的翁村制与其他民族的制度在形式、内容上有所不同，但从性质上看，仍是一种原始民主制。”[①]“嘎古集团”协议推举“翁村”组织的领头人翁村，体现京族长老们拥有较强的不自觉的基层协商民主意识和基层自治意识。

（二）村民“三自”与社区稳定

在广西少数民族的社会发展过程中，少数民族本身内部并没有形成国家的组织形式。它是由一种以血缘、地缘关系自发组织起来的社会组织，实行对本族社会内部的民主管理。在广西少数民族中，普遍存在着这种组织，如瑶族的石牌制，侗族的款邦制，苗族的鼓社制，毛南族的隆款制，京族的翁村制。这些古老制度，一般是一种社会管理组织、主要社会规范和武装力量的三位一体。[②]据海村村民反映，新中国成立后至改革开放初期，“京族三岛”的违法犯罪案件很少，“翁村”组

① 唐咸仪.广西少数民族农民原始民主意识浅析[J].广西大学学报（哲学社会科学版），1991（2）：11.

② 唐咸仪.广西少数民族农民原始民主意识浅析[J].广西大学学报（哲学社会科学版），1991（2）：13.

织带领村民制订并组织实施、监督执行的村规民约在其中起了至关重要的整合、规范和治理作用，真正体现了海村京族在长期经济社会发展与传统文化传承中自我管理、自我教育和自我服务的能力。

（三）京族传统翁村制村民自治职能的现代转变

1.京族传统“翁村”组织职能的“民间化”。

新中国成立前，“翁村”组织职能广泛，是维持海村部落正常社会秩序的核心力量。随着国家权力向基层乡村社区的进一步渗透和下移，乡村生活受国家政策法律的幅射和影响日渐加深，“翁村”组织的权力被相应削弱和消解，甚至在20世纪50年代后期被迫解散。新中国成立后，“翁村”组织从其产生办法、社会职能、管理功能、组成结构、运行机制等方面都已发生深刻变化，管理村落事务的大部分传统职能，如组织生产、筹办公益事业、维持社会治安等，改由政府权力支持下先后成立的合作社、生产队、村公所、村党支部、村民委员会等村级行政机构以及政府有关机关等行使，海村京族村民自治方式有较大变化，从民间模式向国家权力模式转变。与传统“翁村”组织不同的是，新“翁村”组织的主要职能，仅限于管理族内各大小节庆、各种民间祭祀活动、处理和哈亭有关的本民族事务，不再参与日常村务的管理，乡村治理功能和社会整合功能已较前大为减弱，“翁村”组织演变为纯民间社会组织，翁村则成为名副其实的“民间村长”①。

2.“翁村”组织修改哈节程序，适时增减流程，履行自治职能。

1996年开始，哈节由当地政府部门负责主办，“翁村”组织长老们在哈节仪式上引入一些代表国家权力的国家符号。一是代表国家形象的五星红旗出现在哈节迎神仪式上。海村村民集队举旗擎伞去迎神，而撑着五星红旗走在迎神队伍的最前面。这种举动并不来自任何政府官员的强硬要求，而是受到“邻近地区”越南万柱等地京族人的启发，出于海村京族人对国家忠诚和对共产党热爱的自发自愿之举；二是哈节期间不断播放红歌。2000年以后，海村人在哈节期间，尤其是“坐蒙”仪式，翁村都会邀请当地政府有关部门官员参加，为了迎接领导到来，都会应景地播放、演唱歌颂祖国、歌颂社会主义的“红歌”，以表达他们对国家热爱；三是标志国家象征的国歌成为哈节迎神仪式序曲。海村近年来的迎神仪式，是在雄壮的中华人民共和国国歌声中开始的；四是邀请上级政府官员参加哈节；五是修改哈亭里柱子上的对联，激发海村京族人更强爱国爱家热情。在整个哈节过程中，包括红旗打头、邀请上级领导出席、唱红歌、改对联等都是“翁村”组织对

① 《京族简史》编写组，《京族简史》修订本编写组.京族简史[M].北京：民族出版社，2008：66.

哈节活动从程序到仪式的适时修改，体现了他们较强的自我管理、自我服务，自主管理本族事务的能力。

3."翁村"组织领导下建立的民间事务委员会，改变了海村京族传统社会组织结构和运行机制。

委员会由正(副)翁村、翁祝、翁巫，本族民间会计、出纳，本村生产队队长(后改为村民小组组长)等组成。主要职责是负责办理修建哈亭、筹办哈节和其他与哈亭有关的日常节庆事务。目前，"翁村"组织由7—9名村中长老组成，任期4年，可以连选连任，其主要成员不定期开会议事。"嘎古集团"虽仍存在，但族内重大事务不再由他们决定。族内与哈亭有关的重大事项，由民间事务委员会决定。

4.维持和促进京族社区的社会稳定和有序发展，应充分利用传统"翁村"组织。

任何民族的传统社会组织，维持该民族的社会稳定，促使族群社会向有序化方向发展是其重要功能。京族亦然。由于翁村制在京族社会历史悠久，时空穿透力强，已完全融入京族民族血脉和日常生活之中，对海村村民具有普适性和合理性，得到京族民众的普遍接纳和广泛认同。因此，应充分利用和很好发挥它在京族社区乡村治理中的认知性忠诚和益民性效用。

5.翁村制在海村京族中具有深厚而广泛的社会基础和群众基础，至今仍发挥着重要作用。

在一个复杂多元社会中，秩序和规范多元是客观存在的不争事实，为调节多种多样的社会关系，应充分利用传统文化的积极因素。京族社区远离政治、经济和文化中心，社会发展的自主性相对较强，传统文化对社会生活影响较大，传统社会组织在当地村民中还有相当大认同度、拘束力和影响力。京族传统翁村制拥有深广的社会和群众基础，是数百年来族群世代传承和长期积淀演成。在某种程度上，它能弥补政府工作和国家政策的某些缺位和不足，它所制定的村规民约能填补法律法规所不能顾及的真空。在这种传统意识较浓厚的乡村社区，可以借助类似传统"翁村"的社会组织力量，促进当地村民自治与和谐社会建设。

本文原刊于《广西社会科学》2013年第9期，是国家社科基金资助西部项目：民族地区农民政治认同的特点、机制及规律研究(编号：12XKS016)、教育部人文社科研究专项任务项目资助：推进民族地区当代中国马克思主义大众化和增强农民政治认同研究(编号：11JD710017)阶段性研究成果。作者：陈锋，钦州学院党委宣传部部长、教授。

试论京族三岛的海洋民俗

任才茂

【摘　要】京族三岛海洋文化主要包括渔民的生产习俗、生活习俗、文艺习俗和信仰习俗等。京族三岛海洋民俗的形成原因有：良好的自然环境为京族三岛海洋习俗的形成提供了客观条件；广泛的异族交流是京族三岛重建海洋习俗的必然选择；中国传统文化是京族和汉民族海洋文化习俗共同的根。京族三岛海洋民俗具有独特的文化内涵。

【关键词】京族；海岛；海洋文化；民俗文化

海洋民俗是海洋文化的重要组成部分。海洋民俗文化是在沿海地区和海岛等特定区域范围内的文化习俗，它的产生、形态特征都与海洋有密切的关系。北部湾畔的中越边境海岸线上，以京族为主体的边境少数民族生活聚居地—沥尾、巫头和山心三个海岛（下称京族三岛），有着丰富的海洋文化资源，既有中国海洋文化共同气质，也有鲜明的个性文化特征。2009年1月至2011年3月，笔者作为容州主持的“北部湾区域边境少数民族文化调查、保护和传承”项目组成员，通过对京族三岛渔村、东兴市、防城区部分村寨开展实地调查，向民间艺人、村长、京族退休干部、普通渔民广泛学习，收集的资料显示，基于民俗层面的京族海洋民俗文化，是京族三岛海洋文化的重要组成部分，主要包括渔民的生产习俗、生活习俗、文艺习俗和信仰习俗等方面的内容。

一、京族三岛海洋习俗的主要形态

京族以渔业捕捞养殖加工为主的生产劳动和海岛海港海滩海水海风的生存环境，孕育了京族民俗文化浓郁的海洋韵味。大海、海鱼、海风、海岸、沙滩、码头，渔船、渔民、渔网、鱼笼、盐田，海公、海婆、哈亭、镇海大王庙、伏波庙、三婆庙等元素，长期根植于京族民间每个角落，伴随京族岛民生产生活全过程。京族物质生活和精神生活中的海洋民俗文化独特形态，构成了京族民俗文化别有的风景画面。

（一）海洋生产习俗

俗语说“靠山吃山，靠海吃海”。京族在长期的浅海生产过程中，积淀了丰富的有别于其他海洋民族的海洋民俗文化。渔业是京族最主要的生产方式，渔农（养殖业）结合。旧时，由于生产技术比较落后，京族先民长期采取浅海捕捞和杂海渔业是原始的谋生方式。浅海捕捞主要以拉网、塞网、渔箔、鱼笼等传统捕捞工具在近海作业，杂海渔业则以较为原始的竹筏、麻网、鱼钩、鱼叉、蟹耙等工具从事简单的近海渔业生产[①]。

拉网有大小两种，大的拉网四五十人操网，小的拉网二三十人操网。京族浅海捕捞最有特色的是拉大网。特点是“拉”与“收拢”。这种拉网作业，是京家较大型的群体性操作的渔业生产方式之一。大的拉网高八至九尺，长一百二十余丈，整幅网身由六张缯网缀连而成，网眼较小较密。其操作程序大致是：探察海域，观测鱼情，选择作业地点；以竹筏或小艇将渔网徐徐放下，自滩边向海面围成一个半月形的大包围圈；分两组，各执网纲一头，合力向滩岸拉收；两组人一边拉一边徐徐靠拢，直到网尽起鱼[②]。

京族人在生产中积累了丰富的海上渔业经验，对于潮水的变化规律和鱼群徊游规律掌握得较准确。渔民称每次潮期的第一天的涨潮为“一眼子”或“一眼水”。每月都有两个潮期，每个潮期均为15 天（ 15 个“眼子” ）。每个潮期的前8 天为“涨水期”，后7 天为“落水期”。京家人总是按照潮水的“涨”和“落”规律来安排渔猎作业[③]。

（二）海洋生活习俗

京族人民世世代代过着在海洋农耕生活，京族的岁时节庆习俗同样渗透着大海的气息。京族人民除了庆祝本民族的重大节日——唱哈节外，也欢度与汉、壮等民族共同的节日，如春节、清明节、端午节、中秋节等，但在形式上具有自己的特点，蕴含了京族文化特色。在京族各种岁时节庆活动中，需要准备的物品、祭品都离不开鱼类、鱼制品和糯米糖粥，这体现了京族人对海洋资源的敬仰和尊重，也寄托了京族人盼望生活像糯米糖粥一样甜蜜的向往之情。每年农历腊月二十至二十八日，渔业互相组织的“网头”率领“网丁”们拜神，做“年晚福”[④]。

同伙作业的“网丁”聚集一起，由“网头”主持“做年晚福”仪式，祈求海公

---

① 钟珂. 民国以来京族海洋渔捞习俗变迁及其文化蕴涵研究［D］. 桂林：广西师范大学，2010.

② 蓝武芳. 京族海洋文化遗产保护［J］. 广东海洋大学学报，2007（4）.

③ 符达升，过竹，韦坚平，等. 京族风俗志［M］. 北京：中央民族学院出版社，1993.

④ 符达升，过竹，韦坚平，等. 京族风俗志［M］. 北京：中央民族学院出版社，1993.

海婆保佑来年海上平安，生产丰收顺利。京族传统服饰蕴育着海的气息。妇女一般身穿菱形遮胸布，着窄袖紧身对襟无领的短上衣，长而宽的黑色或褐色裤子，外出时穿窄袖、白色、蓝色、红色等类似旗袍的长外衣，布料细薄，如丝绸、香云纱等，妇女平日爱戴锥形的尖顶葵笠，喜欢戴耳环，成年妇女梳“砧板髻”。过去，京族一般“赤足”，出门穿一种用棕树皮制成的“棕屐”①。京族服饰之所以挑选细薄地布料，一是因为出海时经常被海水、雨水浸湿，薄料服饰被浸湿后容易风干；二是因为京族海岛四季气温高，柔软而薄地布料通风透气好；裤子宽而长，便于海上作业。京族人主食以围海造田种植的大米为主，以海沙种植的玉米、红薯、芋头杂粮为辅；菜谱包括鱼、虾、蟹、贝类等。“鲶汁”、用大米制成的“风吹米乙”（也称“风吹饼”）和“米乙丝”（俗称“京族米粉”）②是京族最有特色的食品。鲶汁是用小鱼腌制而成的上等蘸汁，山心村的鲶汁产量最丰，有“鲶汁之乡”的美称。旧时京族妇女爱嚼槟榔。

（三）海洋信仰习俗

京族三岛渔民的信仰习俗与其他沿海地区的信仰习俗既有相似之处，也有自己的特点，即以海神为核心的多元信仰习俗。由于涉海行业具有高风险特点，京族民众养成了强烈的忧患意识和多样的禁忌习俗，因而虔诚崇拜海神、水神或有关的神祇，最初信奉的神灵与海洋密切相关，从而成了供奉镇海大王、海公、海婆等神灵的自然崇拜。由于海上风云变幻莫测，家人出海平安归来也成了京族人最虔诚的祈祷。他们把镇海大王的牌位放在哈亭中供奉，而且每年在京族最隆重的民族节日——唱哈节，村民集队举旗，抬着神座到海边将镇海大王迎回哈亭祭拜。祭神当天，师公读祭文，“哈妹”唱道：“月下是谁顶灯？行舟为何浆停？……”③京族人还在渔船的船头设“海公”和“海婆”的神位，每次出海前都要在神位前焚香祷告，祈求出海平安和渔业丰收。在新年里第一次出海捕鱼、放鲨网之前，也要到海上拜祭海神，祈求神灵的庇佑。

丧葬文化中的海洋习俗。京族出殡时抬棺柩用的框架，前雕龙头后塑龙尾，远处望去，很像一条神气活现的龙，人们称之为“过人龙”。此架平时停供在“哈亭”，不准轻易乱动，否则灾难临头，遭神惩罚。京族视龙为最主要的神灵，此雕龙框架寓意为“镇海龙王”的形象。沥尾岛所立的“六位灵官庙”顶礼膜拜的

① 符达升，过竹，韦坚平，等.京族风俗志［M］.北京：中央民族学院出版社，1993.

② 符达升，过竹，韦坚平，等.京族风俗志［M］.北京：中央民族学院出版社，1993.

③ 陈学璞.略论京族文化的民族性海洋性特色，京族文化的传承与发展［C］//黄有第. 防城港市京族文化研讨会论文集.南宁：广西人民出版社，2008：10.

神主就是六位龙王太子[①]。可见，京族用“过人龙”抬灵柩出殡的做法，和纳西族将死者投诸于火焚烧的用意是一致的，让他们最崇拜的神灵，引导死者鬼魂回到祖先那里去。这是京族海洋渔业生产生活在丧葬礼仪上的反映。受到京族海洋信仰习俗的影响，形成了色彩斑斓的禁忌习俗。生产上的禁忌包括：渔网放在海滩上，忌人从上面跨过；在胶新网和缀织渔网时，忌别人走近观看和讲话，否则认为此网会因此捕不到鱼；在浆网或晾网时，竹竿头处要挂上一团筋刺（又称“筋古头”）以辟邪；新造而尚未入水的竹筏，忌人坐在上面。生活上的禁忌包括：在船上，忌把饭碗倒覆而放，汤匙忌紧贴碗边拖过，否则认为渔船会有搁浅、翻船的危险；忌把脚踏在炉灶上；渔家做海最怕触礁，故煮饭做菜皆忌烧焦。

（四）海洋文艺习俗

京族在长期海洋生产生活过程中，创造了灿烂的民间文学、民间歌舞、民族乐器等富有海洋韵味的民俗文化。京族人民能歌善舞，渔民在渔业生产中创造的大量的海洋音乐、海洋民歌（礼俗歌、海歌、情歌、生产劳动歌、叙事歌、儿歌等八大类）歌曲以出海所见所闻为体裁，如《渔家四季歌》是一年渔业生产的总结。海歌的艺术特色如同大海的性格，有的曲调高亢，传递很远，歌声高低起伏如波峰浪谷，有的旋律缠绵回肠，犹如平静的海湾。如《海阔天空》：“海阔天空，有网就抛有钓就放，万一江狭海浅，网抛无用钓亦空忙，如今江阔海宽，有钓有网随意扬竿张网”[②]。歌词感情质朴、具有鲜明的海洋印记，生动地表现了京族人民独特的生产习俗和精神世界。再如《挖沙虫》：“做完农工做海工，潮退落滩挖沙虫，……沙虫满苑蟹满篮，浪伴歌声乐融融。”这首海歌生动反映了传统的京族社会“半农半渔”的生产方式和青年男女共同劳动时的快乐心情。这些生产习俗具有鲜明的海洋文化色彩，京族渔民边劳作边歌唱，为我们勾勒了一幅浓郁的京族风情画面。

京族乐器种类很多，独弦琴是最具特色的传统民族乐器。其结构简单，由琴身（共鸣箱）、摇杆、弦轴和琴弦组成；独弦琴造型、装饰美观，琴身形状犹如龙船，摇杆好比海船的桅杆。据独弦琴民乐传承人苏春发介绍：“京族的独弦琴‘独弦不独声’，可以采用拉揉、推揉、滑音、颤音等技巧”。2010 年5 月5 日，笔者在沥尾哈亭欣赏到由苏春发演奏的《高山流水》、《渔家四季歌》等曲目，是该器乐的代表作，音色柔和优美，音调丰富。

① 中国网．京族总览［EB/OL］．中国网（http://www.china.com.cn）．2009-09-08.

② 符达升，过竹，韦坚平，等．京族风俗志［M］．北京：中央民族学院出版社，1993.

京族关于海洋的口头文学内容丰富，形式多样，主要有传说、故事、谚语等。典型的传说如颂扬京族创业神、护航神和守护神的《白龙镇海大王》，还有振奋人心的民族英雄故事，如有关清末杜光辉率军抗击法帝国主义侵略的《挖海》、《骑鱼过海》等。京族口头文学是海洋历史文化的记忆，拥有它独特的时代意义，既歌颂了海洋的雄伟、富庶和神秘，又寄托着京族人民对真善美的憧憬和追求，有着较高的文学价值。

二、京族三岛海洋民俗的形成原因

（一）良好的自然环境为京族三岛海洋习俗的形成提供了客观条件

京族是500年前从越南涂山一带迁到京岛上的渔民。清光绪元年（1875年）沥尾岛京族制订的《乡约》上说“承先祖父洪顺叁年贯在涂山，漂流出到……立居乡邑，壹社貳村，各有亭祠”[①]。古代的京族岛民，在没有先进的航海工具和技术的条件下，浅海捕捞与滩涂作业成为京族世代生产习俗的主要特征。京族岛民的海洋民俗之所以成为独特的文化特征，是因为原来这里的地理条件适合于京族先民们的文化生存模式。当时京岛四面环水，与大陆沟通不便，多沙少土、淡水资源匮乏，不具备农业开发的基本条件与价值，居住环境恶劣。种种不利因素使得环北部湾地区以农耕为主的壮、汉、瑶等民族完全放弃了这几个小岛，而京族先民却把岛屿视为天然的庇护所和新家园，并扎根繁衍。

（二）广泛的异族交流是京族三岛重建海洋习俗的必然选择

相对独特的海洋民俗文化的形成，是在京族族群文化形成的过程中产生的，即是在语言认同、族群认同、宗教信仰认同、生产生活方式认同的基础上形成京族与京族文化，而这种认同是在与周边民族的交流融合中才形成的认同心理。为了生存，京族先民必须与周边民族进行物质上的交流，物质上的交流必定导致精神文化层面的交流与认同。为了不受到周边民族的排斥，也必须认同周边民族的语言、服饰、节日、宗教等各种习俗，对于他民族的文化的认同必定为本民族传统文化注入新的因子。当母族文化大背景脱落，京族文化置身于北部湾文化背景之中，京族先民面临两个选择：要么拒绝现有文化背景的滋养而枯萎，要么与现有文化背景相连通，从而建立新的适应现存社会环境的文化。为了生存、繁衍和壮大本民族的文化在场，京族只有一个选择：在发展自身文化的同时积极认同周

① 广西民族事务委员会. 防城越族情况调查［M］. 南宁：民族出版社，1954：85.

边文化，构建本民族新的文化框架。因此，从越南迁徙到中国京岛的越南民族，经过与京岛附近各民族若干年的交流、相互认同、涵化吸收，所形成的已经不是原来越南民族文化习俗，而是现在的京族文化习俗。

（三）中国传统文化是京族和汉族海洋文化习俗共同的根

京族的许多民俗事像与汉族同根同源。从古到今，京族的民俗行为明显带有中国古代汉族传统文化的特点，具体说带有中国百越文化地特点。中国是龙的传人，龙是中国人崇拜的神灵。京族人字喃研究学者苏维芳说："据祖上传说，我们京族最先的祖先是从福建搬迁到越南，若干年后，再从越南涂山迁回中国。因此，我们的祖先越族人，都自称其为'龙子仙孙'"[①]。对苏维芳老人关于族源的说法暂且不加考证，但一方面说明京族人在根意识方面与汉族人具有相同的认同感。从本质上来说，京族海洋民俗是海洋农业文化，海洋成为一种农业资源的补充，海洋捕捞和采集，则使渔业成为农业区的主要食物来源。在古代，京族岛民滩涂捕捞作业，把滩涂划分成一小块一小块，平均分给岛民，是沿袭了汉族农耕文化制度的农耕生产方式。在某种意义上说，京族的海洋民俗文化是中国自古以来农耕文化的衍生和延伸，具有一定的农耕文化的特点。京族内部信仰道教的习俗，是从汉朝时期就形成的了。《大越史略》中记载了中国道教传入越南的史实："汉帝，遣南阳人张真为刺史，津好鬼神事，常著绛帕头巾，鼓琴烧香，读《道书》，云'可以助化'。京族神灵崇拜，如对"白龙镇海大王"、"土地公"、"伏波将军"等神灵的信仰崇拜，都与当地汉民族神灵崇拜相似。当今还在民间、哈亭保存不少类似造字方法的京族海神传说和故事的文本，在京族退休老人苏维芳家的书房，珍藏着大量的京族喃字手抄本文献，有苏维芳亲手收集整理的京语海歌、京语民歌、叙事长诗"喃传"《金云翘传》、京族故事《金仲与阿翘》[②]等都渗透了汉族文化的影子。

三、京族三岛海洋民俗的文化内涵

（一）特色鲜明的民族个性

每个与海洋相关的国家和相关的民族，都有各自不同的海洋民俗文化。京族的海洋民俗个性和东西方海洋文化既有敢于冒险、征服海洋的精神的共同特征，

① 访谈人：苏春发，男（京族），是年53岁，京族独弦琴艺术传承人，访谈时间：2010年5月5日。

② 访谈人：苏维芳.男（京族），是年68岁，京族喃字专家，退休前为防城港市公安局副局长，长期从事京族民歌和喃字的收集整理工作.访谈时间：2010年5月25日，2010年9月16日。

又具有其自身的民族性格。京族以渔业生产为主，兼顾盐业、农业，以及边境贸易、海水养殖、旅游等业。在长期的历史变迁中，形成了有本民族特色的物质文化和风俗习惯。京族有自己的语言，曾借用汉字创造的喃字；京族口头文学内容丰富，其诗歌占有重要地位；京族是一个能歌善舞的民族，歌曲曲调有30 多种；独弦琴是京族特有的民族乐器，音色非常优雅动听。京族人喜欢的唱歌、竹竿舞、独弦琴，被誉为京族文化的三颗“珍珠”。唱哈节上独具特色的京族文化，包括祭祀、唱哈以及坐蒙等一系列丰富多彩的活动，袅娜多姿的京族服装和让人惊叹的独弦琴演奏等，这些具有鲜明民族特色的文化，使唱哈节成了京族特有的民族标志。

（二）团结协作的优良传统

刘道超认为：“在外部环境与内部竞争的双重压力之下，初民社会感到了加强团结、增强凝聚力的必要，并在这一需要驱动下寻找各自的象征符号。这些因各种原因被选中的象征符号，因持续不断的聚会活动而强化，不仅成为团结民族的旗帜，同时也拥有越来越大的神秘力量，最终成为各民族崇拜的图腾或他们祖先大的来源”[①]。京族在与海洋的抗争、生活过程中，为了获得更多的海产品，由几户或几十户建立起集体合作的社会组织，参与这个组织的各家各户的劳动力就是“网丁”，“网丁”们在本组织内部推选一名经验丰富、能说能干的人当“网头”，负责组织协调拉大网、塞网、分产品、织网等工作，但“网头”除了其组织协调作用之外，没有其他特权，他分到的海产品和“网丁”是一样的，体现了京族团结协作的优良传统，这种习俗仍然保留至今。京族捕鱼作业中出现的“寄赖“现象，便带有较浓厚的原始社会“见者有份”的色彩。无论是谁，看见深海捕鱼的渔船满载归来时，人们便相互邀约，纷纷带上鱼篓到船上去“寄赖”三五斤鲜鱼[②]。

（三）开放包容的博大胸怀

虽然地域文化存在差异性，但广阔的海洋联结大千世界，海洋民族易于接受各种文明的影响。京族的祖先自迁到广西东兴定居后，虽然保留了在越南居住时的一些民俗，比如哈亭里供奉的一些高山大王、圣祖灵应王等都是沿袭越南村落的信仰神，但是京族在与壮、汉、瑶等民族相互杂居、友好往来以后，文化交流十分密切，吸收了这些民族的优秀文化。在信仰上吸纳了镇海龙王、伏波将军和佛教观音菩萨等；在节日习俗上过汉族的春节、清明节、端午节、中元节、中秋节，

① 刘道超. 筑梦民生——中国民间信仰新思维［M］. 北京：人民出版社，2011：280-281.

② 马居里，陈家柳. 京族：广西东兴市山心村调查［M］. 昆明：云南大学出版社. 2004.

同时还过壮族的“三月三”等风俗。此外，京族信仰习俗还接纳西方文化、宗教的传入。19 世纪，法国人入侵越南后把天主教传人越南，之后又在东兴市设立天主教堂，东西方文化的交流与兼容在京族文化中得到认可。约在19 世纪50 年代，法国传教士来到京族地区设立教堂，并进行传教活动。“1849 年包文华从北海来到东兴一带开展传教活动，……并先后在东兴镇的罗浮村、竹山村、江平镇修建天主教堂”[①]。如此说来，京族之所以能够在几个小岛上生存繁衍、不断发展壮大，是与他们具有像大海一样的开放包容、博大仁慈的胸怀分不开的。

（四）开拓进取的创新精神

京族人民将镇海大王与海和谐共处的能力神性化为崇拜的对象，并将其视为人类征服自然灾害的化身。镇海大王的海神崇拜及其传说体现京族海洋开发的想象，颂扬了祖先征服自然、战胜邪恶势力，开辟美好家园的创业精神。这片浩瀚的大海蕴育了一个思想活跃、勇于创新的民族。传统游艺民俗文化在京族代代口授身传过程中，为了适应不同时代的社会变迁，也得不断注入新的内容和形式。京族琴师把音量较小的旧式独弦琴进行改造，变成电声独弦琴；现在唱哈的歌词中，已经加入了歌颂新中国成立以来党的政策好、京族人民生活繁荣富裕的内容。从20 世纪90 年代开始，市场经济的活力推动了京岛浅海滩涂养殖和海产经营。近年来，京族人民发挥族源、文化、语言和地缘优势，靠出海捕捞的经营方式被打破，岛民大力开发滩涂，引进人工海水养殖技术，发展海产养殖业，使鱼、虾、蟹、螺等海产品远销各地，京岛人均收入逐年增加；他们崇文善教，积极培养高学历本土人才，大力发展与越南的边境贸易，开办边贸和旅游业。有的村民还在自家门口开办海鲜餐饮店和渔家旅馆，有效满足了京岛旅游业的发展。如今的京族三岛家家都盖起了小洋房，村落大道笔直、干净整洁，一跃成为中国最富裕的少数民族村落之一。

本文原刊于《钦州学院学报》2012年第1期，是广西哲学社会科学“十一五”规划项目“北部湾区域边境少数民族文化调查、保护和传承”（08FSH009）阶段性研究成果。作者：任才茂，钦州学院党（校）办主任，副研究员。

① “防城港之窗”系列丛书编委会．防城港简志［M］．南宁：广西人民出版社，2010：81．

东兴市澫尾京族独特的春节习俗及其文化特征

任才茂

【摘　要】随着京汉民族文化的相互交流与融合，带有海洋气息的京族人过春节并不是孤立的文化事象，春节前后一个多月，包括做“年晚福”、扫墓祭祖、吃“散年饭”、到哈亭公祭祈福、拜社神、祭海祈福等习俗，是一个综合性节庆系统。京族哈亭事务委员会所延续五百年的族内“村翁”组织，使京族春节传统文化，具有深厚的中原文化特征、鲜明的海洋文化特征和多元包容的文化特征。

【关键词】京族；春节习俗；文化特征

春节，是居住在广西东兴市江平镇澫尾村京族人们一年当中除了哈节之外最为隆重、最为热闹的节日，最早在这里生活的京族民众用靠海吃海的生活方式度过了500多个春秋，其过年的习俗与民族心理与汉族人十分相似，从腊月筹办“年晚福”活动、准备年货，到正月十六“拜社神”才算基本结束。浩瀚的大海，海鱼、海风、海岸、沙滩、码头、渔船、渔民、渔网、盐田等滨海渔村风景，与京族精神生活密切相关的哈亭、海公海婆庙、镇海大王庙、伏波庙、水口大王庙、三婆庙等民间信仰祭祀建筑，伴随京族渔民的生产生活全过程，凸显京族物质生活和精神生活的海洋性特征，构成了京族民俗别有的文化形态①。

一、京族独特的春节习俗

澫尾京族人民除了庆祝本民族的重大节日——哈节外，也欢度与邻近的汉、壮等民族共同的节日——春节，但在形式上具有自己的特点，蕴含了其本民族丰富的文化特征。在京族春节活动中，需要准备的物品、祭品都离不开鱼类、鱼制品等，体现了京族人对海洋资源的敬仰和尊重。

（一）节前做“年晚福”

按照传统习惯，澫尾村京族人从腊月中旬开始到腊月二十九，一般要举办两种还福活动，一种是以自然村或者家族为单位的集体还福仪式，一种是以家庭为

① 任才茂.京族海洋民俗探论[J].贺州学院学报，2012(1).

单位的个体还福活动。当地人称作做“年晚福”。京族的集体还福活动主要有三个时间：一是腊月十六，以康王庙为集中点，举行还福活动；二是腊月十八，以水口大王庙为集中点，举行还福活动；三是腊月二十，以哈亭为集中点，举行还福仪式；三个还福日子中，以腊月二十的哈亭还福最为隆重。

每年腊月中旬，一般以姓氏为单位，各家族开始张罗本族人做年晚福事宜。由族长（村翁）召集本族的村老大（翁古）召开家族会议，就本年末如何开展年晚福祭祀活动达成一致的意见，筹措资金，准备祭品、道具等。到腊月十九，统一将祭品、香纸等集中在哈亭，腊月二十这天，由本村翁古、哈亭事务委员会成员、陪祭员、村老大代表计约六七十人，先后集中在哈亭祭祀还福之外，还要到本村的各大小庙宇还福，并且到海边举行简朴而庄严的祭海还福仪式。

农历2011年腊月十九至二十日，京族“年晚福”的还福仪式主要程序及内容如下：

1.筹备祭品

农历2011年腊月十九这天，哈亭亭长苏春发、副亭长苏权德等组织哈亭事务委员会成员、村老大准备生猪猪头，全鸡、糯米饭、糯米糖粥、米酒、糖果、饼干、水果、香纸，并由村里几位会制作道具的男性老人用竹篾、泡沫、颜料、彩色纸等制作战船和渔船模型8艘、三头九尾海神精模型等，还要备兵旗、写祭文等。范世喜介绍说，8艘船模型中，最大的那艘是要拜祭海神的，在还福这天，连同“三头九尾”海神精模型运到海滩边举行祭拜仪式后就留在沙滩上，送给海龙王；其他7艘小的船，是分别送到京岛上的7座庙宇，有镇海大王庙、海公庙、海婆庙、本境庙（土地庙）、六位婆婆庙（三婆庙）、高山大王庙、水口大王庙（龙王庙）。①

2. 正式还福

农历2011年腊月二十集体还福仪式：

在哈亭集中祭拜。各家代表、村老大、哈亭事务成员先集中到哈亭祭拜亭内诸神，举行拜祭仪式，扔“珓杯”，如占得顺卦即三叩首谢拜；到海边沙滩上祭拜海神。备三牲、道具、香纸到海边举行祭拜仪式，师傅念读祭文后扔“珓杯”，如占得顺卦即三叩首、鸣炮谢拜，将战船模型、海神精模型留在沙滩上，任凭潮水冲击吞没；到七座庙宇祭拜，拜祭内容和程序与到海边拜祭的一样。

① 被访谈人：范世喜，男，京族，79岁，澫尾村14组村民；访谈时间：2012年1月12日（农历2011年腊月19日）。

3. 乡饮

还福仪式结束后，大约中午一点钟，凡参加拜祭的代表回到哈亭举行乡饮（会餐）。乡饮席位安排也是很有等级规定的。首先，能够参加乡饮，就标志着京族青年男子已经成年，成年女子在自家做好菜肴后用托盘盛放端到席上即回去，让家中的男主人入席。其次，在新中国成立之前，乡饮席位是用木板或者砖块搭建为三个级台。最高一级称为

“床官”席，靠哈亭中间，由村中“翁村”和“翁古”[①]入席；第二级为“中亭”席，由哈亭“官员”[②]和50岁以上的老人坐席；第三级也是最低一级为“行铺”席，位置靠哈亭边角，由50岁以下的“白丁”坐席。按照习俗，白丁主要任务是负责体力较重的活，如担负村中修路、修缮哈亭庙宇、修建学校等义务劳动。这种习俗仍然延续至今，亭中的席位台阶已经在20世纪80年代拆除，“床官”、“中亭”、“行铺”的席位称呼仍然保留，在农历2011年腊月二十日的还福活动的乡饮席上，基本上沿袭旧时排位，按照年龄大小排席，发扬尊老风尚，让年长者坐好席位。

做“年晚福”的习俗是京族的老祖宗一直传承下来的，从未有间断过。旧时，京族人生活特别困难，一年四季在海上生产捕鱼，环境险恶难测。京族祖先为了祈求祖先神、各种先辈英雄之神、海上神灵等一切神力保佑，避免出海岛民在海上遭受大风大浪等厄运袭击，京族祖先在每年年初举行祈福仪式，春节后首次出海也举行祈福仪式。因此，每年年末就要举行还愿仪式，以感谢各种神灵一年来的庇护和保佑。京族祖先这样做一是为了答谢神灵保佑，二是要表明京族人民是一个非常讲信用、诚实守信的民族，是一个说话算数的民族，是一个敢于承担责任的民族。

（二）节前的扫墓、祭祖活动

京族人没有过清明节的习惯，将扫墓祭祖活动放在春节前举行。这是京族与汉族、以及其他少数民族不同的节日习俗。有家族集体扫墓和家庭分散扫墓两种仪式。澫尾村举行家族集体扫墓的有苏氏家族、都氏家族、阮氏家族、裴氏家族。这里，以沥尾村苏氏家族举行“祭祖祈福”活动为例，介绍京族春节扫墓活动的情况。

据澫尾哈亭亭长苏春发介绍，由于京族祖先最初来到澫尾、巫头、山心几个

---

① “翁村”和“翁古”：京族内部族群原始的民间村民组织中，“翁村”即“族长”；“翁古”，一般是德高望重的70岁以上的男性老人。

② “官员”：即哈亭历任和现任的“翁记”、“翁宽”等哈亭事物管理人员。

海岛，生活非常艰苦，京族的后代非常感念祖先为他们创造的可以赖以生存的家园，从老祖宗开始就传承下来的传统：在每年腊月中旬召开家族会议，即开始休渔，从腊月21日开始到腊月28日，陆续有各家族组织本族人备三牲、香烛、纸钱到祖先墓地举行祭拜祈福仪式，拜了家族祖先神，再拜本境神、镇海大王神、龙王神、海公海婆庙等，才能备年货过春节。①

1. 备祭品

农历腊月22日早上9点左右，澫尾村苏氏家族的五六位翁古（村老大）：苏权德、苏维芳、苏权忠等集中到村翁（族长）苏维坤家，准备扫墓祭祖的祭品。必备祭品有：冥钱一箩筐、香烛炮竹若干、彩纸衣衫几十套、手工大红马一对、兵马旗、酒礼、三牲等。此外，各家各户委派青壮年男女祖坟场除草、上土、清洁卫生。

2. 扫墓祭祖

中午11时，先在苏家老屋祠堂神龛拜祭家神，然后前往岛上的祖坟举行祭祖仪式。

参加祭祖的人员主要有：村翁苏维坤，各房岭头7人，翁古20人，苏氏各家各户至少派1名代表，有的家全部出动，共计100余人。需要拜祭的祖先坟墓有：从越南涂山搬迁到京岛的第一、第二和第三代祖先，共8座祖坟。在每一座祖坟举行祭拜仪式之前，都由青年男女对祖墓的四周清除杂草，并给祖坟添上新的土。师公在每座祖墓的祭祀过程中都要请师念经，并向先人灵魂祷告，表达族人美好的祈愿。期间，师公还要现场占卦，占得阴卦和顺卦之后，才轮到等村翁、翁古祭拜，各家子孙轮流跪拜。祭拜完毕，即燃放鞭炮。

3. 召开家族大会、聚餐

到中午14时左右，祭祖结束，参加祭祖活动的全体人员100余人，汇集在村上本族开办的一间酒家，先召开家族例会，然后举行家族会餐。会上，由哈亭亭长苏春发主持会议，家族事务委员会的出纳公布一年来本家族经费收支情况，村支书、全国人大代表苏明芳作家族传统祭祖总结讲话，着重讲述了为什么要开展一年一度的家族集体祭祖活动及其重要意义。

京族人为什么在春节前夕开展扫墓活动？本村冯秀老人说：第一，是因为旧时在清明节期间天气转暖，正逢京族人出海捕鱼的好时节，所以，要到年尾时天

① 被访谈人：苏春发，男，是年55岁，澫尾哈亭亭长、京族独弦琴传承人；采访时间：2012年1月15日（农历2011年腊月22日）。

气变冷，休渔时节京族人家才有空去扫墓；第二，京族人十分尊敬先人，要把敬仰祖先，感恩先人为子孙后代开拓栖身之地、创造宝贵财富留下的优良传统薪火相传。①

（三）节间隆重的祈福活动

1. 普通家庭祈福

京族春节的祈福活动比较盛行。各家各户一般在大年三十、正月初一、初二、初三、十五多次开展祈福活动。有的是以家族为单位的，有的是以户为单位的，备三牲、酒礼、水果、糯米糖粥等，到村里的哈亭、庙宇、老屋祖先祠堂、祖先墓地拜祭祈福，回家中祖先神龛也要烧香祭奠、祈福。到哈亭、家族老屋祠堂拜祭祖先神，有的还要到三婆庙、六位婆婆庙、镇海大王庙、水口大王庙、高山大王庙、土地庙、等庙宇为某项特殊愿望进行专门祈福。祈福的内容和目的是祈祷、祈求祖先及各路神仙、神灵保佑全家在新的一年里身体健康、四季平安、渔业丰收、人丁兴旺等。按照规矩，每年大年三十至次年正月初四，每天都要设各种祭品给祖先，早晚烧香祭拜后，家人才能用餐，以表达对祖先的怀念，传承敬老尊祖的优良传统，弘扬中华民族的尊老爱幼的传统礼仪。

2. 哈亭公祭祈福

每到大年初三，是京族人到哈亭举行公祭的日子。上午11时前，哈亭事务委员会组织村老大到哈亭拜祭各位神祗：中间的是主神白龙镇海大王，右边的是高山大王、点雀神武大王，左边的是太祖广泽大王和陈朝兴道大王；此外，还有左昭右穆祖先神。然后到黄马大将军庙（京族的有功祖先神）拜祭，拜祭自家的祖先神。主要祭品有：鸡、猪肉、鱼，糯米糖粥、糖果饼干、水果、香纸、鞭炮等。求亭内五位大神保佑来年丰收、平安，心想事成。当然，除了初三较为隆重之外，初四到正月十五，也有本村或外地人陆续到哈亭自由拜祭的。

3. 祭海祈福

京族渔民每年春节后第一次出海都要举行简单的海祭。要到海边、船上祭祀、烧炮，祈求来年渔业丰收、平安顺利。

正月里，吃了“散年饭”，特别是正月十五之后，人们都会陆陆续续地出海。按照惯例，新年第一次出海前要到海公海婆庙、哈亭、高山大王庙、本境庙以及海边和船上拜祭，主要是祈求出海平安、捉鱼多一些，总之希望诸神灵保佑一切顺顺利利。村民龚叔家在2012年新年之后的第一次出海举行了简单祭海仪式。

① 被访谈人：冯秀，男，是年77岁，京族，澫尾村19组村人，调查时间：2012年1月13日（农历2011年腊月20日）。

备祭品：鸡、饼干、水果、糖粥、香纸、鞭炮等，先在家中拜祭祖公，然后到海边拜、到沙滩边拜，最后将祭品摆在停靠在海滩上的船头，贴上“出入平安”字样的条幅，在船尾贴上“一帆风顺”字样的条幅。船主一边烧香纸，一边叨念着祈福的话语。还有一种祭海仪式：带上一只雄鸡，在船出海之前割鸡脖子，或者割开鸡冠，后将鸡血滴到船头船尾，俗话说是“挂红”，也是祈求一帆风顺，出海能够收获多多。做完仪式之后，一般在风平浪静时正式出远海。

（四）其乐融融的“散年饭”

京族有吃“散年饭”的习惯。每到大年初三至十五是京人内部走亲访友的好日子，同时也是亲戚或家族之间吃“散年饭”的主要时段。

“散年饭”是京族主家在出海、下地务农或外出做工之前，要邀请亲朋好友、邻居兄弟团聚一堂，吃一餐新年团圆饭，一是为了庆祝过去一年的丰收，二是加强亲戚之间的沟通和团结，三是交流生产生活和教育子女的经验，四是商量、展望来年生产、生计愿望。吃团圆饭前还要拜祭家族祖先、本境神，以祈求保佑来年全家平安、生产丰收，万事顺利。某家吃完“散年饭”，第二天就可以举行简单的开海、祭海仪式，出海打鱼，正式开展春耕生产。因此，这项聚餐活动叫做“散年”。

“散年”活动是京族老祖宗传承下来的家族祭日，也是家族聚会日。有的家族兴旺独家轮流承办“散年餐”，不是十分富裕的家族，就各家集资办“散年餐”。京族人认为：在一年复始，万象更新之时的春节，从大年初二至正月十五，京族各家各户和其他来往比较密切的家族开展沟通交流的好日子。选定好日子，举行家族、亲戚、邻里的团聚会餐活动，特别是已经外嫁的小姑、大姐、小姨等京族女子，都要抽时间回娘家拜年，娘家要杀鸡宰鸭，并准备各种海鲜食品，摆设几桌家宴，招待前来拜年的女儿、女婿、外孙。

通过“散年”活动，京族人可以联络族人、亲人的感情，交流生产生活经验，提出解决日常生产生活遇到的问题和困难。如果哪家存在什么困难，遇到不幸，大家会群策群力，相互帮忙渡过难关。

三、京族春节习俗的文化特征

（一）深厚的中原文化特征

1. 重视根源性

中华民族是以中原文化为代表的一个重根的民族，对祖先的敬仰与崇拜通常以祭祀的方式体现，人们会在最重要的节日，以最虔诚的态度，用最好的食物来供奉祖先。从越南迁居到中国的京族同样可以看到类似的行为。京族在客厅设立祖先神台，春节期间每天早晚隆重祭拜祖先神。

其实，京族的祖先越族早在越南时期已经深受中原文化的深刻影响。“汉时，南海尉事赵佗自立为南越武王，是时广西及越南均属于南越。汉武帝削平南越，以秦之三郡改置九郡，统隶于交趾，后改名交州。”[①]从史料可以推断，古代越南属于中国南方领土一部分，当地民众的生活习俗自然受到中央集权所在地的文化——中原文化的影响。特别是自秦始皇派史禄率兵开通灵渠、汉武帝时代在合浦开辟海上丝绸之路之后，有力地促进了中原文化向南越传播。秦朝统一岭南后，还将大量汉人迁居岭南，与越人杂居。东汉伏波将军马援平定交趾二征之后，留下不少汉人将士及家属驻守交趾（今越南境内），维护地方秩序。种种历史事实表明，从秦汉以来，中原文化中的儒家思想及其尊老传统和祭祖习俗对交州各族民众的影响是自然而然的。

从京族家中设立的祖宗神台和神位安排也可以找到中原文化的影子。如苏维芳家的祖先神台位置和中原地区汉族家庭一样设立在客厅中堂正上方，参照中国百家姓中的“延陵郡堂”，神台中央书写“苏门堂上历代先远宗亲之位”，右边写上“是吾宗支”，左边标明“普同供养”。神位两侧还配有对联，上联是“宝鼎呈祥香结彩”，下联是“银台报喜烛生花”，横批“福德流芳”。

2. 强调“龙”的崇拜

中国是龙的传人，龙是中国人崇拜的神灵，京族人也自称其为“龙子仙孙”，并且以龙作为其图腾，这说明京族人在民族根源意识方面与汉族人具有极强的认同感。主要表现在：一是哈亭建筑装饰用了突出的“龙”的元素。山心吃亭、沥尾和巫头的哈亭门廊几根大柱子上都有飞龙腾云的浮雕，山心吃亭和红坎哈亭屋顶塑有“双龙戏珠”的塑像。二是京族服饰特别喜欢绣龙画凤，凡京族女子的长衫和胸兜，都绣有“龙凤呈祥”的图腾。还有哈节期间游神使用的天蓬伞上绣有各种龙的图案。三是在海边专门建立有“龙王庙”，庙宇建筑上方和大门也镶有龙的图案或安装“双龙戏珠”的雕塑。由此看来，京族对“龙”的崇拜和喜爱不仅反映在生活中，更重要的是对“龙”的敬畏和崇拜，这和中原“龙文化”是一脉相承的。

---

① 广西壮族自治区编辑组.广西壮族社会历史调查（7）/中国少数民族社会历史调查资料丛刊/国家民委民族问题五种丛书[M].北京：民族出版社，2009.

3. 保留道教痕迹

在春节前后的集体祭祀活动中，都有一位年长的“师傅”担任主持，在祭祀仪式上按照道教的习惯，需要经过请师、招天兵天将、念经做法、占卦、送兵马、谢师等程序。如沥尾村村翁苏维坤又是村里德高望重的“师傅”，2012年春节前举行的“年晚福”祭祀仪式上，在哈亭，村民代表祭拜之前，先由苏维坤师傅请师父、兵马入朝，诵读祭文，以摔“杯珓”占卜，的了顺卦之后，才能允许村民代表磕头祭拜哈亭众神。在海边祭海神的程序与此相同。据苏维坤师傅说，他们祖辈相传的是“正一道”法事。87岁的杜玉彬继承的道公师父是“阮一郎、阮二郎”、“杜三郎”等，都是道教中的“法名”。京族祭祀仪式保留道教信仰痕迹，这就说明京族祖先的宗教信仰也是深受中原文化影响的。

4.“对联”的广泛应用

京族本民族没有自己的文字，其祖先在越南时候，曾经借用汉字创造“字喃”，但已逐渐失传。从普通家庭贴春联，到设立家神神台要贴对联，建立哈亭也使用汉族的“对联”，建立各种庙宇还是离不开“对联”。如杜氏神台的对联是“祖德英灵护弟子，神恩显赫保家安”，横批“满堂吉庆”。山心吃亭大门对联更是富有博大精深的中华文化韵味：“毓秀萃山心端凭观音望海，发祥中此地妙在龙尾回湾。”①

（二）鲜明的海洋文化特征

京族人民在长期的渔业生产生活过程中，形成了富有特色的民族性格，表现在民俗行为上，虽然受到中原文化的影响，但还保留着自己特有的海洋性特征。

1. 海上英雄祖先崇拜

京族人十分敬重和崇拜海上英雄祖先神：曾经为本村村民做出过重要贡献的村中的首领人物。如英雄祖先杜光辉、苏光清等是哈亭中的“左昭右穆”神位中最为重要的神祇。在苏维坤手抄本祖传的经书中，这样记述苏姓英雄祖先苏光清的生平简介：“京族统领苏光清，苏氏家族……宁海总官。统领乡民，驱逐洋船；率领村民，打其四散，不畏困难，差使勤恳，保家卫国，尽职奉献。……爱国爱家，民称父官，呼名清总，敬称统领。”②经过世代传承，京族后代把几百年前的祖先英雄形象神格化，通过集体祭拜英雄祖先，达到团结村民、教化子孙，弘扬祖先

① 2013年2月19日，访谈人任才茂到沥尾、巫头等村田野考察所录。

② 被访谈人：苏维坤，男，是年87岁，沥尾村村翁（族长），道公师傅，手抄传世经书《苏族各将文朝》，访谈地点：苏族老祖屋苏维坤家中，访谈时间：2012年1月13日。

优秀品质的目的。

2. 海神信仰习俗

从京族人春节期间祭拜的神祇对象分析，反映的是以海神为核心的多元信仰习俗。由于涉海行业具有高风险特点，京族民众养成了强烈的忧患意识和较强的禁忌习俗，因而虔诚崇拜海神、水神或有关的神祇，最初信奉的神灵与海洋密切相关，从而形成了供奉镇海大王、海公、海婆等神灵的自然崇拜。白龙镇海大王是信仰神格的最高者，被认为具有保护渔民出海平安、驱赶海贼、管辖海域安全和赐予人民生产丰收的四大法力。因而京族人把镇海大王的牌位放在哈亭中供奉，而且每年春节前夕，村民集队抬着祭品到海边祭拜镇海大王。京族人还在渔船的船头设“海公”和“海婆”的神位，在海边修建“海公庙”和“海婆庙”，每次出海前都要在神位前焚香祷告，祈求出海平安和渔业丰收。

3. 海洋饮食文化

京族是一个靠海吃海的海洋民族，春节期间，京族的菜谱仍然少不了包括鱼、虾、蟹、贝类、沙虫干等具有海洋风味的食品。“京族炒粉”[①]等特色过年小吃食料之中最鲜美的调料少不了虾仁、螺肉等海鲜。“鲶汁”又称“鱼露”，是用小鱼腌制而成的上等蘸汁，山心村的鲶汁产量最丰，有“鲶汁之乡”美称。

（三）多元包容的文化特征

1. 多元性

京族春节文化习俗表现的多元性，主要反映的是京族祖先在越南生活时所形成的较为固定的春节习俗，在迁来中国之后，不仅保留着越族人的生活习惯，还具有当地其他民族如壮族、瑶族、汉族的习俗，以及受到法国侵略时带来的其他宗教文化、语言和生活等方面的影响。同时，沥尾地处中越沿海沿边地区，近现代经济贸易和文化交流频繁，西方文化、东南亚各国文化等外来文化逐年丰富了京族服饰文化、物质生活和精神生活的内容。如往年春节期间京族青少年穿着京族服饰在沙滩上跳竹杠舞、在山歌堂对唱京族山山歌的景象逐渐减少，被取而代之的是穿着笔挺西服、西裙、高跟鞋在OK厅K歌，或在浅海上开着摩托艇畅游等。京族春节期间的文化娱乐活动呈现了多元化。

2. 包容性

就澫尾村来说，京族是一个外来民族，因此，这个新的族群要很快融入这个地区及周边地区，他们必须以海纳百川的情怀、开放包容的心态去接纳新环境，

① 符达升，过竹，韦坚平，等.京族风俗志［M］.北京：中央民族学院出版社，1993.

去适应新的生存环境。在500多个年头里，京族人就是这样勇敢地融入这个大家庭繁衍生活的。包容性的表现，除了京族人主动学习周边汉族的祭祖、包粽子习俗，普遍信仰道教、佛教之外，还有少数京族家庭信仰天主教，个别中年妇女春节期间还到江平镇的天主教堂参加礼拜。从京族春节期间反映的民俗文化事象告诉人们，京族是一个开放包容、团结进取的民族。

本文原刊于《钦州学院学报》2014年第12期，是国家社科基金特别委托项目，中国节日志·春节（项目编号：JRZCH201022）阶段性研究成果。作者：任才茂，钦州学院党（校）办主任，副研究员。

迁徙与认同：中越跨国“艾人”初探

何良俊　乔艳艳

【摘　要】在全球化的背景下，人口的流动几乎已成为一种常态，区域研究成为难解释因人群迁徙而形成的地方社会的重要工具。环南中国海研究以“人的流动”为基本落脚点开展区域研究，考察因流动而产生的族群文化互动问题和区域建构过程。作为区域中的重要群体，“艾人”为客家人的一支，因所操方言为“艾话”而得名。由于生计、避难、避祸等原因，艾人在不断从福建、广东向广西以及越南迁徙，形成跨国而居的分布局面。区域文化及族群互动也呈现出多样性和复杂性。因此，“艾人”的研究，既是以人类学的视角对区域研究的具体实践，同时可能也从民族志个案的角度丰富环南中国海区域研究的内容。

【关键词】区域研究；环南中国海；跨国民族；艾人；艾族；

一、问题的提出

民族志个案研究，历来是人类学之所长，并在很长一段时期内，推进了中国人类学学科的重大进步。而面对中国社会的文化复杂性以及学科所提倡的整体性研究的要求，个案研究是否能够适应，一直以来也是学者们探索和讨论的命题。特别是在全球化的背景下，人口的流动几乎已成为一种常态，单一村落的个案很难解释人口迁徙而型构的区域社会。故此，近年来，越来越多的人类学者开始关注和探讨区域研究对学科发展的积极意义。事实上，在以中国复杂社会为主要研究对象的国内人类学界，由于整体性研究的要求，区域研究本身即是学科传统之一。前辈学者所提出的“藏彝走廊”、“南岭走廊”、“珠江流域”以及“华南研究”等区域性概念，后来者们多自然而然的将研究分别纳入其中。在人类学发展过程中，民族志无疑是学科发展不可或缺的工具，而区域研究则成就、甚至超越民族志[①]。实际上，中国传统的区域社会研究的目标之一就是结合时间和空间的概念，把“地方社会”形构的过程展现出来。紧密相连的时间、空间与人的流动，由此

① 周大鸣、詹虚致. 人类学区域研究的脉络与反思［J］. 民族研究，2015(01).

而形成的社会空间已成为人类学解析群体社会的主要工具[1]。近两三年来兴起的"环南中国海研究"似乎也在力图使人类学在区域研究的传统得到进一步发扬，倡导以"人的流动"为基本落脚点开展区域研究，考察因流动而产生的族群文化互动问题和区域建构过程。从华南推进至环南中国海区域，最终要建立的是山地文明、河流文明和海洋文明之间复杂关系的宏大问题导向[2]。麻国庆认为，南中国海应包括北至广东、广西、福建和台湾海峡，东至菲律宾群岛，西南至越南与马来半岛的狭长海域，连接中国南部、中南半岛和东南亚群岛三大区域[3]。

本文所论之"艾人"，正是在"环南中国海区域"内的一个重要群体，现主要聚居于北部湾（广西）沿海地区、越南广宁、北江以及南部以胡志明市为中心的地区。笔者的田野调查点目前主要涉及北海公馆蛇地村、钦州灵山东风华侨林场、防城东兴以及滩散、那良等地。各田野点皆有其特点，公馆镇为北海地方艾人较为集中的乡镇之一；东风华侨林场，20世纪70年代末因大量接收越南归侨而得名，其中林场三队皆为艾人，原居越南广宁省；而东兴、滩散和那良等地分别为中越边境上的口岸和边贸点，考察此类地方对揭示现实地方社会的族群互动有着重要意义。

从口述回忆及族谱看来，他们有着绵长的迁徙历史与路途，福建、广东是他们的迁出地，先后在今广西的博白、北部湾地区落脚，而北部湾并不是他们所有人迁徙的终点，因各种原因，他们的兄弟更是远徙越南，甚至远涉重洋，定居欧美。但长达数百年的迁徙中，他们会把祖籍地记得很清楚，并且在村子里修建华丽的"祖公堂"用以祭祀先祖。他们操着既非廉州方言又非钦州白话的生活用语交流，而且经常"艾"不离口，如人们常会听到他们说"艾歇押"（我吃饭）、"艾北僚"（我去玩）。因此，周边的族群把这群人的话称为"艾话"，并称他们是"讲艾的"或"艾人"。

艾人是环南中国海区域中的重要群体，"艾人"既是自称，又是他称。这种情况凸显了艾人在流动过程中所形成的族群互动及社会网络的某个侧面。对该群体的研究，笔者认为既是以人类学的视角对区域研究的具体实践，同时可能也从民族志个案的角度丰富环南中国海区域研究的内容。

---

① 秦红增. 对文化复杂性的认知：基于中国西南地方文化抒写讨论[J]. 思想战线，2014(05).

② 麻国庆. 文化、族群与社会：环南中国海区域研究发凡[J]. 民族研究，2012(02)：45.

③ 麻国庆. 文化、族群与社会：环南中国海区域研究发凡[J]. 民族研究，2012(02)：34.

二、艾人与客家：国内外关于艾人的研究概述

关于艾人的研究，目前尚未见专著，而就相关问题作专门讨论的文章也属凤毛麟角。以艾人为主要研究对象的成果，国内目前主要有《“侬族”考》《侬族华人》等文及范宏贵的《中越跨境民族研究》一书。

《“侬族”考》和《侬族华人》详细介绍了越南广宁的艾人及其“侬”这一名称的来源：19世纪末法国殖民政府为居住于海宁地区（今越南广宁省一部）艾人的政治身份。19世纪末期，法国通过《天津条约》，一方面是清廷与越南脱离了宗藩关系，另一方面，促成清、越勘界，明确了双方的疆界。在此背景下，原属清王朝的包括海宁地区在内的部分边境领土划归越南，由此，早已留耕海宁的艾人随之归越。为巩固统治，法国殖民政府对所辖人口进行登记，海宁艾人在“职业”一项均报“务农”。由于不便将艾人归入任何一个族群，殖民者即以职业将其记为“农人”或“农族”。海宁艾人则以汉字的书写习惯，多记为“侬人”或“侬族”。两篇文章论述的内容及观点相似，所不同的是，清文旨在区别在越南地域相近且名称相似的“凉山侬”和“海宁侬”两个群体①；而乔文则侧重介绍艾人（侬人）在越南广宁的历史及其对地方的贡献②。

范宏贵在《中越跨境民族研究》一书中明确提出艾人属于客家人的观点。他认为（越南艾族）讲话时“艾”字不离口，总是“艾”什么“艾”什么，因而毗邻而居的人便称他们为艾人，“艾”是第一人称我的意思。他们自称客家或客家人，其他民族也称他们为客家或客家人③。除了族称的出处外，范宏贵还介绍了越南艾族的迁徙历史、婚姻家庭、居住文化、民间信仰等方面内容。

相对与上述学者的从历史文化方面考察艾人，梁猷刚和李永玲则从语言方面对艾话（艾人）进行界定。梁猷刚认为，广西客家方言称“客家话”，或“涯话”、“麻介话”、“新民话”、“土广东话”等，在钦廉地区，讲客家方言称为“讲艾”，故人们也称当地的客家人为“艾人”。而钦州、防城、北海三地“讲艾”的人主要聚居于钦州的大直、大寺、那彭、张黄；防城的大录、那良一带以及合浦的公馆等乡镇④。由此，借助梁猷刚以语言学为基础勾勒出“艾话”分布图，居住于广西北部湾地区的艾人分布基本上可以确定一个大致的范围。其另一同样重要的贡献

① 清风.“侬族”考[J].八桂侨史.1996(03).

② 乔文.侬族华人[J].八桂侨史.1992：01.

③ 范宏贵，刘志强等著.中越跨境民族研究[M].北京：社会科学文献出版社，2015.

④ 梁猷刚.广西钦州地区的语言分布[J].方言，1986(03).

是，从语言学的角度确定艾人属于客家人的一支。李永玲则对此做了细致的比较语言学分析。北海涠洲岛大部分居民讲艾话。她以在北海涠洲岛的占岛民总人口62%的艾人作为样本进行研究，认为涠洲岛客家话的语音跟梅州客家话相比虽有些差别，但不是很大[①]。这进一步确定了艾人与客家族群的关系。

吴小玲在其关于北部湾民族文化的文章中也论及了广西北部湾地区艾人的“客家”文化特征：在北海的闸口、曲樟等“讲艾”的乡镇均有最具有客家文化特色的、保存较为完整的客家围屋；当地人特别注重建宗祠。如曲樟乡璋嘉村陈氏宗祠和南城村张家祠堂，都是目前保存尚好的宗祠[②]。此为艾人与客家关系明证之一。另外，虽无具体的、学理上的论证，但以现实生活的经验，越南老华侨陈贻泽也认为，(越南)广宁省的艾族，原是“广东的客家人”[③]。

综上所述，到目前为止国内所涉艾人之研究，确信艾人为客家之属是无疑的。而有意思的是，笔者在合浦公馆、防城东兴、以及地处中越边境的滩散、那良等艾人聚居地做调查的过程中，几乎没有报道人具有客家人的自我认同。较为普遍的认识是：“我们就是讲艾的。”但他们承认艾话与客家话“有点像”，但还是“不一样”。曾任职灵山东风华侨农场侨联的XZX是“排华”归国的艾人，退职后到东兴做矿产生意，游历过不少地方。他明确表示：“客家话与艾话有些词在发音上有相似，但很多听不懂，基本不能交流。博白话同艾话则更近一些，但还是有区别。”更多的报道人则只笼统地表示自己是本地“讲艾”的。然而，从他们的文化表征及迁徙源流方面考察，“客家”的印记已是相对明显。客家人在其他地区也有不同的自称或他称。在文化抒写过程中，文化多样要比“真实性”更为重要。文化抒写本身在某种程度上可能就是文化创新，随着时间的推移，可能成为其文化积淀的一部分[④]。因此，艾人对“客家”认同的疏离亦不足为奇。笔者认为，此时或许可以理解为他们因需要强调自己在这块土地上拥有的“先入为主”而获得的权利，而进行“有利”的文化表述。

相对于国内的研究，国外的学者关注艾人这一群体事实上更早。由于艾人在越南有一定的规模，且已被识别为一个民族，越南学者对其也有一定地研究。但关注相关问题的学者不多，成果集中在20世纪七八十年代，中越交恶的时期。

20世纪70年代，中越关系走向低谷，甚至爆发边境战争，身处中越边境的

① 李永玲. 涠洲岛哐话语音[J]. 桂林师范高等专科学校学报，2011(10).

② 吴小玲. 浅论北部湾地区的独特居民群落[J]. 钦州师范高等专科学校学报，2003.

③ 陈贻泽. 越南北方华侨历史演变概况[M]. 广东政协编. 华侨沧桑录. 广州：广东人民出版社，1984.

④ 秦红增. 对文化复杂性的认知：基于中国西南地方文化抒写讨论[J]. 思想战线，2014(05)：56.

越南艾族“有少部分群众”帮助中国军队。而再此之前，越南政府的排华政策也导致了众多的艾人向中国一侧回流。包括艾人在内，以“难侨”身份迁往中国的华人多达10万余众。在此背景下，作为越南艾族学者，叶中平开始吁请当局开展艾人研究，关注艾人相关问题①。而实际上，在越南学者对艾人的研究中，华人与艾人基本被视为一体，较少分别讨论。如根据阮筑平的田野调查结果，来自广宁、凉山、河江及河北等省的农村地区的华人皆自称为艾人(ngai nhan)，艾人的这一自称在艾话中即为“我”的意思。相对的，在市镇的华人，其自称则为客人(khach nhan)或者华人(hoa nhan)。而主要分布于农村的艾人则称市镇上的华人为艾留人(ngai luu nhan)。因此，他建议统一越南北部华人称谓②。越南学者黄南提出，艾族迁越前，其祖籍地为中国广西防城的“五峒地区”(Ngu Dong)。③迁越后在广宁、河北等省定居，与其他族群交错而居。主要居住与广宁省的潭河、下居等县④。据当前笔者所掌握的资料，越南学者关于艾人的研究除上述三人外，几乎再无专论。这或许与他们长期以来倾向于将艾人归入华族进行而概括性的考察有关。

英人巴素同样较早时候在其著作《东南亚之华侨》中提及艾人。他注意到，与其他华人群体主要从事工商业不同,(艾人)穿过陆地边界，驱退安南人和泰人，定居在芒街、先安之间毗连中国的冲积平原和丘陵地带。他们住与上不在该地区内的小村庄中，依靠精心灌溉的农田和打渔为生。即便是在越共政权在越北施行对工商业的社会主义改造政策后，在芒街地区仍然还存在因未从事工商业而保存下来的一个相当大的华侨农民社区，这显然是以农、渔为生的客家人居留团。[1]可见，巴素同时也支持“艾人属客家”的观点。

三、艾人的迁徙

笔者在北海公馆镇的田野调查表明，当地廖姓艾人从广东廉江迁到合浦，后再到公馆定居，至今已400余年。公馆的廖姓继续开枝散叶，往西迁徙，到达钦州、防城等地。据看守廖姓宗祠的老人介绍，每年钦州、防城各宗支都派代表回公馆镇祭祖。

---

① ［越］叶中平. 越南的华族、艾族与大国沙文主义［J］. 民族学杂志，1979(02)：12.

② ［越］阮筑平. 越南华族及其各支系的称谓［J］. 民族学通讯. 1973(03)：98.

③ 据笔者在田野调查的资料，报道人认为艾人的“五峒”即：峒中、滩散、滩营、扶隆、大菉等地。其中，除大菉外，其余“四峒”皆在边境地区。

④ ［越］黄南. 越南54个民族的传统文化特征［M］. 河内：社会科学出版社，2013：352.

对于钦廉地区的整个客家群体来说，400年的迁徙历程并不算久远。宋人周去非的《岭外代答》[①]有载：钦民有五种，一曰土人，自昔骆越之种类也，居于村落，容貌鄙野，以唇舌杂为音，殊不可晓，谓之蒌语；二曰北人，……占籍钦者也；三曰俚人，史称俚僚者是也，此种自蛮峒出居，专事妖怪，若禽兽然，语言尤不可晓；四曰射耕人，本福建人，射地而耕也，子孙尽闽音；五曰蜒人，以舟为室，浮海而生，语似福、广，杂以广东、西音。

文中所提到的射耕人，可能即是艾人。引民国时期防城地方文人黄知元的观点："名之曰射耕者，因此种人以觅耕地为目的，耕地所在，即举家挈农具赴之，如射者之向的放矢然"。[②]同时，黄知元通过实地调查对地方所现人群作了一定的考证："当今采访所得，邑境居民，以村人（即土人）、僾人（即射耕人）、客人（即操广东语者）为最多。"相对于村人，艾人并非防城的土著族群，而是新来"射地而耕"之人。一般来说，后至者才称为"客"，艾人迁入该地区的时间应早于"操广东语"的客人。艾人立足地方虽晚于村人，但发展至民国时期，则颇有后来者居上的态势。"今之（防城）县境居民，有蓬勃之气象者为客人、僾人、村人……僾人之来，盖因土人怠惰成性、苟且自安、土旷人稀、空穴来风，由自然之招致乃射耕而来。射耕人，本福建人，射地而耕也，子孙尽开田土……农村得射耕人补种土人之地，由是县境之□亩日开，农业始为之改观。此辈本为射耕而来，故专从事农务。然亦间有业工商者，盖为农民所需要，诚为农民之□来耳。僾人初来，其农事劳作技艺比土人为优，优胜劣败，土人之田地，不免渐为僾人所有。土人之觉悟者，乃学其劳作技艺始能与之相当。此今日县境农村业已成为僾人、村人对峙之局也。"[③]

从黄知元的论述可之，至民国时期，村人、艾人与客人乃是防城地方较为发展的三大群体。其中，操广东话的客人，应该是从商逐利而来的商人，居于市镇，不事农业，而艾人是为农业土地远徙而来，所以仅形成艾人与村人"对峙之局"。笔者调查中所曾抄录越南艾人归侨XZX家谱：

防城许氏大宗源流概述

太祖泗一公，又名万一公，原籍福建福州府闽县人，选举进身，任广东遂溪县令，年老解组归田后，立宅与（广东）阳江丹载，为丹载许

---

① 杨武泉校注．岭外代答校注，北京：中华书局，1999：36.

② 引自黄知元．防城县志初稿（手抄本），未标页。笔者抄录于广西区图书馆古籍库，时间：2014年1月。

③ 引自黄知元．防城县志初稿（手抄本），未标页。笔者抄录于广西区图书馆古籍库，时间：2014年1月。

氏开基祖。祖妣陈氏，隋祖公自福建迁来，殁后与祖合葬与丹载北贯一图。

二世祖可公，泗一公长子。祖配黄氏，享年七十七岁，终于皇明永乐十一年……生七子，皆住丹载。

二世祖艺可公，庠士，泗一公次子，谥中正。因见丹载父创之基业微薄，俱让与兄言可，携眷复往遂溪，后移廉江立宅许村。三世祖宗岐……四世祖坚光……五世祖良璧……

六世祖敬公于皇明天顺四年（一四六一年）迁博白始立基业……九世祖德祥公，葬大录江口牛路滩窝岭……十世祖元照公……为生活所迫，携子流落那良白赖，后移滩散之江壩……[①]

由上摘录的家谱内容可知，许氏原籍福建闽县，始祖先是为官广东而开始迁徙，随着世系繁衍，许氏也逐渐向西迁移，从阳江至廉江再到博白。博白是广西著名的客家人聚居地，以客家人固有的宗族的团结性，我们可合理的推测艾人前往博白是因为文化“铰链作用”的带动。而九世祖德祥公所葬之“大菉”，如前所述，艾人聚居地之一，最后在十世祖（约200年后）迁移至今中越边境的艾人聚居地那良、滩散等地。当然，迁徙过程也有往复，但总的趋势还是移向西部人口较少的地方。笔者在调查中参看那良郑氏和熊氏的家谱，祖籍都可追溯到福建或广东，重要的是，迁徙中都经过博白这一广西客家的聚居地。

事实上，已经身处边疆、射地而耕的艾人并没有停止迁徙的脚步，基于种种原因，在长达两、三百年的时间里，他们还有部分人继续西南方向进发，进入越南地界，以致中越勘界后，在某种语境下开始有华人、艾族、甚至侬族等不同的身份。

艾人迁入越南最为密集的时期是在19世纪末、20世纪初这一时期。如太平天国运动失败、刘永福黑旗军余部留居越南进入越南以及孙中山等人在防城、钦州地区组织的几次反清起义失败，这些地方上的历史事件，都成为艾人游走于中越边境的直接原因。直至中国抗战时期，仍有不少艾人从中国迁入越南。今越南先安、潭河、下规等地区即为艾人聚集之地。当然，我们的调查中还要特别注意的是艾人在抗日战争时期以及越南统一战争时期，由越北大量南迁的事实。

从目前掌握的资料来看，迁徙的原因主要有以下几点：

（1）明末清初，明朝遗民反清复明失败后而被迫游走他乡的。如明末清初，客家人起师抗清，后因兵败而被迫迁移。

① 摘录于《许氏宗谱》。笔者在田野过程中抄录于东兴市许家，时间：2015年1月。

（2）清代中后期，华南地区由于地少人多，原居于广东东部和北部（主要是客家地区）的一部分人往中越边境地区谋生。咸丰六年（1856年）爆发了历史上有名的“土客斗案”。直至同治六年（1867年）广东巡抚蒋益澧，始议令土客联和，划赤溪一厅，互易田地。赤溪土地贫瘠，难以解决客家人的生计，官方便拨款廿万两，加上地方自筹的资金，分给客家成年者每人八两，未成年者每人四两，客户发执照一份，让他们到高、雷、钦、廉地区开垦荒地[①]，由于当时清朝和越南的疆界尚未明确，海宁地区（今属越南广宁省）仍为清政府管辖，故有一些垦民在该地区落脚。中越勘界后，他们自然附籍越南。

（3）反对王朝的起义失败，起义军迁入越境避祸。如太平天国起义、孙中山在钦、防地区的几次反清斗争等。

因太平天国起义失败而进入越南的主要是刘永福所部。刘永福属太平天国起义军将领吴琨部将，起义失败后，刘永福率军进入越南以躲避清军的追剿。刘永福祖籍博白，属客家人，对钦防一带较为熟悉。在越南北部抗法期间，刘永福多次派人回钦州、防城一带招兵。故其所率军旅中，管带、帮带、哨官等各级军官即有（钦、防一带的）客家人100多名，兵勇中客家人亦占多数。后刘永福奉命归国，只带3000余人，留居越南的黑旗军余部近万人，若算上家眷，则数目更多[②]。以此推知，此次应该有为数不少艾人留居越北地区。

孙中山、黄兴等人在钦州、防城举事反清失败也成为艾人迁越避难的原因之一。在钦防发动当地人参加的反清起义，如大直、那彭等地皆为艾人所居，起义失败后，参与革命的艾人多蜂拥入越，寻找安身立命之所。而此时，正是法国殖民政府经营北圻，人口较为集中的交通要津都在进行市镇建设，需要大量的劳动力。如广宁省的先安市镇即为当时避难艾人的主要居留地。到达先安的艾人垦地耕种或佣工谋生，法国政府对此时迁入的艾人来者不拒[③]。

艾人的迁徙是长期而持续的过程，其中也有诸如以“土客械斗”为动因的大规模的迁移。从广东入广西北部湾沿海地区，再拓荒于海宁地区（今属越南广宁省），漫长的迁徙历程后，形成了我们今天所能够观察到艾人分布的区域以及地方社会。艾人的足迹不仅限于华南地区，而且已深入越南，形成跨中越两国而居的群体。也因此，作为形塑地方社会的重要人群之一，“艾人”研究在方兴未艾的

---

① 清风．“侬族”考［J］．八桂侨史．1996（03）：1.

② 赵和曼．试论海外少数民族华人的若干特点［J］．南洋问题研究，2004（01）．

③ 廖源．春风秋雨［M］．台北：天美设计印刷有限公司，2006：6.

“环南中国海”区域研究体系中具有一定的意义。

四、越南艾族

越南艾族学者叶中平在他的文章里提到：明朝衰亡的时期，在一些越南北部村落，意大利的传教士已经能接触到一些人，他们衣着似“福建人”，其村落与越人的村子相交错。越南的阮朝官府准许他们通过耕种或买卖维持生计，并与越人自由通婚。这群人应该是早期来自中国一侧的艾人①。这是目前看到最早关于艾人迁入越南的记载。这批艾人应该是不愿归附清朝起兵反清而失败的客家人。

探究越南艾族，需要将之放在越南的华人社会中观察。就越北华人社会而言，华人陆续迁入越南的时间长达数个世纪之久，直到20世纪40年代为止。越南北部的华族共有五个支系艾人（Ngai）、客人（Khach Gia）、华人（Hoa）、汉人（Han）及上方人（Xa Phang）②。这五个支系或者说五种称谓，不仅存在于现实生活中，而且20世纪70年代，在一些正式的文件中也会出现。而在多数情况下，方言也可作为区别和划分越北华人集团的一个标准。据阮筑平在广宁省及其所属各海岛的调查，该地区华人所操方言分为三种：艾话（ngai）、白话（pac va）和白龙尾方言（bach long vi）。

而据笔者对越南归侨中的艾人的调查的得知，在越艾人日常只使用两种方言：艾话和白话。艾人主要集中在农村地区，在家则用艾话交流；操白话的华人聚居于市镇经商，艾人上街买卖则用白话。可能也因为白话是城镇流行的语言。用报道人ZSJ的话说：“白话比较庄重。”据他回忆：在越南时他家在芒街县宝各乡南市村，村里都是“讲艾”的，大家平时自然用艾话交谈，而芒街的华人都讲白话。不论是村里还是街上的华人都上政府办的学校，老师们都是芒街人，上课用白话。至于白龙尾方言，或许主要为海岛华人交流所用，居于陆地，以农耕为生的艾人未必了解。因此，总的来说，在越北华人所操的三种方言中，白话为各华人支系间的通行语。艾人之间交流时操艾话，与市镇上的华人交谈则使用白话。居于谅山省录平县及谅山市的艾人，也可以自如的用岱侬语交流。

越南艾人主要迁入越南的时间主要集中在近代以来各个时期。虽然迁入越南的时间最早不过两三百年，但各地艾人都自认为“本地人”（pun ti nhan）③。阮筑平

① ［越］叶中平. 越南的华族、艾族与大国沙文主义［J］. 民族学杂志，1979（02）：5.

② ［越］阮筑平. 越南华族及其各支系的称谓［J］. 民族学通讯. 1973（03）：96.

③ ［越］阮筑平. 越南华族及其各支系的称谓［J］. 民族学通讯. 1973（03）：6.

与叶中平两位越南学者都认为艾人得名于其方言中“艾”为第一人称“我”之意。这一点笔者在中国一侧的艾人村落中的调查能够印证。但叶中平还另外提及：艾人中还有一群人自称“山艾”(san ngai)，意为山林中的人。而笔者的在调查中也特别关注到这一自称，然中国一侧的艾人群体中并无此说。由此推知，“山艾”的自称可能是艾人在迁越后才出现。

事实上，越北华人的支系非常复杂。除了以语言为标准可以进行划分外，若按照文化表征或历史记忆等要素来区分华人社会的内部结构似也可行。由于迁入越南的时间和过程以及祖籍地不一，造成聚居各地的华人在风俗习惯和有所差别。主要有艾人、艾佬蛮、客家、蜑人、村人、明乡人、上方人、潮州人、广东人、和唐人。迁越的艾人，根据迁居时间的不同，在地域的认同呈现不同的特征：先期迁越的艾人，如前说述，自认为本地人。而近代(太平天国起义)之后入越之人，则倾向于以祖籍地为自称，如廉州人、潮州人、福建人等。在日常生活中，人群多自觉地以地方为区别，很少自称为华或汉。这一现象也表明，中越边境，特别是广宁一带地方，华人聚居较为密集，以至于“华”的称谓不足以在现实中有效的划分族群边界。

然而，如此细致而松散的划分只停留在民间的层面。以一定的标准识别民族成分并有组织的实行民族主义教育对一个民族国家来说是必须。特别是对地处边境地区且有跨国族源的民族，确立该民族在政治上的权利与义务，培养爱国主义思想的工作必不可少。这就必须开展民族识别工作，以整合各族群。

越南的民族识别沿用前苏联的标准。从目前的识别结果来看，政府是将艾人单独作为一个民族，即艾族。但在一些特殊的时期，无论是在学术讨论上还是在现实中，都存在将艾人融入华族的意图。

虽然在一些资料中我们注意到，1954年(日内瓦协定签署)发生了一次华人由越北向南方迁徙的过程，巴素认为这一过程对南北方华人人口的比例尚未造成实质上的改变[①]。但同时，巴素也提醒我们注意，这次迁徙的华人有数千人，吴庭艳政府以按出生及其他措施强迫同化的方式加强了迫使华侨同化于越人社会的运动。根据华人的出发地点和一些个人回忆录资料显示，迁入南方的华人中必定有一部分艾人被卷入强迫同化的过程中。

根据1999年越南人口普查的数据统计，越南艾族人口有4841人，主要分布在广宁省和海防市，谅山、北江等省也有少数艾族聚居。而2009年的人口普查

① ［英］巴素著，郭湘章译. 东南亚之华侨［M］. 台北：国立编译馆出版，1965：248.

结果显示，艾族的人口数量减至1034人[①]，十年间锐减了三千多人。人口减少四分之三，其原因何在？这不由笔者想到近期在广宁调查期间遇到的难题：笔者所访谈的越南年轻人，日常生活能使用艾话，但全都只表示自己为华族，只是讲艾话而已。一些广宁越人甚至不知有“艾”。我们不妨推测，在2009年的人口普查中，民族识别工作更改了部分艾人的民族成分，已归入华族，抑或已继续远迁他国？当然，相关的信息和数据还有待进一步的田野调查。

五、结语

区域研究的目标之一在于通过考察人的流动而揭示地方社会的形成以及在此过程中的文化塑造及族群互动。笔者在前人研究的基础上，试图以人类学的视角，在环南中国海区域研究的框架内探索艾人的“流动”以及由此形成的族群关系。通过对相关文献的梳理，结合田野调查之材料数据，我们看到一个跨中越两国而居的艾人群体：他们是客家人的一支，在自称和他称上并以“艾”名之。从文献与族谱中，我们基本上能梳理出这个群体迁徙的方向及路径：福建和广东是艾迁徙的始发地，广西东南部的客家重镇博白似乎是远徙之路上的必经之地，之后，部分艾人又一路西行，“射耕”钦廉以及海宁地区（今属越南广宁省）。艾人在迁徙中形成的族群互动及社会网络，是对地方社会文化的多样性和复杂性的彰显。关于“艾人”的研究仍有较大的纵深。艾人社会文化和族群互动方面的问题还有待进一步深入挖掘。总之，“艾人”研究，既是践行人类学区域研究的传统，也是在区域研究的框架下，走向“环南中国海”的实践。

本文原刊于《广西民族大学学报（哲社版）》2015年第5期，是2013年度广西哲学社会科学研究青年项目“中越跨境‘艾—侬’族群协同发展机制研究”（13CMZ007）、2013年度广西高等学校科学研究一般资助项目“跨国移民与多元认同——环北部湾区域‘艾—侬’族群的渊源与流变”（SK13YB100）、2013年度中国—东盟研究中心（广西科学实验中心）开放课题“中越跨国‘艾—侬’族群的多元认同与文化变迁”（KT201331）的阶段性研究成果。作者：何良俊，钦州学院北部湾海洋文化研究中心专职研究员、中国—东盟研究中心（广西科学实验中心）研究员，博士；乔艳艳，钦州学院教育学院教师、北部湾海洋文化研究中心兼职研究员。

① ［越］黄南. 越南54个民族的传统文化特征［M］. 河内：社会科学出版社，2013：353.

"跳岭头"与秋社互融的社会人类学探微
——以钦州为例

张秋萍

【摘　要】随着人们对娱乐等社会性需求的加强，官方允许的社祭反被民间用作祭祀各种庞杂神灵的迎神赛社的理由。"跳岭头"持续一定时间长度的狂欢与酬神表演在某种程度上与社祭上述的种种需求契合、秋社与秋傩又在时间上吻合，种种历史巧合就这样发生了奇妙的结合，"跳岭头"被吸纳进秋社中；社也成为"跳岭头"内涵的重要组成并被利用来划分"岭头"一定分布区域内的信仰范围和组织仪式等，随着时间的推移渐渐内化为"跳岭头"中不可分的一部分。两者已密不可分。总结"跳岭头"的特征为：结构、时空、组织的"社"化。

【关键词】里社制度；秋社；"跳岭头"；互融

傩孕育于浓厚的农耕环境，自然使得它与诸多农事民俗、节气性民俗相结合，衍生出新的形态，钦州"跳岭头"即是其一。在传承和发展的过程中，除承袭傩仪的基本结构和根本内涵外，"跳岭头"与秋报结合，在此基础上形成诸多异于傩的原初形态的地方性特征。

一、"跳岭头"与秋社互相吸纳的历时性变迁

"社"最早是一种官方的等级性祭祀，后期衍变为官方倡导的民间祭祀形式。在"封土为社"的过程中，"社"带有"行政组成区域"的含义。由于中国传统社会保持长久稳定发展的状态，使得它有机会发展出一套社会整合方式与文化整合方式高度同一的社会结构。社是土地神的象征，也是土地所有权的象征，既是祭祀单位，又是行政单位；既是社会结构的基本单元，也是享有共同仪式和文化认同的单位①。钦州治地虽历经变更，但自汉代始，便已开始被纳入封建王朝的教化范围之内，也就很有可能在汉代之后，钦州之民便对春祈秋报之社俗熟习。但我们

① 陆燚. 贵池傩与社祭[J]. 云南师范大学学报，2005(3)：88-92.

无从知晓“跳岭头”在当时的存在状况，便不能判断二者之间的关联。

钦州民间的祭社传统的成型期可以追溯到明朝里社制度施行时。这种制度的推行标志着明代的民间社祭被纳入官方的祭祀制度，使得“同社”祭祀观念深入人心。如前所述，明代官方推行社祭制度的本意，是规范民间宗教，把民间五花八门的祭神“淫祀”活动纳入官方推荐的里社祭祀制度，以限制民间的结社自由。但民间的造神活动还是很难被官方的力量束缚住，官方允许的社祭反而被民间利用，成为祭祀各种庞杂神灵的迎神赛社的理由①。春、秋二社时的酬神表演，起初是为了酬神谢神，随着历史的发展，还要满足人们对休养和狂欢的需要。很是历史巧合地，钦州地区“跳岭头”此时已经形成。驱邪禳灾的意义倒在其次，它持续几天几夜的时间长度、搞笑幽默的表演、民众诉求和日常化的内容表达等特性满足了社报的综合需要。因此，可能的情形是，桂林“跳神”等傩俗自唐起已有传播至此，但直到明代，借助秋社这种已然深入人心的制度和风俗，钦州“跳岭头”才得以兴盛起来。

但这里面又有一个疑问，社祭有春祈和秋报之分，而据最初的形态来看，傩一年四季至少要举行春、秋、冬三次，分别要“毕春气”“达秋气”“送寒气”，如今的“跳岭头”为何独独与秋社结合呢？其实这也很好理解，酬神表演和娱乐狂欢的花费是相当巨大的，这从今日“岭头节”的花费可以反观，因此不可能模仿传统的方式，一年举行三次；而一年之中，以秋天的收成最是丰盛，可以满足花费的需要。因此，秋报时借“跳岭头”以酬神狂欢也就顺理成章。另外，是“跳岭头”被结合进秋报当中，而不可能是秋报附属于“跳岭头”，毕竟社祭是经过官方认可的制度，不可能将就傩不确定的时间。

于是，史籍中也就出现了“社”“跳岭头”等字眼并存的记载：

八、九月，各村多延师巫鬼童于社坛前赛社，谓之还年例，又谓跳岭头。其装演则如黄金四目，执戈扬盾之制，先于社前跳跃以遍，始入室驱邪疫瘴疠，亦古乡傩之遗也。

八月中秋，假名祭报，妆扮鬼像于岭头跳舞，谓之跳岭头。

每处跳岭头，延巫者著花衣裙，戴鬼脸壳，击两头鼓，狂歌跳舞于神前。

不仅如此，如今影响深远的“吃岭头”，也成为“跳岭头”必不可少的一部分。自古以来，我国都有祭社后聚饮的习俗，钦州当地的秋社也是如此。因治地的社会环境和开发程度有异，不同时期聚饮的有无和规模大小应是有别的。清道光

① 陆焱．贵池傩与社祭［J］．云南师范大学学报，2005（3）：88-92.

《钦州志》、《嘉庆钦州志》、嘉庆二十五年的《灵山县志》、民国三十五年的《钦县志》都提及"跳岭头"时的"狂歌跳舞"和面具，但没有"吃岭头"的记载。以上史料中，清道光《钦州志》和民国三十五年的《钦县志》中的记载皆为"延巫者著花衣裙，戴鬼脸壳，击两头鼓"，言辞雷同，后者的资料很可能袭自于前者。因此，民国三十五年"跳岭头"的真实性不能作为判断的参考。但笔者注意到，嘉庆《灵山县志》有两段记载：

有宾至或邀比邻，邻则备肴核数具，谓之帮盘。今唯同居兄弟之宾客至，则然耳。宴会前时无海味盛者，曰五盏（？）四盘，今则十二碗，大小碗山海俱备。

元旦……宾客往来，近者亦必啖以果饼。而后去谓之不空出，至初十各乡俱挂彩灯，夜则饮灯酒，至望日乃散[①]。

上述的"兄弟之宾客至"、延续一定时间、吃场达到一定规模等，说明当地民众的聚饮习俗至少在清后期已形成一定的规模。因古代娱乐生活的严重缺乏，看"跳岭头"成为民众的一大享受，渐渐成为秋社的代称，秋社后的聚饮自然也被冠以"吃岭头"的名义。借聚饮，或者"吃岭头"，可满足人们对加强凝聚和认可的社会需求，使"跳岭头"的功能多样化。在灵山县大芦村和黄屋屯镇福家村的田野调查中，数位七十多岁高龄的老人在说到"跳岭头"和"吃岭头"时，均表示从他们出生起岭头节就已经是现在这种样子了，"都没有变过"。这表明，今日的"岭头节"格局至少在20世纪二三十年代时已完全形成。

可见，到如今，除了社祭的本意——土地之祭还有所保留外，社的内容及形式都已经改头换面，仪式的功能也在祈求风调雨顺农事丰收之外，更增加了傩的逐疫、狂欢、修养、庆贺等功能，其组织的得当、自发性的创造、场面的壮观、集体精神的沸腾可谓是一场真正意义上的文化的"展演"[②]。钦州"跳岭头"与社的结合适应了民间信仰的"实用理性"，或者说功利精神。秋报、酬神表演、聚饮等习俗的叠合，反映出文化的历时、共时性变迁。

二、秋社与"跳岭头"互相吸纳的表现

"跳岭头"与秋社的互相吸纳、融合主要通过"跳岭头"的构成、时空、组织上表现出来。

---

① 张孝诗．灵山县志（嘉庆二十五年）［M］．卷十三杂记·风土．西湖卫富文刻本．

② 天一阁藏明代方志选刊．嘉靖钦州志［M］．卷一风俗．上海古籍书店据宁波天一阁藏明嘉靖刻本景印，1961．

（一）“跳岭头”构成的“社”化

一般而言，“傩”与“社”没有太大的关联。但钦州“跳岭头”则不同，在构成上增添了“社”这一环节。

与此类似的傩俗有贵池傩等。已故的傩学专家王兆乾先生曾对安徽贵池社祭的源流、社祭与傩仪、社祭祀圈等进行了全面深入的探讨。他认为，明代或明代以前池州一带的傩事活动已与社祭相结合，并以“社”为活动中心，傩坛“社神”泛指面具。贵池傩事活动始终贯串着对宗族土地的祭祀仪式，傩祭以社祭为依托和内核，因而贵池傩戏也是一种具有浓厚宗法色彩的“社戏”①。虽有观点对此进行反驳，认为贵池傩事与社祭的确有所结合，却并非重合②，但傩与社祭之间的紧密关联可见一斑。钦州“跳岭头”与“社”的联系可与之相比肩。

“跳岭头”与“社”文化紧密相连。如今但凡“跳岭头”，都要在社或统领众社的庙神的护佑下开始。如钦州市灵山县大芦村，社址可谓密集。村中最大的社——樟木社，为劳氏先祖于明嘉靖年间兴建，是该村最早建立的社。后起者为官社，二社分立村头左右。随着人口的增长，有些人家从旧址往今大芦小学一侧迁移，新建祠塘社。节日祭祀时，他们兼拜旧社与新社。村中为兴宁社，往下是兴隆社，如今的村尾处有塘表社。在兴隆社与塘表社之间是旧村的村尾，即四官庙所在的地方。在村落成员的观念里，四官庙统领各社：社只护一方水土，庙却保全村。有鉴于此，在每年固定节日的祭拜或者意外求神、谢神时，村民会分别到各自信奉的社进行祭拜，但在一年一度的“跳岭头”中，则由岭头班头首（或称师傅）代替请庙即可，这充分体现出民间信仰的实效性。据该村岭头班班首及多位六七十岁的老人回忆，该村最初在四官庙举行“岭头”，此处原为村尾，多有强盗出没，为了避免财产损失，便把“跳”的地方迁到今日村中央的市场旁边，即兴宁社前后的空地上进行。黄屋屯镇卜家村“跳岭头”的地点位于村头之外的一片岭地上。据说，该处自古以来便是“跳岭头”之地，但并未设庙。出于对“神地”的敬畏，多年以来，从未有人敢将此空地移作他用。这片岭地背后是该村最大的社址。跳请神时，总要先到社前祭拜。该镇料家村也是如此，村中庙和社各一，成为“跳岭头”时必往之地。

贵池傩与钦州“跳岭头”间有一定的共性：在进行傩事演出时，往社坛启圣，

---

① 陆焱.贵池傩与社祭[J].云南师范大学学报，2005(3)：88-92.//陈德周.钦县志·风俗志.钦州市钦南区档案馆藏民国三十五年石印本.

② 陆焱.贵池傩与社祭[J].云南师范大学学报，2005(3)：88-92.

演出结束后，又要送神至社坛。但又稍有不同，前者在进行傩戏演出时，常以社为名，钦州“跳岭头”与社在命名上互相独立；前者与社间的结合建立在对社形式依附的基础上，后者与社的联系则建立在社对民众的组织等基础上，较之前者更为密切和实际；前者是同一祭祀圈的人群（里社制度中的同里）共用一堂面具，而钦州“跳岭头”则是面具为岭头班，确切地说，是岭头班师傅所有，祭祀圈内的一般民众对面具没有占有权和使用权。

社文化而外，我们也注意到，在传承和发展过程中，“跳岭头”在表演和唱本中，还融合吸收师公文化及佛、儒、道等教派文化。“跳岭头”也入乡随俗，且因“岭头”班子一般就是采茶班子，“跳岭头”与地方采茶戏相互影响，如唱腔、表演形式等。

总之，钦州“跳岭头”在构成上体现出明显的多元化特征，社文化是核心所在。只是，钦州地区秋社多于每年农历八月初一或初二进行；“跳岭头”则在每年农历的八月至九月间举行，有的地方甚至还晚至农历的十月，时间跨度大，二者不可避免地不能同时进行，加上民众对两者之间本质联系的淡忘，它们形式上联系的不甚紧密而被大家遗忘也就显而易见了。

（二）“跳岭头”时空的“社”化

回顾现今的“东亚傩文化圈”中的各种“傩”文化事象，其时间多沿袭传统于岁末年初在传统固定的村落集会之地举行。相比较而言，“跳岭头”时间和地点通过“社”的联接而呈现出一体化的趋势。

时间分布上，钦州“跳岭头”大体紧随秋社。

据粗略统计，现行政划属钦南区的黄屋屯镇下辖16个村委会，有岭头队的村子即有：屯北大队的大塘坪自然村、美龙自然村，屯利大队的屯利自然村、那利自然村，金竹大队的金竹自然村，大冲村委的料家自然村、横岭自然村等7个村委会。有岭头队的村子一般都会举行“跳岭头”，没有的村子也会根据惯例请熟悉的岭头队。它们的岭头日期从农历的八月初十一直持续到八月十八。而灵山“跳岭头”更盛，遍布县治大部分乡镇（灵山下辖18个镇）。仅以灵山佛子镇大芦自然村为点，其邻近村落的岭头日期为：

大芦村委捻子自然村：八月十二（农历，下同）；

大芦村委大芦自然村：八月十八；

大芦村委辣了自然村：八月十八；

睦象村委（包括睦象、新村、锣古三个自然村）：八月十二；

新塘村委下辖四个自然村，其“岭头日期”分别为：八月十二、八月十五、八月十六、八月十八；

大坡村委金屋自然村：九月初九；

高岭村委：九月初八。

新圩、檀圩、那隆、三隆四镇的岭头均分布在每年农历的九、十月。

由此可见，岭头日期从农历的八月一直持续到九月，甚至十月，总体处于秋社之后。“跳岭头”的日期跨度不等：灵山县地的“跳岭头”一般持续约两日两夜。而黄屋屯镇等地则是简化仪式，正式的“跳岭头”持续的时间即是一夜和次日一个早上，共计一天。浦北县同。这主要由各地的经济水平和传统习惯决定。

此外，我们不能忽略一点：一地“跳岭头”日期的确定是具有科学意义的。在遵守秋社日期的前提下，“跳岭头”多选在圩日的第二天进行。一则购买食物原料方便，二则保持食物的新鲜度。

可以看出，“跳岭头”更多地迎合了人的生活时间，而非自然时间，这恰与明清时期以来人鬼神之间关系变化的趋势相一致：人正努力地把自己放在更重要的位置，并使神鬼为自身服务。

此外，“岭头”地点也是据“社”而定的。钦州的“岭头”分布地，一般都有庙。因此，“岭头节”又被称为“庙期节”，“跳岭头”被称为“跳庙”。庙都有固定的庙址，或者设在近村的矮岭坡上，或者设在村中、村边的平地上。这些庙有些相对简单，在大树根底立石为记；有些则相对正式，建有一至数间小屋，内设神位、香案。有时是多个自然村共奉一庙，有时一村多庙。尽管形态、地点和分布各异，名称也不同(有以供奉的神邸名之，也有以庙期即岭头日期称之)，却也具有很多共性：选点都在露天，并被视为统领一村各“社”的信仰“机构”。社最初被设在露天且周围多树之处，意为“吸天地之元气，取日月之精华”，庙既然统领村中各社，自然也都设于露天之处，此其一。其二，因庙与社有驱邪纳吉、互为统属的内在关联，在“跳岭头”时，尽管只拜庙不拜社，但丰富的社文化内涵是寓含其中、贯串前后的。因此，确切地说，“跳岭头”地点的选择是根据“社”而定的。

综上所述，“跳岭头”举行的时间和地点都由秋社决定，时空实现一体化。因了这种紧密联系，“社”的影子在“跳岭头”唱本中也无处不在。在钦州市灵山县大芦村搜集到的“岭头”唱本——劳氏《武边唱格》抄本中有《忠相格》，开篇便是迎“社王”：“花园日午好花园，龙湾位上凤飞天。社王出圣太康庙，一双蝴蝶绕池边。”笔者在钦州市壮族地区黄屋屯镇卜家村发现一本记录着该村各户家庭轮值担任“跳岭头”组织者和筹办者的手册，其前言如下：

我福家村奉祀 屯里土地 历来已久 神恩浩荡 佑我一方安康 大德鸿敷 众赖四时乐业 兹我社丁 不忘神恩 重循旧例 恢复社坛 于春冬之期 集资酬神 以期百姓兴旺 人财两胜 四季平安 援将社丁姓名卢列于后 各户社丁 轮值首事 从上至下 周而复始

在这篇前言里，称各户户主为“社丁”，在“跳岭头”的组织说明中提及要祀奉“屯里土地”，社丁要做的是“重循旧例、恢复社坛”。可见，“跳岭头”与“社”已经结合得非常紧密，“社”文化已经成为“跳岭头”文化内涵中不可或缺的重要一环。

（三）“跳岭头”组织的“社”化

钦州“跳岭头”通过“社”“庙”划定信仰范围，并以此作为组织民众集体参与的基础，应是独特的地方性创造，下面将展开详细论述。

仍以钦州市灵山县汉族村落大芦村为例。该村于2008年农历八月十六至八月十八举行的“跳岭头”，必须是同一个庙的村民成员才能参与。前已提及，“跳岭头”时只拜庙而不另分拜社。在当地村民的观念里，庙大于社。从这个意义上说，“庙”就决定了传统的“跳岭头”参与人群的范围。虽说庙的实质也在于社，但庙为何大于社、它何以得名“四官庙”？对此，该村的普通民众乃至“岭头”师傅们都说不出道不明。再次仔细查阅该村的“岭头”唱本，笔者发现了线索。劳氏《武边唱格》抄本之《忠相格》中提及诸多神名及其出身、来历时唱道：

社王出圣太康庙……

城隍出圣吉州庙……

雷州大庙请三官……

九官出圣辣茅庙……

由此可以看出，大芦村的“四官庙”中供奉的“四官”应是：社王、城隍、三官、九官，它们分别出自不同地区的庙。因此，“四官庙”包含有“四官”和“四庙”的双重含义。在这“四官”中，我们可以看到，除社王外，其余的三官只有在“跳岭头”这种特殊场合、特殊时间里，由“岭头”师傅代表民众拜祭。而社王就不同了，平日有大事小事，或者年节，村民都会到社坛去拜祭社神。应该说，社神较之于其他三神，具有更为重要的地位和作用。只是中国传统社会向有“礼多人不怪”之说，运用到这来，就是：“礼多神不怪”，“神多人也不怪”，“多多益善”了。因此，“越多神保佑就越好”的观念下的村民，自然认为“庙”大于“社”了。

在现实社会中，该村村民认为庙大于社，因此以庙划定人群范围。但“庙”的本质又在于“社”，因此，我们仍可以说，在村落内部，社划定传统的祭祀范围，即划分“跳岭头”的参与人群。

“跳岭头”的组织是很有讲究的。据灵山县大芦村现任班首李师傅介绍，它并不是由“岭头班”内部决定的，而是“要别人请，村民说跳就跳”。可见，社信仰圈内的民众有权决定“跳岭头”的举行与否。据村里老人介绍，除了“文革”破“四旧”时有过停止外，其余时候“跳岭头”均有举行①。历史上怎么组织我们已无从考究，现行的组织方式约从1979年开始。据现任村主任劳勤辉（男，50岁左右）介绍说，现在的组织采取分工形式。之所以想到要这么做，缘自改革开放时恢复“跳岭头”后，村里的宗族认为不同的大队人数不一，按队的人数多寡和顺序分组组织会好些。于是它们便向村委提议，村委同意执行。试行后效果很好，便一直以口传的形式，形成现在的组织格局。“队”即生产小组，为国家自实行集体经济以来对社会基层的一种行政划分。大芦村现包括19个生产队，其中1、2、17队转属捻子庙。剩下的生产队分为三组，具体如下：

第一组：3、4、5、6、18（为4队分出）队；

第二组：7、8、9、10队；

第三组：11、12、13、14、15、16、19（为11队分出）。

每年由其中一组负责组织筹办事宜，另外两组则采取自愿的形式协助，如此循环往复。主办组的各队生产队长组成临时“工作委员会”，代表全村的实际利益和意愿。他们的工作包括收取份子钱、讨论开支、抄数公报、后勤等，具体分工为会计、出纳、接待等。

钦州黄屋屯镇壮族村落福家村也是采取分组的形式，但较大芦村更为正式。该村按社分为十一组，每组均把各户家长的名字、按轮值顺序和年份具实列出，以文本的形式记录下来。列到名字的村民，在“跳岭头”这种特殊场域中被当地人称为“庙首”。本子由当年轮到的那一组保存，“跳岭头”结束后交由下一组负责人保管。每轮完一遍，即交由下一组人按照以上顺序重新抄写新本。轮到的那一组便负责“跳岭头”过程中的所有事宜，如期间班子所需伙食、各项开支等。可见，这种落实到户的方式较之大芦村更加具体，个人的参与度加强，个人与信仰之间的距离也要更近些。诚如其记录庙首轮值的本子中的前言所说：“兹我社丁，不忘神恩，重循旧例，恢复社坛，于春冬之期，集资酬神。”

① 汪晓云. 傩：从仪式到戏剧[J]. 艺术探索，2004（4）：63-72.

黄屋屯镇的另外一个村子料家村则由首事（或称会首）负责。首事或会首即是每一独立家户的户主。村中所有户主的名字按一定的数目进行分组，尔后题写在一块木牌上，一年轮值一组，写在该组首位的户主自然成为“牌头”。这组人一经轮值到，就要负责全村该年所有的集体事务，如还保福、二月社和岭头等民俗活动的组织、筹办，直到年底大寒节气尽时去土地社交班。交班的方式是：由该年的“牌头”把写有全村户主的木牌交给下一任首事。通过这种近乎原始的传统交接方式，该村包括“岭头”在内的民俗活动得以传承。

以上三个村落都是通过分组并加以确认的方式使“跳岭头”得以顺利筹办。相异之处表现在主导者、交接方式和举行地点几个方面：前者多由不同生产队的队长负责，行政倾向较浓，后两者细化到每户居民的自行参与；前者不需要在特定的地点、经过特定的仪式确认，而是由村民按约定俗成的顺序自动切换，而后二者皆是在社或庙以文本交接的方式实现下一年的责任人及职责的转换。

长久以来，“社”不仅包含行政区划意义，还在人际关系的处理和交流中发挥文化惯性作用。也就是说，社划分了人群范围（即社信仰圈），也决定了“跳岭头”的组织和筹办必须以此为基础。

此外，在“跳岭头”中，形式之于面具，内容之于唱本，无不体现出其地方性。在发展的过程中，“跳岭头”在吸收傩文化的基础上，也进行了许多地方性的改造和阐释。

三、小结

结合相关傩的史料记载，两相对比，今日的“跳岭头”已发生嬗变，不仅时间、次数简化，而且内容上明显地已呈现出傩与多种民俗交合的状态：依附于秋社、在表演中融合其他民俗和文化内容。其中，以前者为显要，贯串于“跳岭头”始终：从根据社等作出的时空选择，到依据社的信仰范围轮值参与的组织、筹办方式，再到结构上附属于秋社并由它的链接，衍生出当今钦州“跳岭头”与“吃岭头”共存的状态，无处没有“社”文化的影子。这是傩被结合进秋社中，作为酬神谢神的主要形式所致。这种并非重叠的结合，体现了官方允许的社祭被民间利用，成为祭祀各种庞杂神灵的迎神赛社的理由，满足人们祈求风调雨顺农事丰收、逐疫、狂欢、休养、庆贺等需求的重要途径；更体现出傩俗本身对其他民俗的可复合性，符合民众不断增长的艺术化、娱乐化、功利目的等需求。在严重缺乏娱乐生活的古代，看“跳岭头”成为民众的一大享受，人们慢慢淡忘了社在其中的本质意义以及二者之间应有的紧密关联，“跳岭头”就渐渐成为当地秋社的代称；秋社聚饮也被冠以“吃岭头”之称，成为岭头节中地位几可与“跳岭头”比肩的配套“节目”。久而久之，“酬神表演”也掩盖了社祭仪式中的宗教意义和地位。综观“跳岭头”中所涵盖的结构、时空、组织的“社”化，可以归结傩在当下的文化际遇：形式、内容、结构、功能等都从单一趋向复合。

本文原刊于《广西地方志》2011年第4期。作者：张秋萍，钦州学院北部湾海洋文化研究中心专职研究员、讲师。

◦生态文化篇◦

广西海洋景观建设融入生态伦理元素刍议

——生态伦理视角下广西海洋文化发展研究之一

黄家庆　林加全

【摘　要】海洋景观融入生态伦理元素，通过直接、间接和特殊表现的方式进行表达，反映和传递着海洋文化信息和生态理念。海洋景观融入生态伦理元素，有利于人海和谐相处社会共识的形成；有利于提升海洋生态的价值，促进人与自然的和谐；有利于滨海城市向生态城市的发展。广西海洋景观建设融入生态伦理元素的深化发展，要以正确的生态伦理观为指导明确其目的；要协调好沿海城市间的海洋景观规划；要加大自然生态环境与人文精神结合的海洋景观建设；要深化海洋景观的建设和管理。

【关键词】广西；海洋景观；生态伦理

海洋景观是海洋文化生长和传播的重要载体和媒介，海洋景观的保护建设是海洋文化得以传承、发展的重要措施。在发展海洋经济，实施广西“海洋强区”发展战略中，建设富有自身特色的海洋景观，塑造良好的海洋文化形象、彰显城市的个性、展现海洋文化的人文内涵，无疑是广西沿海城市应引起重视的问题。面对海洋生态环境日况愈下，海洋景观建设融入生态伦理元素的问题尤为值得思考。

一、广西海洋景观建设融入生态伦理元素的体现

海洋景观是一种海洋文化景象，是具有深层次人文因素的海洋内部和外部形态的有形表现。它通过被人的五大感觉所能接收的各种信息构成的形象，反映一种精神特质或某种理念。本文所谈的海洋景观是指广西海洋自然景观和沿海城市

表现海的内涵的城市景观；所论及的生态伦理是指人类在与自然生态互动中，所形成的处理自身以及与自然生态环境关系的道德规范和调节原则。海洋景观建设不仅是当地表达海洋文化的一种物质手段，海洋景观同时也是向观赏的人们传递着某些海洋文化信息和某种理念。在广西，有许多海洋景观融入生态伦理元素，通过直接或特殊表现的方式进行表达，反映和传递着海洋文化信息和生态理念。在城市景观规划建设中，广西滨海城市也通过间接表现来运用与表达海洋文化中的生态伦理元素。

（一）海洋景观融入生态伦理元素直接表现的表达

海洋景观属于“直接表现”的主要是城市道路与铺装、水体、植物、公共设施和艺术品等景观硬件。在广西沿海地区直接表现海洋文化元素的海洋景观不少，有的还较为典型，颇有名气，而这些景观不同程度地融入了生态伦理元素。

1. 道路与铺装景观

如防城港市在进城主干道两旁的公共空间种植滨海特色的椰树等树种，配置了代表着海洋灵动、跳跃精神的雕塑小品，表达着滨海城市追求陆、海、人的和谐。钦州市在高速公路进入钦州城区的进城大道口上和三娘湾旅游区雕塑的迎宾海豚，表达着海豚与人的亲近，人对海豚的喜爱。

2. 水体景观

如钦州茅尾海国家级海洋公园，茅尾海是个“海阔，浪静，泾幽”的富饶美丽的半封闭内海，拥有由原生状态的红树林、盐沼和海洋地理环境等构成的海洋生态系统；众多大小不一的岛屿参差错落地散布其内，将该海域分割成回环往复、曲折多变的水道，而获“龙泾环珠”之美名。宽阔的海面，秀丽的小岛、旖旎的水泾形成了壮观的海景，由于自然生态保护得好，展现给人们一幅幅令人陶醉的俨然人间仙境，大海自然生态的和谐美。

3. 植物景观

如北海山口红树林生态自然保护区、防城港北仑河口红树林生态自然保护区。这两个保护区内保存着发育良好、结构典型、连片较大、较完整的天然红树林，林内海生物资源丰富，栖息着多种海洋生物和鸟类，具有典型的大陆红树林海岸生态系统特征，重要的海洋生态和科学研究价值，成为海洋观光的生态旅游胜地和海洋生态环境研究、海洋科普教育的好基地。这些植物海洋景观的存在、保护与发展，表达了人们对海洋资源保护与开发的价值观和追求人与自然和谐的理念。

4. 公共设施

在广西最具代表性的海洋景观设施，一是以展示海洋生物为主，集观赏、旅游、青少年科普教育为一体的大型综合性海洋馆——北海海底世界。它展示了儒艮(俗称美人鱼)、鲸鱼骨骼、龙虾、海龟等标本和奇特的亚热带鱼类，以及近千种的海洋生物，使人们在360度全方位透视的海底隧道里，就象漫游于海洋世界中。二是以普及海洋知识为主，艺术与科技、科普与娱乐为一体的现代化综合性博览馆——北海海洋之窗。它通过神秘的大海、远古海洋、珊瑚海、梦幻海洋、海洋资源厅、海上丝绸之路、地理大发现、红树林生态区等16个主题，传播海洋科技知识，激发人们探索海洋神奇奥秘。三是以海洋人文为主题，集艺术性、观赏性、教育性为一体的游览胜地——防城港北部湾海洋文化公园。它通过景点石林展示与海有关的中华经典诗词、名言与奇石和书法艺术等景物，反映海洋历史、海洋文学艺术、海洋旅游、海洋科技等海洋文化，让人在更深层面上去理解人与海洋的关系，启迪人们的海洋思维，引导人民树立海洋意识和海洋生态观念，亲近大海、热爱大海、保护大海。

5. 艺术品

作为海洋景观的艺术品，莫过于北海银滩音乐喷泉雕塑——“潮”。“潮”以象征大明珠的球体和手执橄榄枝的七位少女为主体，高23米，用直径20米的不锈钢镂空制成，由5250个喷嘴环绕组成人工音乐喷泉。整座建筑以大海、珍珠、潮水为背影，与钢球、喷泉、铜像遥相呼应，互相映衬，既显示出海的风彩，又构成潮水的韵律。[①]使人情不自禁地融入大海与音乐之中，人文精神与雕塑艺术融为一体，呈现出人与大海温馨共处的场面。

(二)海洋景观融入生态伦理元素特殊表现的体现

海洋景观融入生态伦理元素的特殊表现，体现的是人与环境相互作用而产生的城市文化现象。[②]它主要有海洋节庆文化、广场文化、海洋文化论坛等活动。广西沿海地区在打造海洋文化品牌中，不乏海洋景观文化活动。

1. 传承和表达感情的海洋文化节庆

改革开放特别是北部湾经济区建设以来，广西沿海三市根据自身的文化特色和历史积淀，举办了各种特色的海洋节庆活动，如京族哈节、防城港国际龙舟节、

---

① 北海海滩公园[EB/OL].北海市政府网站(www.beihai.gov.cn).

② 王锋.北部湾海洋文化研究[A].//何深静.城市建设景观设计中海洋文化元素的运用与表达——对广西北部湾城市建设的启示[C].南宁：广西人民出版社，2010：425.

钦州三娘湾观潮节、钦州国际海豚节、北海银滩沙雕艺术节、疍家文化艺术节、北海国际珍珠节、国际海滩旅游文化节等。这些特殊的海洋景观，拓展和丰富了海洋文化，从不同的层面反映了人海之间的关系，体现了人与海洋和谐发展的生态理念。如国家级非物质文化遗产"京族哈节"。哈节是我国唯一的海洋少数民族京族一年一度的传统节日，是京族为了纪念海神公的诞生，而隆重举行的以"敬圣神、庆丰收、求平安、传文化"为主要内容的盛大活动。[①]每年哈节家家户户都打扫庭院，男女老少人人均艳服盛妆，聚集在"哈亭"内外，通过迎神、祭神、坐蒙、送神和"唱哈"等一系列繁杂而有序的仪式、动人的歌声和舞姿、丰盛的祭品和恭敬的心，来表达对海洋的感激与敬畏，体现其以海洋为生存发展依托的心态。2011年的京族哈节，防城港市市委书记、市人大常委会主任禤沛钧在开幕式上的致辞中强调，"哈节既是进一步挖掘和弘扬京族文化，提升防城港文化品位的需要，也是推销和展示防城港人文山水，……把防城港建成生态宜居之城、幸福和谐之城的需要。"[②]哈节从由民间自行举办发展到由政府组织举办，说明它已成为政府与民众共同表达"敬海敬山敬人，开放开明开拓"理念的重要形式。

2. 传播海洋文明的文化论坛

广西不乏各种文化论坛活动，但形成具有较强影响力的海洋特殊景观当属北部湾海洋文化论坛。该论坛2010年10月26-27日，由中国海洋学会、广西科学技术协会、防城港市党委、政府联合主办，在防城港市举行。论坛围绕着弘扬北部湾海洋文化，传播特色海洋文明的主题开展交流。美国国家工程研究院院士、中国工程院外籍院士黄锷，中国科学院院士、海洋地质学家、南京大学教授王颖，中国工程院院士、国家海洋局第一海洋研究所研究员丁德文，国家海洋局和广东、海南、广西等省区相关机构、高等院校等国内外120多名专家学者参加了论坛活动。[③]论坛进行了多形式的学术交流活动，与会代表讨论了海洋文化研究、海洋文化助推海洋产业发展和防城港市创建海洋文化名城等议题。这次论坛征集了五十二篇学术价值很高的研究论文，结集出版了《北部湾海洋文化研究》；整个活动展示了广西海洋文化的风貌，挖掘了海洋文化的精髓，营造了亲海、爱海的氛围，彰扬了海洋生态文化，传播了海洋文明，体现了政府和各界之士对人与自然和谐相处的愿望。

---

① 陆俊菊，陈义才.京族哈节：传承京族民俗 展现海洋文化[J].当代广西，2008(17)：57.

② 北部湾新闻网.李静微，罗淋.中共防城港市委书记禤沛钧发表致辞[EB/OL].www.bh.chinanews.com/news/spical/hj2011/b/20110709/82679.shtml

③ 李耿摄，创海洋文化名城 防城港举行北部湾海洋文化论坛[EB/OL].www.gxnews.com.cn. 2010-10-26.

3. 展示各种海洋文化现象的广场文化

随着城市发展和功能的完善，广西沿海城市广场的不断建立，广场作为城市的公共空间，成为了海洋文化活动的场所，这些活动往往形成一道特色风景线，反映某种主题，体现鲜明的理念。如北海市在第四届国际珍珠节期间，利用该市北部湾广场、海门广场、银滩、合浦廉州湾广场等场所，举行以“珠城之光”、“珠还合浦”等为主题的群众性文化演出活动，弘扬南珠文化，深化北海海洋文化内涵，讴歌和赞美南珠故乡，打造北海珍珠——“南珠”的城市品牌，表达北海人民以“珠”为媒，以“珠”传情，以“珠”引商，[①]借力发展“南珠”，建设生态环境优美的海滨城市的意愿，体现了以海为依托，人海和谐共同发展的理念。

（三）海洋景观融入生态伦理元素的间接表现

海洋景观间接表现生态伦理元素是指生态伦理思想在规划指导和文化背景等“软元素”得以体现。[②]它在“城市景观建设指导思想”、“规划理念”、“历史文脉”三个方面对海洋生态伦理元素的运用来体现。在海洋生态文明建设中，防城港市和北海市重视生态伦理元素在城市海洋景观中的运用与表达，反映了其海洋文化的底蕴和生态城市发展的追求。防城港市在城市规划建设上提出，“生态立市”、“生态强市”，利用得天独厚的生态环境资源，综合运用江海景观，展现海滨生态城市特色，塑造出独具魅力的亲水城市特色；[③]利用亚热带海滨风光、鲜明的海湾特征和良好的生态条件，利用自然生态塑造宜人都市空间，构建人与自然和谐相处的全海景城市。在城市景观设计建设上强调，要在原有海洋文化特色的基础上，运用现代景观设计技术进行更为丰富的海洋元素表达，努力保持自然生态原貌，将红树林资源融入城市景观设计，使之成为城市的一道生态风景线[④]。北海市通过电视专题片《海门传奇》《美人鱼归来》《神奇涠洲岛》《疍家人的海上婚礼》，以丰富的史料和物证、神奇的风光、珍稀的物产、美丽的传说和奇异的民俗，把海洋“历史文脉”—— 2000多年前海上丝绸之路的始发港、蜚声中外的南珠造就的珠乡文化、以及疍家文化等深厚的海洋文化背景和丰富的海洋资源，融入到城市规划建设，展现其悠久的开放历史和深厚的海洋文化积淀，体现其建设生态文明城

① 第四届北海国际珍珠节精彩纷呈［EB/OL］.桂龙新闻网（www.sina.com.cn）.

② 王锋，北部湾海洋文化研究［A］.//何深静.城市建设景观设计中海洋文化元素的运用与表达——对广西北部湾城市建设的启示［C］.南宁：广西人民出版社，2010：425.

③ 王锋.北部湾海洋文化研究［A］.//莫恭明，加快构建全海景生态海湾城市［C］.南宁：广西人民出版社，2010：20，17-23.

④ 王锋.北部湾海洋文化研究［A］.//莫恭明.加快构建全海景生态海湾城市［C］.南宁：广西人民出版社，2010：20，17-23.

市的追求。

二、海洋景观融入生态伦理元素对生态建设的影响作用

海洋景观建设融入生态伦理元素，是人类试图借助道德手段应对日趋严峻的海洋环境和资源问题，缓解人类与自然矛盾冲突的一种必然选择，表达人们实现人与海洋和谐统一的意愿和生态价值取向，显示人类为消除海洋生态危机，促进人与海洋协调发展而做出的道德努力和城市规划建设革新；是沿海城市景观规划设计对生态伦理学关于自然价值和自然权力思想的应用。在自然环境日益恶化与城市建设如火如荼的今天，沿海城市规划建设引入生态伦理思想，在景观设计建设中融入生态伦理元素，增加了城市规划建设的道德属性，对建立体现人与自然和谐共处的现代和谐社会具有重要的引导作用和现实意义。

（一）有利于人海和谐共处社会共识的形成

实现人海和谐共处的生态环境，是建设"海洋文化城市"的生态基础。"海洋文化城市"的建设需要人们形成人海和谐共处的共识，进而构建城市发展与保持良好海洋生态环境相互协调的机制。从海洋景观对沿海城市文化形象的影响来看，利用融入生态伦理元素的海洋景观，表达既要"经济发展"又要"碧海蓝天"的理念。通过其直观生动感性的表层，体现内涵丰富的海洋文化，让人从情感上产生冲动，获得审美想象的空间，感悟"形象背后的形象"城市海洋景观文化的本质——人海和谐；即通过人的五大感觉所能接收的形象进行传播沟通，促进"人海和谐共处"的理念成为全社会的共识。从海洋景观对滨海城市建设来看，富有生态伦理元素的海洋景观，可以很好地利用海洋文化资源，帮助人们理解和感受滨海城市与海洋和谐共处、双赢发展的城市建设理念，引导人们在营造城市"诗意地栖居"①的生态环境上形成社会共识。

（二）有利于提升海洋生态价值，促进人与自然的和谐

从生态哲学的角度看，建设"海洋文化城市"的实质就是提升海洋生态价值，实现人海和谐，这是海洋文化城市的价值取向所在。在现代化城市建设中，自然相对人类而言是个弱势群体，城市海洋景观融入生态伦理元素，使生态学得到应用，提升了海洋生态的价值，彰显了人与自然的公平，其结果也就促进了人与海洋、人与自然的和谐共处。海洋景观的文化特色是滨海城市的一张面孔，作为滨

---

① 张兴龙."海洋文化城市"与长三角沿海城市发展[J].南通大学学报·社会科学版，2010(1)：29.

海城市建设的海洋景观，并不只是给人赏心悦目的感受，更重要的是引导人认知海洋的价值。面对日益严重的海洋生态危机，具有浓郁海洋生态伦理元素的景观，展现的是该座城市追求人海和谐相处精神面貌的面孔，使工作生活在这里的居民和来到这座城市的人们，感受到城市建设中的人本中心思想被摒弃，人与自然的平等存在，从而自觉或不自觉地融入到海洋生态环境保护，与大海及整个大自然实现有序规范和谐相处。

（三）有利于滨海城市向生态城市的发展

在广西沿海的景观中，有许多融入生态伦理元素并具有生态系统功能的海洋自然景观，如滨海湿地公园、各种海洋自然保护区。这些景观的存在和发展，有机地将生态保护、生态旅游和生态环境教育结合起来，延伸了海洋景观的功能和价值，鲜明地表达了城市的生态化追求，从而有效地促进生物多样性，维护滨海城市的海洋生态环境，提高城市的空气质量和宜居水平。这些海洋自然景观不仅丰富了城市居民的滨海公共生活，增加了城市海洋文化休闲设施，让人们获得更多自然生态的宜人都市空间，而且还自然而然地成为该城市的海洋科普和科研基地，让人们在滨海自然生态环境构成的景观中接受生态伦理文化的熏陶，进而向往生态化城市、追求生态化城市，参与生态化城市建设。

三、广西海洋景观建设融入生态伦理元素的深化发展

广西滨海城市在原有海洋文化特色基础上，推进海洋生态文明建设，努力实现生态文明观念在全社会牢固树立，海洋经济发展和海洋环境保护的双赢，既需要在社会经济与政治中重视海洋生态伦理的作用，采取生态经济与生态政治的措施，还要充分利用城市规划与生态城市建设的各项措施，在现代海洋景观建设中进一步融入海洋生态伦理元素，不断丰富海洋文化内涵，以彰显海洋人文精神，提升城市文化品位。

（一）要明确海洋景观建设融入生态伦理元素的目的

党的十八大报告强调，要“把生态文明建设放在突出地位，融入经济建设、政治建设、文化建设、社会建设各方面和全过程。”[①] 在海洋景观建设中融入生态伦理元素，广西沿海城市建设发展的决策者，应以党的十八大报告关于生态文明建设的精神为指导，明确其目的性。因为，如果决策者持有的是“经济理性”和

① 胡锦涛.坚定不移沿着中国特色社会主义道路前进，为全面建成小康社会而奋——在中国共产党第十八次全国代表大会上的报告［EB/OL］. www.wenming.cn/xxph/sy/xy18d/201211/t20121119_940452.shtml

"发展优先"思想，城市景观建设往往充满人本主义的元素，城市景观就会成为政治或经济成就的广告标志牌。

面对严峻的海洋生态环境和滨海城市发展的愿景，广西海洋景观建设融入生态伦理元素应确定鲜明的目的：一是创造天人合一、情景交融的海洋生态景观，从自然生态和社会心理两个方面的结合，表达决策者建设生态文明的价值取向，倡导正确的生态伦理观；二是创造具有地方特色、自然景观与人文精神有机融合的海洋城市景观，以有效保护滨海城市的风景资源，为人们创造一个舒适优美的人居环境；三是要使人们在观赏海洋景观时，能够亲近大海，感悟海洋，接受人海应和谐共处的信息并形成意愿。使之在生态文明建设中更好地对市民的行为发挥潜移默化的影响作用。

（二）要协调好沿海城市间海洋景观的规划建设

生态景观规划是城市生态规划的重要部分。在城市海洋景观建设中融入生态伦理元素，是生态伦理思想在城市规划建设中应用的具体表现。滨海城市建设应将海洋景观作为海洋文化核心理念——海洋生态伦理最集中的体现，将生态伦理思想渗透于城市规划的各个方面和部分，尤其是海洋景观中。由于城市景观是由各种相互作用的视觉事物和视觉事件所构成的，它具有内容的多样性、内涵的多义性、界域的连续性，空间的流动性等特点。因此，要把沿海城市的海洋景观建设好、利用好，就应协调好城市间的规划建设。为了更好地达到实现海洋景观的建设目的和发挥其功能，广西沿海海洋景观应成为一个整体的形态，应从北部湾

经济区的区域空间去统筹沿海城市间的景观设计，根据沿海各市海洋文化的差异，实行"百花争艳"的方针，营造各市的海洋景观特色，避免"形象重复，千景一面"。譬如，城市之间不要搞同一形式、同一内容的雕塑，进行同样的海洋装饰，搞类似的海洋节庆，等等。要通过挖掘北部湾海洋文化的内涵，提高海洋生态伦理元素的利用水平，不仅使海洋景观能充分发挥美化城市的作用，还要使它能以更丰富的内涵和外延，让人们在观赏的愉悦中获得生态伦理的教育。

（三）要加大自然生态环境与人文精神结合的海洋景观建设

海洋生态伦理是海洋文化建设的核心理念。面对日益恶化的海洋生态环境，审视滨海城市建设发展的价值标准，要实现人海和谐，构筑生态型的滨海城市，就要让生态伦理成为发展海洋文化的主流价值取向，使人海和谐相处，共同发展成为民众的普遍追求。为此，广西沿海城市在积极保护和挖掘海洋自然生态景观的同时，应加大力度建设自然生态环境与人文精神结合的海洋景观，在海洋景观

文化价值取向上，张扬海洋生态伦理的理念。通过海洋景观的展示，使人们在欣赏海洋景观中追求人与自然共生的乐趣，感悟海洋生态环境的重要，形成牢固的海洋生态伦理观念。如在海洋景观设计建设上，应充分利用滨海城市的区域环境条件，市区内坚持以海滨为重点，辅以市内海洋氛围的营造，充分融入人文精神；对那些不会说话的沙滩、水体、岛屿、礁石、树木构成的海洋自然景观，借助景名、额题、景联和石刻等表达手段，融入海洋生态伦理元素，赋予这些景观海洋生态文化，烘托景观的人文意境，使这些景观所体现的海洋生态伦理思想能使观景者在心灵上产生共鸣，让人为之心动，真正感受海洋文化的精神内涵。从而使广西沿海地区在工业化、城镇化进程中，永保“天蓝、地绿、水清、海碧”的目标，成为人们的共识和为之努力的自觉行动。

（四）要深化海洋景观的建设和管理

滨海城市要打造海洋文化特色，体现海洋文化的核心理念，提高城市的品位，就要把城市功能、城市景观、自然环境与城市文化形象有机地联系起来，深化海洋景观的建设和管理。一是对海洋生态自然保护区景观建设要给予政策和资金的支持，激励相关单位辅以海洋生态知识、海洋科普教育设施的建设。二是把海洋景观与城市的文化建设、城市基础设施建设、城市环境建设，以及旅游业的发展有机结合起来进行规划设计，一起组织实施；同时制订政策措施，将海洋景观运营融入城市观光休闲旅游体系，以发挥和扩大海洋景观潜移默化教育人的功能。三是加强海洋景观的内涵建设，运用题景手法，为物质海洋景观赋予海洋精神文化内涵；在海洋自然保护区增加海洋生态知识、海洋科普教育的内容和设施，努力提升其生态伦理教育的功能。四是加强海洋景观的管理，坚持景观向公众开放的公益性，建立公众参与管理的机制，维护城市海洋景观的生态平衡和公众共享生态文明成果的权益；建立保障制度，防止因经济社会项目的建设破坏海洋景观或削弱其表达海洋生态伦理元素的功能。

本文原刊于《学术论坛》2013年第10期，是广西哲学社会科学“十二五”规划项目“生态伦理视角下广西海洋文化发展研究（11BSH001）、广西文科中心特色团队“北部湾海疆与海洋文化研究团队”研究成果。作者：黄家庆，钦州学院副厅级调研员，副研究员；林加全钦州学院书记助理，教授。

基于生态伦理视阈的广西海洋生态文明构建
——生态伦理视角下广西海洋文化发展研究之二

黄家庆　林加全

【摘　要】广西发展海洋经济，提升海洋经济的竞争力，需要构建海洋生态文明。因为构建海洋生态文明是新时期广西历史性的责任与任务；海洋生态文明建设倡导广西海洋经济发展方式的转变，是广西实现海洋生态环境平衡的意识基础，是广西实现可持续发展的前提和保障。构建广西海洋生态文明需要以马克思主义生态思想为理论基础，传承与发展传统海洋生态伦理思想，树立海洋生态理念；需要加强海洋生态文明的法制建设、文明责任制度建设，完善的海洋生态文明建设规划和海洋生态文明建设综合管理与协调发展的机制等来保障。

【关键词】广西；生态伦理；海洋生态文明

人类在长期的海洋开发利用实践中，创造了以海为田，耕海为生的海洋文化。在这些海洋文化中，蕴涵着丰富的敬畏生命、崇拜海洋、珍惜资源、保护生态的文明传统。然而，随着社会的变迁、经济的发展，许多海洋生态文明传统习俗发生了变化，以致消失。现代海洋生态文明构建成为了人与海洋、人与人、人与社会之间各种关系调整的重要课题。广西发展海洋经济，提升海洋经济的竞争力，打造我国沿海经济发展的新一极并实现可持续发展，构建海洋生态文明尤显迫切。

一、构建海洋生态文明是新时期广西历史性的责任与任务

21 世纪是人类的可持续发展越来越多地依赖于海洋的海洋世纪。在这样一个新的世纪、新的时期，中国共产党立足我国基本国情，审时度势，继承和发展马克思主义关于发展的世界观和方法论，提出了科学发展观。其实质就是人与自然和谐、人与社会和谐的可持续发展。2002年10月，党的十六大报告把生态良好的文明社会列为小康社会的四大建设目标之一提了出来。2007年10月，党的

十七大报告强调:"要建设生态文明，基本形成节约能源、资源和保护生态环境的产业结构、增长方式、消费模式；循环经济形成大规模，可再生能源比重显著上升；主要污染物排放得到有效控制，生态环境质量明显改善；生态文明观念在全社会牢固树立。"[①]把建设生态文明作为社会文明的重要内容，提高到发展目标的高度，与物质文明、政治文明、精神文明共同构成我国社会文明发展新的框架。2012年11月，党的十八大报告进一步提出要"把生态文明建设放在突出地位，融入经济建设、政治建设、文化建设、社会建设各方面和全过程，努力建设美丽中国，实现中华民族永续发展。"将"美丽中国"作为未来生态文明建设的宏伟目标，把生态文明建设摆在总体布局的高度上，单篇对生态文明进行了论述，表明了中华民族对子孙、对世界负责的精神。它不仅仅是我们党提出的宏伟目标、国家的基本国策，更是各级党委、地方政府义不容辞的责任与任务。

广西在贯彻落实科学发展观、建设生态文明中，把发展海洋经济作为新的经济增长点，提出了"全面提升海洋经济可持续发展能力"，"构筑人与自然和谐发展、环境友好型社会，确保碧海蓝天，努力将广西沿海地区建设成为海洋经济发达、环境优美的我国海洋生态文明示范区和全国最优的滨海宜居地"[②]的发展目标。然而，面对海洋资源开发利用方式粗放、开发不合理或过度开发；沿海地区城镇化、工业化进程加快，人类活动产生的废弃物、污染物和陆地的工业污水、农业污水、生活污水不断进入大海；围海造地、海洋和海岸工程与局部区域养殖密度和近海捕捞强度不断扩大，使近海海域不堪重负，沿岸浅海滩涂生物资源衰退；沿海环境污染等问题逐渐显现，给海洋生态系统带来的影响越来越多，海洋资源开发与海洋环境保护的矛盾日益尖锐，生态目标与经济目标发生了冲突，海洋生态面临着失衡的状态。据广西壮族自治区环境状况公报数据显示，2011年广西近岸海域平均一、二类水质比2010年下降了7.8%；局部海域出现了四类或劣四类水质；海水环境功能区达标率比2010年下降了1.0%。[③]广西要实现上述建设目标，就必须构建海洋生态文明，用生态文明建设的理念、方法协调、缓解海洋经济发展与海洋生态环境间的矛盾，"坚持开发利用海洋与保护海洋并重，加强海洋环境保护与生态建设，""实现海洋资源开发、环境保护与海洋经济的协调发

① 胡锦涛在党的十七大上的报告[EB/OL].新华网(http://www.sina.com.cn).2007-10-24.

② 广西海洋经济发展"十二五"规划[EB/OL].

③ 广西壮族自治区环境保护厅，2011年广西壮族自治区环境状况公报[R].http://www.gxzf.gov.cn/zwgk/bmdt/201206/t20120604_412819.htm.

展”，[①]彻底摒弃只知用海，不知养海，用环境污染、牺牲海洋生态来加大加快海洋经济GDP增长的错误意识与行为。

和谐生态伦理观认为，自然是人类生产生活实践活动的背景和基础。人的活动必须遵循自然生态规律，正确对待和解决经济社会发展与自然生态环境之间的冲突和矛盾，才能更有利于人类自身的长期生存和发展，给子孙后代保留一个好的生存环境和生存权力。广西近海海域目前虽然是我国大陆沿岸最洁净的海区，但不可忽视其潜在的生态环境危机，只有在追求发展的同时有效地保护和改善海洋生态环境，以可持续的方式使用海洋资源和海洋环境成本，构建海洋生态文明，实现人与大海的和谐共处，才能保证子孙后代也能使用良好的海洋资源。这既是当代广西发展的明智选择，更是历史性的责任与任务。

二、广西海洋生态文明构建的意蕴

海洋生态文明主要包括海洋生态意识文明、海洋生态制度文明和海洋生态行为文明三个方面。海洋生态文明的实质就是要建立以海洋资源环境承载力为基础、以自然规律为准则、以可持续发展为目标的海洋开发、利用、保护等理念和活动方式，实现人与海洋的和谐相处、协调发展。它是人与大海、人与人和谐共生，在海洋生态系统可持续的前提下实现海洋发展、持续繁荣为基本宗旨的海洋文化伦理形态。广西建设“海洋经济强区”，构建海洋生态文明有着丰富的意蕴。

1. 海洋生态文明建设倡导广西海洋经济发展方式的转变

海洋生态文明是以尊重和维护海洋生态系统平衡为前提，合理利用消费海洋资源为着眼点，建立生态化的海洋产业发展模式的一种新型人类文明形态。海洋生态文明建设不是实施对海洋环境污染进行事后修补性的控制，也不是海洋生态恢复意义上的环境保护，而是从源头上减少对海洋资源的消耗，实现不破坏海洋生态环境下的海洋资源高效、循环利用；从而“建立起海洋生态环境保护系统，控制并逐渐恢复海洋生态支持力，坚持走海洋环境与海洋经济和谐发展道路。”[②]基于此，海洋生态文明建设不仅将海洋生态问题上升到了伦理的高度，更是指

明了广西海洋经济要走绿色发展的路子，引导人们进行海洋经济产业的调整和优化，转变海洋经济发展的方式，努力实现海洋资源开发、环境保护与海洋经济的协调发展。

① 广西海洋经济发展“十二五”规划[EB/OL]

② 刘家沂.生态文明与海洋生态安全的战略认识[J].太平洋学报，2009(10)：73.

2. 海洋生态文明建设是广西实现海洋生态环境平衡的意识基础

随着广西海洋经济进入快速发展阶段，海洋资源开发、海洋经济发展与海洋环境保护的矛盾日渐凸显，海洋资源和环境保护压力加大。如何在海洋经济发展中保持海洋环境生态平衡，是广西必须解决的现实问题。海洋生态文明是原生态文明的起源，是建立海洋自然生态系，实现海洋环境生态平衡的前提条件和基础。随着广西北部湾经济区各类开发利用活动深度和广度的不断拓展，已经发生和潜在的海洋环境污染、海洋资源掠夺性开发和海洋技术负面效应，使得海洋资源环境的压力越来越大，要改变追求物质需要的传统消费观念和消耗资源求增长的传统发展观念，缓解直至消除海洋经济发展与海洋生态系统间的矛盾，维护海洋资源系统的良性循环，必须用生态文明建设的理念、方法协调和缓解海洋经济发展与海洋生态环境间的矛盾，即根据广西海洋自然生态承载能力，合理开发利用海洋资源，用海养海；实施海洋环境整治、海洋生态保护及修复，维护海洋生态平衡；发展海洋文化，强化公众对海洋自然规律、生态价值和生态责任等的认识，提高公众关爱海洋、保护海洋、善待海洋的自觉性；才能实现海洋生态环境的平衡。否则，人们缺乏海洋生态意识，文明行为缺失，海洋生态环境恶化的趋势就得不到遏制，实现海洋生态环境平衡只能是一句空话。

3. 海洋生态文明建设是广西实现可持续发展的前提和保障

广西拥有1629千米的海岸线，众多的深水良港和丰富的自然资源。广西将海洋空间作为实现新发展的一种预求，把发展海洋经济作为新的增长点，建设“海洋强区”并实施人与大海和谐共处的可持续发展。其实质要求就是在开发利用广西北部湾海域乃至整个海洋中，一方面要遵循海洋生态规律，既满足北部湾经济区发展的需要，又要保持北部湾的碧海蓝天，保护海洋的生命支持、环境净化的价值与功能;另一方面要与海洋自然界建立起和睦、平等、协调发展的关系，“既自觉调整自身的需求和行为，减少对海洋自然界进化的危害，又运用人类的智慧和能动性，使海洋可再生资源摆脱艰辛而缓慢的自发进化过程，实现人与海洋的协同进化。”[①]海洋生态文明建设是以“人海和谐”的理念贯穿到经济、社会、文化的各个领域，规范人的意识、行为和道德，统筹海洋经济发展和生态环境保护，推动“人类社会永续发展”的过程。人与大海和谐共处的可持续发展，只有以海洋生态文明建设为前提和保障，即通过海洋生态文明建设，确立人们的海洋

① 杨国祯.人海和谐：新海洋观与21世纪的社会发展[J].厦门大学学报(哲学社会科学版)，2005(3)：42.

生态文明意识，并使之成为自觉的行为，才有可能实现。广西沿海地区人民只有在与大海协调和谐相处的前提下，才能从大海那里获得持续、健康的属于自己的东西。

三、广西海洋生态文明构建的人文条件

海洋生态文明是由海洋自然生态和海洋文明两个概念构成的复合概念。它是人类对农业文明和工业文明深刻反思的基础上生成和发展起来的一种文明范式，不应仅仅是海洋经济发展取得的物质利益，还应该是人遵循与社会、海洋和谐发展规律而形成的精神文化内涵。[①]海洋生态环境的破坏和维护治理都离不开人、人的意识与生态伦理思想。海洋生态环境问题，从表面上看，是技术问题和经济问题；从深层次分析，则是哲学问题、伦理问题。要从根本上解决海洋生态环境问题，不仅需要工业文明的转型、技术的发展进步和经济法律制度的变革，还有赖于人们哲学范式的改变、伦理观念上的觉悟。海洋生态文明建设对于广西沿海地区来说，是个全新的课题。海洋生态文明的实现需要人们以马克思主义的生态理论为理论基础，传承与发展传统海洋生态伦理思想；强化海洋意识，普及海洋知识，建立人与海洋和谐共处的新的文明理念；全面科学实施海洋发展规划等来形成人文条件保障。

1. 海洋生态文明建设要以马克思主义生态思想为理论基础

马克思主义的生态理论揭示人与自然、人类社会与自然环境、自然与历史之间的相互依存、相互作用的辩证关系，是解决人类生态问题的重要哲学依据。马克思在实践的基础上把握和理解人与自然的关系，把自然作为人的劳动对象纳入人的活动范围来考察，以实践为出发点，重视人与自然的辩证统一关系，认为自然是人类生存发展的前提和基础，“整个所谓世界历史不外是人通过人的劳动而诞生的过程，是自然界对人说来的生成过程”。[②]他把自然界比做人类的“身体”，指出：“在实践上，人的普遍性正表现在把整个自然界——首先作为人的直接的生活资料，其次作为人的生命活动的材料、对象和工具——变成人的无机的身体。自然界，就它本身不是人的身体而言，是人的无机的身体。”[③]恩格斯在《自然辩证法》一书中也明确指出：“我们连同我们的肉、血和头脑都是属于自然界和存在

① 胡婷莛，秦艳英，陈秋明.海洋生态文明视角下的厦门海岸带综合管理初探[J].环境科学与管理，2009(8)：67.

② 马克思.马克思恩格斯全集(第42卷)[M].北京：人民出版社，1979：131，95.

③ 马克思.马克思恩格斯全集(第42卷)[M].北京：人民出版社，1979：131，95.

于自然界之中的。”[①]

马克思主义生态思想的理论根基——实践的观点和历史唯物主义的观点，为人与自然的和谐发展，确立了生态文明理论的哲学方法，提供了生态伦理底蕴。它从生产方式的角度考察生态文明，告诉人们：世界是普遍联系和永恒发展的，人类与自然的关系息息相关，人类要爱护自然而不能破坏自然；人类要与自然共同进化，协调发展；人类社会的进步、生态文明的发展必须遵循生产关系一定要适合生产力状况的规律。海洋是人类生存发展的空间。要建立海洋生态文明，实现人海和谐共处，就应以马克思主义的生态思想为理论基础，实现思维方式的转变，善待人类赖以生存发展的第二空间——海洋，调整人与海洋、人与社会、社会与自然之间的各种关系，在保护中开发，在开发中保护海洋。

2. 海洋生态文明建设要传承与发展传统海洋生态伦理思想

中国传统文化中以“天人合一”的生态伦理思想，主张的是人与自然应当和谐相处。这既是传统生态伦理思想关于人与自然关系的一个基本点，也是古代人民追求的一种崇高的生存境界。在广西传统海洋文化中，体现了“天人合一”伸延到“海人合一”的人与自然“生命同根”的海洋生态伦理思想。如合浦关于“珠徙交趾”与“珠还合浦”的传说，反映了古代渔民赋予珍珠具有灵性的生命意识，以及丰富的珍珠自行迁徙和回归的想象，对海洋生态平衡、海洋环境保持良好的祈求；东兴京族人通过镇海大王惩治邪恶的故事，把镇海大王神性化为崇拜的对象进行祭拜，祈望人与大海能够建立一种互利共生、有序规范相处的关系。诸如此类的传说和习俗，都蕴涵了先民们祈祷人海和谐共处的生态伦理愿望，它与建设海洋生态文明的精神实质是一脉相承的，是海洋生态文明建设应予吸取的传统和发展的部分。

文明的转型，首先是人对自然的认识、理解发生了重要的变化，生产理念和价值取向实行了转变。海洋生态文明构建实质上是农业文明和工业文明的一种文明转型。传统海洋文化中的敬畏大海、崇尚自然，追求人海和谐的生态伦理思想，正是当前调整广西北部湾经济区开发开放中形成的人与大海、人与自然的对立关系，克服海洋生态环境的恶化，构建现代海洋生态文明，实现海洋经济的可持续循环发展，所要挖掘和借鉴的传统海洋文化中的精华。传承与发展传统海洋生态伦理思想，无疑是现代海洋生态文明建设所需要的。

① 恩格斯.马克思恩格斯选集：第4卷[M].北京：人民出版社，1995：3841.

3. 海洋生态文明建设要强化海洋意识，树立海洋生态理念

培养和塑造人们的现代海洋生态意识，使之对海洋生态价值有一个科学的认识，对海洋生态状况和海洋环境保护问题有一个正确的判断，从而担负起应承担的海洋生态责任，自觉地参与海洋生态建设、保护海洋环境，是构建和形成协调发展的人海关系的一个重要人文条件。在海洋生态文明建设中，人们的海洋意识文明是最基本，也是最根本的。公众海洋生态意识的缺失是现代海洋生态环境趋于恶化的深层次原因。目前，广西北部湾海区海洋生态存在的近岸海域水质污染破坏海洋生物生存环境；围海养殖和吹砂填海造地，造成自然滩涂面积锐减影响海滩涂生态系统；乱砍伐红树林，海洋自然生态区域被破坏；海洋捕捞过度，超过资源的最大限量和环境的承载能力等等问题；[①]虽然有人口与资源、技术设施与工程要求、经济建设与环境保护的矛盾等客观原因，但更为重要的主观因素乃是一些地方的决策者与公众，缺乏海洋意识和生态环境伦理素养，没有保护环境的伦理自觉性，往往是“无度、无序、无偿”用海。因此，在海洋生态文明建设中，必须提高国民的海洋意识和文化。如在大中小学开展认识海洋、亲近海洋教育，在沿海地区和渔村设立海洋教育活动场所，鼓励并规定大中小学生每年都要参加认识海洋、亲近海洋的实践活动；举办沿海各级政府干部轮训班，组织学习海洋知识和海洋生态环境保护的法律法规；开展海洋生态环境保护宣传教育，培养和塑造公众的海洋生态意识，形成热爱海洋、珍惜海洋、保护海洋的社会氛围，促进人们海洋生态理念的建立，从而自觉自愿地投身到海洋生态文明建设中。

四、广西海洋生态文明建设的制度保障

随着广西北部湾经济区开发的大力推进，沿海城市规模的扩张、临海工业的快速发展，给北部湾海洋生态保护和生态平衡造成越来越大的压力。广西北部湾要走出先发展、后治理的怪圈，不成为下一个渤海湾，就必须实现从工业文明向生态文明的转型，通过构建海洋生态文明，基于生态系统的海洋管理模式来发展海洋经济。海洋生态文明建设既是一种文明向另一种文明的转型，又是一项复杂庞大的社会工程，对广西北部湾经济区乃至广西的经济发展都是全新的课题，它需要相应的制度、机制建设做保障。

① 李尚平.广西北部湾海洋生态环境的现状与保护对策[J].钦州学院学报，2010(6)：10.

1. 加强海洋生态文明的法制建设

法制作为规范人们行为的一种强制性制度，具有指引、评价、教育和强制的作用。实施海洋生态环境保护，建设海洋生态文明，不仅需要教育宣传，而且还需要强化行政、法律手段，制定和完善海洋生态环境保护的法律、法规，是海洋生态文明建设落实的重要保障。海洋生态环境保护公益性的特性，决定了它必须依靠法制的支持，才能获得最大限度的发展。海洋生态文明不仅是一种意识，更是一种行为，行为是需要规范的；没有相应的法律法规，海洋生态文明只能是“空中楼阁”。一些地方上马的项目敢于置海洋生态被破坏、环境被污染而不顾，其原因除片面追求经济指标，对海洋生态环境问题的认识不足外，往往是有法律和制度的空子可钻或管理问责及事后的执法处置不严。为此，必须加强海洋生态文明的法制建设，通过强有力的司法保障，使海洋生态文明建设法制化、制度化。

2. 加强政府海洋生态文明责任制度建设

加强海洋生态文明责任的制度建设，用制度把责权利结合起来实施管理，对于提升政府官员的海洋生态伦理水平，提高政府官员的海洋生态意识，使政府官员海洋生态文明建设中，不仅仅凭基于生态伦理环境道德的行政理念，运用生态伦理原则和环境道德规范自已的行为；还要受到管理制度的约束，强化其在宏观决策上和具体监管上的责任到位、行动到位。如建立海洋生态环境问责制、海洋生态环保目标责任制，不仅要严格追究造成海洋生态破坏、海洋环境污染事件责任人的法律责任，还要地方政府必须承担相应的责任；不仅要政府做好海洋生态修复和海洋环境恶化遏制的工作，还要担负起提高全社会海洋生态文明意识、实现海洋生态文明建设目标的责任；给沿海地方政府套上海洋生态文明建设责任的“紧箍咒”，把海洋生态文明建设列入入政府政绩考核评估内容，强化政府的责任意识和责任行为。不随心所欲

3. 加强项目环境评估和准入制度建设

要实现广西海洋生态文明，必须把好源头关，加强北部湾建设项目环境评估和准入的制度建设，形成海洋生态文明建设与促进经济社会发展的综合决策机制。在确定北部湾区域开发开放项目、产业结构调整等重大决策时，要坚持科学发展观，坚持海洋生态建设与经济社会协调发展的原则，进行充分的海洋环境影响论证，从源头上加强海洋生态文明建设。一是根据海洋生态环境状况和自然保护区、港口工业区等区域功能，合理安排项目，优化产业布局，把好空间准入关；

二是支持节能减排、结构优化的“绿色”项目，严禁高消耗、高污染、资源型项目，拒绝不符合环保要求的项目，把好项目准入关；三是在区域海洋环境容量、海洋资源承载力基础上，实行“削减替代”原则，将减少污染物排放、维护海洋生态的指标任务落实到的项目(企业)中，把好总量准入关；[①]以确保广西北部湾海洋生态系统不受破坏，海洋环境不受污染，促进北部湾经济区的持续、快速和健康发展。

4.不断完善海洋生态文明建设规划

广西实施海洋发展战略，加快海洋经济建设以来，虽编制了《广西北部湾经济区发展规划》、《广西海洋灾害区划》、《广西海水利用专项规划》、《广西海岛保护规划》、《广西海洋功能区划》、《广西海洋产业发展规划》、《广西海洋经济发展“十二五”规划》等一系列规划，为可持续利用北部湾海洋资源、保护海洋生态系统、控制海洋环境污染发挥了积极的作用。但是，由于缺少与之相配套的广西中长期海洋生态文明建设规划，规划的引领和调控功能未能充分发挥作用，随着北部湾经济区的发展，广西海洋生态环境在不断的变化发展，制约着广西海洋生态文明的建设的推进。因此，应依据《生态广西建设规划纲要》，制订包括加强各类海洋资源开发的监管，防止海洋生态系统进一步破坏；实施海洋生态恢复和重建，加强海洋自然保护区、资源保护区的建设与管理，加强港口、船舶污染和海水养殖污染防治管理，加强围海造地的管理，防止开发导致海洋环境改变；[②]以及沿海地区各产业在发展中应承担的海洋生态文明建设的责任、目标要求、具体任务、时间步骤、工程措施和政策保障等内容的，广西海洋生态文明建设规划。为广西北部湾经济区开放开发中的海洋生态环境保护工作提供清晰的路线。

5.建立海洋生态文明建设综合管理与协调发展机制

海洋生态文明建设实施对海洋生态和海洋环境保护监督，以及突发环境事件应急处理，需要跨部门、跨行业、跨地方的综合管理，协调海洋开发和海洋权益重大事项，形成综合管理与协调发展机制，以保障建设的顺利进行。一是成立广西海洋管理委员会，完善广西海洋自然保护区和海洋资源与海洋环境功能区划，加强各功能区划的建设沟通协调。二是整合涉海部门的力量，探索海洋生态文明建设与促进经济社会发展的海洋行政、规划、使用新模式，沟通协调海洋行政管理，统一海洋行政执法，统筹开展海洋科技、海洋决策咨询、海洋生态建设公益

① 任浩明.论地方政府的环境伦理责任——以广西北部湾经济区为例[J].桂海论丛，2010(6)：97-98.

② 广西壮族自治区人民政府.生态广西建设规划纲要(2006—2025年)[Z].

服务。三是海洋生态环境保护工作由各职能部门的分散管理，向由海洋、环保、发改委、农业、林业等部门齐抓共管统一监督管理转型，有效管理和协调北部湾经济区各行各业的涉海开发建设活动，保障海洋生态文明建设的顺利。

本文原刊于《广西社会科学》2013年第6期，是广西哲学社会科学“十二五”规划项目“生态伦理视角下广西海洋文化发展研究(11BSH001)、广西文科中心特色团队“北部湾海疆与海洋文化研究团队”研究成果。作者：黄家庆，钦州学院副厅级调研员，副研究员；林加全，钦州学院书记助理，教授。

论广西海洋生态伦理的构建
——生态伦理视角下广西海洋文化发展研究之三

黄家庆　林加全

【摘　要】海洋生态伦理在广西海洋文化中的核心理念的地位，是由海洋文化对经济社会发展的影响所体现的海洋生态伦理的功能和使命的客观性所决定的。要构建广西海洋生态伦理，应加强教育和宣传，提升全社会的海洋生态伦理素质；营造文化氛围，助推民众海洋生态理性提高；健全法规政策，完善海洋生态伦理的规导机制；发展生态经济，引导社会生产行为遵循海洋生态伦理规范。

【关键词】广西；海洋文化；海洋生态伦理；构建

广西加速发展海洋经济，建设“海洋强区”，是在海洋科技和文化相对落后的条件下进行的。面对海洋科教支撑力量薄弱、海洋资源开发与海洋环境保护矛盾逐渐凸显等问题，广西需要重新审视人与海洋的关系，正视目前面临的海洋开发利用问题，理性反思海洋经济发展方式，探究人们从事海洋实践活动的伦理规范——海洋生态伦理，以应对正在发生或潜在的海洋生态环境危机，使海洋经济更好地进入新一轮的发展。

一、海洋生态伦理的内涵

伦理是一种与人类社会相关的能为人的意识领悟和体会的合理关系，是一种规范人类行为的价值观念。生态伦理就是人类在进行与自然生态有关的活动中，所形成的处理自身及其周围自然生态环境关系的道德规范和调节原则。海洋生态伦理作为生态伦理的一部分，从一般的人类活动方式进行分析入手，研究人的活动与海洋的关系、人类心理与海洋的关系、人类社会与海洋的关系，即人类活动与海洋相互作用、相互影响的关系，以及以海洋为背景的人与人之间的关系[①]；是人类在进行与海洋生态有关的活动中所形成的道德规范及其调节原则的总称。

① 赵宗金.人海关系与现代海洋意识建构[J].中国海洋大学学报(社会科学版)，2011(1)：25-30.

海洋生态伦理把对道德的关怀延伸至人与海洋之间，即从人与海洋的自然关系层面上，扩展到人类的海洋实践活动中的人与人之间的社会关系层面上，突出反映人与海洋、社会之间包含着的公共伦理和环境伦理的新型生态伦理关系，其基本原则是指导保持海洋生态平衡、维护海洋环境实践活动的重要理论基础，而成为规范人类海洋实践行为的一种重要的海洋文化核心观念。

海洋生态伦理是人的海洋实践活动的内在需求、人类传统伦理发展进化的结果；是人遵循海洋规律，面对海洋的一种道德自觉，实现人与自然和谐的伦理。其核心是突出人在海洋实践活动中维持海洋生态平衡，把海洋生态意识和环境保护的要求融入人开展海洋实践活动的价值理念、活动决策和具体行为等各个方面，注重开发利用海洋的经济效益、社会效益和生态效益的统一，实现人与海洋和谐发展。

海洋生态伦理的调整对象，既包括涵盖人与海洋的自然关系，也包括海洋实践活动中人与人之间的社会关系。它超越传统的以人类利益为中心的伦理观，强调发挥人的主观能动性的同时，确立尊重海洋、保护海洋的伦理道德规范，通过调整人与人在海洋实践中的关系来实现人与海洋的和谐相处与发展[①]。在现代人海关系中，人与海洋和谐发展的基本内涵，是人类社会系统与海洋自然系统之间的相互适应和相互支持[②]。在开发利用海洋中，人们遵循海洋生态伦理的道德规范与原则，就是一方面要遵循海洋生态规律，既满足一定的社会需要，又保护海洋对生命的支持和净化环境的功能;另一方面，要引导海洋的进化，既通过调整自身的需求和行为，减少对海洋造成的危害，影响海洋的自然进化，又充分发挥人的主观能动性，运用人类智慧“使人类需要的海洋可再生资源摆脱艰辛而缓慢的自发进化过程，实现人与海洋的协同进化”[③]。

二、海洋生态伦理在广西海洋文化中核心理念地位的客观性

海洋生态伦理在广西海洋文化中具有核心理念的地位，这不是凭空臆想贴上去的“标签”，而是海洋文化对经济社会发展的影响所体现的海洋生态伦理的功能和使命的客观性决定的。

文化是一种社会现象，一个历史范畴。海洋文化是人类利用海洋资源创造的

---

① 吕建华，吴失.论海洋伦理及其建构[J].中国海洋大学学报(社会科学版)，2012(3)：36-41.

② 杨国祯.人海和谐：新海洋观与21世纪的社会发展[J].厦门大学学报(哲学社会科学版)，2005(3)：36-42.

③ 杨国祯.人海和谐：新海洋观与21世纪的社会发展[J].厦门大学学报(哲学社会科学版)，2005(3)：36-42.

物质文明和精神文明的总和，以及人类适应海洋环境的方式。它包括人类对海洋的认识、利用和因有海洋而成的思想道德观念、意识形态、社会典章制度、生产方式、风俗习惯、教育科技和文化艺术等形态。海洋文化的影响渗透到沿海地区人们生产生活的各个领域，不仅影响民众的生活方式、心态习惯、精神气质、价值取向等，还可能影响该地区城镇乡村的景观设施、发展目标的设定、发展模式的选择、生产方式的创新等。但如今，海洋生态环境危机重重。海洋开发中的不合理或过度开发，甚至是掠夺性的开发海洋资源，导致海洋中的物种急剧减少；开发不注重生态与环境的保护，致使海洋环境受到严重污染。面对这一系列危机，人们不得不对价值观念和行为模式进行根本性的改造，选择人与大海和谐共处、人与自然融为一体的价值取向；所进行的海洋实践活动，无疑要在海洋生态伦理的规范与原则指导下进行。

广西将海洋开发利用的关注点从“单一经济概念”转到“经济生态环保的综合概念”，提出要坚持海洋开发利用与保护并重，生态优先、绿色发展，加强海洋环境保护与生态建设，按照生产、生活、生态“三生共融”的要求，大力发展海洋循环经济、生态经济；将广西沿海地区建设成为海洋经济发达、环境优美的中国海洋生态文明示范区和全国最优的滨海宜居城市。这一发展目标正是体现了人与海洋和谐统一的整体价值观和可持续发展的海洋生态伦理观。

作为欠发达地区，广西实施人与自然和谐统一的海洋发展战略非常重要和紧迫，而这恰恰需要以海洋生态伦理为核心理念的海洋文化的引导和支撑。即需要它为广西海洋经济的建设提供重要的价值理念与行为导向，培育广西沿海居民的生态理性，使民众在海洋生态伦理的指引下，将人与海洋和谐发展的意识变为自觉的行动，形成一种追求而努力去实现发展目标。在这个过程中，海洋生态伦理以人与海洋关系的伦理规范、道德原则的中介形式，渗透到决策者的意识中，内化为决策信念、态度以及决策的价值取向，成为对人们行为的规范引导。如充满生态伦理思想的《广西海洋经济发展“十二五”规划》，就明确了海洋经济发展的规范，调整涉及人与海洋的关系，规范引导人们从事海洋经济活动的行为。毋庸置疑，随着从国家到地方都把海洋的开发利用与保护作为一项重大发展战略，海洋文化影响力的不断扩大和增强，海洋生态伦理在海洋文化中的核心理念地位将越来越明显。

三、构建广西海洋生态伦理的目标和原则

海洋生态伦理作为道德规范，是新的历史条件下人类道德伦理在海洋生态环境领域的深化、拓展和具体运用。海洋生态伦理应是自愿与强制兼有的伦理。在现实经济社会生活中，海洋生态伦理建设必须有强制性手段作后盾。既要通过各种形式经开明而民主的渠道达成的共识，使它成为人们自愿选择遵守的一种伦理；又要通过写进法律，形成规章制度，借助强制性的约束，使那些不愿意服从的人也被要求这样做。我们要在这样的认识基础上去设计广西海洋生态伦理建设的目标和原则。

（一）构建广西海洋生态伦理的目标

广西海洋生态伦理建设的目标不能主观臆造，不顾广西生态伦理建设的区情，更不能偏离国家的相关政策和法律、法规。要正确把握海洋生态伦理建设目标的内在理论依据和实际依据，科学确定具有前瞻性、可操作性的目标。一方面，要充分了解广西海洋生态环境的现状。深刻认识虽然目前广西近海海域是我国大陆沿岸最洁净的海区，但是，由于“海洋资源开发利用方式粗放，特别是随着沿海地区城镇化、工业化进程加快，围填海规模、局部区域养殖密度和近海捕捞强度不断扩大，沿岸浅海滩涂生物资源衰退，沿海环境污染等问题逐渐显现”；“临海产业污染、海水养殖污染、船舶（航运）污染、围海造地、海洋和海岸工程等给海洋生态系统带来的影响越来越多”，“海洋经济发展带来的环境问题日渐凸显”[①]。另一方面，要充分认识保护生态环境是不可动摇的基本国策。深刻理解党的十六、十七、十八届全国代表大会报告都提出建设生态文明的任务，把生态文明与生态伦理道德建设列为全面建设小康社会的四大目标之一，强调把生态文明建设融入经济、政治、文化、社会建设各方面和全过程，实现中华民族永续发展的重要意义；以马克思主义的生态哲学理论和科学发展观为指导，依据国家的法律、法规和相关政策来设计广西海洋生态伦理的建设目标。

广西海洋生态伦理建设的目标是培养和确立公众正确的海洋生态意识和海洋生态伦理的价值取向，以及开展海洋实践活动的生态伦理道德规范，协调和处理好人与海洋的道德关系；保持海洋生态平衡，保护海洋生态环境，转变海洋经济发展方式，提高海洋资源利用效率，全面提升海洋经济可持续发展能力，促进和

① 广西壮族自治区海洋局.广西海洋经济发展“十二五”规划[EB/OL].(2012-07-12)[2013-05-20].http://wenku.baidu.com/view/8a0fa421a5e9856a56126032.html.

实现人与海洋的和谐统一。该目标的核心是促进和实现人与海洋的和谐统一，实现可持续发展；其前提条件是培养和确立正确的海洋生态意识和海洋生态伦理的价值取向，以及海洋实践活动中应遵守的生态伦理道德规范；其实现的基础是协调和处理好人与海洋的道德关系，保持海洋生态平衡，保护好海洋生态环境，提高海洋资源利用效率；其实现的表现形式是广西沿海地区成为海洋经济发达、环境优美的海洋生态文明示范区和优良的滨海宜居地。它们之间是相辅相成、辩证统一的。

（二）构建广西海洋生态伦理的原则

海洋生态伦理建设的原则，是指在海洋生态伦理建设过程中，正确处理人与海洋的关系，以及海洋实践活动的经济、环境与社会之间协调发展必须遵循的法则或标准。它们的确立，是人类行为对生态环境的影响日趋加剧，并对海洋构成严重威胁而产生的理智反应，是人们对生态伦理建设规律和实践经验的总结并拓展于海洋领域。它们源于海洋生态伦理建设的实践又高于实践，对海洋生态伦理建设具有重要的指导作用。

1. 协调持续性原则。

协调持续性原则是指海洋生态伦理建设要始终从人与海洋和谐共处的目标出发，在肯定人类是海洋相对主体，经济社会必定不断进步发展的同时，要全面把握海洋的规律和深刻认识海洋资源的有限性，充分认识到必须全面运用现代科技和现代生产力，来合理开发利用海洋资源和保护海洋生态环境，努力做到在海洋实践活动中与海洋和谐共处，实现经济社会发展与海洋的协调持续发展。《广西海洋经济发展“十二五”规划》提出的：在海洋经济发展中，要“生态优先、绿色发展”，“坚持开发利用海洋与保护海洋并重”，“海洋资源开发、环境保护与海洋经济的协调发展”的基本原则就是该原则的充分体现。

2. 系统整体性原则。

系统整体性原则就是把人与海洋看做一个整体的生态系统，系统的各个因子和系统变化发展的各个环节具有不可分割的内在结构和有机整体性，相互间处于密切的共生共存的互动关系。该原则强调人与海洋具有内在和谐一致的关系，人与海洋应融合为一个整体，协同发展；人类开发利用海洋资源不仅应遵循物理、化学所揭示的规律和经济学规律，还必须遵守生态学揭示的生态系统平衡规律和海洋运动规律。如广西全面促进海洋经济绿色发展，要建立健全海洋防灾减灾体系，就应坚持“统一规划、标本兼治、突出重点、分步实施”的原则；要科学有序地开发利用和保护好滩涂资源，就应坚持“规划指导、综合论证、科学决策、依法围垦”原则。①

3. 公平正义性原则。

公平正义性原则是指各个群体都有公平地分摊海洋环境成本与海洋生态环境效益的基本权利，也有保护海洋生态环境和节约并合理利用海洋资源的义务。不同时间、不同空间、不同民族的所有人和地区、组织都应该公平分享海洋资源，都有保护海洋生态环境，维护海洋生态平衡的义务。②所有群体都应享有合理的权利、承担合理的责任义务、受到公平公正的待遇，以符合海洋生态环境配置量的方式实现人与海洋和谐共处。根据其具体外化表现形式，广西海洋生态伦理建设，应通过公平、公正对待海洋来实现和满足自己利益的人海公正；当代人机会平等、责任共担、合理补偿来开发利用海洋资源满足需要，公平享有海洋资源的权利和履行海洋生态环境保护义务的代内公正；当代人不以损害后代人满足生存和发展需要的海洋资源环境为条件，使不同代际间人得以公平分配与合理补偿有限的海洋资源的代际公正，作为具体的公平正义性原则。③

四、构建广西海洋生态伦理的策略

（一）加强教育和宣传，提升全社会的海洋生态伦理素质

海洋生态伦理是人对海洋、人与海洋关系的伦理学认识，是人类科学素养和道德水平提高的体现。保持广西为我国近海海域最洁净的海区，实行可持续发展，保护广西海洋生态环境乃是生活工作在广西沿海地区每个成员所共同面临的一个严峻问题。“道德的基础是人类精神的自律”④，因此，保护广西海洋生态环境，不仅要依靠科学技术的进步，还有赖于广大公民道德水平的提高。

要根据广西海洋开发与保护的各个时期有组织、有计划、有针对性地依据海洋生态伦理的道德准则和要求，对社会成员进行海洋知识和生态伦理教育。通过学校教育、媒体舆论宣传、行业企业组织职工学习等多渠道进行教育宣传；并针对目前采取或准备出台的海洋资源开发利用和海洋生态环境保护的措施，从海洋的自然规律和海洋生态伦理的观点出发进行讲解，使每个社会成员、每个社会组织懂得广西为什么要强调“转变海洋经济发展方式”、“强化海洋资源节约集约利

---

① 广西壮族自治区海洋局.广西海洋经济发展“十二五”规划[EB/OL].(2012- 07-12)[2013-05-20].http: //wenku.baidu.com/view/8a0fa421a5e9856a56126032.html.

② 王周.农村生态伦理建设研究——从中国农村的环境保护看农村生态伦理建设[D].湖南师范大学，2003.

③ 王周.农村生态伦理建设研究——从中国农村的环境保护看农村生态伦理建设[D].湖南师范大学，2003.

④ 马克思恩格斯全集：第一卷[C].北京：人民出版社，1956：15.

用和生态环境保护”、“大力发展海洋循环经济”，从而增强他们的海洋生态意识和对海洋生态环境行为的自律性，把海洋生态意识内化为自己的良心，把保护海洋生态环境作为自己的道德责任，自觉地用海洋生态伦理规范自己在海洋实践活动中的行为，在确保广西碧海蓝天，实现海洋资源开发、环境保护与海洋经济协调发展的过程中，起到正能量的作用。

由于在现实生产生活中，对生态环境造成重大影响的、破坏性强的污染多源自政府或企业领导人决策上的失误。[①]海洋生态伦理思想应先于海洋经济发展思想。为此，要通过制度化的教育学习，如组织广西沿海三市的政府部门及企业领导定期学习科学发展观和马克思主义生态哲学理论，认识在海洋经济发展政策的执行中生态环保和经济建设是并重的，促进领导决策者养成自觉遵守和践行海洋生态伦理的行为习惯，使广西海洋经济生态优先、绿色发展以领导决策者的观念为先导做起。

（二）营造文化氛围，增强民众海洋生态理性

环境对具有高度能动主体性的人来说，是具有重要影响的。营造体现人与大海和谐共处的海洋生态文化氛围，是构建海洋生态伦理的重要文化载体。和谐优美的海洋环境与物质和精神组成的海洋生态文化，对民众的海洋生态伦理素质培养有着潜移默化的作用，有助于培养人们的海洋生态伦理意识，便于人们改变对人与海洋关系、对海洋资源的传统看法，确立新的生态伦理观去亲近海洋、了解海洋、开发利用海洋、爱护海洋。广西在海洋生态文化建设方面有着许多值得总结发展的做法，如建立了融海洋观光、进行海洋生态环境和强化海洋意识教育为一体的，能让人们了解、亲近大海的国家级红树林生态自然保护区、儒艮自然保护区、国家级海洋公园；以及“海底世界”、“海洋之窗”、“海洋文化公园”、“海滩公园”等海洋观光场馆和沿海城市文化设施。这些海洋保护区、海洋场馆和城市海洋文化设施，帮助人们认识大海，了解海洋生物的多样性和海洋生态系统；启迪人们海洋生态伦理的文化思维，促进人们亲近大海，树立海洋生态意识和保护海洋生态环境的观念，推动人与海洋的和谐共处。

外在的道德约束转化为人们的自觉伦理意识，使外在的约束力成为人们发自内心的责任感，需要长期的教育与潜移默化的文化熏陶。以人与海洋和谐共处、协调发展为目标的海洋生态文化建设是一项长期的工作。目前，广西海洋文化还

---

① 郭少棠、张慕津、王宪明.西部大开发中的生态文化建设与可持续发展[J].清华大学学报（哲学社会科学版），2000（5）：6-12.

处在起步发展阶段，海洋文化设施和产品有限，还应进一步发展海洋文化，积极培育以海洋文化为主题的文化创意产业，打造一批海洋文化品牌，建成一批具有幅射影响力的海洋文化产业园；广泛开展具有浓郁地方特色的海洋文化活动，继续办好各种海洋文化节；在现有的基础上，加快建设一批海洋生物博物馆、海洋科技博物馆、珍稀海洋物种生态园、海洋公园等主题馆园；大力发展滨海旅游产业；以弘扬海洋文化，诠释海洋文化中的生态伦理内涵。通过海洋文化发展所形成的浓厚的海洋文化氛围，陶冶民众的情操，使之在环境的熏陶下把海洋生态意识内化为自己的觉悟，提高对海洋生态环境行为的自律性。

（三）健全法规政策，完善海洋生态伦理的规导机制

培养人们的海洋生态伦理道德意识，不仅需要宣传教育帮助人们形成自律，而且还必须加强海洋生态环境保护的法制建设，为道德的实施提供强有力的外部保障。只有通过健全的法制，才能有效地惩治破坏海洋生态环境的违法行为，促使人们遵守海洋生态环境保护的法律规范；通过有效的制度，发挥政策、资金等要素的调节作用，引导海洋产业发展循环经济、绿色经济；从而促进民众和社会组织逐渐形成海洋生态伦理的自律。

面对广西海洋资源开发及沿海地区城乡工业和港口建设向海洋倾倒废物垃圾、排放废水和有害物不断增加，造成海域污染加重，海洋生态环境不断恶化，海洋生物多样性受到破坏的生态环境问题，[①]以及人们生态环境道德意识还比较薄弱的现实，广西应加强地方性的海洋法规建设，依据我国《海域使用管理法》《海洋环境保护法》等海洋法律制度，制定海域管理、海岸建设管理、港口管理、渔业管理等海洋开发与保护的地方性海洋法规和规章，健立健全配套制度、实施细则和工作规程等制度，把海洋开发与保护活动纳入法制化管理轨道。通过把海洋生态伦理的内在要求写进地方性的海洋法规、制度，及其法规、制度的实施，发挥法律的强制力、制度的规导作用，增强人们海洋生态环境保护的法律意识和道德意识，使海洋生态伦理建设法制化、制度化。

（四）发展生态经济，引导社会生产行为遵循海洋生态伦理规范

对海洋产业生产方式进行生态化改造，发展生态经济是推进海洋生态伦理建设的重要手段。生态经济是指把经济发展视为生态系统的组成部分，把生态资源作为发展经济的基础和源泉，将生态和经济有机结合起来，通过有效途径使生态

① 韦海鸣.广西北部湾经济区经济与生态整合发展研究[J].广西师范学院学报（哲学社会科学版），2010（3）：33-38.

与经济协调发展。[①]生态经济转变经济发展模式，实践生态与经济、人与自然和谐相处之道。发展生态经济，是广西保护海洋生态活力，统筹人海关系，改善海洋生态环境保护和发展海洋经济的矛盾状态，用人海和谐相处的生态价值观引领人们的海洋经济活动，促使海洋产业的生产行为遵循海洋生态伦理规范，实现人海和谐的必然选择。

广西发展海洋生态经济，一是要根据广西海洋经济发展规划和海洋产业布局，本着经济发展、生态优化、社会进步三者兼顾的原则，制定海洋产业发展指导目录和海洋产业准入政策，建立海洋产业发展引导机制和淘汰产业退出机制，发展科技含量高、能源消耗低的绿色产业。二是要不断提高劳动者素质和利用技术创新带动海洋产业创新，转变经济发展方式，创造新的管理体系和管理方式，形成生态经济可持续发展的支撑保障。三是积极探索建立绿色经济核算体系，将海洋自然资源和生态环境价值纳入企业和地方政府的GDP核算中，制定绿色经济核算中资源的损耗和生态环境的破坏的估价方法和统计标准，规范核算程序和细化各项核算内容。促进生态经济的发展。四是建设绿色港口和绿色保税港区。即科学利用海域和滩涂，降低海洋资源占用和能源消耗，有效减少污染和废物；“前港后厂”的项目建设要强制推行绿色工业标准，采用新工艺和先进技术，同时有完善的环保配套措施。港口建设与港口经济相配套的保税港区要“在不出现无法挽回的环境改变的前提下，环境影响和经济利益之间获得良好平衡的可持续发展”[②]，使广西北部湾港成为海洋生态经济发展的基础和示范。

本文原刊于《广西社会科学》2013年第9期，是广西哲学社会科学“十二五”规划项目“生态伦理视角下广西海洋文化发展研究（11BSH001）、广西文科中心特色团队“北部湾海疆与海洋文化研究团队”研究成果。作者：黄家庆，钦州学院副厅级调研员，副研究员；林加全，钦州学院书记助理，教授。

① 谭艳华.论生态经济与生态文明建设［D］.重庆大学，2011.

② 秦艳，蒋海勇.广西北部湾经济区的绿色发展［J］.广西财经学院学报，2009（6）：30-34.

广西传统海洋文化中的生态伦理思想探微

——生态伦理视角下广西海洋文化发展研究之四

黄家庆　林加全

【摘　要】广西传统海洋文化中的海洋生态伦理思想，是“天人合一”延伸到“海人合一”的人与自然“生命同根”的意识，是以海为生、以海为本的先民在长期的生产和生活实践中形成的；其精神层面的生态伦理思想，在“珠徙交趾”与“珠还合浦”的传说、镇海大王的传说，及其他民间故事、海歌和谚语中蕴涵的海洋生态情感与事理得到深刻的体现；其物质层面的生态伦理思想，则体现在与大海和谐相处的“仰潮水上下而耕”、善待海洋自然地理环境的传统捕鱼方法、共享海洋恩惠的“寄赖”与维护海洋规律的“分渔”、“放生”等生产方式习俗上。

【关键词】广西；海洋文化；生态伦理

自古以来，广西沿海人民以海为田，耕海为生，在北部湾畔山海相连的土地上繁衍生息，孕育了灿烂的海洋文明，创造了广西海洋文化。广西传统海洋文化几千年的传承，显示出了它巨大的生命力，在传统海洋文化中，蕴涵着丰富的敬畏生命、崇拜海洋、珍惜资源、保护生态的文明优良传统。随着社会的变迁、经济的发展，许多海洋传统习俗发生了变化。但其海洋生态文明的核心内容仍得以保存与传承，并在今天的社会经济生活中发挥着重要的作用。研究广西海洋文化中的生态伦理思想，对于传承发展广西海洋文化，构建适应海洋世纪发展的海洋生态伦理具有重要的意义。

一、广西海洋生态伦理思想的基本内涵及其形成的基础

1.传统海洋文化中生态伦理的基本内涵

在不同的历史时期，人们的海洋生态伦理思想的内涵是不尽相同的。古代海洋文化是一种朴素的生态文化。海洋生态文化是指人类在开发利用海洋的实践中保护生态环境、追求生态平衡的一切思想意识与活动及其成果，是人与海洋即人

与自然和谐相处的观念、知识、传统习俗和实践经验及成果的积淀。古代在涉海人群特别是渔民的海洋生态伦理思想中，人和海洋都是生命体，都是大自然的一部分，是自然秩序中的一个物质存在。人们在开发和利用海洋资源的实践中，感觉到人类自身力量的渺小，对大海产生“敬畏和崇拜”，并在膜拜的仪式和敬畏的情感下开发和利用海洋。认为大海是具有灵性之物，进而以多样性海神信仰的自然崇拜，追求“天人合一”、“海人合一”，把“人与自然之间以各种不同的理解或解释方式处于一种和谐一体的人—自然伦理关系之中”。[①]即在尊天、爱天理念指导下尊重、爱护自然，以德性主体确立与自然的关系，实现自然的生生不息，人的自我价值的体现，道德境界的提升，最终达到天人合一的境界。[②]

广西沿海人民如京族在开发利用海洋时，借助征服海洋的想象，在镇海大王的传说中，把镇海大王当作人类征服自然灾害的化身，将人与大海共处的能力神性化为崇拜的对象，赋予其为渔民护航安全、赐予人们渔业丰收的多重神力。但这种对海神的敬畏和崇拜，“不是对幻化神绝对主宰的臣服，而是通过神人之间的尊卑有序规范村落社会人际间的礼仪礼节，规范人与大海的相处准则，实现京族自我发展和人与海洋的和谐。”[③]可见传统海洋文化中的海洋生态伦理思想，是“天人合一”伸延到“海人合一”的人与自然“生命同根”的意识。

2. 古代海洋生态伦理思想形成的基础

人类把伦理道德扩展到生态环境是人类对生态环境的一种适应。广西沿海地区的人民长期生长于海洋环境中，需要极力适应蓝天、大海及周围的环境。因此，他们的宗教信仰及生产和生活充满着生态伦理思想，是很自然的事情。尽管对于现代人来说，把道德关怀从人类社会领域扩展到自然生态领域需要一个转换的过程，但是，对于古代以海为生的人们来说，海洋是他们生活的重要依托，从某种意义上说，这是他们生活的必然、生活的基础。因为他们以海为生，在很大程度上是适应自然的过程，而不是改造自然、征服自然的过程，容易形成了人与自然相统一的思想观念。

海洋是涉海人群生活的重要依托，沿海地区人民以海为生、以海为本的思想，是在长期的生产和生活实践中形成的。在浩瀚无边的大海、蓝色的天空下，“仰潮水上下，垦食骆田”，“饭稻羹鱼，果隋嬴蛤”，“水行而山处，以船为车，以楫

① 万俊人.生态伦理学三题[J].求索，2003(5)：150.

② 刘楠楠.生态伦理的实现路径分析[D].南京师范大学，2005(05)：11.

③ 蓝武芳.京族海洋文化遗产保护[J].广东海洋大学学报，2007(2)：7.

为马，往若飘风，去则难从。”这种充满自然生态的生产和生活，是古时候以海为生的沿海人民最具代表性的生活图景，也是农渔文化与自然环境相融合的典型写照，体现出渔民与海洋自然生态环境的融合、和谐一体，反映了涉海人群适应大海、适应自然的伦理思想。

地球上的生命起源于海洋，人类自诞生之日起就与海洋息息相关。对于以海为生的涉海人群来说，人与大海的统一既是感觉的现实，也是现实的感觉。在古人看来，大海是具有灵性之物。海神是涉海民众想象出来掌管海事的神灵。[①] 因此，他们就按照原始思维的相似律，对海神的信仰趋于人格化，把人类活动与海洋资源、环境、灾害等各种要素结构之间的互感互动的关系，即人海关系确立为一种伦理道德关系，也就成为了古代涉海人群海洋生态伦理思想形成的基础。

二、广西传统海洋文化在精神层面的生态伦理思想

在漫长的历史发展过程中，广西沿海先民不断丰富自己的思想信仰，从原本的自然崇拜发展到具有政治和思想观念的多神崇拜，赋予海洋事物以生命和意志，以神灵的方式确立人与自然关系的道德标准，蕴涵了丰富的生态伦理道德思想。在广西沿海丰富的历史传说和神话中，无不从中得到领略与感悟。

1.“珠徙交趾”与“珠还合浦”传说的生态伦理思想

据《后汉书·循吏列传》载：合浦郡“先时宰守多贪秽，诡人采求，不知纪极，珠遂徙交趾郡界”。说的是在汉代，原合浦太守急于填满私囊，不顾珠蚌的生长周期和规律，逼迫珠民大肆捕捞，造成海洋生态的失衡及环境的恶化，致使珠蚌逐渐迁移到交趾郡内（今北部湾西岸的越南北部沿海）。而后合浦太守孟尝，针对之前任过于频繁采捞珍珠的行为，制止搜刮，革易前弊，使合浦沿海的珍珠资源得到保护和繁衍，“去珠复还”，成为有名的“珠还合浦”的传说。这一传说的代代相传流行下来，沿海先民立祠祭祀孟尝，形成孟尝崇拜，反映了沿海珠民希望能得到孟尝在天之灵的庇护，使珍珠不再迁徙异地他乡，为子孙世代所享用；体现了先民赋予珍珠具有灵性的生命意识，以及富有生态伦理的珍珠自行迁徙和回归的想象，蕴涵了沿海先民对海洋生态维持平衡、海洋环境保持良好的祈求。

2. 镇海大王的传说寄托的人与大海和谐发展的愿望

在京族世代相传的故事里，有那么一个传说：很久以前，北部湾海面白龙岭

① 曲金良.海洋文化概论[M].青岛：青岛海洋大学出版社，1999：43.

的石洞里，住着一只修炼多年的蜈蚣精。它占洞为王，兴风作浪，过往海峡的船只均被它掀翻，随船的人都被它吃掉。附近的渔民对蜈蚣精非常恐惧。蜈蚣精危害百姓的事情被传到天宫，天宫派出镇海大王到人间镇妖。镇海大王到白龙岭后，反复用泥土、顽石封填的办法，欲将蜈蚣精封灭在洞里，但未能成功。镇海大王又乔装打扮成乞丐，背着一个大南瓜要乘渔民的船只出海，伺机在蜈蚣精兴风作浪时想办法除掉它。渔民见他是个乞丐，觉得与其同行不吉利，又恐他有不测之事，想多积阴德，就拒绝他上船。后经不住镇海大王的苦苦哀求，便同意他随船出海。出海后，镇海大王用火煨煮大南瓜，当船行至白龙岭附近时，早已等候在那里的蜈蚣精，呼风唤浪，想吹翻船只，好吃掉落入水中的人。就在这船翻人亡的紧急关头，镇海大王迅速将煨得很热的大南瓜掷到蜈蚣精口中，把蜈蚣精烫死。蜈蚣精垂死挣扎时折断为三截变成了巫头、山心、万尾三岛。京族的祖先为了纪念镇海大王为民除害的功德，建哈亭唱哈歌来祭拜镇海大王。①

在京族人心目中，斩妖除魔的英雄镇海大王是京族形象的化身。京族人通过镇海大王惩治邪恶的故事，借以颂扬祖先征服自然、战胜邪恶势力，开辟美好家园的创业精神；把镇海大王神性化为崇拜的对象进行祭拜，寄托着人与大海能够有序规范相处，实现人与海洋和谐发展的一种良好伦理愿望。从哈节上祭员念颂的“三江孕秀，五岳储精。秉北方之正生，维东海之英灵。天地共其德，日月秉其明。感之必通，求之必应。……承蒙圣德洋洋，瞻仰天恩浩浩。相安相乐，男女康宁”②的祝词中，可以感受到这种人与自然“生命同根”，祈祷人与自然之间建立一种互利共生关系的伦理愿望。

3. 民间故事、海歌和谚语蕴涵的海洋生态情感与事理

广西沿海地区以海洋生物或自然现象为素材，创造了大量表现海洋生物特征和反映人与自然和谐相处的民间故事、海歌和谚语。这些故事表达了沿海地区先民对海洋生物的奇思妙想，融合了民众对海洋生活的认识，表现了涉海民众的生活哲理。从流传下来的故事和谚语，可以看出沿海地区民众的海洋生态观，包含着他们对大海的道德情感。如京族故事《海龙王开大会》，以海龙王开会向水族臣民颁发武器的口吻，描绘了海洋动物形体各异、千姿百态的生态形象，把海洋动物虾蟹鱼的主要特征勾勒得活灵活现：“螃蟹，你已有四对脚，再赐你钳子一对，装在前身，遇到敌手，开钳夹他”；“鲨鱼，你眼力不够，赐剑一把，藏在身后，

① 防城港市之窗系列丛书编委会.防城港趣闻[M].广西人民出版社，2010：41-42.

② 符达升等.京族风俗志[M].北京：中央民族学院出版社，1993：96.

遇到追捕，舞剑退敌”；“章鱼，你体软无力，赐长脚八条，遇到敌人，可攻可守”；“魟甫，你身扁皮滑，赐电麻器一对，装在尾部，触到敌人，敌就溃败”。对开会迟到的珑蜊鱼，海龙王大怒，“对你没有什么可赐的了，就赐你一巴掌！”啪的一声，珑蜊的嘴巴被打歪了。就这样，弱小的水族都保留着龙王赏赐的武器，唯有珑蜊鱼却保留着一张歪嘴。[①]这故事体现了人们对海洋动物的认识及其人格化的看待，展现出情感化的表达，在生态伦理学的框架内，这种对海洋生物的情感，与敬畏生命、尊重自然的思想是一致的。

在海边渔民经常吟唱海歌“潮涨潮退不离海，风吹云走不离天。大路不断牛脚印，海上不断钩鱼船”。[②]这首歌名为《海上不断钩鱼船》，虽说是一首情歌，但也描述了大海的自然规律，反映了渔民生产对大海的依赖性。而像“近山知鸟性，近海识鱼情”；“赶海要赶头流水，报晓要争头一声”；“潮退不留鱼，光阴不等人”[③]等渔民挂在口上的谚语，则借以大海的自然规律告诫人们应懂的事理，隐含着人与自然之间的生态伦理关系，从另一个侧面反映了人海之间的关系。

三、广西传统海洋文化生态伦理在物质层面的体现

物质层面的海洋生态文化是指人们在开发利用和保护海洋的社会实践中所创造的生产生活方式与技能及有关的知识体系，它体现于物质生产生活的各个方面。海洋文化在物质层面的生态伦理思想，是指摒弃破坏大海掠夺资源的生产方式，适应大海，了解和遵守大海的生态规律，创造与大海自然条件相适应的技术体系和获取生活物资的方式，既利用大海又保护大海，实现人与大海和谐共处的思想。在抗衡大海自然能力弱、预测天气变化和生产技术手段落后的情况下，适应大海的自然环境是唯一的明智选择。因此，人类早期对海洋资源利用开发是适应自然的生态经济，在意识领域中的反应是一种原始的生态伦理观。

广西沿海地区的先民在生产生活中与大海相生相成，由于生产力的限制，他们自觉或不自觉地顺应着大海来思考和行事，既要团结协助战胜海洋创造生产，又要捕捞有度保持海洋生态循环，努力使自己与大海、与社会之间处于和谐平衡关系。在生产生活实践中反映了对大海敬畏崇拜的传统生态文化观。不乏对善待海洋、珍惜海洋资源、保护海洋生态环境，人人公平分享海洋恩惠，人与大海和谐共处的行为习俗。

---

① 张永东.中国京族海洋文化的多彩元素及丰富内涵[C].王锋：北部湾海洋文化研究，广西人民出版社，2010：406，409.

② 张永东.中国京族海洋文化的多彩元素及丰富内涵[C].王锋：北部湾海洋文化研究，广西人民出版社，2010：406，409.

③ 张永东.中国京族海洋文化的多彩元素及丰富内涵[C].王锋：北部湾海洋文化研究，广西人民出版社，2010：406，409.

1. 与大海和谐相处的“仰潮水上下而耕”

早在秦汉以前，广西沿海的骆越人就利用海水潮涨潮落带来的肥沃土壤进行农业生产。北魏地理学家郦道元在《水经注》中写到：“交趾昔未有郡县之时，土地有雒田。其田随潮水上下，民垦食其田，因名曰雒民。”在古代“雒”通“骆”，意即麓，“骆人”因“骆田”而得名。“交趾”指今广西沿海到越南北部一带。元代农学家王桢在《农书》中也记载：“骆田在宋元时期多见于江东、淮东和两广地区”。

骆田分水上和陆上两种。陆上骆田是在滨海地区地势平坦的滩地上随海潮自然流灌的水田。流灌深浅因季节、月份和每日潮汐时间而不同。涨潮时，田中水深可达水稻株高的一半以上，甚至淹没稻株。退潮后则土面干涸，留下一层薄薄的有机质为田地施肥。陆上骆田通常只种一季耐盐、耐浸性特强的水稻。水上骆田则是先用木桩搭成架子，然后将水草和泥土置于架子上面，种上庄稼，是一种浮在水面上的水田。木架浮在水面上，随着潮汐的涨退而上下，使庄稼不会淹没于水中。水上骆田一般在海河交汇处，形成河水在上、海水在下的上下水层，根据海水密度比河水密度大的原理，利用上层河水保证架田上庄稼的生长繁殖。它不占耕地，不破坏海洋生态环境，能旱涝保收，是广西沿海人们充分利用资源、扩充耕种面积的一种办法。“仰潮水上下，垦食骆田”体现了广西沿海地区先民利用环境和资源，努力与大海和谐相处的生产活动。

2. 善待海洋自然地理环境的传统捕鱼方法

广西沿海地区先民为了适应海洋自然环境，适应大海的生态规律，创造了许多与自然地理环境和生产条件相适应的捕鱼方法，常用的有如下几种：

（1）渔箔：它是根据浅海自然地理环境布设的一种庞大的定置型捕鱼作业设施。即选择便于潮起潮落时鱼儿自由往来，地势倾斜、水流较急的滩地裂沟，用直径三四寸的木柱，沿滩沟两旁，分两行一直排插到海边的最低潮水线处，并用竹篾或山藤绕结相连，形成两条巨大的木竹栅栏——“篱沟”。两条篱沟延伸到海里，形成一个由宽到窄的漏斗尖口。再用竹片和木条编织成与篱沟的“漏斗口”紧紧衔接“鱼室”。水涨时鱼群从箔面或流眼地方游入，水退时鱼不能游出。潮水退后，渔民用简单的捕鱼工具就可捕捞到鱼虾。

（2）掂罾：这是一种简单的捕鱼装置，即将两根木条或竹杆弯成弓状，两弓弧向下成十字状交叉扎牢；再把一张大小合适的网的四角，分别系于弓弧足（未）端，足撑网张；再将一条粗长的木棒作罾柄，系在两弓交叉（中心）的地方，便成完整的罾。其捕鱼虾操作，就是把罾平放在鱼虾活动频繁的地方，静等鱼虾进罾，每隔几分钟，掂起一次罾，若有鱼虾在罾，则定好罾后，用“捞缴”捞捕。

（3）耥罗：它是在两根竹杆或木条的下端装上用实木做成的滑行脚板，上端并近，套进一根横木，横木下两竹（或木）如八字作斜张开状，把网袋装进其间形成的简单捕鱼工具。用它捕鱼时，作业的人躬身站在后面，以肩顶着横木，两手扶着网袋两边的竹杆或木条，网口紧贴地面，用力把罗推进，鱼虾便从网口进入袋底，适时起网即可。

广西沿海地区先民的上述捕鱼方法，客观上既利用了海洋生态自然条件又保护了海洋自然环境；主观上则希望与大海相安无事，实现和谐共处。

3. 共享海洋恩惠的“寄赖”与维护海洋规律的“分渔”、“放生”

广西沿海地区流传着捕鱼“寄赖”的习俗。这种“寄赖”的习俗具有浓厚的原始社会“见者有份”的色彩，即无论是谁，看见深海捕鱼的渔船满载归来，或看到拉网、塞网、渔箔捕鱼获得丰收，都可以带上鱼篓到船上“寄赖”三五斤鲜鱼。这反映了先民们在漫长的以海为生的生产生活实践生涯中，意识到海洋是共有的，大海的恩惠应大家共享的朴素的生态伦理思想。

先民们朴素的生态伦理思想还体现在流传至今的分期捕捞不同的海产。如京族分不同渔期进行渔捞生产，就是按照海洋生物繁殖规律安排生产，维护正常的海洋生物循环系统。[①]除实行“分渔”外，广西沿海一些地方常年“以舟楫为食”的先民，在祭海活动中，怀着对海洋膜拜和把生产生活的希望寄托于海洋的心理，还举行把活体小鱼虾放归大海的“放海生”仪式，企望鱼虾在大海生息繁衍，永续不绝。

广西传统海洋文化中的生态化元素和蕴涵的生态伦理思想，与现代生态伦理学的精神是一脉相承的。这是今天我们建设海洋生态经济所要挖掘和借鉴的海洋文化财富之一。以能从中继承科学的合理内容，吸取历史优秀的传统海洋文化，营造符合“海洋世纪”要求的人与海洋和谐发展的生态观念。

本文原刊于《钦州学院学报》2013年第12期，是广西哲学社会科学“十二五”规划项目“生态伦理视角下广西海洋文化发展研究（11BSH001）、广西文科中心特色团队“北部湾海疆与海洋文化研究团队”研究成果。作者：黄家庆，钦州学院副厅级调研员，副研究员；林加全，钦州学院书记助理，教授。

① 钟珂.京族渔捞习俗及其海洋文化蕴涵——以广西东兴市万尾村京族为视角［C］.北部湾海洋文化论坛论文集，广西人民出版社，2010：264-265.

广西北部湾海洋环境变化及其管理初步研究

黎树式　徐书业　梁铭忠　何光耀

【摘　要】海湾是陆海唇齿相依地带，其环境问题是全球关注的焦点。广西北部湾海洋环境面临全球环境变化、人类活动影响加剧、生态环境恶化、自然灾害频发等严峻挑战。增强全民北部湾海洋环境保护意识、完善北部湾海洋环境保护立法、加强基础研究、建立海洋环境保护公众参与机制、加强国际交流与合作是北部湾海洋环境保护和管理的有效途径。

【关键词】公众参与；海洋环境变化；北部湾

海湾是陆海唇齿相依的地带，具有极高的社会、经济、生态价值。我国面积在10平方千米以上的海湾有150多个，面积在5平方千米以上者为200个左右。① 由于工业、生活、陆域农业污染物的排放，海水养殖污染，海岸及海洋工程建设，捕捞活动等，我国渤海湾②、杭州湾③等海湾出现生态环境恶化，水质恶化、赤潮等灾害时有发生。因而，在近期国际大陆边缘计划（Margins Program）、新的国际地圈—生物圈计划（IGBP-Ⅱ）以及海岸带陆海相互作用计划（LOICZ-Ⅱ）等一系列重大研究计划推动下，海湾生态环境问题越来越引起更多的关注。④

广西北部湾是迄今中国自然生态最好、最洁净的海域之一。2008年广西北部湾经济区发展规划上升为国家战略和2010年中国—东盟自由贸易区全面启动为广西北部湾经济社会发展提供良好机遇的同时，大批项目入驻，沿海城市人口剧增，也给广西海洋环境保护和生态平衡造成越来越大的压力。⑤因此，本文从北部湾海洋环境面临的严峻挑战入手，分析不同时期北部湾海洋环境的变化，探讨北

---

① 李树华，黎广钊.中国海湾志·第十二分册·广西海湾［M］.北京：海洋出版社，1993.

② 聂红涛，陶建华.渤海湾海岸带开发对近海水环境影响分析［J］.海洋工程，2008，26（3）：44-50.

③ 刘莲，项有堂，葛春盈，等.宁波市环杭州湾产业带的发展与海洋环境保护的关系［J］.海洋开发与管理，2006：23（6）：40-42.

④ 蓝文陆.近20年广西钦州湾有机污染状况变化特征及生态影响［J］.生态学报，2011，31（20）：5970-5976.蔡文倩，孟伟，刘录三，等.春季渤海湾大型底栖动物群落结构特征研究［J］.环境科学学报，2013，33（5）：1458-1466.游奎，马彩华，高会旺，等.胶州湾环境演变与治理研究［J］.海洋环境科学，2009，28（1）：34-51.

⑤ 广西壮族自治区海洋局，2008年广西壮族自治区海洋环境质量公报［R］.南宁：广西壮族自治区海洋局，2009.

部湾海洋环境保护和管理对策，以期为北部湾生态经济协调发展提供决策参考。

一、研究区概况

北部湾是中国南海西北部一个天然的半封闭生态海湾。广西北部湾地区位于广西壮族自治区南部，东经107°29′～110°20′，北纬20°58～22°50′，区域面积2.0361万平方千米，海域总面积达12.93万平方千米，大陆海岸线长1628.59千米，有大小岛屿646个，岛屿岸线长461千米。区域的东部与玉林市和广东湛江市相接，西部与越南接壤，北部与南宁市、崇左市相接，南临北部湾。

二、北部湾海洋环境变化特征

近年来，广西北部湾沿海地区以其得天独厚的区位优势，迎来了经济社会发展机遇。但经济社会发展迅猛的同时，海洋环境压力增加，环境保护工作面临严峻挑战。

（一）全球环境变化影响明显

在全球变化的影响下，我国黄河、长江以及珠江等大河三角洲及邻近海湾都不可避免地受到影响。[①]北部湾北部主要海湾地处中国海岸带最西端，属于热带、亚热带气候类型，受到海平面上升、海岸侵蚀和风暴的影响更为显著。据历年中国海平面公报[②]，近30年，北部湾主要海湾所处区域的年代际海平面呈明显上升趋势。自2001年以来，广西沿海的海平面总体处于历史高位，2001—2010年的平均海平面比1981—1990年的平均海平面高约48毫米（图1）。2012年，广西沿海海平面比常年高108毫米，比2011年高60毫米，预计未来30年，将上升60～120毫米。谭宗琨[③]等研究表明，涠洲岛近50年气候发生突变，在一定程度上真实地反映了该区域气候要素对全球气候变暖的响应。此外，以广西珍珠港为例，该地区红树林向陆边界由于海堤的阻碍保持稳定，红树林的向海边界因沉积速率大于相对海平面上升速率而向海扩展[④]。

---

① Dai Z J, Du J Z, Zhang X L, et al. Variation of riverine matrial loads and environmental consequences on the Changjiang estuary in recent decades. Environmental Science and Technology, 2011, 45(1): 223-227.

② 国家海洋局.中国海平面公报（2008-2012）[EB/OL], 2014-06-30.http: //www.soa.gov.cn/zwgk/hygb/.

③ 谭宗琨，欧钊荣，何鹏.原生态环境下广西涠洲岛近50年气候变率的分析[J].自然资源学报，2008，23(4)：589-599.

④ 王雪，罗新正. 海平面上升对广西珍珠港红树林分布的影响[J].烟台大学学报（自然科学与工程版），2013，26(3)：225-230.

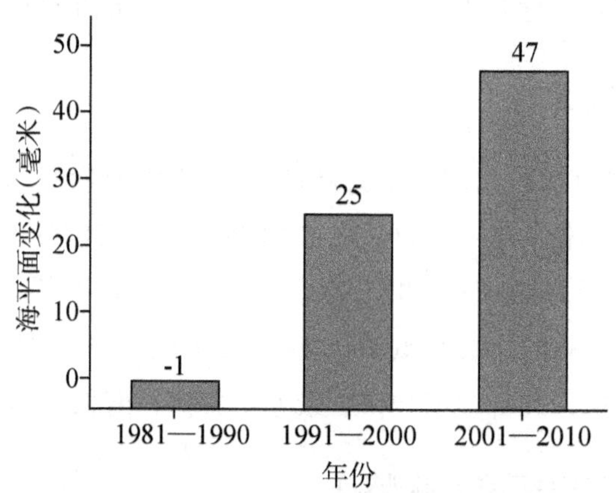

图1　北部湾广西沿海年代际海平面变化

（二）人类活动影响加剧

拥有优势区位和优惠政策的北部湾北部主要海湾地区，在近20年来大规模地吸引了石化、钢铁、造纸和电力等多个项目的进驻。沿海城市建设、港口建设、围海造地等活动空前，人口大量集聚，北部湾北部海湾城市钦州市、北海市和防城港市人口总数从2008年的606.99万人上升到2012年的651.36万人，4年人口增长了44.37万人，增幅为7.3%。人口的激增深远影响海岸尤其岸线的承载压力，广西北海银滩岸线在近30年内海岸侵蚀高达10.40米/年，其中人类活动作用是造成银滩侵蚀的主要因素，对岸线位置蚀退的影响贡献为98%[①]。同时，在人为活动的影响下，自1955年以来广西海岸沙砾质滩涂和红树林滩涂面积减少最多，递减速率最快[②]。而近10年来，防城港渔万岛围海造地、围海养殖，并岛连陆，致使其面积从1955年的11.80平方千米扩大到2003年的22.61平方千米。[③]

（三）地质环境脆弱，地貌类型多样

北部湾北部沿岸地区地质构造较为复杂，地质环境脆弱，存在多种影响地质环境质量、妨碍地区工程经济活动的不利因素。[④]北部湾北部地质地貌主要特征：北部、东北部和西部坡度平缓，中部偏东区域坡度较大，湾的中部区域相对地势平坦，水深大于50米的水域地形复杂，浅滩沟谷纵横，地貌类型多样。[⑤]

① 黄鹄，戴志军，盛凯.广西北海银滩侵蚀及其与海平面上升的关系［J］.台湾海峡，2011，30（2）：275-279.

② 黄鹄，陈锦辉，胡自宁.近50年来广西海岸滩涂变化特征分析［J］.海洋科学，2007，31（1）：37-42.

③ 陈凌云，胡自宁，黎广钊等.遥感技术在广西海岛调查中的应用［J］.国土资源遥感，2005（4）：78-81.

④ 夏东兴，刘振夏.中国海湾的成因类型［J］.海洋与湖沼，1990，21（2）：185-191.

⑤ 陈凌云，胡自宁，黎广钊等.遥感技术在广西海岛调查中的应用［J］.国土资源遥感，2005（4）：78-81.

由于地质史上复杂的升降运动，北部湾北部海岸较为曲折和破碎，海岸线长约等于其直线距离的8倍，海岸类型较为复杂①，形成大的北部湾套小的海湾，即“大湾套小湾”的格局。钦州湾的茅尾海、防城湾和珍珠湾等海湾，是封闭或半封闭形态，对建港有利的一面，但同时也可能影响其环境容量和环境自净能力。这种特征影响海湾自净能力，容易造成污染发生。

（四）动力沉积环境特殊

北部湾沿岸属于强潮海岸②，北部湾主要海湾属于溺谷型海湾。溺谷湾是全新世海侵时海水上溯至河流下游所形成的一种半封闭型的河口湾。对比珠江等大河流，北部湾北部海湾主要河流流域面积小，年均径流量和含沙量都很少（表1）。广西重点港湾海水含沙量较低，平均值在0.0163～0.0421千克/立方米之间，且含沙量随潮变化不大，属低含沙量范畴海域。水文泥沙呈现出“强潮弱流，高盐低沙”的特征。③

表1　注入北部湾主要河流年均径流量和年均输沙量与珠江的对比

	流域面积（平方千米）	年均径流量（亿立方米）	年均输沙量（万吨）
珠江	400,000	2833	7160
南流江	9,700	51.5	111
钦江	2,457	11.69	26.99
茅岭江	2,959	15.97	31.86
防城河	894.6	17.9	23.7
大风江	1,927	11.92	—
北仑河	66.5	—	—

（五）海湾环境污染加剧趋势明显，生态破坏不断加重

1. 海湾水质恶化趋明显。

受河流污染物随径流入海、海水养殖等影响，海湾海水质量呈恶化趋势。何祥英④研究结果表明，防城港近岸海域的北仑河口受到无机氮污染，防城湾受到污

① 马胜中.北部湾广西近岸海洋地质灾害类型及分布规律［D］.北京：中国地质大学（北京），2011.

② 李春初.华南港湾海岸的地貌特征［J］.地理学报，1986，41（4）：311-319.李炎，胡建宇.北部湾海洋科学研究论文集——物理海洋与海洋气象专辑［C］.北京：海洋出版社，2009.黄鹄，戴志军，胡自宁，等.广西海岸环境脆弱性研究［M］.北京：海洋出版社，2005.

③ 张伯虎.广西重点港湾沉积动力特征及其冲淤演变［D］.上海：华东师范大学，2010.

④ 何祥英.北部湾防城港近岸海域海水环境参数变化与水质状况评价［J］.广西科学院学报，2012，28（4）：293-297.

染物污染。广西近岸海域环境质量报告书显示，钦州市茅尾海海水养殖区、钦州港港口排污区、北海市红坎污水处理厂排污区、侨港港口区、防城港市北风脑海水养殖区等海域污染加重[①]。

2.海湾赤潮频次增加。

海湾赤潮主要是由于流域和沿岸污染物超标排放造成的，是海湾富营养化的重要表征，对海岸生态环境和渔业等危害很大。根据陈宪云[②]等研究成果，1995—2011年广西沿海发生了至少10次赤潮灾害，有频次增加、一年多发的特点。

3.海湾湿地生态遭破坏。

北部湾北部的广西海岸拥有滩涂1005平方千米，湿地资源丰富。但由于管理不到位等原因，围海造田、围滩造塘、修建堤围、码头等造成滨海湿地面积的流失[③]。

4.溢油污染风险增加。

2008—2011年涠洲岛由于各种原因先后发生了7次溢油事件，2012年廉州湾发生了1次溢油事件，对北部湾生态环境造成威胁[④]。中国石油钦州千万吨炼油项目入驻钦州港后，出现大量油轮、地面管线和海底管线，钦州湾及外海域溢油污染风险大。

5.海湾自然灾害威胁增加。

中国天气台风网和中国气象灾害大典等资料显示，1949—2013年影响广西北部湾的台风有频率增加的特点，造成的经济损失也有加大趋势，特别是2014年第9号超强台风“威马逊”，是自1973年以来袭击华南的最强台风。共有1 154 180公顷农作物受灾，逾310万民众受灾，9人因灾身亡，直接经济损失40亿元人民币[⑤]。

除了以上挑战，北部湾海洋环境管理还面临着海洋环境保护人才缺乏、资金缺口严重、法律保障力度不足等瓶颈。

三、北部湾海洋环境管理对策

针对以上挑战，我们必须增强保护意识、完善立法工作、提高预警预报能力、

① 广西北海海洋环境监测中心站.广西壮族自治区近岸海域环境质量报告书[R].广西北海海洋环境监测中心站，2006.

② 陈宪云，刘晖，董德信.广西主要海洋灾害风险分析[J].广西科学，2013，20(3)：248-253.

③ 李桂荣.广西湿地生态学研究[D].桂林：广西师范大学，2008.

④ 黎树式，戴志军，葛振鹏，等.北部湾生态环境灾害变化研究[J].灾害学，2014，29(4)：43-47.

⑤ 中国新闻网.超强台风威马逊致广西9人身亡310万人受灾.[EB/OL].[2014-11-3].http：//news.sina.com.cn/c/2014-07-20/185630550214.shtml.

鼓励和支持公众参与，加强国际交流与合作。

（一）增强全民海洋环境保护意识

提高全民海洋环境保护意识是做好海洋环境保护工作的前提。通过广场宣传海报、海洋环境保护专题报告会、海洋环境保护专题片下乡、组织各阶层群众现场调研、举办海洋环境保护知识竞赛等灵活方式，提高全民对全球变化背景、北部湾生态环境本底、北部湾海洋环境变化现状与趋势，以及北部湾经济社会发展与生态环境保护之间的博弈关系的充分认识，从而切实提高全民海洋环境保护意识。特别是要意识到，北部湾是我国较洁净海域之一，即使是后发展的海湾地区，也不能走“先污染后治理”、“牺牲生态环境换GDP”的错误发展道路，必须树立生态环境保护与经济社会发展协调发展的意识和理念。

（二）完善北部湾海洋环境保护立法

我国海洋环境保护立法起步较晚。由于历史等原因，相对全国其他沿海省份，广西的海洋环境立法工作起步更晚，进展较慢。2013年12月出台的《广西壮族自治区海洋环境保护条例》是广西海洋环境立法史的里程碑，对于保护和改善北部湾海洋环境，促进北部湾地区经济社会可持续发展意义重大。今后的重点工作应该是学习和借鉴世界和全国海洋环境保护经验丰富的海湾地区的做法，逐步完善北部湾海洋环境保护立法工作，为海洋保护工作提供法律保障。

（三）加强基础研究，提高海洋环境预警预报能力

作为后发展、后开发海域的北部湾，其基础研究比较薄弱。长时间序列的海湾生态环境背景值的缺失，造成政府决策部门获得的科学依据不足，进而影响政府对海洋环境保护工作的决策水平，海洋环境预警预报工作滞后，从某种意义上说也阻碍了海洋环境向健康方向发展，是个恶性循环。因此，建议地方海洋、科技部门综合地学、化学、信息科学等学科人才，加强北部湾海洋环境的基础研究工作，摸清海湾生态环境背景值，提供海洋环境预警预报能力。

（四）建立海洋环境保护公众参与机制

“环境保护公众参与”是指社会公众对环境保护的认知、维护和参与程度。[①]海洋环境保护公众参与机制是保护海洋环境的有效方式。海洋环境保护是全球范围内人们的共同责任，公众成为海洋环境保护的主要力量。[②]真正有效的环境保护

---

① 金亮，曾玉华，赵晟.海洋环境保护中的公众参与问题与对策［J］.环境科学与管理，2011，36（12）：1–4.

② 梁亚荣，吴鹏.论南海海洋环境保护公众参与制度的完善［J］.法学杂志，2010（1）：22–24.

除了强有力的政府行为以外，还需要广泛的公众参与。[①]北部湾海洋环境保护需要公众的积极有效参与。首先，通过宣传、教育等方式，提高公众参与的意识；其次，依托广西沿海高校（如钦州学院）成立北部湾海洋环境保护协会，可提供海洋环境保护的各种培训和政策咨询服务，同时鼓励其他非政府组织参与北部湾海洋环境保护活动；第三，出台公众参与海洋环境保护活动的激励机制，如设立北部湾海洋环境保护活动基金等；第四，依托沿海高校，挂靠北部湾海洋环境保护协会，构建北部湾海洋环境保护信息交流平台，为更多公众了解、掌握和参与北部湾环境保护活动提供便捷通道。

（五）成立北部湾海洋环境保护协调委员会，加强国际交流与合作

国际海洋环境保护工作日趋成熟的今天，北部湾不能固步自封，除了环境保护立法方面的学习与借鉴，建议成立北部湾海洋环境保护协调委员会，在区域环境变化、海洋环境治理、海洋生态修复、海洋环境保护人才培养、政府与非政府组织沟通机制等方面，规划和指导与国际上经验丰富的国家和地区的交流与合作项目，使其他国家和地区的先进技术和经验为我所用，更好地保护和管理北部湾生态环境。

四、结语

海洋环境管理是一项系统工程，任重而道远。北部湾作为较为洁净海湾，经济社会发展给它带来的压力可想而知，海洋环境保护显得更为重要。齐心协力共同参与，一起致力于生态环境与经济社会发展的和谐发展，“既要金山银山，又要绿水青山”的愿景是可以实现的。

本文原刊于《钦州学院学报》2014年第11期，是国家自然科学基金（41376097和40761023）、2010年广西教育厅科研资助项目（201012MS195）、2011年度“广西高等学校优秀人才资助计划”资助（桂教人〔2011〕40号）、2014年度广西高校科学技术研究项目（YB201406）、钦州学院科研项目（2013XJKY-19B）的阶段性研究成果。作者：黎树式，钦州学院资源与环境学院副教授，博士；徐书业，钦州学院校长，教授。

① 徐文君，胡增祥. 论我国海洋环境保护中的公众参与［C］. 中国海洋法学评论，2005（1）：157-163.

生态哲学视角下广西北部湾海洋文化建设的策略

谢娟　官秀成

【摘　要】在党的十八大报告中，胡锦涛总书记明确提出“建设海洋强国”的战略目标。建设海洋强国，其核心和灵魂就是海洋文化建设。加强海洋文化建设将为铸造海洋强国提供强大的精神动力和智力支持。广西北部湾是中国目前尚未污染的绿色海湾，是中国珍贵的海洋资源。从生态哲学视角下探索广西北部湾海洋文化建设的具体措施，对促进广西北部湾经济的发展、国家海洋事业的复兴都具有重要意义。

【关键词】生态哲学；广西北部湾；海洋文化

在党的十八大报告中，胡锦涛总书记明确指出，我们要提高海洋资源开发能力，发展海洋经济，保护海洋生态环境，坚决维护国家海洋权益，建设海洋强国。建设海洋强国是当今时代发展的需要，是实现中华民族伟大复兴的前提。建设海洋强国需要增强在海洋经济、海洋文化、海洋权益、海洋科技等方面的建设。其中，海洋文化的建设是其核心和灵魂。海洋文化建设的成败，不仅关系着我国海洋事业的发展，更关系着国家的兴旺发达与长治久安。

一、海洋文化的内涵

文化，从广义上说是指人类在改造自然和改造社会的过程中所创造的物质财富和精神财富的总和。它包括一个国家或民族的历史、地理、风土人情、传统习俗、生活方式、文学艺术、行为规范、思维方式、价值观念等。所谓海洋文化，顾名思义就是指关于海洋的文化。即一个国家在开发和利用海洋的过程中所体现的精神、价值、理念的总和。

海洋文化是一种先进的、积极的文化，它具有开放性、包容性、创新性、互动性等特征。它是千百年来沿海人民顶风浪、战艰险、不折不挠、顽强拼搏、敢于冒险的精神的结晶。发展和建设海洋文化，实施可持续发展，就必须坚持以科学发展观为指导，正确处理好人与人之间、人与自然之间、人与社会之间的关系。

只有人与人之间、人与自然之间、人与社会之间和谐发展，我们在向海洋索取资源满足人类消费时，才能保持生态平衡，为当代人和后代人的生存和发展奠定基础。

二、加强广西北部湾海洋文化建设的重要性

新中国成立以来，我们在百年的屈辱史中，在失败和教训中不断探索和寻找富国强兵之路，在此，我们认识到了海洋的重要性。认识到海洋对一个国家、一个民族的发展和崛起所起着的重要作用。一代又一代的领导人在新的历史条件下多次指出，我们要大力弘扬海洋文化，加强海洋事业的发展，为国家的繁荣、民族的复兴奠定基础。但是随着改革开放的发展，社会的进步，科学技术的日新月异，陆地资源已无法满足人们的需求，人们开始不断地从海洋索取有价值的资源，并向海洋抛弃废弃物及有毒有害的污染物，这种行为无疑是在毁灭海洋生态系统对人类提供的生态服务能力和价值。

广西北部湾是中国目前仅存的尚未污染的绿色海湾。增强人们在海洋文化方面的认识刻不容缓。随着广西海洋资源开发利用的步伐在逐渐加快，人们在海洋开发利用与保护方面仍存在着不少问题：如广西海洋开发利用程度低，缺乏科学规划，经济技术和科技技术相对落后；在对海洋资源的开发和利用时不合理，造成海洋资源浪费和环境破坏的现象较严重；海洋经济产业结构和布局不够合理，海洋产业和产品中的科技含量不高，附加值偏低；海洋环境污染加重，将未经处理的生活污水、有毒有害物质排放到海洋里，使海洋水体质量下降，近海污染范围不断扩大等。

为了更好地维护和开发广西北部湾这片净土，从生态哲学的角度探索海洋文化建设的策略意义重大。对此，我们不仅可以实现广西北部湾经济区社会经济的可持续发展，也可以完成国家和广西政府提出的建设“绿色北部湾”的宏伟规划，实现“既要大开放大发展，又要保护这片碧海蓝天；既要金山银山，又要绿水青山”的发展愿景。所谓生态哲学，是一种从哲学的高度反思人与自然关系的演化进程，面向环境日趋恶化、资源日趋枯竭的现实，展望人类生存发展的文明前景等一系列活动中提升出来的哲学新形态。生态哲学作为一种新的哲学范式，它以人与自然关系为基本问题，以追求人与自然和谐发展为目标，用生态系统整体性观点和复杂性思维去分析问题，提供观察世界、认识世界的

新的理论框架。[①]

三、建设广西北部湾海洋文化的对策

（一）广西北部湾海洋文化的建设以科学发展观为指导思想

科学发展观，是我国在立足现阶段的国情，总结国内外发展经验的基础上，为适应新时代发展的要求所提出来的。它是同马克思列宁主义、毛泽东思想、邓小平理论和“三个代表”重要思想一脉相承又与时俱进的科学理论；是马克思主义关于发展的世界观和方法论的集中体现；是我国经济社会发展的重要指导方针和发展中国特色社会主义必须坚持和贯彻的重大战略思想。它的第一要义是发展，核心是以人为本，要求是全面协调可持续发展，方法是统筹兼顾。

科学发展观强调人与自然的关系充分体现了生态哲学和谐共生的思想。科学发展观认为人类社会和自然界不是分开的独立体，而是一个有机的整体，两者密不可分。当经济的增长和发展与自然环境发生矛盾时，不能片面追求经济效益的增长而忽视以牺牲环境为代价的行为，我们要按照生态规律来开发和利用自然资源，实现人与自然的和谐发展。在人与人的关系上，科学发展观强调可持续发展的思想包含着深刻的生态伦理思想，它认为人们在索取资源满足人类消费的同时，还要注意保持生态平衡，从而为当代人和后代人的生存和发展奠定基础。在人与物的关系上，科学发展观强调以人为本的思想，这种思想既不是人类中心主义的，也不是生态中心主义的，而是以人为本的，追求人与自然的和谐发展的思想。在发展的方法上，科学发展观强调统筹兼顾，是综观全局从长远出发，要求“人—社会—自然”这个复杂生态系统中各个生态要素之间协调发展。科学发展观内涵丰富，是一个崭新的理念，用科学发展观指导广西北部湾海洋文化建设可以使人们正确认识海洋环境，及时解决各种海洋问题，增强人们对海洋文化的保护意识，使人们的行为与海洋生态和谐发展。

（二）在海洋资源的开发和利用中，倡导技术生态化

随着科学技术的日新月异，现代社会的物质财富和精神财富快速增长，然而，与此同时，它也给我们带来了日益严重的生态问题。虽然，生态问题与现代科学技术的发展有关，但这并不意味着生态问题的出现其根源就是科学技术。因为，科技本身是没有错的，关键还在于我们如何运用好它。社会实践以人与自然

① 张年凤，谢娟.从生态哲学的视角看科学发展[J].绵阳师范学院学报，2011(9)：100，103.

界之间的关系为中介，人不仅是人与自然界关系的主体，还是社会实践的主体。而生态问题则是人类在技术上利用的失误造成的。[①]人们在海洋的开发和利用过程中运用科学技术无可避免，而人们不能只顾自己的生存和发展，而不顾人之外其他物种的生存和发展，相反而是要维护整个自然界的总体生态平衡的状态。我们要开发和利用广西北部湾海洋资源不能建立在高开采、低利用、高排放、以牺牲环境为代价的传统粗放型的方式上进行，而应建立在低开采、高利用、低排放的循环经济的基础上的。所谓循环经济是一种最大限度地利用资源和保护环境的经济发展模式，是一种和谐的发展模式。它要求把经济活动组成一个反馈式流程，即“资源—生产—使用—回收—再利用”的往复反馈、良性循环的自然生态体系。生态技术强调的是在遵循生态规律的前提下，保护环境，维护生态平衡，促进资源的有效使用，以追求人与人、人与自然的和谐发展。

（三）倡导绿色消费，减少人类对海洋文化生态的不良影响

消费包括生产消费和生活消费两种消费方式，但这里所说的消费主要是指生活消费。自工业革命以来，随着机器和工厂的出现，人类进入了生产力快速发展的工业化时代，同时也迎来了一个高额消费的社会。在高额消费的社会里，消费者拼命地追求消费资料的数量，甚至人为地缩短商品的使用期限，想用就用，不想用就仍。这种把自己的需要和满足凌驾在自然之上的消费观，必然会使人与自然之间的正常关系遭到破坏。大自然的承载能力是有限的，当自然因不堪破坏和重负反过来制约生产影响消费时，人类为了高额的消费，又会义无反顾地选择扩大再生产，并加强对自然的控制力度。长此恶性循环，必然会导致整个生态系统的瘫痪。今天我们要建设和开发广西北部湾这片最后的净土，我们一定要剔除这种消费观，倡导绿色消费。绿色消费以人与自然的和谐统一为基础，并在此基础上实现人的全面发展和最大化满足为目的一种最高形态的消费方式。也就是说，绿色消费主张人类购买对环境负荷小的商品，倡导的是一种易于环境保护的生活方式。人类是海洋文化建设和传播的主体，人们的消费观直接影响着海洋文化生态的发展态势。防止人类不合理消费对海洋文化生态的不良影响，就必须要提高人们的思想道德素质，引导人们的正确消费，以维护海洋文化的和谐建设。

（四）普及海洋科技知识，倡导人文精神

海洋科技知识是海洋文化的重要组成部分，它涉及面广，内容丰富，无论是

① 张年凤，谢娟. 从生态哲学的视角看科学发展[J]. 绵阳师范学院学报，2011(9)：100，103.

对海洋资源的开发利用还是对海产品的生产、加工等，都需要海洋科技知识的指导。科学技术是第一生产力，它是推动人类文明进步的革命力量。在宣传和发展海洋科技的过程中，我们必须坚持教育为本，把科技和教育紧密结合起来，提高全民族的科学文化素质。在广西北部湾海洋文化的建设中，我们要大力开设海洋教育机构，培养一批适应北部湾海洋文化产业发展需要的专业型人才。充分利用地方高校、党校、海事局等资源，增设有关海洋文化、海洋科技、海洋保护、海洋军事、海洋法规等相关课程，聘请国内外海洋方面的专家、学者进行讲学和指导。建立海洋博物馆、海洋图书馆、海洋科技馆、海洋展览馆，举办与海洋文化有关的节目，运用媒体、影视、文艺等方式宣传人们对海洋的人文意识、环境意识、道德意识等，倡导人与海洋同发展、共命运的思想。

（五）加强广西北部湾海洋文化生态道德教育

生态道德教育主要是指通过对人们思想和行为的教育，使人们认识到自然环境和人类环境的复杂性，改变人们的传统环境观，培养人们的环境保护意识，帮助人们树立正确的环境道德观念，以维护人与自然的可持续发展。在建设和发展广西北部湾海洋文化时，我们要加大对人们的生态道德教育。在此，我们要用社会主义核心价值体系引领社会思潮。社会主义核心价值体系不仅是思想文化建设上的一个重大理论创新，而且是构建和谐社会、建设和谐文化的必然要求。以社会主义核心价值体系作为我们行动的基本价值取向和行为准则，增强人们对海洋环境保护工作的责任感和使命感，使人们意识到，只有北部湾海洋环境不受污染和破坏，北部湾经济才能发展，人们才能过上健康幸福的生活，才能保证子孙后代的生存和发展。只要人们建立起环境规范意识，自觉履行海洋环境行为规范，就能积极参与到海洋文化的保护活动中去。

（六）完善广西北部湾海洋文化生态的立法

随着广西北部湾海洋资源的开发和利用，要加强和维护北部湾海洋文化生态，促进北部湾海洋文化生态的可持续发展，我们应在法律、法规上给予保障。

首先，将所属北部湾的海域和陆域的环境和资源进行合理的规划，统一为一个整体纳入法制管理的体系之中。

其次，借鉴国内外先进的管理经验，针对北部湾海洋环境特征和海洋特色优势资源，构建适合北部湾海洋文化和北部湾经济发展所要求的管理模式，使政府对海洋文化进行合理的规划和发展，以形成强有力的海洋文化生态态势，促进海洋文化的可持续发展。

最后，我们要在思想上提高认识，运用政府、媒体及社会各界人士的力量通过宣传、教育、培训等形式使全民重视对海洋文化的生态保护，并及时制定和完善相关的政策和法规。使人们在对北部湾海洋资源的开发和利用时依法办事、合理规划，切实对广西北部湾海洋文化进行保护，使北部湾海洋文化持续发展。

（七）构建广西北部湾海洋文化生态圈

广西北部湾海洋文化包罗万象、内容丰富，它有北部湾海洋民俗文化、海洋资源文化、海洋旅游文化，还有海洋工业文化等。当今世界是开放的世界，文化相互开放和交流，我们要秉承“海纳百川，有容乃大”的精神，正视各种不同的文化。在北部湾海洋文化的继承和传播中，构建广西北部湾和谐的海洋文化生态圈，应当弘扬和发展自身的优秀文化，同时吸收和借鉴外来的各种不同的文化，并从中汲取优秀的文化来充实自我，促进和谐发展，实现共同繁荣、共同发展的目标。

当今的中国，海洋事业蓬勃发展，海洋文化的复兴已成必然。广西北部湾海洋文化是我国海洋文化的重要组成部分，建设以生态环境为主的北部湾海洋文化建设，既有利于北部湾海洋文化的传承和发展，促进人与自然的和谐相处，协调发展经济和保护环境、合理利用资源的关系，也有利于丰富国家海洋文化的内容，促进国家海洋文化的发展。只有以中国特色的先进的海洋文化引领中国海洋事业的发展，才能助推海洋强国的迅速建立。

本文原刊于《邢台学院学报》2013年第4期，是广西哲学社会科学“十二五”规划项目“生态伦理视角下广西海洋文化发展研究”（11BSH001）成果。作者：谢娟，钦州学院社科部教师。

广西海洋文化的生态伦理转向

江宗超　林加全

【摘　要】海洋文化的生态伦理转向是海洋可持续开发的保证，当前广西的海洋生态文化建设面临着资金投入不足、生态文化意识薄弱、制度保障缺位、生态文化人才匮乏及宣传推广乏力等薄弱环节的影响，应通过多种途径加以解决。

【关键词】海洋文化；生态伦理；海洋生态文化；生态文明

历史事实证明，社会的发展与进步离不开文化软实力的参与和推动，21世纪是海洋世纪，海洋是生命诞生的摇篮，是人类文明的重要发祥地，人与海洋的关系问题业已成为当前人类社会可持续发展进程中备受关注的重要领域，因此，海洋文化发展在人类社会的历史进程中起着举足轻重的作用。

前国家主席胡锦涛同志于2012年7月23日在省部级主要领导干部专题研讨班上的重要讲话中明确指出，推进生态文明建设，是涉及生产方式和生活方式根本性变革的战略任务。广西北部湾经济区开放开发、泛北部湾区域合作、中国—东盟自由贸易区等区域协调发展新格局正在形成，广西沿海已呈现出一个大港口、大工业、大物流的发展局面，海洋开发建设在促进社会经济发展、提供新的经济增长领域的同时，也给海洋环境、海洋生态的保护带来了新的压力，提出了新的要求和新的挑战。因此，广西海洋文化融入生态伦理观具有重大价值和深远意义。

一、海洋文化生态伦理转向的内涵

文化是一种社会现象，是人们长期创造形成的产物，确切地说，文化是指一个国家或民族的历史、地理、风土人情、传统习俗、生活方式、文学艺术、行为规范、思维方式、价值观念等。而海洋文化是文化的重要组成部分，它是指人与海的互动关系及其产物，是人类在开发利用海洋的实践过程中形成的精神成果和物质成果的总和①，包括精神的、行为的、社会的和物质的范畴。

① 曲金良.海洋文化概论［M］.青岛：中国海洋大学出版社，1999：1.

所谓生态伦理，即人类处理自身与其所赖以生存的生态环境之间关系的一系列道德规范。挪威哲学家阿伦·奈斯提出“最大限度的自我实现”是生态智慧的终极性规范，即“普遍的共生”或“(大)自我实现”，人类应该“让共生现象最大化”，从这种意义上来说，生态伦理是指人类社会和谐和可持续发展的哲理性道德规范。

而所谓海洋文化的生态伦理转向就是人类在生态伦理价值观的指导下，强调在保护自然价值的基础上创造文化价值，并通过规范自身的行为方式，在海洋社会环境和自然环境中实现海洋的和谐可持续发展。作为人类新的伦理、道德、价值观念，海洋文化的生态伦理转向是对传统发展方式反思后的理性选择，是人类思想观念、生存方式变革的产物，是人类克服生存危机，走向全面、协调、可持续发展的最佳选择。也只有实现海洋文化的生态伦理转向，才能真正的突显海洋所蕴含的无限价值和作用。

二、广西海洋文化生态伦理转向的价值

海洋文化的生态伦理转向作为先进的社会意识对社会存在具有能动的促进作用。海洋文化融入生态伦理观指导人们树立正确的海洋意识和全新的海洋观念，自觉调控自身行为，必将推动海洋经济发展，促进社会生产可持续，加强生态文明建设，推进和谐社会进程。

(一)推动海洋经济发展

海洋文化的生态伦理转向有助于提升地区发展软实力，催化新的生产力，推动广西经济社会全面永续发展。经济社会的发展为海洋提供了必要的物质基础，而海洋文化价值观念又具有相对独立性，对海洋经济、海洋文化产业发展起着反作用。海洋文化的生态伦理转向指导人们改变思维方式、改变道德观念、改变行为方式，改变生产方式、改变生活方式[①]，变革法律和制度，实现海洋物质文化、精神文化、制度文化与行为文化发展有机统一，保持海洋经济发展、文化开发与海洋自然生态系统发展的协调一致，为建设民族文化强区，实现富民强桂新跨越提供强有力的支撑。

(二)促进社会生产可持续

海洋文化的生态伦理转向要求人类正确处理与海洋生态环境的关系，与自然

① 戴凡.生态文明建设的困境及超越——一个利益博弈的视角[J].中国人口，2009(19)：301.

环境协调发展，以保持对环境资源的永久利用。海洋文化的生态伦理转向可以使人们树立正确的海洋意识和全新的海洋观念，改革不合理的经济体制和社会发展管理模式，培育可持续发展的运行机制，不仅开发利用海洋，而且关注海洋、亲和海洋、善待海洋、保护海洋，使海洋成为人类得以可持续发展的生存空间。

（三）加强生态文明建设

生态文化是生态文明建设的核心，生态道德是生态文化素养的灵魂。海洋文化融入生态伦理观念，加快建设海洋生态文化，是推进生态文明建设的重要前提和文化基础。通过树立生态伦理观，激发人们保护海洋生态环境的道德责任感和使命感，用先进的生态理念反作用于生态行为，遵循生态规律、维护生态平衡，自觉地调节人与人之间的利益冲突，自觉地调节人类与海洋之间的物质交换，转变生产方式和生活方式，推动海洋生态文明建设。

（四）推进和谐社会进程

社会和谐是中国特色社会主义的本质属性。海洋文化融入生态伦理观所倡导的人与海洋、人与人、海洋与陆地和谐相处的思想观念，能够为构建和谐社会提供文化支撑。它强调尊重自然、尊重生命、当代公平、后代公平的和谐发展理念，不仅关注人际关系与身心关系的和谐，还关注人与自然关系的和谐，关注历史、现在与未来的关系和谐，必将凝聚促进社会和谐最为广泛的力量，推动和谐社会建设。

三、广西海洋文化生态伦理转向的挑战

近年来，广西近岸海洋生态区纳入了生态广西规划，使海洋生态文化建设水平有所提高，海洋文化的生态伦理转向受多种因素的影响，其发展仍面临着诸多困难和挑战，主要体现在以下几个方面。

（一）资金投入不足

广西经济基础还比较薄弱，人民的生活水平还很低，海洋开发中同时兼顾基础建设、交通、通讯、文化教育等多方面的投资需求，对生态文化建设投入不够。在生态建设上历史欠账较多，大型生态工程因资金问题而难以尽快开展，加之生态项目建设的周期长、投资规模大、眼前收益较小等原因，导致部分单位和企业在生态建设上不愿投资，同时资金不足也影响了文化广场基础设施、文化部门的基本办公设施的改进。

（二）生态文化意识薄弱

人们从思想意识上忽略了生态伦理观对海洋开发建设的重要性，对守住最后一片净海做了乐观的估计。随着广西沿海开放开发的进一步深入，对海洋生态的“无序、无度、无偿”开发，直接威胁着海洋生态系统的可持续性。石化、钢铁、造纸、电力等重化工业项目纷纷落户，加之海水养殖和旅游业等加快发展，海洋产业间矛盾逐步凸显，生态环境污染加剧，海洋环境遭到破坏。[①]调查显示，围垦、开发区建设等工程建设，农业面源污染，养殖废水直排，海洋过度捕捞，围塘养殖等生产活动给广西沿海的海洋生态环境带来了不良影响，阻碍了海洋生态环境的可持续发展。

（三）制度保障缺位

制度是海洋开发与生态保护和谐开展的重要保障，但事实证明，各级部门一贯将海洋开发作为首要工作去开展，而对生态环境的保护和发展却行动迟缓，因此造成了重开放开发、轻环境保护，重经济效益、轻环境效益的现象，其重要原因就在于相关保护制度、管理制度、监测制度、评估制度和考核制度的不健全，因此，需要完善和改革制度体系，使广西海洋开发建设在法律、制度和体制的框架内实现自身的有序开展，也只有这样才能形成行为的有效约束，而且为海洋生态文化的发展提供良好的环境。

（四）生态文化人才匮乏

广西海洋生态文化发展还缺乏有力的智力支持，没有专门的机构和人员负责海洋生态文化体系建设，海洋生态文化人才队伍建设滞后，成为制约广西海洋文化生态伦理转向的瓶颈。广西基层海洋文化人才流失、队伍不稳定，高层次海洋文化人才队伍规模小，领军人物更是凤毛麟角，外来人才引进困难数量上有限，而且缺乏对本土文化的学习、提炼与磨合。此外，既有宽广生态人文视野、又有精深产业理念及软件技术的复合型高素质新兴生态文化产业人才、经营管理人才更为短缺。

（五）宣传推广乏力

宣传推广是海洋生态文化建设的重要手段，尽管广西出台了相关政策规划并利用海洋宣传日进行短期宣传活动。但由于缺乏宣传教育的长效机制，缺乏足够的人力、物力、财力保障，宣传思路、方法、内容不适应海洋可持续开发建设的

---

① 李尚平.广西北部湾海洋生态环境的现状与保护对策——在“保护区管理与生物多样性保护技术”国际研讨会上的发言[J].钦州学院学报，2011-12-10.

新要求，加之多数群众文化素养不高，生活环境单一，获取信息的渠道闭塞，海洋生态文化的宣传还没有形成系统化和规模化的模式，辐射全民的海洋生态文明氛围尚未形成，海洋生态文化尚未达到家喻户晓的程度。

四、广西海洋文化生态伦理转向的策略选择

海洋文化的生态伦理转向是一项长期的系统工程，针对上述问题，提出以下对策。

（一）加强行政领导，确保海洋生态文化投入

坚持以政府为主导，充分发挥政府综合决策的作用，把生态保护目标和经济发展目标结合起来，统筹考虑、综合决策，把海洋生态文化纳入当地国民经济和社会发展总体规划，所需经费列入地方财政预算，按照财政收入，逐年提高对生态文化建设投入的比例；拓宽投融资渠道，采取“企业筹一点，动员个体大户拿一点，群众自愿捐一点”的方式，筹集地方生态文化建设专项基金，为海洋生态文化建设奠定物质基础。鼓励社会积极参与，建立生态海洋建设引导资金，采取财政贴息、投资补助等手段引导社会资本进入生态保护与建设领域，推动生态建设和环境保护项目的社会化、市场化运作。

（二）加快转变经济发展方式，促进生态环境建设

推进广西海洋文化的生态伦理转向，必须正确处理经济建设与生态建设的关系，基本形成节约海洋能源和保护海洋生态环境的产业结构、增长方式、消费模式。首先，继续严格项目准入门槛，严把海洋生态系统保护关，控制高耗能、高排放项目，实现产业项目好中选优，优中选适；其次促进产业结构优化升级，根据地缘和资源优势做大做强物流、旅游、电子信息业等现代服务业，大力发展高新技术产业；最后，努力提升改造传统优势产业。石油、石化、造纸等产业必须加大技术改造力度，全面落实“三废”处理和污染预防措施，污染物排放量、单位产品能耗必须全面控制在国家核定的指标之内。

（三）组织生态伦理宣传，提高海洋生态意识

传播力决定影响力，通过海洋生态伦理宣传，提高人们的生态意识，鼓励公众、企业改变其生产生活行为，树立和贯彻循环经济、清洁生产和绿色消费等生态理念。通过媒体宣传、学校教育、干部培训等多种途径和方式，大力开展人口、资源、环境国情区情教育、生态环境警示教育和节约资源保护环境主题宣传活动，不断增强公众的人口资源环境意识和可持续发展意识，提升生态文明素质。科学

划分不同层次的宣传对象，有针对性地设计面向工业企业、农业、渔业等不同行业，儿童、青年等不同年龄层次的生态文化宣传品，切实将海洋生态文化宣传融入民众生产、生活、学习、工作中，使节约海洋资源、保护生态环境成为全社会共同的价值取向和自觉行动，以实现人与人的和睦相处以及人与海洋的共生共荣。

（四）创新海洋生态管理体制，建立海洋生态秩序

实现生态海洋文化建设的常态化和长效化，归根到底靠制度的保障。理顺海洋管理体制，强化海洋开发利用保护工作的宏观管理为加强海洋开发利用保护工作的宏观管理，协调地区间、行业间、产业间及海洋开发单位和个人的权益关系，维护海洋资源有序开发，引导海洋产业健康持续发展。生态体制创新，就是要建立符合可持续发展原则的、适应社会主义市场经济客观需要的生态保护管理制度①，有效的综合决策机制、政府考核机制、协调管理机制、公民参与机制、市场手段和经济刺激机制、环境污染防治建设投入机制、保障支持机制、法律实施机制等，通过制度管理，建立海洋生态保护新秩序，进而实现人与海洋的可持续发展。②

（五）重视海洋生态文化人才培养，建设生态文化人才队伍

加强生态文化建设，关键是要建设一支稳定的高素质的文化队伍。大力实施“人才兴文”的战略，制定和实施海洋生态文化产业人才教育培训计划，建立多层次、多渠道的文化产业人才培训体系。既利用广西大学、钦州学院等高等院校培养一支全区海洋生态文化建设领军人物，又建设一支地方生态文化建设骨干；既发展市区社区民间的文艺团体，又扶持业余文艺队伍；既要引领镇、社区、村屯、学校的文化能人、文化经纪人，又扶持个人文艺志原者和个体文化专业户。通过举办短长期培训班的方式，提升海洋生态文化各方面文化骨干的艺术技能。最后，建立自治区级荣誉制度，表彰有突出贡献的文化产业工作者。允许文化企业对有突出贡献的优秀人才以股权、期权等形式进行鼓励。

本文原刊于《长春工业大学学报》2013年第1期，是广西哲学社会科学“十二五”规划课题“生态伦理视角下广西海洋文化发展研究”（11BSH001）、钦州学院校级课题（2012XJJG-B16）的阶段性研究成果。作者：江宗超，钦州学院社会科学教育部讲师；林加全，钦州学院书记助理，教授。

① 高德明.生态文明与可持续发展[M].北京：中国致公出版社，2011：255.

② 胡今.我国生态文化建设中的问题及解决对策[J].党政干部学刊，2011-12-63.

沿海边疆少数民族地区生态经济发展探析
——以京族为例

黎树式

【摘要】京族，是中国典型的沿海边疆少数民族，是中国人均最富有的少数民族。但京族地区目前存在生态环境恶化、旅游经济开发秩序混乱等问题。在分析京族地区生态经济现状的基础上，找出存在主要问题，并提出实施生态经济管理、发展生态产业、挖掘和保护京族海洋文化等对策建议。

【关键词】京族；生态经济；海洋生态渔业

中国民族地区发展普遍存在环境破坏严重、经济发展落后的问题。对民族地区生态经济的现状研究，有助于认识和全面把握民族地区生态经济的现实，为民族地区发展生态经济提高决策依据和发展思路。①民族地区面临经济社会发展边缘化和生态环境脆弱的双重挑战。②经济发展驱动力的不足、生态环境问题的加剧以及两者互动机制的阻塞，均会导致生态经济系统耦合链的断裂。③

地处沿海沿边的民族地区，经济发展迅速，人民生活富裕，但生态环境有恶化趋势。研究广西沿海边疆地区少数民族——京族地区生态经济，可以为加快京族地区经济结构转型，促进广西沿海沿边民族地区可持续发展提供参考和依据。

一、京族地区生态经济现状④

京族是中国少有的以海洋渔业为生的少数民族，同时也是跨境民族。京族是中国22个人口在10万人以下的民族之一，总人口为2.08万人，主要分布在广西防城港市下辖的东兴市（县级市）江平镇及东兴镇沿海一带（东兴市京族人口14 764人），尤聚居在江平镇的万尾、巫头、山心、潭吉、贵明等5个行政村，人口1.12

---

① 朱宏伟. 民族地区生态经济研究概述［J］. 广西财经学院学报，2010，23（2）：109-113.

② 薛梅，董锁成，李泽红，等. 民族地区生态经济发展模式研究［J］. 生态经济，2008（3）：65-68.

③ 彭伟，戈银庆. 西部民族地区生态经济系统耦合链的断裂与重接［J］. 前沿，2010（24）：18-20.

④ 朱宏伟. 民族地区生态经济研究概述［J］. 广西财经学院学报，2010，23（2）：109-113.

万人，其中万尾、巫头、山心素有“京族三岛”[①]之称。

（一）京族地区自然环境状况

“京族三岛”，即万尾、巫头和山心三个小岛，由海水冲积而成，总面积约22平方千米。其中，万尾和巫头二岛海拔只有8米，万尾岛面积最大，为13.7平方千米，巫头只有5.13平方千米，山心岛为3.3平方千米。20世纪70年代进行的“围海造田”运动，将京族三岛与陆地连接起来，修筑起了近3千米的拦海大堤，因此三个小岛变成了半岛。万尾处于江平半岛的最南端，属于三岛中最大的岛屿，全岛地势平，地形狭长如带，东北面隆起，向西逐渐缩小，外形犹如一只向东游去的海豚。京族地区属于亚热带气候，全年最高温度为34℃，最低为3.4℃，平均为21.5℃至23.3℃。雨量充沛，每年平均雨量达1 300毫米。[②]

（二）京族地区经济发展现状

从新中国建立前的“靠海吃海”，到20世纪80年代后期的边境贸易大潮后的“靠边吃边”，再到现在的“边海通吃”，既享受国家沿海地区的优惠政策，又享受沿边地区的优惠政策；既享受少数民族地区的优惠政策，又享受东兴开发区的优惠政策。京族地区人民抓住机遇，利用得天独厚的自然优势和区位优势，依靠自己的勤奋双手，实现经济发展的“农、副、渔、商”多元化发展和民族的整体富裕，成为我国人均最富有的少数民族。

1. 继承优良传统，发展海洋渔业

自从15世纪京族人在中国定居之后，渔业生产一直是京族人最为主要的谋生方式。虽然这种“靠海吃海”的谋生方式在人民公社时期曾受到“以粮为纲”产业政策的影响，在1989年以后的最初几年间也一度受到过中越边境贸易发展的冲击，但始终主导着京族地区产业经济发展的方向。目前，京族人民充分利用丰富的鱼、虾、蟹海洋渔业资源，采用不断发展的海洋捕捞等渔业技术，通过深海捕捞、浅海捕捞和滩涂杂海作业等三种生产方式，使海洋渔业得到稳步发展。

2. 抓住政策机遇，发展边境贸易

京族地区地处边陲，独特的地理位置为京族人从事边境贸易创造了良好的条件。1996年以后，为增强民族团结，繁荣、稳定边疆，巩固和发展同毗邻国家的睦邻友好关系，国家制定相关政策，对中国边境地区同周边国家和地区的边境贸易进行规范管理，京族地区的边境贸易由此进入一个较为规范的平稳较快发展阶

---

① 东兴市人民政府. 东兴京族地区经济社会发展情况［R］. 2006.

② 《京族简史》编写组. 京族简史［M］. 北京：民族出版社，2008.

段，更多的京族商人也逐步富裕起来。根据2007年的调查数据，万尾村全村人均纯收入5 800元，其中捕捞及养殖收入占60%，商贸收入占40%。①

3. 突出特色，打造品牌，发展滨海边疆特色旅游业

京族三岛区位独特，气候宜人，民族文化浓厚，异国风情味浓，渔民生活原生态，跨国旅游便利，发展滨海边疆特色旅游优势突出，旅游经济开发潜力巨大。目前京族三岛旅游开发较为成功，成功打造了金滩、独弦琴和京族哈节等品牌，每年的旅游收入节节攀升，旅游经济发展迅速。

二、京族地区生态经济发展存在问题

京族地区在长期发展过程中，取得了骄人的成绩，但同时存在诸多问题：第一，围海造田、围海造地、建港等工程，改变了海岛原有属性、海流体系和水动力条件，对海岛及其周围海域生态环境产生了负面影响。第二，过渡的渔业资源开发和包括炸鱼、电鱼等方式在内的不恰当渔业资源开发模式，严重破坏珊瑚礁生态系统等海洋生物生存环境，导致生物多样性的减少；②第三，旅游项目的开发，破坏了近岸滩涂和植被，对自然环境有负效应；第四，边境贸易、旅游业的迅速发展，对京族独特的民族风俗和原生态文化的保护造成较大压力。第四，旅游环境出现恶化的趋向：由于管理的脱节，乱搭乱建的现象屡禁不止，加上整个景区不能相对封闭管理，没有门票收入，财政又没有补贴，景区的环境卫生状况令人担忧，公共区域的环境卫生普遍较差，海滩的旅游环境整体出现变差的趋向，极大地影响了景区的形象。③

三、京族地区生态经济发展对策建议

京族地区是典型的沿海边疆少数民族地区，其可持续发展关乎地区乃至国家利益。生态经济是以良好的生态环境为基础、以绿色环保产品和服务为特色的经济，是既遵循生态规律又遵循经济规律，使经济社会发展与环境资源保护相统一的新型经济。④发展京族地区生态经济，是发展民族地区生态经济的需要，也是区域可持续发展的需要。

---

① 廖国一，廖翠荣.广西环北部湾少数民族新农渔村几种成功的发展模式［J］.广西民族研究，2008(2)：175-184.

② 韩秋影，黄小平，施平.我国海岛开发存在的问题及对策研究［J］.湛江海洋大学学报，2005，25(5)：7-10.

③ 文军，李星群.中国京族聚集地旅游业可持续发展研究［J］.广西民族研究，2007(2)：194-198.

④ 黎树式.钦州市发展生态经济的思考［J］.安徽农业科学，2009，37(25)：205-207.

（一）实施生态经济管理

1. 制定并实施京族三岛生态经济规划

应严格按照《中国海岛保护法》的规定，根据区域功能区划和海洋开发的要求，制定京族三岛的生态经济规划，规范和改善海岛经济开发秩序。规划的重要内容之一就是根据京族地区的具体情况制定环境保护制度，保护和修复京族三岛及其周围海域的生态环境，促进京族三岛的可持续利用。

2. 进行民族生态经济教育和培训

要通过市场机制的完善、教育平台和舆论平台的搭建，加强对沿海边境少数民族地区进行生态经济宣传的力度，有针对性地对渔民进行各种技能培训，充分吸收公众积极参与到生态经济建设中，逐步改变公众的"等、靠、要"的落后思想，逐步走上社会主义新农渔的发展道路。建议建立广西沿海边疆少数民族生态经济研究基地，加强对京族地区的资源、环境、经济和社会文化的研究和保护利用。

3. 实施生态补偿政策

生态补偿，是使生态影响的责任者承担破坏环境的经济损失，对生态环境保护、建设者和生态环境质量降低的受害者进行补偿的一种生态经济机制。遵循公平性原则，根据京族地区生态系统服务价值、生态保护成本、发展机会成本，综合运用行政和市场手段，充分发挥政府和市场调节作用，调整生态环境保护和经济建设之间利益关系，建立京族地区生态补偿机制。对开发利用京族三岛的相关企业和个人，要求把京族三岛生态环境保护作为其开发利用规划的一个重要方面，并要求对其利用的京族三岛生态予以适当补偿。

（二）发展生态产业，造福京族地区

1. 发挥资源优势，发展海洋生态渔业

海洋生态渔业是遵循海洋生态学原理，符合海洋生态系统发展规律，保证海洋渔业资源健康、持续发展的现代化渔业。[①]为了京族地区人民要接受正规的生态渔业培训，应该使用生态渔业工具，实行休渔或轮渔制度，对渔业资源进行适量开发。实现海洋生物资源的持续利用和海洋生态系统的健康，保证海洋生态系统结构和功能正常发展，保证各生态因子的正常和协调。

2. 凸显京族特色，发展少数民族生态旅游业

生态旅游是既有利于生态环境保护和旅游资源可持续利用，又能促进地方经

① 赵淑江，吴常文，梁冰，等. 大海洋生态渔业理论与海洋渔业的持续发展[J]. 海洋开发与管理，2005(3)：75–78.

济发展的旅游活动。京族地区生态脆弱，资源稀缺，发展生态旅游业是区域可持续发展的必经之路。首先，对旅游景区进行高规格的科学规划；第二，设立责任、权利、义务相统一的权威管理机构，负责区域旅游发展过程中诸多方面的管理和协调工作，使旅游开发走规模化、制度化和市场化道路。[①]第三，充分挖掘生态旅游项目，特别是策划一批生态文化旅游创新项目，做大做强京族文化品牌。第四，完善基础设施建设，全面整治旅游环境，加强生态环境保护力度。第五，主动融入大旅游环境，加强区域合作与联动，共享旅游资源。

3. 挖掘和保护京族海洋文化

京族临海而居的自然地理环境和长期的海洋渔业生产生活实践，使其形成了独特的海洋文化传统，如被誉为连系着京族文化的三颗“珍珠”的“唱哈”、竹竿舞、独弦琴，和浅海曳网渔业、杂渔业的渔业文化。建议充分挖掘沿海边疆少数民族多向度内容和深层次文化内涵，加强京族海洋文化建设力度，弘扬和保护京族海洋文化优良传统，丰富少数民族农渔民的文化生活，实现沿海边疆少数民族人与海、人与人和谐发展。

本文原刊于《海洋经济》2012年第2卷第6期，是广西科技攻关与新产品试制项目（桂科攻0992027），广西自然科学基金重点项目（桂科自0832018Z），广西壮族自治区教育厅科研立项一般项目（200911LX439）和新世纪广西高等教育教学改革工程2011年重大项目（2011JGZD020），钦州学院2010年北部湾海洋保护与开发利用实验室科研项目（HYSYS-YB05）等课题成果。作者：黎树式，钦州学院资源与环境学院副教授。

① 文军，李星群. 中国京族聚集地旅游业可持续发展研究［J］. 广西民族研究，2007（2）：194-198.

○文学艺术篇○

冯敏昌诗文中的钦廉印记

陆　衡

【摘　要】冯敏昌是一位对家乡有着深厚炽烈感情的晚清诗人。其诗作涉及到家乡钦廉一带的人文景观有海角亭、天涯亭、东坡亭、文昌阁、灵觉寺，自然景观有天马山、铜鱼山、铁冠山、龙门、海门、龙潭，民间信仰景观有民族英雄马援铜柱、铜船等。家乡依山傍海、历史悠久。山峰挺拔，海浪汹涌，珠光闪闪，蛋歌凄婉，乡情浓浓，铜柱崔巍，这一切构成了诗人家乡的物质形态，也凸显了作品鲜明的乡土中国文化象征。

【关键词】冯敏昌；诗文；钦廉；乡土文化

一个人，不是走在离开家乡的路上，就是走在返回家乡的途中。家乡是一个人永远的牵挂，家乡文化作为成熟文化中极为重要的组成部分，毫无疑问会在一个作家的文字里留下深深的印记。考察晚清乾嘉时期知名诗人冯敏昌（1747—1806年）之与故乡钦州（作者按：钦州在清代隶属广东廉州府，郡治在今广西合浦）之关系，莫不如此。冯敏昌系清代钦州长墩司南雅乡（今钦州市钦北区大寺镇马岗村）人，从其别号与诗文集的命名可知其对家乡感情之深厚炽烈。冯敏昌字伯求，一字伯子，号鱼山。鱼山得名于诗人家乡铜鱼山。铜鱼山，“（钦州）城北百二十里，发脉灵属（今钦州之灵山县）管根山，世传山下有巨石，陂堤下铸铜鱼为水窦，因名。又名古窦山”（清道光年《钦州志》）。诗文集以“小罗浮草堂”命名，“小罗浮”乃铜鱼山之别称，“铜鱼山在钦西北九十里，安京山九十余里……宁纯过此，谓似惠州之罗浮山，因改名为罗浮山，并书名于山巅”（明嘉靖《广东通志》）；“冯鱼山刑部有《小罗浮草堂诗文集》，盖取义于此也”（民国二十六年《邕宁县志》）。在诗人笔下，钦州地虽偏隅，但“一纵五百里，灵钟端异常。……吾乡富山水，州图亦开张”（《上洋诗》）；更为可贵的是，吾钦“人皆向善，以形胜而论，则有龙门铜柱之壮观；以人物而言，则有谏议平章之旧泽”①。下面，笔者拟从山水草木、乡情民俗、精神家园等三个方面来阐述冯敏昌诗文中的家乡印记。

一、山水草木：钦江秋色净无烟，直下东城赴海壖

冯敏昌是如此热爱家乡山水，据不完全统计，仅歌咏钦廉一带山水草木的诗文就有60余首（篇）。

冯敏昌诗作中涉及到的家乡的人文景观有海角亭（《海角亭谒苏文忠公遗像》）、天涯亭（《天涯亭》《将之郡城，道路过天涯亭陶文学云飞寓别后却寄》）、东坡亭（《偕郡中文学二十余人游东坡亭，奉怀前郡守康茂园并示同游诸子》）文昌阁（《澄怀堂歌呈康茂园邑侯》）、灵觉寺（《尊经阁观所悬灵觉寺古钟声》）、元妙观（《秋夜偕勺海、翼堂元妙观访浣云、黄贯之》）、安州古城（《登安州古城》《登州城东楼》）等等。诗人13岁时创作的《登安州古城》（作者按：钦州，古称安州，隋开皇十八年即公元598年改安州为钦州）恰如其分地写出了家乡依山傍海、历史悠久的特点；23岁写下的《登州城东楼》则通过“钦江秋色净无烟，直下东城赴海壖。……姜宁遗风还不远，与谁怀古赋新篇”感慨，表达了更为开阔的视野以及对同乡先贤姜公辅、宁原悌的讴歌推崇，思绪深幽诗风悠远。在以上所列当中，最能从今溯古者，当推《天涯亭》。全诗如下：

不信愁边天有涯，茫茫飞日但西斜。
诗词易起流亡怨，肝胆难为楚越兮。
山外几黄茅岭瘴，亭前空白佛桑花。
儿童不踏长安陌，莫到长安更忆家。

开头两句借天涯亭之名交代古代钦州所特有的地理位置与文化内涵。天涯亭，传为北宋庆历年间（1041—1048年）知州陶弼始建。因“钦地南临大洋，西接交趾（今越南），去京师万里，故以天涯名，与合浦之称为海角者一也”。钦廉一带“四时全似夏，一雨便成秋”的湿热气候使得“山岗瘴气最重”，②中原之人视为畏途，历来都把它作为官员流放之地，故诗词充满了流亡之怨。第三联以工整的对偶由远及近描绘了家乡特有的自然风光。句中的“茅岭”，又称“分茅岭”，原属于钦州（防城）古森峒。岭上茅草自然地分南北相向而生，有中越的天然分界，相传还是汉马援立铜柱处。佛桑花即扶桑花，是钦廉一带最为常见的植物之一，

① 冯敏昌.州城万寿宫先农坛凌云书院建修小启［G］//冯敏昌集.广西民族出版社，2010:427.
② （明嘉清）林希元.钦州志［Z］.天一阁藏.上海：上海书店，1961.

（清）吴震方《岭南杂记》卷下："扶桑花，粤中处处有之，叶似桑而略小，有大红、浅红、黄三色，大者开泛如芍药，朝开暮落，落已复开，自三月至十月不绝。"最后一联则通过对儿童的"规劝"表达诗人强烈的爱乡之情。一般而论，冯敏昌的诗作具有较为明显的散文化，好用典，重考据，但家乡显然是他的一根软肋，此诗虽有尘事倥偬之意，倒也写得情真意切，清新自然，绵绵家乡心。

给冯敏昌带来神童之誉的是他9岁时创作的《登文笔峰》。小诗人登高远眺，既写出了家乡江河山水的大气磅礴，又表达了明显从前辈那里承继下来的豁情散哀，年少老道。之后，冯敏昌着力歌咏的家乡山峰有天马山（《右天马山》）、铜鱼山（《右铜鱼山》《九日鸣凤村登高望铜鱼之山归宴主人太学董生草堂用杜蓝田九日韵》）、铁冠山（《右铁冠岩》）、那雾山（《那暮山诗》）、望州岭（《望州岭作》）、尖山（《钦州八景》），龙女峰（《右龙女峰》）、望龙峰（《右望海峰》）、海螺峰（《右海螺峰》《登海螺峰》）等等。山峰直插云霄，如"疑天马踏空行""踞地若虎豹，翔空更虬龙"，巍峨峻拔，字里行间透露出亲近之感赞誉之情。不过，当诗人把目光投向江海的时候，水的汪洋恣肆、浪的惊天动地却让诗人在感慨壮观的时候，夹杂了一些凶险惊恐和遥远遗憾。如，"高空隐日气先淡，长风驾潮午不落。……鲸鱼千丈何奇哉，惊波喷浪从天来"（《海门春阴行》）；"日暮洗牛脚，舟如飞鸟惊。天风狂益掣，山浪涌难平。黑恐危樯失，红呼鬼火明。人人此心得，何处不前程"（《 洗牛脚遇风作》）；"惊浪到龙门，连山大海吞。楼船撑日裂，火器拼天昏"（《龙门》）、"鼓柁涛澜骇，连天雾霭封。犹寻乾体塔，已失冠头峰"（《海门观海十六韵》）、"渊媚起藏潜，雷霆威大壮。力擘天门桷，快洗炎州瘴"（《龙潭》）。尤其在《海门观海》《龙泾还珠》两首诗中，诗人惋惜"宇宙还高视，英雄或续踵。惟余观水意，从此更难逢"，担忧"武陵不是桃花洞，管教翻迷老钓翁"。钦廉滨海而郡，北倚丘陵山区，西与越南隔海相连，南临大海，"钦江廉江两江地，何异千钧力挽之一发"。为何诗人对家乡山与水有着不同的态度，对大海的感受与想象缺乏亲密的关系和开放的意识？究其原因，主要有以下三个方面。一是因廉州沿海有抗清力量，清政府在此长期实行海禁政策。从顺治四年（1647年）清政府开始对广东沿海（时北海属广东廉州府）实行"近海禁私船"起，历经顺治十八年（1661年）"迁界禁海"、乾隆五十五年（1790年）解除"禁海"，150年间钦廉海上交通贸易严重受阻。二是钦廉虽有漫长的海岸线，却像中国的其他沿海地区一样缺少像地中海、波斯湾这样的内海，所在的海湾——北部湾是一个半封闭的大海湾，即使海禁政策有所松动，人们更多的也只是从事打渔、采珠、晒盐而不是运输、航行，海洋大部分作用没能充分发挥出来。三是钦州可分为山上钦州和水上钦州，诗人出生成长地为山上钦州，离大海至少也有百余千米的距离，更加上长期农耕文化的浸染，诗人与海始终保持了一定的距离。

二、乡情民俗：得得珠来泪已枯 乐莫如各安乡井

从《合浦采珠歌五首》，我们可以看到冯敏昌对家乡下层劳动人民主要是以疍家人为代表的珠民辛酸生活的反映与同情。合浦郡盛产珍珠，是著名的南珠之乡。我国古时称南珠为“走盘珠”，即放在盘中稍动，就能滚动自如。因合浦南珠圆度好，粒粒放光，颗颗走盘，故向有“东珠不如西珠，西珠不如南殊”之美誉。早在汉代，因合浦南部地瘠人贫，不种粮食，就产生了以采珠为生的“珠民”。据考证，“珠民”的另一个身份是“疍家”。“疍家”、“疍民”和“疍户”是封建时代对粤、闽沿海水上人家的贬称。《说文解字》对“疍”（原为延头）字释为“南方夷也。从虫延声”。《康熙字典》则作“蜑”、“疍”，音义均同。“疍家”作为以舟楫为家，捕鱼为业的水上人家，形成于造船和航海技术较为发达的秦汉时期。因合浦是著名的珍珠产地，自东汉以来，历代帝皇都残酷强迫“疍民”去“蹈不测之渊，以求可必得”的珍珠玳瑁等异宝。“疍民”为此万命沉溺、家破人亡的惨剧屡见史册，“广州志云：合浦县海中有梅、青、婴三池。蜑人每以长绳系腰，携篮入水，拾珠母纳其中，即振绳，令舟人急起之，设有线血浮水上，其人即葬鱼腹矣”[（明）卢之颐《本草乘雅半偈·第八帙·真珠》]。珠民们耕海采珠，以珠易米，稍有不慎就是以人易珠。他们的悲惨生活深深刺痛了冯敏昌，年仅15岁的他于1761年在《合浦采珠歌五首》中写道：“白龙城外暮云行，珠母海南秋月明。明月渐圆珠渐好，好听船上疍歌声。……铁作珠耙三百斤，蚌螺开甲肉如银。云头一霎风雷起，依旧连筐献海人。……江浦茫茫月影孤，一舟才过一舟呼。舟舟过去何舟得，得得珠来泪已枯。”真乃字字血泪，声声悲吟。

从《故从人黄中和记》《记故僮方德才事略》两篇文章，我们可以感觉到冯敏昌对同乡下人的体恤仁爱。仆人黄中和在河南孟县染疾去世后，冯敏昌不但由数千里之外，把黄的棺柩连同他赠的陪葬物“古墨二方及小沉香佛手”运回钦州大寺安葬，还著文《故从人黄中和记》，以传记的形式来彰显一个童仆的美行。书童方德才因病去世，冯敏昌将之送回故里上思后亲自过问安葬事宜，并写诗、著文《记故僮方德才事略》表达哀思。如果说这两个都是冯敏昌身边之人，得到善待或有偶然性的话，那么，冯敏昌故后，由合浦、钦州、灵山三属绅士联名提

交的《合郡呈人乡贤公祠申文》则充分证明了这位伟大的壮族诗人的乐善好施和义声远播："同郡合浦举人某、武举某、同州举人某、灵邑人某，或公交车留京，或远游久客，适遭病故，无不亲踵其丧，且为倾囊运柩归里"[①]。之所以如此厚待自己的随从与同乡，冯敏昌依据的是家乡人关于"生人之乐莫如各安乡井"的信念，以弥补这些不幸者"以彼常在乡塾，亦何至有旅殡之苦哉"[②]的遗憾。

时代的局限性往往会制约个人。冯敏昌的崇正黜邪有时候也无法超越这种制约。钦州境内向有亲殁未久，开棺火化，以为可以超度的习俗。1803年，57岁的冯敏昌在家为父母守制庐墓，看见村人焚化去世亲属尸首，究其因乃村人之"妻身有病，里巫占祟，指令为此"[③]。冯敏昌伤愤，不顾身在制中，直控于州，尺法惩警，此风遂移。此举在今天虽然被视为迂腐落后，但在当时社会，冯敏昌的这种举动无疑是合乎儒家思想的行为。再如面对州境大旱，官司祈祷无果，民将迁徙的紧急情况，52岁的诗人"局促不堪忧"，遂效董仲舒所著《春秋繁露》中所列之法，筑坛求雨，以一种"须识生民同托命"的信念贯穿其中，终能"黑云弥空作深墨，白雨迸地昏尘埃"[④]。尽管方式方法在今天看来不可取，但诗人一心救民于水火之中的精神，时至今日仍然感天动地令人敬仰。

三、精神家园：予生乌雷铜柱之间，少即服膺君之风烈

冯敏昌自幼聪颖，才华横溢，更于《四库全书》编撰的最后三年"兼办三分全书分校"，故能遍交天下名士巨公，与翁方纲、钱载、黄仲则、张锦芳、李文藻、宋湘等政要同仁结下深厚的友谊。在谈及影响诗人成长成名的重要人士时，研究者们对以上所列如数家珍。这自然是毋庸置疑的，只是挂一漏万，不够全面。因为，与他们一起伴随诗人一生的，还有一位历史名人，那就是马革裹尸的伏波将军马援。钦廉历史上，有不少珍贵的精神遗产，在诗人看来，马援文化是其中影响最为深远的文化，"吾闻粤功数铜柱，远溯炎汉新中兴。扶桑海绿望穷发，分茅峤峻飞长絙"（《南汉铁塔歌李明府南磵属赋》）。马援（前14—49年），字文渊，东汉开国功臣之一，扶风茂陵人，因功累官伏波将军，封新息侯。建武十六年（40年），交趾郡女子征侧征贰叛汉，攻破交趾、九真、日南、合浦等郡。翌年，光武帝拜援伏波将军。马援率水陆大军万余人，沿今浦北南流江经合浦，进入钦州

① 冯敏昌.合郡呈人乡贤公祠申文［G］//冯敏昌全集.南宁：广西民族出版社，2010：495.

② 冯敏昌.故从人黄中和记［G］//冯敏昌全集.南宁：广西民族出版社，2010：331.

③ 冯敏昌.报究火化亲尸状.小罗浮草堂文集卷九终［G］//冯敏昌集.南宁：广西民族出版社，2010：466.

④ 冯敏昌.报究火化亲尸状.小罗浮草堂文集卷九终［G］//冯敏昌集.南宁：广西民族出版社，2010：466.

乌雷整训，渡海南征交趾。十八年（42年）大败叛军。之后，立五根铜柱作为汉朝与交趾疆域界标，表功而还。考伏波铜柱，“一在钦州东界，一在凭祥州南界，三在林邑北为海界，五在林邑南为山界”，故“钦州之西三百里，有分茅岭。岭半有铜柱，大二尺许”；“既铸铜柱五以表汉疆。又为铜船五、铜鼓数百枚，遍藏于山川瘴险之间，以为镇蛮大器。于钦州北，又铸铜鱼为宾，今有铜鱼之山焉。而伏波善别名马，又尝以铜铸马式上于朝，而合浦之北铜船湖，复有一大铜牛，时浮出水。横州乌蛮滩，亦有铜船，每风雨晦冥，有铜蒿、铜桨冲波而出，声若震雷，舟人往往见之，是皆铜之物也”［（清）屈大均《广东新语·地语·铜柱界》］。据不完全统计，冯敏昌诗文中与马援相关的有近20首（篇）。

冯敏昌一直都以家乡是马援建功立业之地而骄傲。铜柱、铜鱼早在不经意间成了家乡的代名词。不管在哪一年龄段，诗人在做自我推介的时候，都会把自己与“铜柱”连在一起，如21岁时的“昌也生长铜柱边”（《覃溪师见示铜马篇，用韵奉答》），55岁时的“予生乌雷铜柱之间，少即服膺君之风烈”（《汉马伏波将军别传》），与“某生钦州，铜柱之隈”（《汉马伏波将军庙祭文》）。每逢思念家乡，诗人都会感慨“梅关天远铜鱼暗，惆怅归情不可穷”（《对月二首》），“铜柱年来不记愁，珠江犹自泛孤舟”（《春阴细雨孤舟渡珠江》）。

马援是诗人心目中的英雄，通过“山连铜柱云行马，地尽扶桑浪吼雷。漫语武侯拾擒纵略，汉家先有定蛮才”（《舟过乌雷门，望伏波将军庙作》）；“楼船高压界，铜柱远铭庸”（《海门观海十六韵》）等诗句，诗人高度赞扬了马援将军的丰功伟绩，凛凛然豪气十足。这位英雄是如此之高大和不可取代，以至于每当诗人需要推崇赞誉谁时，都会将之比喻为马援。翁方纲对诗人有知遇之恩，诗人在恩师“得我铜马赋，示我铜马篇，居然见赏尘埃前”之后，写下《覃溪师见示铜马篇，用韵奉答》，将恩师誉为善于相马的马援，“将军爱马乃识马，马为所用亦所乐”。康茂园是廉州太守，在任期间，鱼肥蟹聚风物异，地广田腴。诗人写下《澄怀堂歌一首呈康茂园基田》一诗，比之为羲叔、马援：“南交上纪羲叔宅，铜柱眇觌文渊还”（作者按：《尚书·虞书·尧典》：申命羲叔，宅南交。孔安国传：羲叔，居治南方之官。马援，字文渊）。好朋友励守谦，室名信天庐，分守高凉地，能知雄守雌与世无争，诗人对此甚是赞赏，于是有了坚信“一朝吾州更摄篆，望与铜柱争崔巍”（《信天庐歌为南桥太守作》）。

马援蒙冤是诗人心中永远的痛。《后汉书》卷二十四《马援列传·马援》：“初，援在交阯，常饵薏苡实，用能轻身省欲，以胜瘴气。南方薏苡实大，援欲以为种，军还，载之一车。时人以为南土珍怪，权贵皆望之。援时方有宠，故莫以闻。及卒后，有上书谮之者，以为前所载还，皆明珠文犀。”一位为国出生入死的将军最后却落了个“横被诬罔之谗，葬不归墓”的结局，这就是历史上令知识分子感慨万端的事件——“薏苡明珠”。从汉至清的文人墨客多以马援之事自比官场失意、踌躇满志而报效无门的心痛之情。诗人写作《大滩谒汉新息侯庙二首》的时候，刚好20岁，之前已得到当朝大家赏识，就在这样一个春风得意的阶段，当看到“鹅岭月寒迷剑履，龙门风急起云雷”与横州乌蛮滩的铜船的时候，他仍然会感慨“当年薏苡招谗后，滩水无情亦自哀”。而当诗人情绪低落时，就更是何以解愁唯有马援了。1772年，诗人会试不第还家度岁，心境不佳，于是出现了途中“斋头风雨无人见，坐读乌雷庙口碑”(《〈药洲图〉次覃溪师韵二首》)的一幕。正是这种刻骨铭心的痛，诗人才会在《汉马伏波将军庙祭文》中惋惜道：“所嗟后来，壶头一卧。薏苡遭谗，马革几裹。烈士怀伤，三军气挫。”

需要强调的是，冯敏昌对马援及立柱的事迹的颂扬，不仅仅是基于一位士大夫的立场，更多地应是受到本土精神信仰、文化符号的影响。在钦廉一带，老百姓对马援的崇拜十分普遍。其中，钦州有伏波庙两座(朱椿年《钦州志》卷之四《礼乐志·坛庙》)；灵山有伏波庙一座(张春、陈治昌《廉州府志》卷九《建置三·坛庙》)；合浦有伏波祠一座(郝玉麟《广东通志》卷五四《坛祠志》)；防城港有伏波庙达10多座(旧志不载)。① 马援文化不仅是钦廉人的精神家园，还是钦廉人在异国他乡联系乡情的精神纽带。老挝首都万象建有伏波庙就是一个有力的例证。该庙以伏波将军神像为主神，并祀神灵乌雷大王、案首公公、邓通大王、黑山大王。建庙者是参加法国雇佣军的华人，1954年后因法国从越南撤退到老挝，定居后建伏波庙以庇佑。庙宇管理员唐世明为钦州人，自述他叔叔和同乡们在越南做雇佣兵时，均随身携带伏波将军庙内的香棍以求护身。②

家乡依山傍海，历史悠久。家乡中的一山一峰、一草一木、一庙一寺、一人一物，都能以本色的形态进入到冯敏昌的诗文中来。山峰挺拔，海浪汹涌，珠光闪闪，疍歌凄婉，乡情浓浓，铜柱崔巍，此类意象反复出现，构成了诗人家乡的物质形态，也凸显出作品鲜明的乡土中国文化象征。将年谱与创作相对比，冯敏昌关于家乡印记的打磨似有着较为明显的睹物思人、触景生情的痕迹，因为他那些有着家乡印记的诗文大都创作于离乡远行之前、离(返)乡途中、归居家中。

① 范玉春.马援崇拜的地理分布：以伏波庙为视角[J].广西师范大学学报，2007(3).

② 滕兰花.(壮族)清代以来越南境内的伏波信仰研究[J].民族文学研究，2012(5)：173.

当然，也有例外，《桂甫再用〈岐亭〉韵见示，时方署甚，次韵再答》《夏至夜作》就分别是诗人31岁、36岁远离家乡在京读书供职时的作品，当中的诗句“吾乡鲜荔子，甘美更多汁。亦有野湖莲，雨过初不湿。三年来北地，怀此终胡得”、“茗椀留佳客，荷杯忆帮故乡。更堪寻短梦，为觅荔枝香”似于无意当中再次印证了这句俗语“所有关于家乡的思念都是胃的思念”。

本文原刊于《钦州学院学报》，2013年9月第9期。作者：陆衡，钦州学院人文学院教授。

唐宋钦州流人与诗歌考

黎爱群

【摘　要】近年来对广西北部湾文化的研究形成热潮，钦州作为广西北部湾的重要城市，在唐宋时期就有许多官宦文人流放至此，他们从中原带来的先进文化为钦州的发展作出重要贡献。但一直以来却没有对这些流放的官宦文人进行考究，笔者根据《新唐书》《旧唐书》《舆地纪胜》《建炎纪年要录》《全唐诗》《全宋诗》等文献，爬梳考究后认为唐宋流放至钦的官宦文人共30人，相关诗歌34首。

【关键词】唐宋；钦州；流放；官宦文人；诗歌

唐宋刑名有笞、杖、徙、流、死五刑，流放是仅次于死刑的一种刑罚，也是中国古代十分独特的政治现象，被统治者自诩为一种仁慈的刑罚，所谓“不忍刑杀，流之远方”，体现了儒家所提倡的仁政与慎刑。唐初流刑以里数来量轻重：“自流二千里，递加五百里，至三千里”，贞观十四年，“又制流罪三等，不限以里数，量配边恶之州”[①]。宋代的流刑比唐更为严厉：“桂与湖南水道相接，风气不殊，非四裔之境可投畀罪人者。唐间有之，盖以朝贵列华要，一奉严谴走畏途，即近在三辅，亦嗟失势，况江岭以南乎？至宋，则多屏之昭、象，州郡远且恶也，曰迁谪，曰安置，所坐各有名。”[②]从唐宋流人分布情况来看，岭南、安南、黔中、剑南等成为流放的集中地。钦州[③]作为岭南的“远恶”“蛮荒”之地，流放至此的官宦文人更多，本文对此进行考究。

党仁弘，同州冯翊人，唐朝著名的开国元勋之一，历任南宁、戎、广州都督，办事干练，很有才略，“所至皆著声迹”[④]，深得太宗器重。公元642年因聚敛钱财“为人所讼，赃百余万”[⑤]被捉拿，按当时律法，应判处死罪。太宗为免其死而谢

① （五代）刘昫等.旧唐书［M］.北京：中华书局，1975：2140.

② （明）张鸣凤.桂胜.桂故［M］.南宁：广西人民出版社，1988：132.

③ 指今钦州境内。

④ 徐兆仁编.中国韬略大典［M］.北京：中国国际广播出版社，1997：568.

⑤ 徐兆仁编.中国韬略大典［M］.北京：中国国际广播出版社，1997：568.

罪于天三日，并下一道“罪己诏”，于是党仁弘免死，削官为民，徙于钦州。党仁弘没有诗歌传世。

刘世龙，并州晋阳人，唐高祖太原起兵时，告发了暗中谋害高祖的副留守王威、高雅君二人，又为高祖献策募集粮资，深受高祖器重，赐名义节，从银青禄大夫一直升至葛国公。“贞观初，转少府监，坐贵人贾人珠及故出署丞罪，废为民，徙岭南，终钦州别驾。”[①]刘世龙没有诗歌传世。

徐齐聃字将道，湖州长城人，少善属文，唐高宗时多次封为兰台舍人。多次上书都被高宗采纳，又因文章写得好，深受高宗喜爱，但因“漏泄机密，左授蕲州司马。俄又坐事配流钦州。咸亨中卒，年四十余”[②]。徐齐聃没有诗歌传世。

房融，唐代大臣，武周时期宰相。神龙元年，以亲附张易之兄弟，二月甲寅流放钦州，[③]并死于钦州。据传其流放途中，抵广州时，巧遇天竺沙门般剌密谛，译《大佛顶首楞严经》，房融于是为译师笔录下来，进呈于武后，此经始流传东土。

韦玄贞，京兆万年人，唐中宗李显的岳父，韦皇后之父。684年，中宗即位后，把韦玄贞从一名蜀地小吏一跃为豫州刺史，还想任命韦玄贞为侍中，裴炎不同意。中宗不悦，谓左右曰：“我让国与玄贞岂不得，何为惜侍郎中耶?”[④]裴炎把此事告诉武则天，中宗因此被废为庐陵王。二月初八，韦玄贞被流放到钦州，后在钦去世。韦玄贞没有诗歌传世。

高骈字千里，幽州人，晚唐名将。幼而朗拔，好为文，多与儒者游，喜言理道。[⑤]其一生辉煌之起点为866年率军收复交趾，破蛮兵20余万。后历任天平、剑南四川、荆南、镇海、淮南等五镇节度使。高骈虽没被流放，但其为安南都护（864年）时经过广西北部湾，写有不少诗歌，《全唐书》收其诗一卷，与钦州有关的诗歌5首：《过天威径》《安南送曹别敕归朝》《赴安南却寄台司》《南海神祠》《南征叙怀》。

崔神庆，明经举，武则天在位时，多次任莱州刺史。高宗立武则天为后，朝臣俱反，崔神庆的父亲崔义玄力排众议，赞同高宗立武为后，武则天甚为感激，于是把崔神庆任命为并州长史，且亲自送崔神庆上任。崔神庆又听从旨意推荐张昌宗，并对其多加包庇。“神龙初，昌宗等伏诛，神庆坐流于钦州。寻卒，年

① （宋）欧阳修，宋祈.新唐书[M].北京：中华书局，1975：3743.
② （五代）刘昫等.旧唐书[M].北京：中华书局，1975：4998.
③ （五代）刘昫等.旧唐书[M].北京：中华书局，1975：137.
④ （五代）刘昫等.旧唐书[M].北京：中华书局，1975：2843.
⑤ （五代）刘昫等.旧唐书[M].北京：中华书局，1975：4703.

七十余。”[①]崔神庆没有诗歌传世。

宋之问，字延清，一名少连，汾州人。高宗时“之问弱冠知名，尤善五言诗，当时无能出其右者”[②]。武后时之问与阎朝隐、沈佺期、刘允济倾心媚附张易之兄弟，“至为易之奉溺器”。[③]睿宗时“以之问尝附张易之、武三思，配徙钦州。先天中，赐死于徙所”[④]。《全唐诗》存其诗192首，与钦州相关的诗歌6首:《过蛮洞》《端州别袁侍郎》《新年作》《入泷州江》《发藤州》《早发韶州》。

李昭德，京兆长安人，生性强直，唐高宗时以明经及第入仕，累迁御史中丞。武后擢升为宰相，屡挫酷吏，被酷吏视为眼中钉，纷纷攻击他。“延载初左迁钦州南宾尉，数日，又命免死配流。寻又召拜监察御史。时太仆少卿来俊臣与昭德素不协，乃诬构昭德有逆谋，因被下狱，与来俊臣同日而诛。”[⑤]中宗复位后，追赠他为左御史大夫，建中三年(782年)加赠司空。李昭德没有诗歌传世。

张说，字道济，或字说之，前后三次为相。武后时张易之与弟昌宗陷害御史大夫魏元忠，称其谋反。张说为魏忠元辩解，魏忠元因此免于被杀，但张说却因“坐忤旨配流钦州”[⑥]。一年后中宗即位，张说即被召回京任兵部员外郎，累转工部侍郎。《全唐诗》存其诗298首，与钦州有关的诗歌6首:《南中别陈七李十》《南中别蒋五岑向青州》《南中王陵成崇》《南中赠高六戬》《南中送北使二首》《钦州守岁》。

张均，张说长子，自认才华出众可为宰辅，被李林甫打击压制。安禄山叛乱之际，“受伪命为中书令，掌贼枢衡。李岘、吕諲条流陷贼官，均当大辟;肃宗于说有旧恩，特免死，长流合浦郡”[⑦]。《全唐诗》存其诗6首，与钦州有关的诗歌一首:《流合浦岭外作》。

李邕字泰和，扬州江都人。开元十三年，唐玄宗车驾东封泰山而回，李邕在汴州谒见，累献词赋得玄宗赏识。后因陈州贪污案下狱鞫讯，罪当死。许州人孔璋上书求情，李邕得以免死，“贬为钦州遵化县尉，璋亦配流岭南而死”[⑧]。李邕文名天下，被誉为“李北海”，有文集七十卷,《全唐诗》存其诗4首，没有与钦州相

① (五代)刘昫等.旧唐书[M].北京:中华书局，1975:2690.
② (五代)刘昫等.旧唐书[M].北京:中华书局，1975:5025.
③ (宋)欧阳修，宋祈.新唐书[M].北京:中华书局，1975:5750.
④ (五代)刘昫等.旧唐书[M].北京:中华书局，1975:5025
⑤ (五代)刘昫等.旧唐书[M].北京:中华书局，1975:2857
⑥ (五代)刘昫等.旧唐书[M].北京:中华书局，1975:3051
⑦ (五代)刘昫等.旧唐书[M].北京:中华书局，1975:3058
⑧ (五代)刘昫等.旧唐书[M].北京:中华书局，1975:5041

关的诗歌。

姜皎，唐秦州上邮人，善画鹰乌，甚得玄宗赏识，封为殿中少监。窦怀贞等叛乱，姜皎出谋镇压，更得器重，封为殿中监，号楚国公，不久又升为太常卿，监修国史。开元十年，因泄露玄宗废王皇后之意，“诏免殊死，杖之，流钦州”[①]。但姜皎未到钦州便病死，时年五十五岁。《全唐诗》存其诗一首，没有与钦州相关的诗歌。

苏轼，字子瞻，和仲，号“东坡居士”，世称“苏东坡”。汉族，眉州眉山人。北宋诗人、词人，宋代文学家，是豪放派词人的主要代表之一，“唐宋八大家”之一。因新党追究他责降吕惠卿的制词中“语涉讥讪”，绍圣元年（1094年）由知定州贬知英州。元符五年（1100年）被命移廉州，仅两个月便遇赦北归。苏轼著有《东坡全集》，与钦州有关的诗歌9首：《自雷谪廉，宿于兴廉村净行院》《雨夜宿净行院》《廉州龙眼，质味殊绝，可敌荔枝》《梅圣俞之客欧阳晦夫，使工画茅庵，已居其中，一琴床而已。曹子方作诗四韵，仆和之云》《欧阳晦夫惠琴枕》《琴枕》《留别廉守》《欧阳晦夫遗接罴琴枕戏作诗谢之》《瓶笙并引》《伏波将军庙碑铭》。

胡梦昱，字季昭，号竹林愚隐，吉水人。理宗宝庆元年（1225年）八月，“以言济王事，忤丞相史弥远，羁管象州，二年三月诏移钦州”[②]。因患严重痢疾，未及行，九月，以病卒于象州，后谥忠简。《全宋诗》存其诗4首，与钦州相关的诗歌两首：《步王卢溪韵》《榕阴图》。

陈瓘字莹中，号了翁，又号了斋，南剑州延平沙县人。历官越州判官、太学博士、秘书省较书郎等。绍圣年间，宰相曾布欲以官爵相饵，不授，却把一本论述曾布过错的书交给使者，曾布大怒，陈瓘被贬为泰州知县。崇宁年间，再贬袁州、廉州。[③]宣和六年卒于台州，年六十五，谥忠肃。陈瓘《了斋集》已佚，其友邹浩《道乡集》存与陈瓘唱和的诗歌6首，与钦州有关的诗歌一首《观珍珠花留戏陈莹中》。

程千秋，绍兴初（1131年）为京西制置使，盗贼桑仲攻打襄阳，程千秋打不过便逃走，宋高宗大怒把他贬到钦州。[④]程千秋没有诗歌传世。

康与之，字伯可，号顺庵，洛阳人。建炎初，高宗驻扬州，康与之上《中兴十策》，名振一时。秦桧当国，附桧求进，为桧门下十客之一，监尚书六部门，

---

① （宋）欧阳修，宋祈.新唐书［M］.北京：中华书局，1975：3794.

② （元）脱脱.宋史［M］.北京：中华书局，1977：12622

③ （元）脱脱.宋史［M］.北京：中华书局，1977：10961

④ （南宋）王象之.舆地纪胜［M］.南京：江苏古籍广陵刻印社出版，1991：914.

专应制为歌词。绍兴十七年（1147年），擢军器监，出为福建安抚司主管机宜文字。绍兴二十三年桧死，除名编管钦州，寓于旧崇福寺。[①]《全宋诗》存康与之诗歌13首，没有与钦州相关的诗歌。

吕祖泰，字泰然，寿州人。性疏达，尚气谊，学问该洽。庆元六年上书请诛韩侂胄、苏师旦，逐陈自强等，被认为“挟私上书，语言狂妄，拘管连州”。右谏议大夫程松与殿中侍御史陈谠上书认为其罪当杀，“乃杖之百，配钦州牢城收管”[②]。直到韩侂胄被杀，朝廷才诏雪其冤。吕祖泰没有诗歌传世。

魏安行，字彦成，饶州乐平人。宣和六年进士，历官湖南长沙市丞、弋阳县令，累官京西转运副使。绍兴二十四年，魏安行为已故龙图阁学士程瑀生撰的《论语讲解》镂版，秦桧认为这是讥讽自已，便把魏安行贬到钦州。[③]魏安行没有诗歌传世。

牛冕字君仪，徐州彭城人，太平兴国三年进士。两川自李顺平后，民罹困苦，未安其业，朝廷缓于矜恤，故戍卒乘符昭寿之虐，啸集为乱。冕与转运使张适委城奔汉州，诏遣赴阙，至京兆，劾其罪，并削籍，冕流儋州。后遇赦，移钦、英二州，历鄂、海二州别驾、淮南节度副使。[④]牛冕没有诗歌传世。

岳霖，号商卿，岳飞第三子。淳熙三年（1176年）岳霖任广西钦州知县。[⑤]孝宗皇帝昭雪时，岳霖32岁。岳霖与朱熹、张拭为友，在各方的帮助下，即着手搜集岳飞遗文，修编成书。因年老多病，尚未完稿即病卒。其子岳珂在此基础上编成《鄂国金佗稡编》二十八卷、《续编》三十卷。岳霖存诗一首：《过灵山述怀》。

杨友，字叔端，福建晋江人。宋徽宗赵佶政和二年（1112年）壬辰科武举及第，于绍兴初年官知钦州。交趾与钦州前任官员因盐利问题发生磨擦，交趾遂阴谋举兵犯界。杨友到任后，主动遣使修好，并设宴款待交趾国使者于天涯亭。交趾使者十分敬佩杨友的文事武备，赞赏杨状元的为人，遂打消了进兵大宋的企图。[⑥]杨友官终于廉州知州，因为官有德政，入祀名宦。杨友没有诗歌传世。

陈刚中，字彦柔。建炎二年进士，官至太府寺丞。胡铨因为弹劾秦桧，被贬广州，陈刚中以启为贺，惹怒秦桧，谪知安远县（今钦州市），卒于任。[⑦]著有《陈

---

① （南宋）王象之．舆地纪胜［M］．南京：江苏古籍广陵刻印社出版，1991：914.

② （元）脱脱．宋史［M］．北京：中华书局，1977：13372.

③ （元）脱脱．宋史［M］．北京：中华书局，1977：581.

④ （元）脱脱．宋史［M］．北京：中华书局，1977：5439

⑤ （元）脱脱．宋史［M］．北京：中华书局，1977：11393.

⑥ （南宋）王象之．舆地纪胜［M］．南京：江苏古籍广陵刻印社出版，1991：914.

⑦ （南宋）李心传．建炎以来系年要录［M］．北京：中华书局，1988：931.

刚中诗集》，与钦州相关的诗歌一首：《离交州与丁少保》。

陶弼，字商翁，永州人。倜傥知兵，能为诗，有“左诗书，右孙吴”之誉。“知宾、容、钦三州，换崇仪副使，迁为使，知邕州。”①嘉祐八年为钦州刺史，期间重修郡城，修建战壕，使郡治愈固。著有《邕州小集》，关于钦州的诗歌3首：《寄钦州洪迩侍禁》《钦州书事》《天涯亭》。

陈永龄，熙宁间任钦州知县，边寇攻打边疆，陈永龄率领士兵坚守，“城陷力屈而殒，邦人义而祀之”②。陈永龄没有诗歌传世。

毛温，字伯玉，贺州人，神宗时为钦州灵山主簿，“交趾寇陷廉钦，自三城守令望风走避，温纠合土豪每战辄胜，遂挫贼锋部”③。刺史听说后便下令封赏，赞其智勇双全。毛温没有诗歌传世。

余靖，本名希古，字安道，号武溪，韶州曲江人，庆历四谏官（欧阳修、王素、蔡襄）之一。历官集贤校理、桂州知府、集贤院学士、广西体量安抚使、以尚书左丞知广州，卒谥襄。余靖有《武溪集》二十卷遗世。④没有与钦州有关的诗歌。

张去为，内侍张见道的养子。初为韦太后宅提点官，累迁至安德军承宣使、带御器械，又迁内侍省押班。太后因不满内侍对自己听政的非议，贬内侍官曾择等于岭南，张去为被贬到廉州。⑤张去为没有诗歌传世。

刘绍先，绍兴十三年因坐前任统兵官虚召效用盗请钱米被除名，械送廉州编管。⑥刘绍先没有诗歌传世。

综上所述，唐宋流放至钦的官宦文人共30人，其中姜皎、胡梦昱没有到达钦州便病死。后世编选的史志资料对此有很多错漏，如《钦州市民族志》：“仅隋唐至宋，被朝廷贬谪流放到今钦州市境内的汉官有刘世龙（唐）、高戬（唐）、李乐（唐）、岳正（唐）、柳述子（隋）、党仁宏（唐）、徐齐（唐）、韦元贞（唐）、张说（唐）、房融（唐）、宋之问（唐）、姜皎（唐）、牛冕（宋）、苏轼（宋）、程千秋（宋）、魏安行（宋）、吕祖泰（宋）、胡梦昱（宋）等人。”⑦其中“高戬”应为“高俭”，《新唐书》载其“贬为朱鸢主簿”⑧，朱鸢在今越南河内东南。他与钦州有联系是因为当时钦州

---

① （元）脱脱.宋史［M］.北京：中华书局，1977：1073.

② （南宋）王象之.舆地纪胜［M］.南京：江苏古籍广陵刻印社出版，1991：914.

③ （南宋）王象之.舆地纪胜［M］.南京：江苏古籍广陵刻印社出版，1991：914.

④ （元）脱脱.宋史［M］.北京：中华书局，1977：10407.

⑤ （南宋）李心传.建炎以来系年要录［M］.北京：中华书局，1988：176.

⑥ （南宋）李心传.建炎以来系年要录［M］.北京：中华书局，1988：1049.

⑦ 钦州市民族事务委员会编.钦州市民族志［Z］.南宁：广西人民出版社，2000：141-142.

⑧ （宋）欧阳修，宋祈.新唐书［M］.北京：中华书局，1975：3839.

地方首领甯长真率兵侵犯交趾，高俭为交趾太守丘和出谋打败甯长真，高俭本人并没到过钦州。“李乐”应为“李说”,《旧唐书》载其“长流崖州”，并非钦州。“岳正”并非唐代人，而是明代流放至钦的官员。“党仁宏”应为“党仁弘”,“徐齐”应为“徐齐聃”。

本文原刊于《广西职业技术学院学报》2013年第6期，是钦州学院校级课题“唐宋钦州流放文化与诗歌研究”、“广西环北部湾地区流寓文化”研究成果，作者：黎爱群，钦州学院教育学院副教授。

北宋陶弼滨海诗歌创作研究

宋　坚

【摘　要】陶弼是我国宋代著名的诗人和军事家，是宋代旅桂时间最长的官员，他在旅桂20多年的官宦生涯中，留下了大量堪称优秀的诗作。尤其在钦任知州的三年时间，留下了30多首描写滨海风光的优美诗作，其数量之多，风格之独特，意境之优美，艺术成就之高，都是其他的旅桂诗人所不能比拟的。因此有必要对陶弼北部湾滨海诗歌创作进行探究和分析，认真总结其艺术成就和艺术特色，无论对于了解广西古代诗歌发展史，还是对于发展今天的北部湾海洋文化，都有深刻的启示作用。

【关键词】陶弼；广西滨海；诗歌创作；艺术成就

一、引言

唐宋诗词是中国传统文化的精髓，代表了中国诗文发展的高峰。不仅在先进文化的中原一带大量创作出这些璀璨的艺术奇葩，而且通过南下文人的积极传播和辛勤创作，在粤西及南方滨海一带也留下了不少的名篇佳作，成为中国文学史不可缺少的部分。这些旅桂诗人的诗词可见于清人汪森辑录的《粤西诗载》中。这本诗集共收集了历代旅桂文人来到广西后所创作的诗歌24卷，共3118首；词45首。这些诗词基本记载了古代流落南方的官宦诗人留下的诗词华章，对于我们了解和研究广西古代诗歌创作具有较高的参考价值。其中宋代诗人陶弼旅桂20多年，留下了大量堪称优秀的诗作。尤其他到钦州任知州三年期间所创作大量的描绘了多姿多彩的滨海风光的诗篇，是古代广西北部湾滨海文化史不可多得的部分。但是前人对此分析研究十分不够。笔者认为，深入研究历代游宦文人到广西的文学创作，对于填补广西古代诗歌史的空白，提升广西文化品味，促进文化艺术与经济社会的和谐发展，都具有极大的促进作用。基于此，本文就“陶弼广西滨海诗歌创作”进行初步的探究，希望请教有关专家，以起到抛砖引玉的作用。

陶弼，字商翁，仁宗时代永州人，是北宋时代旅桂时间长达20几年的地方官和著名诗人。据《宋史》记载，陶弼“独以文章自喜，尤长于歌诗，其诗往往记述南国风土人物”[①]。陶弼多才多艺，能文能武，据沈辽的《云巢编》所载，陶弼从小就“俶傥有器”，对文学与兵法尤其喜欢，有“左诗书，右孙吴”之称；后来他拜丁谓为师，从此“持论颇纵横，习世故，不复陋于鄙矣”[②]。后因军功到广西做官，从此开始了他20多年的旅桂生涯。其旅桂期间留下的大量诗作，收录于清人汪森编著的《粤西诗载》共59篇，收集于他当今遗留的唯一诗集《陶邕州小集》中有诗73首。据确切考证，经过后人的辑录补佚，他的诗作收集于《全宋诗·陶弼诗》共计189首。[③]纵观他的旅桂诗作，或歌吟八桂山水，或描写军旅生活，或反映地方的民情风俗，或抒发在外游子的思乡情怀，或表达儒道参禅的隐逸思想。总的来说，题材广泛、内容丰富，有较高的艺术成就，是八桂文化中弥为珍贵的文化遗产。

二、陶弼北部湾滨海诗作

陶弼的诗歌题材十分广泛，包括对八桂山川和沿海风土习俗的反复吟咏和诗意描绘。这些诗，既是粤西古代文学的重要组成部分，具有突出的艺术成就，又是研究当地风俗民情的第一手资料，具有重大的民俗学价值。

陶弼一生为官清正，情操高尚，勤政爱民，在北宋时代享有盛名。在仁宗执政时期的嘉祐七年，陶弼改任六宅副使，到钦州任知州，这是他第一次光临广西北部湾沿海地区，从此与钦州结下了不解之缘，并由此掀开了广西沿海诗歌历史的崭新篇章。据《宋史》记载，陶弼在钦州任知州是从宋仁宗嘉祐七年至宋英宗治平二年五月（1062—1065年），前后达三年时间。以他在钦期间所写的《三海岩》“序言”为证：“治平二年春，诏徙钦州灵山县治于六峰山下以便民。夏五日，予得朝命还湖湘。”任职钦州期间，陶弼不仅政绩突出，而且留下了大量优秀的诗作。《明统一志》载：“（陶弼）仁宗时知钦州，重葺旧城，濬治濠堑，群治愈固，政暇吟咏甚丰。”[④]在钦州任上，他安抚少数民族，修整破旧的州城，疏浚护城河流，兴办学校，编修州志，建筑天涯亭等有名景点。因政绩不凡，受到宋仁宗的诏书褒奖。离任时，钦州百姓拥满了街头，堵塞了道路和桥梁，不愿放他离去。现在，我们从明朝嘉靖年间林希元编撰的《钦州志》中，还可以找到几十首与钦州城区

① 中国文学家大辞典.宋代卷.十画.陶弼[M]北京：中华书局，1996.

② 沈辽.东上阁门使康州刺史陶公传.云巢编卷八.宋集珍本丛刊.北京：线装书局，2004：23，548.

③ 覃红双.北宋陶弼研究[D]，2011.

④ 明统一志.影印文渊阁四库全书本.上海：上海古籍出版社，1987.

和沿海地区有关的诗作，占陶弼旅桂诗作的绝大部分。其中的代表作有《天涯亭》《三海岩》《五湖》(五首)、《海角亭怀旧》《钦州书事》《三山亭》(三首)等，有些诗刻至今仍留有遗存。[①]

陶弼履职钦州沿海三年期间，留下了大量的吟咏性情、描写风物的优秀诗作，这些诗歌的内容丰富多彩，风格清新淡雅，境界辽阔深远。他的诗以吟咏风物见长，生动地展现了具有浓郁地方风味的滨海风情、地方人情和旖旎多姿的南国风光，抒发了个人独特的思想情感。

(一)展现沿海山川景秀之美

在钦州任职期间，陶弼流连于青山秀水之间，对南国滨海风光情有独钟。他以诗意的笔墨，生动地描绘了沿海一带独特的自然景物和地方的风俗人情，表达了一个羁旅士人的独特情怀。如《天涯亭》一诗：

雨色丝丝风色娇，天涯亭上觉魂消。
一家生意付秋瘴，万里归心随暮潮。
兵送远人还海界，吏申迁客入津桥。
山公对此聊酣饮，怕见醒来雨鬓凋。

天涯亭为陶弼任钦州知州时所建，至今仍然为钦州市区的著名景点。天涯亭初建于城东平南古渡头，明洪武五年(1372年)同知郭携迁城内东门口重建。1935年迁建今址，故又称“宋迹三迁”。《天涯亭》这首诗，气势恢宏，境界辽远，“雨色丝丝风色娇，天涯亭上觉魂消”。南国沿海风雨稠密，此时登临天涯亭上，不禁让人心绪惆怅，浮想联翩。为什么此亭称为“天涯亭”？意为“天涯海角”，离中原很远的地方。清朝的董绍美在《重建天涯亭》中说：“钦地南临大洋，西接交趾(今越南)，去京师万里，故以天涯名，与合浦之称为海角者一也。”这里是“天涯海角”，当然离家很远，所以就有了后面自然生发的情感。“一家生意付秋瘴，万里归心随暮潮”，写得极有意境。诗人在远离家乡的天涯亭，登高远眺，俯瞰山川形胜，借景抒情，以寄寓个人的情感。

钦州地处北部湾畔，是我国南部一座依山傍海的滨海城市。那里的山川景秀、海天一色所构成的浓郁南国风光，永远吸引着陶弼欣赏的目光，让他流连忘返。他用诗意的笔墨，展现了一幅生机盎然的南海景象：浪花飞卷、鸥鹭点点、渔歌唱晚、船帆穿梭……一切都让人目光迷离，完全陶醉于他所描绘的充满着诗情画意的意境中。如在《五湖》组诗中，诗人先后写了五首诗，五次反复咏叹“宁

① 秦邕江.陶弼治邕[J].广西文史，2007.

越佳山水”，体现了对宁越（钦州的古称）山水的无限爱慕。诗中那“月天高寺影，春雨一桥声。石上青蒲合，沙中白鸟横”的东湖，在静谧空灵的境界中展现了一幅鱼跃鸢飞的生机盎然景象；那“有禁鱼常乐，无机鸟不惊。远蕃船舶至，海角暮潮平”的南湖，展现了一幅恬然空阔的滨海景象；那“路向林梢转，天随野色横。从兹栖泊者，无复渡江情”的西湖秀色可餐，让远方的游客流连忘返；那“晚景群峰会，春流众壑趋。自知千载后，歌调有农夫”的北湖，风光旖旎，春水荡漾，让人心荡神驰；那“环流随郡暂，倒影动禅林。夏簟一般冷，春瓶相对深”的中湖，流光溢彩，清澈澄凉，让人心旷神怡。在陶弼的笔下，南国的滨海风光确实让人流连忘返，那“水色连山叠，泥痕上海潮”（《钓石》）的海滩景观；“酒尽月斜潮半落，山翁不省上船时”（《三山亭》）的余兴陶醉；“几稳平沙上，杯流醉石中”（《醉石》）的美好时光；“一片晚云含落照，数分残酒伴新梅”（《南湖亭》）的早春景象；“渡头人语知潮上，下看南江东北流”（《登潮月亭》）的潮涨潮落奇景；“谁趁落潮离晚渡，自寻芳草上春台”（《茶溪亭》）的自得雅趣；“坐看月从潮上出，水晶盘里夜明珠”（《潮月亭》）的海上夜月情景，让人仿佛置身于碧波万顷的海面上。看潮起潮落，看月圆月缺，欣赏一望无垠的壮丽景象，品尝各色海鲜美味，饱餐各种热带水果，在诗意融融之中感受良辰美景，共享人与自然相亲共融的美好时光。

（二）抒发游子思乡之情

尽管美丽富饶的北部湾滨海风光让人流连忘返，但古代文人特有的思乡情怀，使陶弼在徜徉于山海之间时，常常流露出久羁南疆的落寞与惆怅。因此，他的诗在表现滨海风光的神奇壮丽时，也时时透露出盼归湖湘的情感。“一家生意付秋瘴，万里归心随暮潮。”在《天涯亭》一诗中，诗人登临送目，欢愉未尽，想到独在异乡为异客，就有一种“万里归心”的思绪涌上心头。他一到钦州任上，励精图治，政绩突出，万民共仰，政通人和，实现了他“兼治天下”的政治理想。但是对故乡亲人的思念却与日俱增，个中意味，何人能知，何人能解？只能在诗的字里行间时时流露。“此意无人解，宵分泪满襟”（《吟石》）；“安得病躯开病眼，碧云瞻拱帝星回”（《茶溪亭》）。这正如李白诗中所说的“锦城虽云乐，不如早还家”。古代的文人墨客在羁旅他乡时，都会有这种共同的情感。

（三）借古咏史，聊以抒怀

陶弼畅游于北部湾山海之间，常常盘桓驻足于历史名胜古迹，缅怀先贤功绩，借此发思古之幽情。来到钦州合浦之后，他连续写了三篇咏史怀古之作。如写于

合浦的《海角亭怀古》:

骑马客来惊路断，泛舟民去喜帆轻。

虽然地远今无益，争奈珠还古有名。

这首诗生动描绘了南海独特的地理风光：远方来客望断归路，海上渔民泛舟远航，海面上白帆点点，一派热闹非凡的边海风光。就在海角亭的地方，曾经产生了“合浦珠还”的美丽传说，诗人以“怀古”来点化诗意，深化了思想，升华了主题。还有一首《合浦还珠亭》:

合浦还珠旧有亭，使君方似古人清。

沙中蚌蛤胎常满，潭底蛟龙睡不惊。

合浦还珠亭自古就是一著名景点，诗人欣赏的不仅是碧波万顷的大海、“蛤胎常满”的珍珠，更是仰慕孟尝太守的高洁品格。

《题廉州孟太守祠堂》这首诗生动地述说着一个感人的故事：

昔时孟太守，忠信行海隅。

不贼蚌蛤胎，水底多还珠。

这里说的是“合浦珠还”的故事。古代的合浦珍珠是有名的“南珠”，由于官吏的贪暴，强迫渔民滥采珍珠，珠贝于是都迁往交趾海域去了。东汉的孟尝太守到任后，廉洁爱民，禁止滥采，不久之后，原来离开的珠贝全都返还合浦海域，孟尝被百姓称为神明之人。诗中的“忠信行海隅”、“水底多还珠”，都体现了诗人对孟尝崇高人品的敬仰，对珠还合浦的赞叹。“合浦还珠旧有亭，使君方似古人清”(《合浦还珠亭》);“虽然地远今无益，争奈珠还古有名”(《海角亭怀古》)。作者借写历史古迹和历史人物，来抒发他思古之幽情，从中寄托了他为官一任、造福一方的政治理想。

(四)吟咏风土物产

广西北部湾沿海一带处在热带地区，雨水充沛，物产丰富，风土独特，闻名天下，这些都在陶弼吟咏风物的诗中得到充分的反映。前人曾评他的诗“善言风土”，他的许多诗确实以吟咏风物见长，特别善于描写南疆特有的风土人情和丰富的物产，直至今日，他的风物诗仍被《广西通志》《钦州》志等大量引用。如“红螺紫蟹新鲈鱠，白藕黄柑晚荔枝”(《三山亭》其一)，真实再现了当时钦州的物产丰盛：各色海鲜、热带果蔬，琳琅满目，应有尽有。“僧怜海石为棋子，客惧蛮螺作酒杯”(《 寄钦州洪迩侍禁》)，反映了古代钦州和尚喜欢拿海石作棋子，当地居民习惯用海螺作酒杯的历史事实，读来饶有兴趣。还有一些诗较多地反映了当地的地理风貌、生活习俗和地方风物。如《钓石》：

守边无一事，坐石钓东桥。
水色连山叠，泥痕上海潮。
饵经沙日暖，纶动水风飘。
客正思新绘，鱿鲸气莫骄。

在“水色连山叠，泥痕上海潮”的潮涨时分，当地人盛行在桥东垂钓随潮水上来的鱿鲸等海产，“饵经沙日暖，纶动水风飘”生动地描绘了一幅垂钓的风景图画，给人以生机盎然的感觉。“野蔬沿涧绿，林果映江红”（《醉石》）渲染了沿海地区江山如画、花果繁盛的景象。还有《三山亭》（之三）写到的“藤萝叶暗初无日，松桂枝新渐有风”的南疆风光；“商夸合浦珠胎贱，民乐占城稻谷丰”的丰年景象；“玉版淡鱼千片白，金膏监蟹一团红”的美食珍馐，让人大饱眼福，垂涎三尺！陶弼治钦期间的物产丰盛、与民同乐的情景历历在目。还有《三海岩》《荔枝》《食杨梅》等，都生动地抒写了当地的著名景点和华南水果，给人留下深刻的印象。此外，陶弼诗集中留下的一些精彩句子，如“双鱼远客书来报，复有珠随旦暮潮”、“庐根紫蟹团脐小，枫叶青鳊缩项来”、“蟹螯红熟鲻鱼活，此兴重来未有时”、“紫蟹膏应满，丹枫叶未凋”、“荔枝林下千金络，菡萏池中十画船”、“黄柑鲈鲙金膏蟹，使我秋风未拂衣”等，都无一例外地反映了本土多姿多彩的风物景象。

三、陶弼滨海诗作的艺术特色

陶弼不愧为北宋中叶具有一定影响的诗人，他在我国的文学发展史上应当占有一席之地，在研究广西北部湾古代的历史和文学过程中，尤其不可忽视。

陶弼的诗歌成就历来为人称道。杨慎在《升庵诗话》卷十二作过这样的评价：

陶弼，宋仁宗时人，有诗名。仕于两广，诗绝似晚唐，《宋文鉴》选其二首，《虔化县》云：“暖雪梅花时，晴雷赣石溪。”《出岭》云：“天文离卷舌，人影背含沙。”其他如《僧寺》云：“花露生瓶水，松风落架书。”《早行》云：“照枕残鸡月，吹灯落叶风。”李洞、喻凫，可相伯仲。①

这里把陶弼的诗歌艺术归结为具有晚唐体特点，主要体现为：诗风雅正，吟咏性情，风格独特，自成一家，有突出的艺术个性。整体上看陶弼留下的诗作，

① 杨慎撰，王仲镛注.升庵诗话笺证.上海：上海古籍出版社，1987：452.

确实取得了很高的艺术成就，并创造了极富诗意的审美意境。

（一）诗美如画，境界辽阔

历代文人到了山水秀丽的广西沿海，都会为风光旖旎的滨海风光所陶醉，从而留下诗美如画的锦绣华章。如果我们把陶弼吟咏滨海的诗作连缀起来，就像一幅浪起云涌的巨幅画卷，尽显江山秀丽和大海的雄阔。陶弼的北部湾诗歌创作合理地吸收了唐宋以来山水诗的艺术成果，采用了水墨画挥洒泼墨的点染法，将一幅幅优美的山水画卷展开在我们面前；同时又以情景交融的方式，创造了雄浑壮阔的意境，具有王维山水诗的“诗中有画”“画中有诗”的审美特点。在他的诗中，不仅写出了“几稳平沙上，杯流醉石中”的优雅情趣；写出了“潮痕没高岸，月色透疏林”的空灵；写出了“晚景群峰会，春流众壑趋”的优美；写出了“坐看月从潮上出，水晶盘里夜明珠”的清新；更写出了“海潮来处是天根”，“俯看南溟气欲吞”这样的壮阔雄浑意境，给人以美不胜收的审美感受。

（二）创造了清丽自然、优雅恬淡的诗风，呈现个人独特的艺术风格

艺术风格是作家独创性的产物，也是个人艺术创作走向成熟并获得较高成就的标志。在长期的诗歌创作实践中，陶弼匠心独运，别具一格，努力创造出与众不同的、独具特色的诗歌风格和诗歌意境，构画出清新自然的审美画面和审美意境。前人因为陶诗中有“水墨屏风数百家”（《题阳朔县舍》）；“易醉江上酒，难画雨中山”（《桂林府沦漪阁》）和“花露生瓶水，松风落架书”（《罗秀山》）等佳句，而认为他师法晚唐体，所以深得李商隐与贾岛的诗风之精丽和意境之清幽。[①]笔者认为这是牵强附会的说法。陶弼之所以形成独特的艺术风格，取得突出的艺术成就，关键在于他个人的努力修为和时代理学之风的灌注和影响。陶弼出身书香世家，自小便与众不同，酷爱诗书兵法，博学多才，这为他以后的艺术造诣打下了坚实的基础。其次是宋朝的理学融合了儒道释的精神内涵，对当时文人的精神生活和艺术追求影响很大。陶弼素有忧国忧民的济世之心，但其诗中体现更多的是禅道超凡脱俗的隐逸之气。诗风恬淡清雅，明净空灵，创造了清虚旷远的审美境界；因此，他的诗清丽自然，不凿痕迹，有浑然天成的艺术美感。如他的《山茶花》：

江南池馆厌深红，零落空山烟雨中。
却是北人偏爱惜，数枝和雪上屏风。

---

① 宋妍霖.陶弼诗歌研究[D].西南大学，2011.

诗人以茶花自喻：色彩红艳的山茶花，默默地开放在绿野丛中，也不管是否有人来欣赏，它依然故我，花开花落，一任自然，这不正是诗人超然物外、洒脱不羁的自我写照吗？在他沿海诗作中，这种独特的意境随处可见。如“有禁鱼常乐，无机鸟不惊”（《南湖》），一种淡定从容的闲适之态跃然而出。《维摩诘经》说：“心净则国土净”。陶弼身处滔滔浊世，却能洁身自好，出淤泥而不染，永远保持心的灵明与禅机悟境，从而深刻地影响了他的诗歌艺术风格。他的其他诗作往往体现这种风骨精神，如“路向林梢转，天随野色横。从兹栖泊者，无复渡江情”（《西湖》）的融入野地、随遇而安的飘逸情怀；“自知千载后，歌调有农夫”（《北湖》）的不羁野趣；“半载持竿野水东，山翁心不类渔翁”（《直钩亭》）的隐逸之乐；“环流随郡暂，倒影动禅林”（《 中湖》）的心境空明，都获得了传神的表达和诗意的点染，一个性情豁达、潇洒飘逸的士大夫形象跃然于纸上。这种独特风格的形成，不是一朝一夕偶尔为之的，而是长期的积淀和个人努力修为的结果。正如严迪昌所说：“一个诗人的风格形成不是一朝一夕的事，它是先天禀赋如个性、才情等等和社会后天属性的教养、学识、阅历、遭遇等相融汇而成的艺术审美精神体。其形成过程初始每多在不自觉状态，似得之有意无意间。其实，一种选择性行为心理始终或显或隐地存在并支配着创作实践过程。”① 事实确实如此。陶弼独特的艺术风格的形成，标志着他诗歌创作所达到的艺术高度。

（三）诗有高致，在平淡悠远、清新自然之中凸显独特的艺术特色

陶弼家族是东晋名士陶侃、陶渊明的后裔，陶渊明爱菊，陶弼也以此自豪，并追慕先人的诗风。他在《菊》一诗中自吟：“东篱故事何重叠，醉倒花前是远孙。”他性情高洁，诗风自然清新，在平淡悠远之中体现闲适意味，意境幽雅，诗意自成高格。在钦州任职期间，陶弼或登高望远，饮酒赋诗；或流连于山海之间，看潮起潮落、云卷云飞，借诗抒发淡泊高雅的人生情怀。陶弼对南海风光的诗意描绘，清丽素雅，恬淡自然，看似平淡的描写却见出不凡的功力，这是艺术所达到的上乘水准。如“水色连山叠，泥痕上海潮”（《钓石》），看似平淡的白描，却生动地展现了南国海疆浪起云涌、水天一色的壮丽景象；“红螺紫蟹新鲈鲙，白藕黄柑晚荔枝。酒尽月斜潮半落，山翁不省上船时”（《三山亭》）。这首诗看似各种海鲜和热带果蔬的铺陈罗列：海浪、沙滩、青蟹、鲈鱼、黄柑、荔枝、白藕，这些看似物产的展览，实质上是一种诗意的点染和精心的安排，月下宴饮、醉不思归，构成了一幅令人陶醉的海滩夜宴图，让人觉得旖旎多姿的南海风光着实让

① 严迪昌.清诗史[M].杭州：浙江古籍出版社，2002：13.

人心醉神迷！陶弼这种自然清新的文风，深得陶渊明田园山水诗的精髓。绚烂之极，归于平淡，豪华落尽见真淳，这种于平实自然之中透出的悠然生趣，于朴实无华之中体现的疏雅清淡的艺术特色，说明了他的诗歌艺术已达到了炉火纯青的地步，取得了较高的艺术成就，值得后人不断地借鉴和总结。

对陶弼在北部湾沿海留下的诗作展开研究，既是广西古代文学史上不可忽略的一部分，也弥补了广西北部湾诗歌史的空白。陶弼的诗歌创作为广西北部湾文学艺术的发展作出了突出的贡献。清代临桂诗人廖鼎声题诗曰："嘉祐才名并李陶，粤南山翠倚天高。"李即指李时亮，陶弼同时代人，也以诗闻名。把李陶的诗歌艺术成就比作岭南的一座高峰，可见评价之高。当代学者李旦初以《北宋州官陶弼》为题吟咏："雾障边城岁月艰，青衫白发路漫漫。知州到处人间暖，纵饮贪泉更养廉。"① 陶文鹏、韦凤娟的《灵境诗心：中国古代山水诗》给陶诗以很高的评价："在北宋后期，最早把山水诗艺术推向成熟境地的，是曾孔、王安石、陶弼、黄庶、文同、蔡襄等诗人。"清代的李慈铭说陶弼的诗是"小有风致"；南宋诗人刘克庄肯定他的诗"集中多佳句"；黄庭坚在《陶君墓志铭》中评价他"平生不治细故，独以文章自喜，尤号为能诗"；钱钟书在《宋诗选注》中称道他"擅长写悲壮的情绪，阔大的气象"。由此可见，陶弼的诗歌创作所取得的突出成就，即使在今天的北部湾文化发展史中，他也同样起着举足轻重的作用。

本文原刊于《广西民族大学学报》2012年第4期，作者：宋坚，钦州学院人文学院教授。

① 李旦初.李旦初文集7.评头品足集·历史名人题咏[M].北京：人民日报出版社，2009：65.

浅论北部湾（广西）情歌的思想和艺术特征

何 波

【摘 要】北部湾（广西）情歌指的是广泛流传于广西沿海的钦州、北海、防城港三市，以爱情为题材的民间歌谣。它以灵活多样的手法，丰富优美的意象和质朴明快的语言，生动真切地表现了男女在恋爱过程中的种种心理、情绪，如单身的凄楚、初恋的喜悦、热恋的幸福、离别的不舍、失恋的痛苦、相思的幽怨等等。它不仅内容丰富，而且具有独特的思想价值，主要表现为颇具现代意识的人品第一的择偶观、爱情至上的婚恋观和人格独立的价值观。因而北部湾（广西）情歌是居住在广西沿海一带的各族人民宝贵的精神财富。

【关键词】北部湾情歌；爱情；价值；艺术

地处祖国南疆的钦州、北海、防城港三市濒临浩瀚的北部湾，背靠十万大山和六万大山。北部湾（广西）情歌指的就是流传于这三市的以爱情为主题的民间歌谣。

广西北部湾三市总人口560多万，有汉、壮、瑶、苗、京等民族。这里的各族人民勤劳勇敢，热爱自由，追求幸福，喜用民歌来表达自己的愿望和追求，抒发自己喜怒哀乐的感情、情绪。流传于这一带的民间歌谣，从题材上可分为劳动歌、时政歌、生活歌、仪式歌、情歌、历史歌、儿歌等，其中情歌数量最多，最富特色。本文就所收集到的北部湾（广西）情歌作粗浅的分析，以期引起关注并进一步研究。

一、北部湾（广西）情歌的主要内容

北部湾（广西）情歌的内容非常丰富，但凡男女在恋爱过程中的种种心理、情绪，如单身的凄楚、初恋的喜悦、热恋的幸福、离别的不舍、失恋的痛苦、相思的幽怨等等，都在情歌中得到生动形象的反映。

（一）哀叹单身的凄楚，表现求偶的迫切

结婚成家是平头百姓最大的愿望之一，也是人生奋斗的目标之一。没有老婆

的男人被人瞧不起，没有女人的家是不完整的家，就像到处漂流的空壳田螺："空壳田螺抛落水，冇识浮游到何湾"；就像无根的浮萍："好比江边浮萍草，随水漂流冇人收"。单身男人既要忙外又要忙里，实在是顾此失彼，如"讲到单身实系衰，一筒白米自己煨；煲到半熟火过了，抹干眼泪又来吹"。结婚成家既是生活的需要，也是生理上、感情上的需要，如"人家有双嫌夜短，哥今无双叹夜长；鸡啼三次未睡着，想来想去好心伤"。道出了单身男子长夜漫漫，转辗反侧，无法入眠的酸楚。更令人发愁的是，随着岁月的流逝，年龄的增长，获得爱情的机会、实现成家的愿望更显得渺茫。如"愁得日来还有夜，愁到春来又有秋"，就反映了这种连绵不绝的哀愁和昭华易逝、爱情难求的担心。

这类情歌，主要采用自叹的方式，哀叹自己的孤单，委婉地表达主人公求偶愿望的迫切。

（二）表达爱慕之情，试探对方的反应

在民间，素不相识的男女要建立恋爱关系，主要有两条途径，一是通过媒人介绍而互相认识，另一是通过书信或民歌来传情达意。在北部湾（广西）情歌中，有很多情歌或直接或委婉地表达主人公对心仪的男子或女子的爱慕之情，以试探对方的反应。如"一条河水翻翻滚，不知是浅还是深；丢块石头试深浅，唱支山歌探妹心"。然而，这种委婉的表白，对方可能装聋作哑，不予回应。在这种情况下，主人公便敞开心扉，或借助生动的比喻表达爱慕之情，如"妹是韭菜哥是葱，两人生来命不同；若得韭菜同葱煮，哥香妹甜乐融融"；或直截了当地提出恋爱要求，如"斑鸠树上叫咕咕，哥无妻来妹无夫；你我都系半碗酒，何不倒来做一壶"；或进行耐心的规劝，如"三月桃花朵朵鲜，半山香来半山甜；再过三月花落地，人不嫌来鬼也嫌"，带有某种激将的意味。

（三）赞美心仪对象，抒发对真爱的渴望

男女因相悦而相恋，而相悦很大程度上取决于其心仪对象美丽出众的容貌或魅力四射的人品才情。如"妹是玫瑰香又艳，哥想去摘没开园；行到园地闻香气，回家还醉两三天"，极力赞美对方出众的容貌和超群的人品。有的情歌则表白对心仪女子非她不恋的决心和痴心，如"谷子不碾不出米，茶籽不榨不出油；打鱼不得不收网，连妹不得不回头"。此外，有的情歌还表现了恋爱中男女微妙的心态，如"妹在大路哥在坡，心想喊妹人太多；手把锄头装咳嗽，得妹一望乐心窝"。再如"心想连哥心又慌，不想连哥心又烦；葫芦里头装糯饭，装进容易倒出难"。前者假装咳嗽引起了恋人的注意而感到开心，后者则反映了女主人公的矛盾心理。

（四）坦露自己的心迹，表达对爱情的忠贞

经过初恋阶段的了解、考验，男女双方确立了恋爱关系，由此进入热恋阶段。热恋的男女山盟海誓，表达对真爱的生死不渝。如“哥妹连，石山炸开变良田；阿哥变成杉木桶，阿妹早晚挑在肩”，抒写男女主人公爱情的甜蜜和谐，相得益彰。而“生柴捆共枯柴枝，生不分来死不离；生时同哥在一起，死落阴间同石碑”，则表达了“执子之手，与子携老”，相恋相爱生死不渝的决心。

（五）反映欢聚的幸福，抒写离别之不舍

如果说热恋是轰轰烈烈的，有如夏日的炽热，那么结婚成家之后，进入日常生活阶段，就如暴风雨过后的港湾，平静而温馨。北部湾（广西）情歌有许多是反映婚后平静生活的。如《团圆歌》（情歌对唱）通过男女主人公日常生活中的一个个片断，把他们相敬如宾的恩爱表现得十分形象生动。

有欢聚就有伤别。热恋中的男女，依依惜别，难舍难分。如《送别歌》（片段）

二送阿妹到塘边，出水荷花好新鲜；
好花要防人偷采，偷了荷花没有莲。

二别阿哥在塘边，哥妹好比并蒂莲，
出水荷花无泥染，刀切莲藕丝还牵。

三送阿妹出了村，鸡爬灯草我心乱；
今日花针离了线，几时再得妹来连。

三别阿哥出了村，劝哥不用太心酸；
蜜蜂去把杨梅采，今日酸来日后甜。

五送阿妹到果园，摘对石榴妹尝鲜；
哥妹好比石榴果，石榴结子心相连。

五别阿哥在果园，手捧鲜果难下咽；
连心石榴随身带，犹如哥在妹身边。

九送阿妹到江边，宝鸭天鹅浮水面；
宝鸭有双同戏水，孤雁无双懒飞天。

九别阿哥在天边，江边宝鸭肩并肩；

浪打鸳鸯暂分散，有情千里一线牵。

这首送别情歌，采用移步换景的写法，随着空间的转换，触景生情，淋漓尽致地抒发热恋男女依依惜别的离情别绪。

（六）倾诉相思之苦，期盼早日团圆

有别离便有相思，倾诉相思之苦，是古往今来情歌的一个重要内容。北部湾（广西）情歌也不例外。有因相思而走神失态的："十八娇妹想情郎，好比吃了龟鱼汤；日间织网走错线，夜间煲饭放错糠"；有主人公苦闷难受的："朝想哥来晚想哥，犹如吃着闷陀罗；吃闷陀罗闷还少，想着我哥闷还多"；有夜不能寐，食不甘味的："龙皮做席睡不好，龙肉做菜食不香；龙骨做椅坐不稳，日想夜想为娇娘"。总之，极写相思之苦，期盼之切。与此相近，一些情歌抒写了失恋的无奈和怨恨，如"芥菜被人割了尾，我知小妹起横心；九月重阳放纸鸢，线断抛郎在半天"。

综上所述，北部湾（广西）情歌内容丰富，把这些情歌加以编排，就好像是一部恋爱史，男女恋爱过程中的酸甜苦辣、喜怒哀乐等均有细腻而真切的表现。

二、北部湾（广西）情歌的思想价值

北部湾（广西）情歌不仅内容丰富，而且具有独特的思想价值，这主要表现在情歌中主人公的择偶观、婚恋观和价值观等三个方面。

（一）人品第一的择偶观

选择配偶，事关终身。不同的人对配偶的选择有不同的眼光和条件，有着眼于外貌的，有着眼于钱财的，有着眼于权势的，凡此种种，不一而足。北部湾（广西）情歌中男女主人公的择偶标准，一看是否有真情，二看是否有好人品。而好的人品，主要包括几个方面：

1. 爱情专一，不能花心。

如：（1）"哥你好比钓鱼钩，鱼也钓来虾也钩；无钉扁担去挑藕，必定有日塌两头"。（2）"一担红豆两处卖，相思今日两路分；正月芥菜上了表，见妹心多我懒淋"。（3）"天上云多月不明，塘中鱼多水不清；阿妹今天无人睬，因为心多坏了名"。例（1）女主人公敬告情哥哥，如果用情不专，将会落得个两头落空的结果。例（2）是男主人公申明之所以中断他们之间的恋爱关系，是因为阿妹心多。例（3）男主人公分析了阿妹"今天无人睬"的原因，是因为"心多坏了名"。由此可知，不管是女主人公的敬告还是男主人公的分析、批评，归结起来，就是爱情要专一。

2. 正直善良，表里如一。

如：(1)“看马不要看马鞍，看人不要看衣衫；不信你看坏鸡蛋，外面好看里面烂”。(2)“一柄剪刀两面光，半边阴来半边阳；劝君莫学剪头样，剪刀有口无心肠”。例(1)例(2)都抨击了表里不一、口是心非、阳奉阴违等恶德，从而说明了主人公追求的是正直善良、表里如一的美德。

3. 热爱劳动，勤劳节俭。

如(1)“哥要恋妹听人言，先要学勤练三年；若是懒哥来摆渡，宁愿过江不上船”。(2)“鱼爱水来鸟爱林，妹爱勤劳不爱金；阿哥若是大吃懒，浪打船头两边分”。例(1)中女主人公明确地表示，不管阿哥的“渡船”多坚固牢靠、方便快捷、安全舒适，如果阿哥懒惰，则宁愿淌水过河也不坐你的“渡船”。例(2)中的女主人公说的更直白，阿妹爱的是勤劳的而不是懒惰的人，如果阿哥懒惰，哪怕你有金山银山，也要跟你分手，大有视钱财如粪土的气概。

由上可见，不论是男是女，他们所追求的是人品。人品第一，反映出了北部湾劳动人民质朴无华的择偶观。

(二)爱情至上的婚恋观

世俗恋爱婚姻讲究“父母之命，媒妁之言”，讲究彩礼，讲究程序，唯一就是不讲男女双方是否有情。而北部湾(广西)情歌里的男女主人公刚好相反，只讲情，有了真情，什么媒妁之言，什么彩礼，什么仪式、程序统统可以不要。如：(1)“好柴烧火没有烟，好马过桥不用鞭；好石磨刀不用水，好情恋哥不用钱”。(2)“烂椅无背妹不靠，烂船无底妹不棹；蔗尾不甜妹不咬，阿哥无情妹不交”。(3)“大船出海不用推，我俩相交不用媒；不用彩礼不用酒，海歌一唱阿妹来”。(4)“无需办酒请人家，无需抬轿吹喇叭；我打赤脚跟哥回，见了爹娘敬杯茶”。例(1)和(2)中的女主人公都强调男女相恋必须有感情作为基础和前提，否则免谈。例(3)和(4)则表现了女主人公不囿于成规俗例的叛逆精神和直爽的性格。由此可见，反对封建礼教规范以及世俗恋爱婚姻观念，高扬爱情至上的旗帜，那就是北部湾(广西)情歌里的男女主人公的婚恋观。

(三)人格独立的价值观

在北部湾(广西)情歌中，有不少情歌表现了男女主人公尤其是女主人公独立不倚的人格美。这种人格美，主要表现为：

1. 追求爱情，无所畏惧。

如(1)“前门关锁后门开，偷偷招手喊哥来；好花不怕蜂来采，好妹不怕哥来挨”。(2)“阿妹敢做就敢当，不怕面前架支枪；若因连情被打死，你我牵手见阎王”。此两首均表现了女主人公为了爱情幸福，敢作敢为、敢于担当的大无畏精神。

2. 崇尚独立，自信自尊。

如(1)“是云就往高处飘，是水就往低处流；阿妹就是林中雀，哪蔸树高趴哪蔸”。(2)“哥不连妹妹不忧，手搓麻绳另起头；好马不怕无鞍配，好女不怕无人求”。(3)“高山岭顶种辣椒，哥你刁来妹更刁；你是黄蜂我是火，黄蜂再恶怕火烧”。例(1)表现了女主人公独立不倚的精神和务实求真的态度；例(2)表现了女主人公不怕挫折和高度自信；例(3)表现了女主人公的桀骜不驯、大胆抗争的性格。

女性一直被视为弱势群体，在恋爱婚姻中一直处于被动地位。然而在北部湾(广西)情歌中，女主人公丝毫没有半点的懦弱、被动，她们勇敢地追求爱情幸福，大胆地与男性抗争。“哥你刁来妹更刁”、”哪篼树高趴哪篼”，这些掷地有声的山歌，不啻是女性独立、婚姻自主的宣言书。

三、北部湾(广西)情歌的艺术特色

北部湾(广西)情歌具有鲜明的艺术特色。择其主要的来说，有以下几方面：

(一)手法灵活多样

北部湾(广西)情歌艺术表现手法灵活多样，有比兴、双关、对比、反复、夸张等等。

比兴　比兴是民歌常用的传统手法。早在我国第一部诗歌总集《诗经》就大量运用。所谓比，通俗地说就是打比方，就是比喻。在北部湾(广西)情歌中，比喻被大量地运用。如(1)“阿妹好比萤火虫，时明时灭飞荧荧；伸手捉来不见亮，张手放开火又红”。(2)“郎有心来妹有心，一条丝线一枚针；郎是针来妹是线，针行三步妹来寻”。(3)“正月过了二月末，借钱买藕共妹栽。路上有花哥冇想，一心等妹莲花开”。

例(1)将阿妹比作萤火虫，是明喻，非常形象地抒写了男主人公的矛盾心理，即捉也不是放也不是，不知如何是好；同时也写出了阿妹的暧昧态度。例(2)将郎比作针妹比作线，也是明喻，将男女主人公亲密无间的关系非常贴切地写了出来。例(3)是暗喻，“一心等妹莲花开”的“莲花”实指性器官。

所谓兴，就是起兴。作者有意地不把本意先说出来，而是先说其他事物，然后再说出本意。这些事物有些与要真正表达的意思相关，有些则不相关，只不过是凑够诗行，有的则为了押韵。如(1)“行路不知哪条远，过江不知哪条深；恋情不知哪个好，不知哪个是真心”。(2)“蝴蝶为花山过山，白鹤为鱼滩过滩；闹市有妹我冇去，深山有情远当闲”。(3)“一园香花拣一朵，一山竹子拣一根；三村六垌哥走匀，难拣阿妹咁好人”。这几首情歌中的第一二句，均属于用兴的手法，目的是起兴，以引出第三四句，而第三四句正是该首情歌所要表达的真正意思所在。

双关 双关也是民歌常用的表现手法，它是委婉表达的需要，北部湾(广西)情歌中的双关，大部分既是谐音双关又是意义双关。这里试举几例：例(1)“折屋围园栽红豆，不围家园围相思；死落阴间含灯草，奈何桥上芯不移”。第一句的“围”字用的是其本义，第二句中的两个“围”字即是“为”的谐音，动词“围”变成了介词“为了”；第四句的“芯”原本指灯草的芯，这里利用谐音关系，实指“心”，意为永不变心。例(2)“菜碟栽花覆粪浅，扁担烧火炭无圆；哑仔手拿单只筷，不得成双口难言”。第一句“覆粪”是“福份”的谐音，第二句中的“炭”与“叹”，“圆”与“缘”谐音。整首情歌的大意是，我非常爱慕你，但我的福份太浅，只能慨叹与你没有缘分。例(3)“唱句山歌逗一逗，看妹抬头不抬头；妹你抬头哥就唱，妹不抬头歌就收”。这首情歌的第四句“哥”与“歌”谐音。整首情歌的大意是，你若不喜欢我，那我就此作罢。例(4)“新起大屋没盖顶，留来望日又望星；得见天星当见妹，得见日头当见晴”。这里，第四句“晴”与“情”谐音，指的是情妹。此句大意是，当我看见太阳时就等于看见你——我的情妹妹。例(5)“榄树开花花榄花，哥在上来妹在下；张开罗裙等哥榄，等哥一榄就回家”。这里的“榄”与“揽”谐音，“等哥一榄就回家”表层意思是等情哥“榄子”，而深层意思是情哥“搂抱”，甚至是做爱。

对比 即用甲事物与乙事物进行比较，从而突显其差异。北部湾(广西)情歌中最常见的是将自己的孤单凄凉与别人有家有室、成双成对的幸福美满进行对比。如(1)“人屋有双嫌夜短，我家冇双叹夜长；窗外只听雕子叫，床前只见月光光”。(2)“有钱打酒壶壶满，无钱买米锅锅空；有钱喊妹声声应，无钱喊妹妹装聋”。例(1)通过对比，极写孤单凄清，例(2)则抨击了某些女子的势利和贪财。

反复 所谓反复指的是同一词语或短语在同一首情歌多次使用。如(1)“三只斑鸠飞过山，两个成双一个单；两个成双两个好，一个孤单一个难”。(2)“睡到三更想着晴，翻来覆去睡不成；翻来覆去睡不着，擎头侧耳听鸡鸣。”例(1)“两个成双”出现了两次，例(2)“翻来覆去”也出现了两次。这种反复手法的运用，不仅在内容上起强调的作用，而且在音乐上还收到了回环往复的效果。

夸张 北部湾（广西）情歌很多用了夸张手法，如“愁得日来还有夜，愁得春来还有秋”，极力夸张孤身之苦，可谓一年三百六十五日，一日廿四小时，无时无刻不愁，真可谓愁绪绵绵！又“姑娘生得如花锦，胜似南海观世音，行过塘畔鱼跳起，进入庙堂佛起身”。鱼原来在水中，不可能知道水族之外的事情；佛讲究色空，不可能为尘缘所动。很显然，这首情歌极度夸张了心仪女子美貌的迷人魅力。再如“连情连到马出角，交情交到鳝生鳞；江河水断情不断，铁树开花情不分”。一般而言，马不出角，鳝没有鳞，江河不会断流，铁树不会开花，即使有例外，男女主人公的爱情也不会移易。这显然是夸张，但越夸张，但越真实感人！

（二）意象丰富优美

北部湾（广西）情歌与其他题材的民间歌谣一样，采撷了许多为人们所常见的优美意象，并通过这些意象来抒发感情。其中使用频率最高的是莲藕和灯草。其次是，动物方面有天鹅（雁鹅、宝鸭）、鸳鸯、画眉、斑鸠、燕子、白鹤；花卉方面有荷花、茶花、牡丹、玫瑰、玉兰、桃花；树木方面有榄树、苦楝树、藤；瓜果方面有苦瓜、丝瓜、甜瓜、葫芦、韭菜、葱；器物方面有琵琶、筷子、秤、碟子、埕、船、枕头等；天象的有月亮、星星等。限于篇幅，下面选几个北部湾情歌常用的意象作些分析。

藕，又称莲藕或莲，藕长出的花叫莲花或荷花。古往今来的文人骚客对莲藕都赞叹不绝，古代有《爱莲说》（周敦颐），现代有《荷塘月色》（朱自清）。北部湾（广西）情歌多用此物作为意象，个中原因除了藕本身品质和形貌美之外，关键在于“藕”与“偶”，“莲”与“连”谐音，而“莲”又与“恋”谐音，因此，“莲”“连”往往指“恋爱”“恋情”。如“阿哥初到藕塘边。采只菱角尝新鲜。妹你姓莲哥姓水，水沧莲花红满天”。又如“二送阿妹到塘边，出水荷花好新鲜，好花要防人偷采，偷了莲花没人连”。这两首情歌中的“莲”“连”都是谐音。这里还需指出一个现象，凡一首情歌中出现“藕”的势必出现“莲”，而出现“莲”的未必出现“藕”，如“你发癫，脚踩藕节不知莲”。

灯草，一种草本植物，其芯松软，有如海绵，旧时多用作油灯灯芯，因“芯”“心”谐音，故北部湾（广西）情歌多以灯草为意象。如“唱支山歌解解愁，是人都讲我风流；灯草结扣吞入肚，几多委屈在心头”。“蛛蜩结网罂瓮底，千思万想为埕（情）深；天旱灯草塘干死，为妹操坏几多心”。这两首情歌的“心”都是

“芯”的谐音。

琵琶，一种弹拨乐器。古代诗歌(主要是文人诗)多用琴瑟和鸣来比喻夫妻相敬相爱，在北部湾情歌中也多用琵琶来表示类似的意思。如“变鸟我俩共一山，变鱼我俩共一湾；妹变弦线哥变木，做好琵琶日夜弹”。再如“哥莫忧来哥莫忧，我俩交情稳如山；铁打琵琶钢筋弦，任人挑拨任人弹”。前一首的“弹”是演奏之意，后一首的“弹”是琵琶弹奏的技法之挑、拨。其大意是不管他人如何挑唆捣乱，我们的交情都不会改变，表达了男女主人公相亲相爱永不变心的感情。

筷子，在我国，是必不可少的餐具，而筷子必须有两条才能夹菜吃饭。由于此种特性，便被北部湾(广西)情歌用来表示成双的意思。

秤，一种计量工具，杆秤必须要有秤砣才能使用，民间俗语“公不离婆，秤不离砣”，因此，常被用作情歌的意象。如“见人唱歌我唱歌，见人敲锣我敲锣；见人双双结成对，自家怨秤没有砣”。再如“雀仔成双人成对，我有秤杆没有砣”。抒发主人公孤单寂寞的情绪。

(三)语言质朴自然

民歌是在民间传唱的，而非像文人诗歌那样供案头阅读或吟咏，这就决定了民歌语言要质朴明快，琅琅上口，一听就懂。北部湾情歌与其他地方的民间情歌不同的是，由于广西沿海三市20世纪60年代前期隶属于广东省，受粤文化和粤语的深刻影响，因此，不管是汉族还是壮、京、瑶、苗等少数民族，在社会交际上所使用的语言主要是粤语，当地人称之为“白话”。因而，如果你用普通话读或唱这些情歌，既不顺口，又不懂它的意思。如“天上起云云起斑，漏夜围园种牡丹；漏夜围园漏夜种，看花容易种花难”中的“漏夜”是连夜的意思。又如“鞋锥捞拢花针放，妹你尖来哥也尖”。这里的“捞拢”是“混合”之意，此两句的大意是做鞋的锥子与绣花针混合在一起。还有“正月芥菜上了表，见妹心多我懒淋”，所谓“上了表”指的是芥菜长出了菜芽，长了菜芽的芥菜必定是老了，菜心也多了，故才有第二句“见妹心多我懒淋”。此外，还有许多动植物的称呼，用的是当地俗语，如“大雁”称“雁鹅”，“渔鸦”称为“水鸦”，“青蛙”称“蛤姆”等。也有些描写心理状态或动作神情的词，也用俗语，如“吸烟”称为“焗烟”，“慌张”称“浪狂”。如下面这首情歌：“三十汉子想妻房，又昏又懵又浪狂”，这里的“浪狂”就是慌慌张张、举止失措之意。

除了白话之外，广西沿海三市较为流行的还有客家话，北部湾(广西)情歌有很多用客家话。如“黄连入口捱知苦，屋中冇妻捱知难；空壳田螺抛落水，半沉半浮到河湾”。这里的“捱”即“我”的意思。还有的用新民话，如“人屋有双嫌夜短，我家冇双嫌夜长”。这里的“人屋”就是“别人”的意思。

（四）地域色彩浓郁

北部湾广西沿海岸线达1500多千米，广西沿海三市境内西有十万大山，东有六万山，有10多个乡镇濒临北部湾，可谓依山傍海。因此，北部湾情歌按形式来分，可分为山歌、咸水歌、海獭歌。咸水歌、海獭歌所涉及的事物大多与海有关。如（1）“有女不嫁出海郎，一年到头守空房；等得郎归妹又老，等得花开叶已黄”。（2）“果子好吃核难吞，阿妹虽好我家贫；灯笼挂在桅杆顶，望妹高照弟单身”。（3）“大海行船莫怕涌，高山起屋莫怕风；舍得拼命莫怕死，舍得跟哥莫所穷”。（4）“大船出海不用推，我俩相交不用媒；不用彩礼不用酒，海歌一唱同妹回”。上述情歌中的“出海郎”“桅杆”“大海”“行船”“出海”等跟海均有着密切关系。

地域特色不仅体现在语言和特有事物上，而且体现在人物性格、心理方面。广西沿海三市同整个广西一样，秦之前属南蛮之地，受中原文化尤其是封建伦理道德教化的影响相对中原地区比较少一些；同时，因为沿海，面对浩瀚的海洋，又稍比广西内地各市县开放。这就决定了这一带的各族人民富于冒险精神和独立个性，男的如此，女的亦然。在婚恋问题上，表现为追求真爱不畏艰难，不怕牺牲，不讲繁文缛节。对此，上文第二部分已作了分析，这里不再赘述。

总之，北部湾情歌是居住在北部湾沿海一带的各族人民的口头文学，是他们创造的一笔精神财富。它以自己鲜明的地域特色和独特的艺术风格，在广西民间文学中绽放出异彩。

作者：何波，钦州学院人文学院副教授。

南珠传说的民俗价值与人类学分析
——南珠文化研究之一

宋 坚

【摘 要】古往今来，有关“南珠传说”十分神奇，故事经过民间的加工改造，逐渐演变成为优美而富于神奇色彩的神话传说，其中的“珠还合浦”、“割股藏珠”和“鲛鱼泪珠”等传说，已经成为历朝文人反复咏唱的主题，构成了南珠民俗文化的灵魂和核心。故事所包含的民俗价值和人类学意义，值得学术界的高度重视。

【关键词】南珠传说；珠还合浦；割股藏珠；鲛鱼泪珠；民俗价值；文化人类学

一、引言

据地质学家考证，早在2亿年前的三叠纪时代，地球上就已经存在着珍珠了，这种古老的有机宝石以其晶莹剔透、高贵吉祥而美名传扬。古往今来，珍珠成为人们热捧的珍品，人类往往赋予它美丽的光环，并让它披上一层神秘的面纱。

珍珠，梵文为“mani”，即“末尼”或“摩尼”。因其“离垢”、“光净”，与金、银、玛瑙等并称为“佛教七宝”；《大戴礼记》曰：“珠者，阴之阳也，故胜火；玉者，阳之阴也，故胜水；其化如神，故天子藏珠玉。”①确实，南珠和宝玉都是皇权和富贵的象征。据说慈禧太后就是“珍珠粉”的疯狂爱好者，为了延年益寿，不断地从合浦进贡南珠服用敷面；再据历史文献资料记载，镶在英国女王伊丽莎白一世皇冠上那颗最大最耀眼的珍珠，就是合浦生产的南珠。关于南珠，明代文学家屈大均在《广东新语》中记载：“合浦珠名曰南珠，其出西洋者曰西珠，出东洋者曰东珠。东珠豆青白色，其光润不如西珠，西珠又不如南珠。”②南珠多出自马氏珍珠贝，素有“掌握之内，价盈兼金”之说，因其细腻圆润、饱满光亮而被称为“稀世珍宝”，是所有珠宝中最珍贵的种类。确实，合浦以它辉煌灿烂的产珠历史，

① （清）王聘珍撰，王文锦校.大戴礼记解诂.中华书局，1983：36.

② （清）屈大均.广东新语.北京：中华书局，1997：126.

成为中国当之无愧的“珠乡”。而关于南珠的贵重和神秘，历史上流传着种种美丽而传奇的民间故事。

二、南珠传说的原型和变种

合浦还珠旧有亭，使君方似古人清。
沙中蚌蛤胎常满，潭底蛟龙睡不惊。

——（宋）陶弼《合浦还珠亭》

骑马客来惊路断，泛舟民去喜帆轻。
虽然地远今无益，争奈珠还古有名。

——（宋）陶弼《海角亭怀古》

这是北宋陶弼到广西北部湾滨海城市钦州任知州时所写的两首诗，它生动地概括了两千多年以来南珠与合浦的历史勾连。诗中所引用的典故，是关于“珠还合浦”的原型故事。据《后汉书·孟尝传》记载：“（孟）尝迁合浦太守。郡不产谷实，而海出珠宝，与交趾比境地，常通商贩贸籴粮食。先时宰守并多贪秽，诡人采求，不知纪极，珠遂渐徙于交趾界。于是行旅不至，人物无资，贫者饿死于道。尝到官，革易前敝，求民病利。曾未逾岁，去珠复还，百姓皆反其业，商货流通，称为神明。”[①]这就是“珠还合浦”成语典故的出处。后来，为了纪念孟尝太守的清正廉直，合浦人民在县城东北修建了“还珠亭”，还于明朝万历年间又修建了孟尝太守祠。后来“珠还合浦”的故事经过民间的加工创造，逐渐演绎成为优美而富于神奇色彩的民间神话传说，成为古往今来的文人诗客反复吟咏的主题，构成了南珠民俗文化的核心部分。

关于合浦南珠文化，有许许多多美丽的传说，如著名的“珠还合浦”、“割股藏珠”、“白龙城”、“还珠岭”、“鲛鱼泪珠”的传说等等。尤其是“珠还合浦”的传说，早已成为千古美谈。

（一）“珠还合浦”的传说

很久很久以前，合浦白龙海面有只老珠贝，贝壳里育的是一颗夜明珠。老珠贝每天傍晚都来到浅滩岸边，张开贝壳，让夜明珠照亮海滩。有了夜明珠的光，珠民渔民赶夜捕鱼采珠十分方便。大家非常喜爱这颗宝珠。

---

① （南朝宋）范晔.后汉书.北京：中华书局，2007：178.

一天晚上，老珠贝来到浅滩，刚张开贝壳，一只大鹗鹰从石崖飞来，“嗖”的一声冲下把夜明珠叼住了。老珠贝赶紧收紧贝壳，夹住鹰嘴。鹗鹰不甘罢休，拍翅起飞，硬要把老珠贝和夜明珠一起带走。老珠贝拼命夹紧，死死拖住鹗鹰。

白龙村有个姑娘叫银珠，五岁时患了天花，后来虽然治好了，却留下满面麻子、一只跛脚。这天她早早地来到海滩赶夜海，把鹗鹰啄珠的情景看得真切，急忙从腰间拔出珠刀，拐着跛腿，高一脚低一脚追去，对准鹗鹰就是一刀，砍下了鹗鹰的头。老珠贝得救了。只是夜明珠被鹰嘴啄伤，珠血滴滴掉落，再也发不出光亮来了。银珠把老珠贝抱在怀里，痛心大哭，眼泪落到贝肉里。说来也神，贝肉的伤口当即愈合，夜明珠也光亮如初。银珠好不高兴，低头亲了亲珠贝，珠贝也让夜明珠亲了亲银珠。刹时间，银珠脸上的麻子消失了，腿也健全了，人变得仙女一般美貌。

银珠姑娘杀鹰救珠变美女的消息一传十、十传百，很快在百里海岸传开了，又很快传到京城。当朝皇帝是个荒淫无道的老公仔，为了返老还童，当即召来心腹大臣全宝，派他带领三千人马南下合浦。全宝得令，催促人马日夜兼程赶到合浦，日夜驱赶珠民下海采珠。全宝折腾了七七四十九天，就是找不到老珠贝。于是，下命官兵顷巢出动，把银珠抓来，强迫她下海找老珠贝。银珠坚决不从。全宝“嚓”一声抽出宝剑，对银珠说：“你不下海，本官先斩了村里的贱民再斩你！”说着，举剑向珠民砍去。银珠急忙举手去挡，可怜一双玉臂被剑砍断，人也昏死过去，“扑通”一声落下海里。老珠贝得知银珠被害，立即起来救护。它驮着银珠浮出水面，吐出夜明珠亲了亲银珠，银珠当即苏醒过来，手臂也复原如初了。就在老珠贝用夜明珠救护银珠的时候，一时顾不着护宝，夜明珠被全宝抢去了。

全宝用丝绸玉帛将夜明珠裹了一层又一层，缝进衣襟，带在身上，然后带领人马打道回京。这天，全宝一行来到梅岭地界，天气炎热，大家就在岭上歇息。全宝想看看夜明珠，刚翻开衣襟，便有一道银光闪出。全宝一惊，他料定夜明珠已经神归，不敢回京，带领人马再下合浦。

全宝又把银珠抓来，用剑刺破银珠的双眼，把银珠抛到海里。他要乘老珠贝来救护银珠时夺取夜明珠。一会儿，老珠贝果然把银珠驮出水面，吐出夜明珠医治银珠的眼睛。全宝一下就把夜明珠夺走了。

这回，全宝叫人特制了一个银闸子，用七七四十九块绸布裹着夜明珠，放进闸子里，上了铜锁，再用三层牛皮裹着银闸子，绑在自己的肚脐上，一路人马朝京城进发。

这天黄昏，又走到了梅岭。突然狂风大作，接着轰隆隆一声炸雷震耳欲聋，闪电似一条大火索抽来，闸内闪出一道银光，直向南方闪去，全宝只好三下合浦。全宝找到银珠，心想硬的不行，来软的。但银珠仍然不从，一头撞死在桅杆上。珠民们将银珠葬下海底。老珠贝闻讯起来，把银珠驮出水面，吐珠抢救。待银珠复生时，夜明珠又被全宝抢走了。这次，全宝在自己的脚股上割开一个口子，把夜明珠塞进肉里缝上，然后赶路。

皇帝老公仔自从派全宝南下之后，望星望宿，大半年过去了，总不见夜明珠到手，他急不可待，带了贴身妃子，起驾南下。

全宝一路上谈笑风生，心欢日短，不知不觉又来到了梅岭，正好皇帝也来到此地，他赶到辇车面前，指着腿股说："皇上，夜明珠就藏在里面。"皇帝从全宝腰间找出尚方宝剑，对准全宝的腿股刺去，"嘶"的一声全宝的腿股裂开了，夜明珠露了出来。皇帝正待伸手去抓，一道银光早已向南方闪去。皇帝拿不到夜明珠，怒不可遏，一剑刺死了全宝。自己也因美梦破灭，两眼发黑，跌落全宝身上一命归西了。

夜明珠回到老珠贝身上，夜夜放出美丽的银光。老珠贝繁育了很多小珠贝，布满了合浦的深海浅滩。珠还合浦的故事便世世代代传了下来。

（二）"割股藏珠"的传说

这个传说是与"珠还合浦"的传说一起流传的，直至今天，它还是一个家喻户晓的传奇故事。

传说很久以前，合浦郡白龙海湾上白鸥飞翔，鱼虾成群，蚌贝盈筐，一派富饶、美丽的景象。坐落在这白龙海岸上的，是一个几百号渔民所居住的渔村——白龙村，他们祖祖辈辈都以打渔捕蚌为生。村里有个英俊、健壮的青年名叫海生，是远近闻名的打渔能手。

有一天海生划船到海上打渔，不一会功夫，他就捕到满满两箩筐鱼。正等他返航的时候，一阵晴天霹雳，电鸣雷闪，乌云翻滚，霎时间海面上浪卷云涌，只见黑白两条鲨鱼猛地向他扑来。海生奋起反抗，忙拿起鱼叉刺向黑鲨，黑鲨血溅海水，临死前拼命挣扎，用它的尾部扫翻了渔船。白鲨趁此机会向海生背后袭击，直把他咬得鲜血直流。正当这万急关头，海面上一道白光射向白鲨，吓得白鲨慌忙逃窜。刚获救的海生回过神来，只见一个美丽婀娜的姑娘来到他的船头，羞涩而又热情地对他说："你还好吗？刚刚我被黑鲨劫持时，幸亏你杀死了他。"海生惊喜万分，忙说："刚才那道白光，莫非是你的宝贝？""那是我夜明珠射出的白光。夜明珠还可以去腐生肌，化毒疗伤。来，我帮你疗伤。"只见夜明珠在海生的背后一抹，伤口很快就止血并迅速愈合了。海生高兴地问："请问姑娘尊姓大名？""我叫珍珠"，只见姑娘说道："我会织网、打渔、划船，我做你的助手，帮你划船去打渔好吗？"海生求之不得，忙说："那太好啦！"于是，珍珠姑娘摇橹荡桨，海生撒网捕鱼，不一会功夫，又打满了两箩筐鱼。海生满心欢喜地对珍珠姑娘说："时候不早了，请你跟我一起回去，到我家一起吃饭吧！"珍珠答应了，两人一起走进白龙渔村。海生的妈妈虽然双目失明，但还是听得了海生他们两人的脚步声。海生忙说："妈，我回来啦。今天我带回一个客人，是附近的渔家女，她名叫珍珠。"海生妈忙迎他们进屋，说："好！快进屋坐，我看不见。"珍珠问明情况，得知海生妈因患眼病已瞎了三年。她便用往日学到的医术和随身所带的夜明珠泡水给老妈妈洗眼治眼病。在珍珠姑娘的精心治疗和照顾下，老妈妈的眼病很快就治好了。

珍珠姑娘治病的消息不胫而走，有病的村民都来找她看。珍珠姑娘有求必应，凡来找她看病的，她都能热情地帮忙并把病治好。珍珠姑娘受到全村老百姓的称赞。海生与珍珠的感情也日益深厚。不久之后，他们俩就结成连理，成了夫妻。

从此，乡亲们跟着海生夫妻俩夜闯大海，凭着夜明珠的光芒，遇暗礁都能化险为夷，遇海怪也能驱赶海怪。每当夜间捕鱼，夜明珠的光辉都照耀海面，为夜间作业的渔民提供照明。每次乡亲们远航归来，总是一帆风顺，满载而归，大家逐渐过上了幸福的生活，珍珠与海生夫妻两人更加受到乡亲们的爱戴。

然而，好景不长，珍珠姑娘在白龙渔村安家落户、广行善事的消息不胫而走，很快传进县官耳朵，县官大为嫉妒，便将此事密告给廉州州官。这位州官总嫌自己官位太小，日思夜想着往上爬。他心里盘算，不如把夜明珠弄到手，把它献给皇帝，到时皇帝和公主一高兴，一定会赏给他一个大大的官做。于是，他连夜写一份奏章，派心腹火速送去京城告知皇上夜明珠的事情，并带兵连夜赶往白龙渔村。

于是，小小的白龙渔村被官兵围得水泄不通。渔民为了保护珍珠姑娘和夜明珠，忙拿起鱼叉和其他武器，与官兵展开了殊死搏斗，终因寡不敌众而败下阵来。官兵抓住了海生，又来捉拿珍珠姑娘。珍珠姑娘一跃跨上了夜明珠，夜明珠带着珍珠姑娘飞过村庄，越过高山和原野，最后进入茫茫的大海，回到珍珠姑娘原先居住的白龙珠宫。恼怒的官兵一把大火烧毁了白龙村庄，把海生抓走并关进了监狱。

可怜珍珠姑娘独自一人，望着茫茫无边的大海独自忧伤。每当月明之夜，她都来到白龙村庄附近的珊瑚礁上，心里思念海生，每当想到家破人亡，亲人离散，伤心的眼泪就哗然流下。她真情的眼泪感动了珠蚌，珠蚌张开大口一颗颗吞进贝壳，时间一长，珍珠姑娘的眼泪就孕育成一颗颗晶莹的珍珠，撒满了整个白龙海湾，并随着潮水的涨落，分散到了附近的海域，形成了古代著名的七大采珠池。

再说夜明珠被珍珠姑娘带走之后，恼羞成怒的官老爷加派兵马逼迫村民下海捕捞夜明珠。可怜的渔民呼天不应，只好下海，结果不是被冰冷的海水冻死，就是被鲨鱼咬死，或者因船上拉绳的官兵不让他们浮出水面而在海底下活活呛死。许多无辜的渔民就这样断送了性命。

远在京城的皇帝听说合浦出了夜明珠，立马派两名心腹太监去合浦抢夺夜明珠。两名太监一来，听说夜明珠还在大海，气恼异常，立即查办了知州，并且强迫海生带着村民下海捕捞，因久久找不到夜明珠，许多人被当众斩首。珍珠姑娘决定献出护身宝物——夜明珠。忽然，海面上升起了一束光芒，海生和渔民都知道，那是珍珠姑娘的夜明珠。海生不愿夜明珠被狗官占有，忙去护住夜明珠。可夜明珠听从了珍珠姑娘的命令，奋力游向太监的船上。海生和渔民得救了，两个太监欣喜若狂，忙征集当地工匠连夜打造一个九层沉香珠盒，用九层绸缎层层将夜明珠包好，再安上九重锁，然后再送往京城。

两名太监带着千军万马护送夜明珠返回京城，一路上浩浩荡荡，不想已来到梅岭地界。当他们停下来歇息时，有个太监有点不放心，要查看夜明珠是否还在。谁知刚打开盒子，只见一道白光从众人头上掠过，夜明珠哧溜一声飞走了。两名太监惊恐万状，急令寻找。一官兵上来禀报说，夜明珠已飞回合浦白龙海湾了。两太监赶忙回到合浦，命渔民再次找回夜明珠。有一老者告诉说："夜明珠乃稀世珍宝，以通常的方法是无法带出合浦境内的，只能是'割股藏珠，可出南隅'。"为保无虞，太监只好听从老人的建议，让一个体形肥硕的人割开大腿，剜出一洞藏纳夜明珠。结果来到梅岭地界，只见白光一闪，那夜明珠竟破肉而出，又飞回合浦湾了。后来多次都是如此，夜明珠始终不肯过梅岭地界，两太监在绝望之余，双双吞金自杀。后来，当地人说，白龙珍珠城外的两个土包，就是两个太监的坟头，这两座太监墓至今还在，离合浦县城大约有五华里。

这就是"珠还合浦"和"割股藏珠"的故事。这些故事经过移花接木之后有种种变异，但南珠的灵魂和精神却永远不变，它激励着世世代代的珠乡人民反抗外来强暴，热爱自己家乡，弘扬了有着深厚底蕴的南珠文化精神。

（三）"鲛鱼泪珠"的传说

最浪漫、催悲的传说，无疑是"鲛鱼泪珠"的传说。传说中的珍珠，是由"鲛人”的泪水变成的，鲛人就是“美人鱼”。据岭南民间传说，一位渔民曾经在大海捕捞，因受水怪袭击导致昏迷不醒。正是美丽的人鱼公主在危急时候把他救回了珠宝龙宫。当他苏醒时，发觉自己躺在公主的水晶床上，一位美丽的公主正在他身旁照顾他。两人建立了深厚的情感，最后结为夫妻，过着十分幸福甜蜜的生活。为了造福人间，两夫妻带着夜明珠返回渔村，帮助当地老百姓排忧解难，获得了渔民的信赖和爱戴。但是有一天，当地的一位贪官垂涎于公主的美色和明珠的贵重，派人来强抢人鱼公主和夜明珠，并遣人杀死了她丈夫。公主悲痛欲绝，逃离官府之后回到了大海。每当月明之夜，她都来到珊瑚礁上哭泣。她因伤心而滴下的晶莹剔透的泪珠，被前来晒月光的珠蚌一口一口地吞进肚里，不久就变成了无数晶莹透亮的珍珠，在海面上闪闪发光……这就是“鲛鱼泪珠”的传说，故事凄美动人，感人泪下，体现了岭南文化人神相通的特点。关于“鲛人”，晋代干宝《搜神记》曰：“鲛人，即泉先也，又名泉客。南海出鲛绡纱，泉先潜织，一名龙纱，其价百余金。以为入水不濡。南海有龙绡宫，泉先织纱之处，绡有白之如霜者。”[①]这里的“泉先”就是鲛人的意思，鲛人即美人鱼，它不仅可以与人恋爱结婚，而且还会吐珠感恩，有着人一样的心灵手巧，能织出细如白雪的龙纱，是具有和人一样的感情丰富的灵性之物。显然，“鲛鱼泪珠”的传说与南珠、夜明珠的形成有着密切的联系，它赋予了南珠传说一种非常神奇的色彩。

三、南珠传说的民俗价值

南珠传说历史悠久，神奇美丽，其蕴含的深层内涵和民俗价值，值得当今学术界的高度重视。

首先，“珠还合浦”的传说，既体现了“珠民”坚强不屈的性格和对廉吏治世的向往，也体现了岭南先民赋予珍珠具有灵性的生命意识。古代的珍珠史，无疑是一部南珠人民的血泪史。但是，尽管封建皇帝和贪官污吏一次次的横征暴敛，尽管太监们多次的“割股藏珠”，“南珠”仍不肯过梅岭，却一次次地飞回白龙海湾，它赋予了“南珠”不屈不饶的精神品格。同时，“南珠”的身上富有一种神秘的色彩，每一颗珍珠都诉说着珠贝痛苦而辉煌的一生；那光洁明亮的珍珠，哪颗不是“人鱼公主”凝成的泪珠？正是南方滨海独特的地理环境和气候条件，才孕育如此神奇的物产；是勤劳智慧的先民，留下了如此奇妙美丽的故事。这些奇特

① （晋）干宝.搜神记.北京：中华书局，1979：69.

的物象文化和传奇故事，大大丰富了岭南珠乡的人文精神。

其次，以南珠迁徙交趾海域和最终“去而复返”的奇异想象，传达了南方先民对孟尝为官清正的敬若神明，对“珠还合浦”的高度赞赏，表达了民众向往政治清明、海晏河清的太平盛世的良好愿望。南珠因贪官暴虐而迁徙，因清官爱民如子、兴利革弊而复回，从中体现了南珠的灵性和岭南先民强烈的爱憎之情，透露了传统文化观念中浓厚的因果报应思想。正如《广东新语》曰：“珠本神物善从，太守廉则珠复还”[①]。珠宝的神奇就在于它与美德相关。天下承平，国泰民安，必有祥瑞之象；天子失德，礼崩乐坏，必有群魔乱舞，妖怪出现。珠宝作为祥瑞之物，必定在政通人和的太平盛世呈现。否则，混沌恶世，君臣作乱，圣贤隐遁于世，天地暗淡无光，珠宝则迁徙他方。中国自古就有“天人感应”的思想。《礼斗威仪》曰：“其政平，德至渊泉，则江海出明珠。”“江海出明珠”是“至德之世”的祥瑞之象。这种天下克谐，龙凤呈祥，明珠出现的祥瑞景象，正好寄托了岭南民众追求太平盛世的良好愿望。

再者，岭南先民对南珠的崇拜与对水月的崇拜是联系在一起的，从中体现了南珠传说的原始文化特点。水是生命的源泉，而珍珠即是海水蕴育的精灵，又是月华孕育的结晶。因此，每当海水潮起潮落，或者月华圆满之时，正是珠胎孕育之时，故有“闻雷而孕，望月而胎”的说法。据屈大均《广东新语》记载：“珠胎故与月盈朒，望月而胎，中秋蚌始胎珠。中秋无月，则蚌无胎。”因此，“明月本为珠作命，明珠元以月为胎是也。凡秋夕，海色空明，而天半闪烁如赤霞，此老蚌晒珠之候。蚌故自爱其珠，得月光多者其珠白，晒之所以为润泽也”。老蚌在月光下孕胎晒珠，表现了母子般的爱怜之举，读来饶有兴趣。所有这些关于“南珠”的种种传说，既体现了岭南人对“南珠”的喜爱之情，也表现了岭南民众对水月精神的崇拜。今天，南珠已是岭南文化一个重要的物象表现，随着南珠文化事业的发展，其文化内涵和民俗价值必将引起学术界的高度重视。

四、南珠传说的人类学分析

文化人类学是研究人类的“活的文化化石”，它揭示的是人类文化的本质，并不断探寻民族文化的本源、内涵和发展规律。“合浦珠还”及相关传说构成了“南珠文化”的核心，作为神奇美丽的民间传说，“合浦珠还”包含着极其丰富的

① （清）屈大均.广东新语.北京：中华书局，1997：55.

历史文化内涵，表达了岭南族群的价值观念和道德意识，是弥为珍贵的历史文化遗产。它透过历史故事和神话传说表达了民众的意愿，并通过丰富的想象和奇特的夸张手法，使人神和宝珠都着上浓厚的浪漫色彩，诉说着民众的心声。

笔者透过南珠民间传说，从人类学的视角去解读南珠文化的历史价值和信仰功能。南珠传说的奇妙，显现了岭南奇异的风俗和当地民族的奇特想象力。比如说，人何以变成了龙？白龙渔村何以得名？历史上的岭南人是怎样解释的？据清代屈大均所著《广东新语·卷十五·货语》记载："合浦人向有得一龙珠者，不知其为宝也，以之易粟。其人纳之口中，误吞之，腹遂胀满，不能食。数数入水，未几，遍体龙鳞，遂化为龙。所居室陷成深渊，故今谓之龙村。"屈大均也是根据当地人的传说而记载的。这则神话体现了人神相通的特点，与中原文化关于龙的传说大相径庭，岭南神话是人误吞了龙珠，结果人变成了龙，所居之室变成了深渊，白龙渔村也因此而成名的。

"珠还合浦"和"鲛鱼泪珠"的传说，赋予了南珠的生命意识和独特性灵，而且还把南珠的历史和珠民的血泪史紧密地联系在一起，赋予了神话传说深刻的现实意义。南珠本是性灵之物，在"珠还合浦"的故事中，珍珠姑娘是一个受人爱戴的女神，每当夜黑浪险的晚上，她都用夜明珠为返航的渔船照明，为报答海生的救命之恩，她与海生结为夫妻。为了挽救被官兵逼迫的渔民和海生的性命，珍珠姑娘甘愿牺牲自己，化身为珠，然后变成泡沫死去。这种为了群体的生存而甘愿奉献自己的行为，歌颂了神的崇高，体现了南珠精神的伟大。最后，夜明珠冲破重重阻拦，终于回到廉州海湾，合浦海面波光闪闪，渔民欢欣鼓舞，"珠还合浦"成为现实，天下重归太平，人民群众的美好愿望终于在"珠还合浦"的故事中获得实现。

海晏河清、人神和谐是南珠传说倡导的文化精神。一直以来，"廉吏治世""勤政爱民"是每个时代处理与人民群众关系的准则要求，也是一种道德行为规范。在这方面，"合浦珠还"通过官贪珠徙、官廉珠还的故事传说，传播了岭南文化的信仰特点。正如范翔宇先生所说："因孟尝勤政爱民而产生的珠还合浦，是珠乡历史文化的永恒主题和丰碑，是合浦汉文化的旗帜。珠乡因此有了还珠亭、海角亭、孟尝祠、孟太守风流坊和孟尝衣冠冢，有了'珠还合浦'的经典，有了南珠故郡的内涵，因此衍生了千年的期待与寄托。不仅寄托了人们对美好生活的向往和期待，更重要的是，以'珠还合浦'为标志，催生了吏治文化的新领域，成为一种吏治标准，因而成为一个特定象征，所产生的社会影响，远远超出了时代的局限和区域局限，成为一种社会普遍认同推崇的道德行为规范，其意义是多方面的。”①

南珠传说的神奇美丽，为文艺创作提供了丰富的素材，经过后人的不断加工和演绎，已经成为享誉海内外的文学精品。许多文学家运用浪漫主义的手法，创造了新的“还珠”故事。1959年，五场古装神话粤剧《珠还合浦》作为国庆专场，到京演出获得成功，为南珠文化增添了一朵鲜艳的奇葩；1991年10月，《珠还合浦》成为北海“首届国际珍珠节”的上演节目，同年又被评为全国少数民族优秀保留剧目。2000 年，《珠还合浦》在参加广西第五届戏剧汇展中，获“桂花工程”一等奖。同年，粤剧《珠还合浦》到澳门演出并获得巨大成功，成为连接中华民族爱国情感的纽带。2007 年，“合浦珠还”作为民间传说，入选第一批自治区非物质文化遗产名录。南珠传说的浪漫传奇，震撼着不同时代人们的心灵。其巨大的历史价值和人类学意义，都是不容忽视的。

总起来说，南珠民间传说是人类历史的重要文学样式，它以独特的方式讲述着南方民族的生活方式和历史进程，表现民族喜怒哀乐的思想情感。南珠文化中的“珠还合浦”“鲛鱼泪珠”等故事，始终铭刻着珠乡人民的远古文化意识以及深层族群心理。直至今天，如果我们从文化人类学的视角，深入解读南珠传说中的文化价值，并把它作为中国非物质文化遗产的有机组成部分加以研究，仍将具有重大的学术价值意义。

本文原刊于《湖北第二师范学院学报》2013年第5期。作者：宋坚，钦州学院人文学院教授。

① 范翔宇.粤剧《珠还合浦》在南珠文化中的地位和影响.北海日报，2011-9-11.

南珠传说及其文化内涵
——南珠文化研究之二

宋 坚

【摘 要】南珠传说是广西北部湾沿海一带口耳相传的民间故事，它与岭南民俗文化观念密切相关，其中蕴含的历史文化内涵十分丰厚，值得后人不断地研究和总结。探究南珠传说的文化内涵，对丰富和发展当今的北部湾海洋文化将具有重大意义。

【关键词】南珠传说；类型概说；“珠还合浦”；文化内涵

在广西北部湾沿海地区，有关南珠故事的种种传说被广泛地流传着，其中以南流江流域的合浦廉州一带的“南珠传说”故事流传得最为久远。合浦古称廉州，它地处南流江下游入海口处，濒临北部湾海洋，以盛产珍珠闻名，自古以来就流传着“珠还合浦”的美丽传说。每当我们走进合浦县城和北海市区，都会听到有关南珠的种种传说，看到许多与南珠传说有关的建筑物、纪念品、雕塑和文化遗址，如还珠魂雕像、还珠亭、还珠桥、白龙城遗址、南珠宫、南珠博物馆等等。现在北海、合浦举行的每一届的盛大“国际珍珠节”，都是向世界各国展示南珠文化的盛典。走进北海剧院、合浦剧场，人们会欣赏到当地的大型歌舞剧《珠还合浦》，当地民族以最生动的艺术形式，上演着美妙动人的、历史悠久的“南珠传说”，故事十分震撼人心！那么，南珠传说究竟具有什么样的文化内涵，让它具有如此神奇的魅力，使之跨越历史的长空而传承至今呢？它反映了北部湾沿海民族什么样的民族心理和文化精神呢？这正是本文探究的问题。

一、南珠传说的类型概说

自古以来，南流江流域至北部湾沿海一带，一直都是岭南先民生息、繁衍的栖居之地。这里有着独特的地理气候资源，港湾开阔，咸淡水交汇，海水清澈，气候温润，这些都为南珠的生长和繁衍提供了一切有利的条件。历史上，关于南珠的民间传说和神话故事有着丰富的积淀，可称得上是历史悠久，就像南流江水一样源远流长。南珠传说在流传的过程中不断获得新的生命，并赋予了它新的历史文化内涵。它由早期的正史记载与民间传说共同构成的原生态神话，逐渐发展成为结构缜密、内容丰富的系列神话，经过人们的想象创造、提炼加工和口耳相传，最终把它流传下来，成为一条贯穿古今的文化链条，一直延续到今天。

根据美国的故事类型学专家斯蒂·汤普森的观点："一个类型(type)是一个独立存在的传统故事，可以把它作为完整的叙事作品来讲述，其意义不依赖于其他任何故事。当然它也可能偶然地与另一个故事合在一起讲。但它能够单独出现这个事实，是它的独立性的证明。组成它的可以仅仅是一个母题，也可以是多个母题。"① 这里所说的故事类型，是指同一母题的故事可以分成多种形式来讲，有的是单一母题，有的是多个母题构成的复合故事。因此，我们在对同类型故事的研究中，应选择那些民间流传下来的家喻户晓的故事，同时又有文字记录的优秀文本。从目前搜集到的材料来看，经合浦民间流传并保存下来的南珠传说，大致分为两大类型：一是流传于民间的口耳相传的传奇故事；二是官方正史的记载与民间艺人收集和创造的故事集成，其中有经过改编而成的大型歌舞剧《珠还合浦》的故事。南珠传说的内容纷呈多彩，既记述了南珠形成的神奇，又表现了当地渔民的聪明勇敢和勤劳智慧，展现了南方族群的价值观念和人文精神，具有浓郁的地域特色和民俗风格。

下面先讲述第一种类型的南珠传说故事——即流传于民间的口耳相传的传奇故事。

(一)南珠形成的传说

南珠历来为珍贵之物，多出自合浦白龙海湾的马氏珍珠贝，素有"掌握之内，价盈兼金"之说。合浦珍珠业在东汉时就达到高峰，作为"海上丝绸之路"始发港之一的合浦港(乾体港)是当时的珍珠集散地，南珠从这里走向世界各地。南珠因其细腻圆润、饱满光亮而被称为"稀世珍宝"，是所有珠宝中最珍贵的种类。合浦以它辉煌灿烂的产珠历史而成为中国当之无愧的"珠乡"。关于南珠的形成，历史上流传着种种美丽而传奇的故事。

1."鲛鱼泪珠"的传说。

传说中的珍珠，是由"鲛人"的泪水变成的，鲛人就是"美人鱼"。据岭南民间传说，一位渔民曾经在大海捕捞，因受水怪袭击导致昏迷不醒。正是美丽的人

① [美]斯蒂·汤普森.世界民间故事分类学[M].郑海等译，上海：上海文艺出版社，1991.

鱼公主在危急时候把他救回了珠宝龙宫。当他苏醒时，发觉自己躺在公主的水晶床上，一位美丽的公主正在他身旁照顾他。两人建立了深厚的情感，最后结为夫妻，过着十分幸福甜蜜的生活。为了造福人间，两夫妻带着夜明珠返回渔村，帮助当地老百姓排忧解难，获得了渔民的信赖和爱戴。但是有一天，当地的一位贪官垂涎于公主的美色和明珠的贵重，派人来强抢人鱼公主和夜明珠，并遣人杀死了她丈夫。公主悲痛欲绝，逃离官府之后回到了大海。每当月明之夜，她都来到珊瑚礁上哭泣。她因伤心而滴下的晶莹剔透的泪珠，被前来晒月光的珠蚌一口一口地吞进肚里，不久就变成了无数晶莹透亮的珍珠，在海面上闪闪发光……这就是“鲛鱼泪珠”的传说，故事凄美动人，感人泪下，体现了岭南文化人神相通的特点。关于“鲛人”，晋代干宝《搜神记》曰：“鲛人，即泉先也，又名泉客。南海出鲛绡纱，泉先潜织，一名龙纱，其价百余金。以为入水不濡。南海有龙绡宫，泉先织纱之处，绡有白之如霜者。”①

这里的“泉先”就是鲛人的意思，鲛人即美人鱼，它不仅可以与人恋爱结婚，而且还会吐珠感恩，有着人一样的心灵手巧，能织出细如白雪的龙纱，是具有和人一样的感情丰富的灵性之物。显然，“鲛鱼泪珠”的传说与南珠、夜明珠的形成有着密切的联系，它赋予了南珠传说一种非常神奇的色彩。

2.“受月而孕”的传说。

南珠的形成缘于珍珠贝的外套膜分泌的液体将落入珠贝体内的沙粒层层裹住，经日久天长逐渐形成的。但在当地民间传说中，珍珠是吸食月光的精华受孕成珠的，它的形成过程充满了神奇的色彩。屈大均曾记载：“凡秋夕，海色空明，而天半闪烁如赤霞，此老蚌晒珠之候。蚌故自爱其珠，得月光多者其珠白，晒之所以为润泽也。”② 据说，每当月色空明之夜，珠蚌就来到海面礁石上晒月光，吸食月之精华，不久怀孕成珠。月亮圆的时候，怀珠老蚌都会来到月下晒珠，其爱珠之情就像母亲对儿子的舔犊之情一样。屈大均为此赋诗云：“珠池千里水茫茫，蚌蛤秋来食月光。取水月中珠有孕，精华一片与天长。”当地养珠人，至今仍有人遵照古老的传统，把大蚌养在大水盆里，待蚌贝张开嘴时，便投入珠核，不久换上清新的海水，让珠贝置于融融月辉中，到时它会自动打开贝壳来玩赏月光，不出数月便孕育成珠。

这个传说体现了南海珠民重视水月精华的风俗，由此看出岭南先民对珍珠形

---

① （晋）干宝.搜神记.北京：中华书局，1979.

② （清）屈大均.广东新语.北京：中华书局，1997.

成的奇特认识与理解。在他们眼中，“南珠”既是海水孕育的精灵，又是吸食月气的精华，因此珍珠又被称为“神胎”，是为“闻雷而孕，望月而胎”的海中神物。“月下晒珠”的说法，赋予了南珠奇特的生命意识和民俗文化内涵。

（二）“割股藏珠”的传说

这个传说是与“珠还合浦”的传说一起流传的，直至今天，它还是一个家喻户晓的传奇故事。据说珍珠是一种极具灵性之物，民间传说着的那段“割股藏珠”的故事，就人性化讲述了南珠疾恶如仇、不畏权贵的品性。传说里说，晋代某皇帝酷爱珍珠，听说南海海面宝光四射，知是宝珠，便派太监坐镇广西合浦珍珠城，派兵强迫珠民下海采捕。其实这发光之物乃龙王千金公主的心爱宝珠，为南海至宝，有两条恶鲨把守，珠民被咬死者甚多。捕不到珠，太监便严刑拷打，许多珠民被逼得家破人亡。当地珠民海生为救珠民于水火之中，只身前往宝珠放光之地，与恶鲨恶斗一场，后来被公主救起。为救珠民，公主将宝珠取出送给海生。太监得珠大喜，一边向皇上报捷，一边用红布将其严密包裹，锁入檀木盒内，派重兵押回京城。然而，当太监一行走到杨梅岭时，忽见一道银光划过，宝珠竟破匣而出，飞回合浦海了。太监大惊失色，连夜赶回珠城，再逼海生等下海取珠。海生无奈，只得再赴深海，向海公主求救。公主再次献珠。太监得珠，放掉珠民，但苦无将宝珠安全送走的办法。一个老人献计让他“割股藏珠”，太监眼睛一亮，当即将股部割开，塞入宝珠，待伤口缝合后迅即起程。然而，太监仍然无法将宝珠带走。在第一次失珠之地，又是一道银光划过，宝珠再返大海。太监惊恐万状，深知回去是死，只好再到珠城，却见珠民们已经逃之夭夭。太监长叹一声，面对大海吞金自杀。在合浦珍珠城外有一堆黄土，据说就是太监当年的葬身之所。

这个故事一波三折，充分显示出人与珠的血泪关系。在那个“以人易珠”的年代里，皇家逼珠，珠民玩命，一颗珍珠一条命，粒粒珍珠滴滴血呵。一部采珠史，其实就是一部采珠人的血泪史。神奇传说只是珠民们对愚蠢残暴统治者仇恨心理的文化反射，借此抒发对统治者的反抗心理。后来，“珠还合浦”和“割股藏珠”两种传说合在一起，经过移花接木之后，有了种种变异，但南珠的灵魂和精神却永远不变，它激励着世世代代的珠乡人民反抗外来强暴，热爱自己家乡，弘扬了有着深厚底蕴的南珠文化精神。

（三）白龙珍珠城的传说

白龙珍珠城在今合浦县东南36千米处的营盘镇白龙村。相传古时有个合浦人捕捞到一个价值连城的龙珠，但并不知道这是一颗宝珠，竟然径直拿去和别人兑换粮食。半路上，此人不慎将龙珠含在口中，并误吞了龙珠。这一下可不得了了，一吞下去便觉腹满肠胀，竟至不能进食。后因腹痛打滚滚入海中，不久满身变得披鳞带甲，瞬息之间变成了一条白龙。他打滚的地方迅速下陷，变成了深渊，形成了今天的白龙渔村。明朝时为了采珠和海防的需要，把那里建成了“白龙珍珠城”。白龙珍珠城的名称便由此而来。另据当地的民间传说，说此地有一条白龙飞临这里的渔村上空，后降落此地，瞬间隐去，不见了踪影。人们认为白龙降临之地必为祥瑞之地，所以就在那里建起了一座白龙城。这就是“白龙珍珠城”的传说。

如今的白龙城还留有遗址，它濒临大海，是珍珠贝生长、养殖的地方，为古人采集珍珠的场所。其中的“白龙杨梅池”是七大珍珠池中最大的采珠场所，历代盛产珍珠，质优色佳，以“南珠”产地闻名天下。当年白龙珍珠城产出的“南珠”成为历代朝贡珍品和合浦的主要物品，见证了古代北海、合浦作为“海上丝绸之路”主要贸易港口的历史。而白龙城下层层了叠叠的珍珠贝壳，则承载南珠文化的全部传奇。

第二种故事类型，是官方正史的记载与民间艺人收集和创造的故事集成，其中有经过集体改编创作而成的“珠还合浦”的系列故事。

（一）“珠还合浦”的故事

首先是来自于官方正史的记载，见于《后汉书·循吏·孟尝传》[①]。这故事说：东汉时期，合浦海湾盛产珍珠，当地民众通过珠宝贸易换取粮食，过着十分富足的生活。但是后来的地方官吏贪腐成性，盘剥百姓，对珍珠进行大肆捕捞，致使富有灵性的珍珠愤而迁徙到越南邻海安家落户。于是合浦商旅不行，市场萧条，可怜的珠民生计无着，饿殍遍野。后来，会稽人孟尝出任合浦太守，大胆地革除弊政，惩治贪腐，开放珠市，合理捕捞珍珠。不到一年，当地的经济生活恢复正常，珠贝纷纷从交趾海域迁回合浦海湾了，珠市贸易开始兴旺，人民又过上了幸福生活，老百姓都把孟尝太守奉为神明。不久之后，孟尝因病乞归故里，当地的官僚士民皆拥满街道码头，攀上他的牛车挽留他，不让他离开。孟尝进退受阻，只得趁夜廉价租一条民船悄悄离去，从此隐居穷乡僻壤，亲自躬耕田亩，过着自给自足的生活。后人为了纪念他，留下许多古迹，如孟尝太守祠、孟尝衣冠冢、孟太守风流坊、还珠亭、海角亭等。为此，北宋钦州知州陶弼还留下诗文吟咏此事，其一为《合浦还珠亭》：“合浦还珠旧有亭，使君方似古人清。沙中蚌蛤胎常

① （南朝宋）范晔.后汉书.北京：中华书局，2007：178.

满，潭底蛟龙睡不惊。”其二为《海角亭怀古》：“骑马客来惊路断，泛舟民去喜帆轻。虽然地远今无益，争奈珠还古有名。”这两首诗，既缅怀了历史，又歌颂了孟尝君的高风亮节。

（二）“合浦珠还”的民间传说

来自于民间的“合浦珠还”传说：北部湾畔的合浦县城，汉代属“合浦郡”，自古以来在民间流传着“珠还合浦”的动人传说。它的故事大概为：据说珍珠本是天上仙子，当她看到南海旁边的渔村荒凉破落，渔民家境贫寒，生计艰难，深表同情，自愿从天上仙宫沉落海底，任凭海水冲泡，海浪冲洗，久而久之就变成了熠熠生辉的珍珠，让渔民采撷，使生活拮据的渔民不仅能够维持生计，而且慢慢过上了安适的日子。但到了东汉，由于朝廷派出的官吏与地方贪官串通一气，残酷地压迫珠民，强迫他们日夜不停地采撷珍珠，搞得民不聊生。珍珠仙子看在眼里，痛在心上，于是决心离开这片海域，奔向波涛汹涌的大海。从此北部湾产珠量大减，再也采撷不到那光彩照人的珍珠了。后来孟尝君到任，通过整顿吏治，废除苛税，打击贪腐，使得民众安居乐业，生产恢复正常。珍珠仙子看在眼里，欣喜异常，不久便从交趾海悄悄回到了她无限依恋的北部湾了。不久，这里的珍珠量倍增，渔民终于又过上幸福生活了。

显然，这个传说里有大部分是当地民众口口相传并加以想象而创造出来的，同时也加进了主流历史中关于孟尝君“廉政爱民”的真实记载，从中我们看到了岭南民间故事的地域特色。从珍珠的身上，我们不仅看到了她的审美价值，也体会到她所承载的道德价值部分。流传于北部湾的南珠传说，更多地赋予了她完美无瑕的品格特质。

（三）“还珠岭”的传说

传说有一任廉州知州十分清廉，离任之时，与家人行至城郊岭头，忽然天昏地暗，雷电交加，暴雨如注。这位知府觉得奇怪，便自言自语道：“我在任上，清正廉明，日月可鉴，为何在我离任之时，老天爷这样怒我？”于是他逐一审问他的妻子和随从仆人：“谁收受了别人的财物？”老仆摇头，他的妻子只得跪在地上，掏出一颗洁白晶莹的珍珠哭诉：“前几天，几个珠民拿着一袋珍珠要送给老爷，说老爷是珠民的救命恩人。我横竖不肯接受，说老爷有规定，家人收受别人的礼物、财银，重者要坐班房，轻者要被责打。但他们总是不依，最后我只是要了一颗。因怕你责骂，故不敢告诉你！”知府一听，大声喝道：“你坏了我的清廉啊！”他接过珍珠，一下把它丢到路边的山岭脚下。顿时，雨歇风止，天空晴朗。后人便把这座小山命名为“还珠岭”。

除此之外，还有合浦歌舞团运用群众智慧创作的大型歌舞剧《珠还合浦》，已经流传于海内外，影响深远。限于篇幅，这里不作详述。

二、南珠传说的文化内涵

许多民间传说往往是当地民族“活的文化化石”，它揭示的是人类文化的本质内涵，从中我们可以探寻到民族文化的本源、内涵和发展规律。“合浦珠还”及相关传说构成了“南珠文化”的核心，作为神奇美丽的民间传说，“合浦珠还”包含着极为丰富的历史文化内涵，表达了岭南族群的价值观念和道德意识，是弥为珍贵的历史文化遗产。它透过历史故事和神话传说表达了民众的意愿，并通过丰富的想象和奇特的夸张手法，使人神和宝珠都着上浓厚的浪漫色彩，诉说着民众的心声。今天，南珠已是岭南文化一个重要的物象表现，随着南珠文化事业的发展，其文化内涵和民俗价值必将引起学术界的高度重视。

（一）民俗文化

合浦南珠悠久的历史和神奇的传说，孕育了南珠丰富的民俗文化内涵。两千多年来，钦廉等北部湾沿海地区的历史文化就属于岭南文化的一部分，而南珠民俗文化则是其中重要的组成部分。南珠传说经过当地民众的想象和创造性加工，已经演绎成为美妙动人的故事传说，它集中地反映了北部湾沿海地区的民俗观念和文化意识。像“珠还合浦”的传说，就有官方的记载和民间传说不同的变种，后来衍生出“割股藏珠”“ 鲛鱼泪珠”“还珠岭的传说”“白龙城的传说”等系列故事，这些故事经过移花接木之后有了种种变异，但南珠的灵魂和精神却永远不变，它激励着世世代代的珠乡人民反抗外来强暴，热爱自己家乡，弘扬了有着深厚底蕴的南珠文化精神。由“珠还合浦”的故事原型，当地民众为孟尝太守修建了还珠亭、海角亭、孟尝太守祠堂、孟太守风流坊等等历史古迹；每年的清明节，当地老百姓都要来这里踏青、祭拜，除了缅怀孟太守的高洁品行之外，他们顺便念经烧香，口中念念有词，念诵祖先的功德，构成了岭南民间祭祖文化的重要组成部分，也成为当地民俗文化的一个奇特景观。

（二）水月文化

岭南先民对南珠的崇拜与对水月的崇拜是联系在一起的，从中体现了南珠传说的原始文化特点。水是生命的源泉，而珍珠即是海水蕴育的精灵，又是月华孕育的结晶。因此，每当海水潮起潮落，或者月华圆满之时，正是珠胎孕育之时，故有“闻雷而孕，望月而胎”的说法。据屈大均《广东新语》记载：“珠胎故与月盈朒，望月而胎，中秋蚌始胎珠。中秋无月，则蚌无胎。”因此，“明月本为珠作命，明珠元以月为胎是也。凡秋夕，海色空明，而天半闪烁如赤霞，此老蚌晒珠之候。蚌故自爱其珠，得月光多者其珠白，晒之所以为润泽也。”老蚌在月光下孕胎晒珠，表现了母子般的爱怜之举，读来饶有兴趣。所有这些关于“南珠”的种种传说，既体现了岭南人对“南珠”的喜爱之情，也表现了岭南民众对水月精神的崇拜。这种由对南珠形成的怜爱生发对水与月的崇拜，构成了当地独特的水月文化精神。

（三）珍珠文化

据说珍珠是灵性之物，在传说在中，珍珠是一个充满生命灵性的珍珠仙子，为当地渔民的的海上夜行照明而落户廉州海湾；笔者透过南珠民间传说，从文化学的角度去解读南珠文化的历史价值和信仰功能。南珠传说的奇妙，显现了岭南奇异的风俗和当地民族的奇特想象力。比如说，人何以变成了龙？白龙渔村何以得名？历史上的岭南人是怎样解释的？据清代屈大均所著《广东新语·卷十五·货语》记载：“合浦人向有得一龙珠者，不知其为宝也，以之易粟。其人纳之口中，误吞之，腹遂胀满，不能食。数数入水，未几，遍体龙鳞，遂化为龙。所居室陷成深渊，故今谓之龙村。”屈大均也是根据当地人的传说而记载的。这则神话体现了人神相通的特点，与中原文化关于龙的传说大相径庭，岭南神话是人误吞了龙珠，结果人变成了龙，所居之室变成了深渊，白龙鱼村也因此而成名的。

“珠还合浦”和“鲛鱼泪珠”的传说，则赋予了南珠的生命意识和独特性灵，而且还把南珠的历史和珠民的血泪史紧密地联系在一起，赋予了神话传说深刻的现实意义。南珠本是性灵之物，在“珠还合浦”的故事中，珍珠姑娘是一个受人爱戴的女神，每当夜黑浪险的晚上，她都用夜明珠为返航的渔船照明，为报答海生的救命之恩，她与海生结为夫妻。为了挽救被官兵逼迫的渔民和海生的性命，珍珠姑娘甘愿牺牲自己，化身为珠，然后变成泡沫死去。这种为了群体的生存而甘愿奉献自己的行为，歌颂了神的崇高，体现了南珠精神的伟大。最后，夜明珠冲破重重阻拦，终于回到廉州海湾，合浦海面波光闪闪，渔民欢欣鼓舞，“珠还合浦”成为现实，天下重归太平，人民群众的美好愿望终于在“珠还合浦”的故事中获得实现。现在在北海举行的每一届“国际珍珠节”，都使得北部湾的珍珠文化获得发扬光大的机会，并逐渐成为世界所共同认可的文化品牌。

（四）廉吏文化

海晏河清、人神和谐是南珠传说倡导的文化精神。一直以来，“廉吏治世”、“勤政爱民”是每个时代处理与人民群众关系的准则要求，也是一种道德行为规范。“还珠岭传说”寄托了岭南先民对一位清廉正直的廉州知州的赞美。因家人不慎，让他蒙冤携带了老百姓赠送的珍珠，结果在他离任之日，惹得天地难容，雷电交加，暴雨顷盆。好在他严格自律，及时改正，让天地人神敬服，雨歇风止，在当地被传为佳话。在这方面，“合浦珠还”的传说则通过官贪珠徙、官廉珠还的故事传说，传播了岭南文化的信仰特点。正如当地史学家范翔宇先生所说的：“因孟尝勤政爱民而产生的珠还合浦，是珠乡历史文化的永恒主题和丰碑，是合浦汉文化的旗帜。珠乡因此有了还珠亭、海角亭、孟尝祠、孟太守风流坊和孟尝衣冠冢，有了‘珠还合浦’的经典，有了南珠故郡的内涵，因此衍生了千年的期待与寄托。不仅寄托了人们对美好生活的向往和期待，更重要的是，以‘珠还合浦’为标志，催生了吏治文化的新领域，成为一种吏治标准，因而成为一个特定象征，所产生的社会影响，远远超出了时代的局限和区域局限，成为一种社会普遍认同推崇的道德行为规范，其意义是多方面的。”

南珠传说的神奇美丽，为文艺创作提供了丰富的素材，经过后人的不断加工和演绎，已经成为享誉海内外的文学精品。许多文学家运用浪漫主义的手法，创造了新的“还珠”故事。1959年，五场古装神话粤剧《珠还合浦》作为国庆专场，到京演出获得成功，为南珠文化增添了一朵鲜艳的奇葩；1991年10月，《珠还合浦》成为北海“首届国际珍珠节”的上演节目，同年又被评为全国少数民族优秀保留剧目。2000 年，《珠还合浦》在参加广西第五届戏剧汇展中，获“桂花工程”一等奖。同年，粤剧《珠还合浦》到澳门演出并获得巨大成功，成为连接中华民族爱国情感的纽带。2007年，“合浦珠还”作为民间传说，入选第一批自治区非物质文化遗产名录。南珠传说的浪漫传奇，震撼着不同时代人们的心灵。其丰富的文化内涵和民俗学价值，都是不容忽视的。

合浦南珠悠久的历史孕育了南珠文化丰富的内涵。今天，南珠传说已是岭南文化一个重要的物象表现，在新的时代里，随着珍珠产业的不断发展，其文化内涵和价值意义也将得到不断的丰富和发展。

本文原刊于《南宁职业技术学院学报》2014年第4期。作者：宋坚，钦州学院人文学院教授。

重塑北部湾海洋文学新形象
——北部湾海洋区域文学系列研究论文之一

宋　坚

【摘　要】北部湾文学在新时期以来逐渐凸显它的区域特色，那是一种海洋文学特色；它以海纳百川的胸怀，融汇了本土美丽的山水文化、旖旎的边疆风光、斑斓的民族风情，更有着“海上丝绸之路”的辉煌历史。在当今时代，如何才能做到与时俱进、探索求新，为时代打造磅礴大气之作，重塑北部湾海洋文学新形象，这仍然是桂东南沿海文学迫切需要解决的问题。

【关键词】海洋文化；北部湾文学；区域特色；新形象

谈到中国文化，除了儒道释这三大传统文化根基之外，还有一个欢腾跳跃、洋溢着浪漫气息和蓬勃生命力的海洋文化。如果说儒道释文化是宏深和内敛的，那么海洋文化却是汪洋恣肆、向外开放的。儒道释文化有着山一样的厚重，沉着而坚定；海洋文化却是容纳百川、雍容大度的，它与中国的山水文化一起充满着灵动与变化，在时代的变迁中激流勇进；它与时俱进，充满着探索与求新的渴望。

一、北部湾文学的地域文学色彩

广西北部湾沿海1595千米的海岸线是一片广阔无垠的区域，它濒临南大海，面向东南亚，有着灿烂的海洋文化，它以海纳百川的胸怀，融汇了本土美丽的山水文化、旖旎的边疆风光、斑斓的民族风情，更有着“海上丝绸之路”的辉煌历史。21世纪以来，“风生水起”的北部湾再次成为世人瞩目的焦点。“风起千重浪，渔歌飘四方。滔滔北部湾，海天一色蓝。”美丽富饶的北部湾，本来就具有很好的生态环境，无垠的沙滩、追逐的海浪、嬉戏的海豚、无边的红树林、上下翻飞的白鹭、海阔天空、云卷云舒……勤劳善良的山海边民，就长期生活在这如诗如画的美景中，过着悠然自得的生活，这是工业社会的人们梦寐以求却求之不得的生态环境。北部湾沿海以其旖旎的风光和多姿多彩的民族风情而引人注目，那里的人民勤劳勇敢，海的辽阔陶冶了他们宽广的心胸，海天一色的壮丽景色熏染了他们灵敏的审美直觉，山川毓秀的地理人文环境涵养了艺术家突出的创造天赋，这些都构成了北部湾海洋文学独具特色的基本条件。以徐汝钊、邱灼明、何津、廖德全、顾文、林宝、阮直、邓咏、沈祖连，以及“新生代”以伍稻洋、杨斌凯、谢凌洁、贺晓晴、杨映川、冷月、庞华坚、石山浩、龚知敏、容本镇、谢凤芹等为代表的北部湾海洋文学作家，其对“山珍”“海味”的生动描写，让我们见证了北部湾海洋文化的千般奇景，万种风姿。

北部湾文学从本质上来说是一种海洋文学。从区域位置来说，它沿海沿边，地处中国的西南边陲，有着丰富的疆海地域文化资源。但由于它长期疏离中国的政治文化中心，千百年来曾经成为被历史遗忘的角落，北部湾文学也因其年轻和起步较晚而被主流意识长期遮蔽，难以引起足够的重视。自从2008年北部湾经济区升级为国家战略发展区域之后，北部湾文学的蓄势崛起引发世人的关注。风生水起的北部湾以海纳百川的胸怀迎接各地的弄潮儿，也孕育了本土作家浓郁的人文情怀。他们以不俗的文学成绩，彰显了中国南疆海域的区域文化特色，开创了当代北部湾文学的优良传统；他们通过辛勤的笔耕，创造了一个个富有“山珍”与“海味”的文学世界，体现了北部湾特有的时代风貌，为时代注入了更多的异域风采和民族元素。

北部湾文学的当务之急，是要使海洋文化和边疆文化成为其独特的地域文化标识，使读者更多地将关注的目光投向不同的地域作家群体及其特有的文化特征。所谓的地域文化，是指一个国家和民族在特定区域所生产的源远流长、独具特色、传承至今的优秀文化传统，它拥有意识文化、地区文化、地缘文化、民族文化等四大构成要素，并且具有意识形态主动性、行政区域限定性、人文地理稳定性、民族归属独特性这四大特征。区域文化影响下的区域文学就是以区域文化为审美对象，内蕴意识文化导向、地区文化限度、地缘文化特性、民族文化底蕴这四大文化内涵，而且地域文学的政治性需要与地方文学的区域性表达要趋于一致。

北部湾海洋文学的叙述场和描述地就在大海。大海是人类的蓝色家园，是诗意顿感生发的场域。对于诗人来说，大海是一首澎湃的诗；对于画家来说，大海是一幅蓝色的画；对于音乐家说，大海是一首旋律优美的交响曲。那遥远的涛声，是海潮翻涌的旋律，是声声唤春归的螺号，我们仿佛听到了海外游子的思乡心声。

大海是人与万物共生共荣的蓝色家园。蓝蓝的天空下面是广阔的大海，成群的海鸥在空中展翅翱翔，大海用雄壮的气势掀起一股汹涌的海浪，一阵阵地推动着银色的沙滩，给海滩上留下各种各样美丽的贝壳；鱼儿在海中自由畅游，万里海疆，白帆点点，沙鸥翔集，一派生机盎然的繁荣景象。古人说："情动于中而形于言。"面对此情此景，生于斯长于斯的文学作家，怎能不油然生发万分感慨，并产生为之讴歌的创作冲动？他们开始关注脚下的这片沃土，这使得北部湾成为他们审美观照的"叙事场"，沿海沿边的南国风貌成为他们笔下描绘的对象。那海天一色的壮阔景象，那潮涨潮落、云卷云舒的海滩奇观，还有热带椰林的树影和边民忙碌的身影，都成为他们关注的对象。由于对故乡的大海山川情有独钟，所以才能将大海的宏阔壮丽和汪洋恣肆的万千气象表达得如此淋漓尽致、感人至深。在这方面，作家徐汝钊是个代表，他出生于北部湾一个依山傍海的小山庄，海洋风光与山川景物熏染了他的个性，因此他对山海故乡有着独特的感情。他说："海是我的生身母，山是我的抱养娘。"[①] 山涛海韵是他永远的挚爱，因此书写起来得心应手，感人肺腑。他的近作《永远的河流》颇见功力，著名评论家张燕玲评价说："我似乎对这幅有着悠远意绪，一抹苍凉，见思想见人物见灵魂见韵味的北部湾浮世图更为动心，结尾一喟三叹的短简勾勒出的人事情感的沧桑，余音渺渺，令人伤感不已。"[②]

再请看陈旭霞的诗《北部湾，请记住这一刻》：

关于海的记忆总是很久远……
鸿蒙开天地洪荒择路而溃，
于是，大海让位于河流山黛阡陌。
精卫填海抒写先人斗海的精神。
阿拉丁的神灯彻夜照亮海的沉寂。
重洋相隔隔不断的是海路相通，
繁荣鼎盛是每个海湾的梦想和恒久的等待。
南中国那片神奇的北部湾哟，
注定在等待中崛起。

诗歌把北部湾蔚蓝色的大海和关于海的神话传说揉合在一起，在历史与现实的穿行中构筑一个完整的艺术画面，给人以神秘之海、智慧之海、繁荣之海和浪漫之海的总体审美印象。

---

① 徐汝钊.离离乡间草.后记.广西当代作家丛书[M].(第四辑).南宁：广西人民出版社，2012：207.

② 张燕玲.风生水起——广西环北部湾作家群作品札记.南方文坛，2006(3).

受地理风物的影响，北部湾作家行吟于山水之间，描绘大海的波涛，浪卷云飞，潮涨潮落，其笔下的阳光沙滩、海岛奇观，都给读者留下深刻的印象。“当作者通过作品揭示一个世界时，这就是世界在自我揭示。”[①] 北部湾作家通过海洋文学作品向外界呈示一个独特的世界。《广西散文百年》对大海这一审美生境作了这样的评价：“大海象征着民族的生境、文化的发源地。它既是区域局部，是地方性知识的储蓄所，更是开发、宽阔的象征，是一个海魂山魄相联系的意义世界的文化网络。”[②] 北部湾海洋文学从山到海、从绿色到蔚蓝的演进，逐渐形成蔚为壮观的景象，成为华夏民族海洋区域文学中独树一帜的艺术奇葩，这是这一特定区域文学的一大特征。

二、重塑北部湾文学的新形象

我们所说的北部湾文学，是指产生于北部湾沿海、描写滨海风貌和反映民众生活的文学作品。历史上，由于广西北部湾地处偏远，在天之涯、海之角的遥远之处，长期疏离中原主流文化中心，成为文化意义上的“荒漠之洲”，后来时显时隐的北部湾文学也因其步履蹒跚而被主流意识长期忽视，难以在文坛上拥有自己的位置。在过去，广西北部湾确实是一个在经济和文化上都相对落后的地方，对此，南宋时期的钦州教授周去非在《岭外代答》中写道：“广西地带蛮夷，山川旷远，人物稀少，事力微薄，一郡不及浙郡一县。”可见当时的广西及沿海一带是相当的落后。唐宋以后，由于游宦诗人或流放的文人先后来到广西北部湾地区，例如鼎鼎大名的苏东坡、陶弼、周去非等人来此逗留并留下了一些诗文，才开始了这一地区的文学艺术活动。但之后，北部湾文坛归于沉寂，直到清朝乾隆年间“岭南名士”冯敏昌的出现。作为一位在诗、书、画均有很高造诣的文化奇才，冯敏昌的家学渊源极为深厚，早年即饱读诗书，后来遍游名山大川，多次莅临北部湾畔，徜徉在故乡的山水之间，灵感迸发，著书立说，一生著作颇丰，有诗作2000余首，文章200多篇，主要收录进《小罗浮草堂诗集》《小罗浮草堂文集》《岭南感旧录》《笃志堂文抄》《师友渊源集》《华山小志》《河阳金石录》等文著，共约100多万字。冯敏昌为家乡北部湾所写的诗文多达60多篇。他在文学方面的巨大成就，使这一方水土的文名披及天下，实如后人所赞：“诚五岭之鸿儒，非只一乡善士也”。作为“岭南诗派”的重要代表人物，冯敏昌的诗歌文学创作，带来了北

---

① 引自丘灼明主编.北海文学三十年——发轫之路[M].广州：花城出版社，2010：13.

② 徐治平.广西散文百年[M].南宁：民族出版社，2009：339.

部湾文学创作的新气象。

文学是时代精神的写照，新的时代需要新的文学。21世纪以来，云水激荡的北部湾，迎来了文学创作的新时代。小说家谢凌洁创作了《鱼和船的对望》《水里的月亮在天上》《怀念父亲》《幸福花》《一步天涯》《风之声》等系列作品，为海洋文学书写新的“经典”；新生代作家伍稻洋的《明月共潮生》《市委书记的两规日子》《绝对不说受不了》《游戏无规则》等几部长篇系列，展现了经济大潮下滨海城市风云诡谲的沧桑变化，反映时代浪潮给人们带来的心灵冲击。龚知敏的小说《边地女人系列》展示了异风异俗的边地风貌；谢凤芹的小说《婚姻黑子》《欲望的轮回》等揭示了滨海城市家庭生活的变异。诗歌创作方面，有黄河清出版的《醉人的风情》，邱灼明的《咖啡之外的情绪》《寻找螺号》，黄允旗的《浪浴》等。散文创作方面，有林宝的《亲近海滨》《大海·女人·我》《永远的蔚蓝》；邓咏的《苍茫大地》《俯览红尘》《耘海》；顾文的《只看她一眼》《美丽的欺骗》；京族作家潘恒济的《醉在春天》等等。此外，已经出版的本土作家作品集有《风生水起：广西环北部湾作家群作品选》（全2册）、《北海文学丛书》（23本）、《红树林散文作品选》《钦州作家作品选》《防城港文学作品集》《北部湾作家丛书》（第一辑）等。无论是数十人组团而成的庞大创作群体，还是洋洋大观的海洋文学作品，都显示了蔚为壮观的北部湾海洋文学的繁荣景象。

尽管如此，于日新月异的大时代来说，北部湾海洋文学还是显得略为滞后。历史上的桂东南沿海地处西南边陲，与中原的先进文化缺乏有效的沟通与对接，所以文化底蕴比较薄，这也直接地影响了当今的北部湾文学对海洋的书写和对人性的深度挖掘。比如，作者对民众的生活忧乐和苦难命运缺乏悲天悯人的情怀，对现实与历史缺乏忧患意识，缺少儒家士人那种对社会人生的担当精神。对此，廖敏秀在《北部湾作家散文创作简论》中反思：北部湾的大部分作品“未能真实坦露写作主体的思想感情，未能充分展示自我的内心世界。或新闻成分太重，流于刻板报道而丧失艺术韵味；或是缺少磅礴大气、黄钟大吕式的力作”。由于衍生区域文学的人文地理环境在文化积淀上的不够，当地作家普遍缺乏经典意识和精品意识，加上艺术功力的欠缺，所以没有出现像冯敏昌那样的大家和大手笔，作品缺乏浩瀚大海应有的磅礴之气。也有论者认为，北部湾作家“不缺才华和智慧，尚缺历史文化积累和思想的深厚和大气；不缺激情和悟性，尚缺长期磨砺的功力和修炼到家的品性；不缺技巧和写作能力，尚缺‘入乎其内’与‘出乎其外’的‘写之’和‘观之’整合的思路和途径”。[①]北部湾作家如何创作出有现实感、接地气的文学作品？如何深刻地揭示社会现象、文化现象和人心问题？又如何独树一帜地反映北部湾特有的自然风貌和风俗民情，构筑人类的精神家园和灵魂栖息地，表现作家悲天悯人的情怀？如何为时代打造大气磅礴之作，为文艺苑地创造精品和经典？这都是当今北部湾海洋文学迫切需要解决的问题。

北部湾文学今后的努力方向，应该是大力弘扬民族精神和时代精神，创作出反映蓝色海洋文化的精品力作，尤其要提高对大海这一区域场景的高度关注，凝练“海洋—家园—蓝色”这个特色主题，实现从山到海、从绿色到蔚蓝的书写转变，对北部湾风情作诗意的描写，充分展现北部湾的历史与现实，抒写疆海风土人情的独特风貌和韵味，透视社会变迁对人们心理和生活方式的冲击和影响。面向大海，倾听涛声，寄情蔚蓝，会让作家心旷神怡、胸襟开阔，从而激扬文字，写出不负于这个时代的蓝色文明乐章；山海对接，会让他们创造出一个别有洞天的艺术世界。

特色是区域文学的生命力，北部湾文学的区域特色从本质上来看是海洋文学。年轻的北部湾海洋文学只有把握和领会到丰富的海洋意象，坚持探索求新的海洋精神，才能反映区域性的地理人文风貌和边疆民族精神，从而获得发展的机遇。美国作家赫姆林·加兰说：“艺术的地方色彩是文学生命力的源泉，是文学一向独具的特点。地方色彩可以比作一个人无穷地、不断地涌现出来的魅力。”可以说，地域文化和风土人情是文学作家创作的丰富源泉，作家的灵感才情也来自于故乡山水风物的孕育。因此，广西北部湾文学的海洋气息和疆域色彩也源自于这方水土的无私赐予。广西北部湾作为一片文学的福地和诗意的海洋，为当地作家提供了挥洒才情、展现自我的广阔场域。自由奔放的大海，激情澎湃的海洋，具有与大陆文化迥异的多重元素，它的开放性、开拓性和进取性，启迪着作家的精神气质和创作激情。海洋的浩瀚辽阔，变幻无穷，有着能量巨大、奥妙无穷的自本自性，是一种集力量与智慧为一体的象征和载体。作为海洋文学作家，就要深刻地理解海洋作为一种文化意象和生命意象的意义所在。作为一种文化意象，海洋的旷放不羁，呈现出自由奔放的情感、磅礴汹涌的力量、强烈的自由个性与开拓进取的精神，包含着激情浪漫的情怀和壮观优美的情景；作为一种生命意象，海的澎湃不息，日夜轰鸣，是人类绵延不尽、永恒持久的生命旅程的象征；它的刚柔并济、神秘诡谲，象征着人类的精神和情感力量。海洋精神“孕育于海洋之

① 张利群.论广西民族文学发展的战略和对策[J].梧州学院报，2009(10).

内，超拔于海洋之上，抽象集成后，成为浓缩海洋阳刚和大美之气的价值符号”[1]。丰富的“海洋精神”，需要文学作家用心灵去感悟，以创作来践行。

21世纪是海洋的世纪。北部湾作家躬逢盛世，稳泛沧溟，静观万象，应当为滨海地区奉献出像大海那样汪洋恣肆的洪钟大吕之作，以不辜负这个时代赋予的特殊使命。因此，重新塑造北部湾海洋文学新形象，倡导开拓进取、不断抗争、勇往直前的精神，打造文学经典和艺术精品，为北部湾海洋区域文学和区域文化增添新的篇章，这仍然是北部湾文学作家应该承续的历史使命。

本文原刊于《钦州学院学报》2014年第4期。作者：宋坚，钦州学院人文学院教授。

① 张宗慧.试论我国现代海洋小说的创作与局限.[D].济南：山东大学硕士论文数据库，2010(04).

广西沿海地区汉语方言及其研究

黄昭艳

【摘　要】广西沿海地区语言众多复杂且颇具特色。大的分区主要有粤语、客家话、官话、闽语、平话等。其中，粤方言最通行。有些方言土语非常独特，其系属至今还有待研究揭示。目前对该地区的语言研究还比较薄弱。应在全面了解广西沿海地区方言地理分区、方言历史层次等问题基础上，进一步在研究中注意横向与纵向的联系，加强比较研究、类型学研究以及方言史、语言史、语言文化等方面的深入研究。

【关键词】广西沿海地区；汉语方言；研究

广西沿海地区（含钦州市、北海市、防城港市）处在对接东南亚的前沿地带，是我国古代“海上丝绸之路”的始发地，这里居民迁徙繁杂，形成了众多复杂且颇具特色的语言。本文旨在对广西沿海地区的汉语方言及其研究作个概述，试图引起更多学者对这片海洋语言的关注，让更多的人认识、了解该地区独特的语言文化。“方言”是共同语的地域分支，指某一地方通行的语言。本文对汉语方言的分类，主要取20世纪80年代由中国社会科学院组织编写的《中国语言地图集》的归类法，即从大的方面，把我国的方言分为10种：官话、晋语、吴语、湘语、闽语、粤语、赣语、徽语、客家话和平话。比较方言的异同，上述各“区”还可以往下细分为“片”，有的“片”还可以分为若干小片。

一、广西沿海地区汉语方言

（一）钦州市汉语方言概况

钦州古为百越地，是多民族杂居之地，关于钦州的人口来源，南宋钦州教授周去非《岭外代答》说：“钦民有五种：一曰土人，自昔骆越种类也。居於村落……以唇舌杂为音声，殊不可晓，谓之蒌语。二曰北人，语言平易，而杂以南音。本西北流民，自五代之乱，占籍于钦者也。三曰俚人，史称俚僚者是也。此种自蛮峒出居……语音尤不可晓。四曰射耕人，本福建人，射地而耕也。子孙尽闽音。

五曰蜑人，以舟为室，浮海而生，语似福、广，杂以广东、西之音。”[①]壮族是世代居住在钦州地区的土著民族。而汉族是最早从东部沿海和中原各地迁居钦州的一个客籍民族，明清时期汉人入钦达到高峰。大批汉族人从今广东沿北流江——南流江一线进入广西钦州地区。民国《钦县县志·民族志》载："乾嘉以后，外籍迁钦，五倍土著。"入居钦州的汉族与当地少数民族杂居，相互融合同化。钦州市统计局2010年第六次全国人口普查主要数据公报：全市2010 年11 月1 日的总人口为379.11 万人。常住汉族人口为275.46 万人，占89.44%；各少数民族人口为32.51 万人，占10.56%。

由于历史原因，众多民族和居民群体交错杂居，钦州形成了复杂的语言成分。钦州汉语主要包括粤语、客家话、官话、闽语、平话五种方言。

1.粤语

粤语按知名度来说，又分钦州话、新立话、灵山话、小江话、犀牛脚话五种。

（1）钦州话。以钦州城区为主，全市各县区和乡镇街上都有人讲钦州话，使用人口140万人。钦州白话是广西粤语钦廉片的重要代表，究其来源是广府粤语。它与多数广西粤语有共性，但也有差异，最突出的地方在声调：它的舒声只有四类声调，上去不分阴阳，全浊上声和浊音去声基本归阳平。上声没有分化，去声普遍分阴阳然后再发生新的合并，这是钦廉粤语立片的主要依据。

（2）新立话。主要集中在钦北区北部的小董、板城一带，灵山县西部的几个乡镇也有，使用人口共约25万人。新立话特点与桂南平话相似度极高，底层是桂南平话片，但在钦廉地区分别受到来自两个不同时期的强势方言廉州话和钦州白话的影响，而产生了新的变异。例如，新立话古全浊声母今读塞音和塞擦音时基本送气，与平话、勾漏片粤方言中多不送气特点不一致，廉州话是钦廉地区早期的主流方言，新立话的这一特征，主要受廉州话影响。读送气音是廉州话的特点，与客家话的接触有关。再如，新立话去声不二分，也是在钦廉地区去声只有一类的语言环境中的一种演变。

（3）灵山话。分布在灵山县城及其周围，灵南乡镇的街上，钦北的大直、大寺有些灵山移民也讲灵山话，使用人口约105万人。主要特点是：古全浊声母今读塞音和塞擦音的字基本送气，果合一有三分之一的字与遇合三、蟹合一合流读[u]，假开三大半读[i]，没有撮口呼，遇合一、遇合三唇音读[əu]，止开三、止合三微韵非组主要读[oi]，平上去入都分阴阳，阴平读低降调。

① 周去非.岭外代答校注[M].杨武泉校注，北京：中华书局，1999.

（4）小江话。浦北县的通用语，使用人口约20万人。主要特点是：古全浊声母今读一律清化，古微母读同明母；有自成音节的声化韵，有［m］、［n］、［ŋ］三个鼻音韵尾和［p］、［t］、［k］三个塞音韵尾，与中古韵类对应整齐，舒声有6个调，平上去分阴阳，入声有2个调，主要依声母的清浊二分。

（5）犀牛脚话。就是廉州话，又称海獭话，主要分布在钦南区犀牛脚镇，龙门、大番坡、那思、那彭的部分居民也使用，使用人口共约75000人。语言特点与合浦廉州话大致相同。

（6）其他粤语。其他粤语，大多依当地人的身份、特点或小地名等命名，计有百姓话、坡地话、番薯话、粘米话、秋风话、旱涝话、马留话、山话等多种说法。其中，坡地话分布在钦江沿岸的山坡地带，是夹杂闽语的粤语；番薯话，又叫“番薯客”，因平吉镇的番薯岭而得名，粤话里面夹有闽语和壮语；粘米话，又叫“粘米客”，主要分布在黄屋屯的大塘坪、大坪、那练三个村公所，目前讲粘米话的人口有1100多人，是吸收了一些钦州正（属官话）成分的粤语；秋风话因那彭镇在明代属秋风练（团练）而得名，是夹杂壮语成分的粤语；旱涝话，因当地自然条件不好，非旱即涝而得名，是一种吸收壮语成分的粤语；马留话据说是汉代伏波将军马援留下的话，实际就是廉州话，廉州话地区大多有这种说法；山话也叫马留话，特指浦北县白石水和北通一带有所变异的廉州话。

2.客家话

客家话在钦州一般称为新民话，全市讲客家话的14万多人。大分散小集中，主要分布在灵山县的旧州镇。旧州客家话声母22个，韵母47个，声调8个，舒声调类平分阴阳，上去不分阴阳，入声2个调类，按清浊二分，阴入低调，阳入高调。旧州客家话与梅州客家话语音特点有很多一致性，但也有差异。

3.官话

官话在钦州指的是钦州正话，又称“正话”或“钦州正音”。“正”是标准、规范的意思。钦州正曾经是地方标准语，直到解放初期的私塾先生都用作工作语言。讲钦州正话的大约有7000多人。主要分布在龙门镇，黄屋屯、大寺、沙埠、久隆等乡镇也有一些。龙门正话有［ȵ ɬ］两个声母；阴声韵母和舒声的调类、调值像官话；阳声和入声韵母像白话和客家话；浊音去声部分字归阳平，像钦州、北海的白话；假开二的相当部分字读［ɛ］，像闽南话。

4.平话

钦州的平话属于桂南平话，一般称为横州话，由北邻横县传来，主要分布在灵山县丰塘镇和钦北区新棠、贵台的若干村屯，使用人口共约5万人。灵山横州话主要特点为：古全浊声母今读塞音、塞擦音时一律清化，一般古平声送气，古仄声不送气；微母主要读重唇[m]声母。少数非敷母字保留重唇音[p][ph]；精、清两母字一般在洪音韵母前读[ts][tsh]，在细音韵母前读[tɕ][tɕh]；古心母字多读[ɬ]，少数字读[s]；咸深两摄基本上读[m]尾；[p t k]韵尾齐全，与中古相应的摄对应基本整齐；声调10类，古四声依声母的清浊分阴阳两类，入声的阴阳两类各分上下。

5.闽语

闽语来自福建，属于闽南话，分布在钦北大直、平吉和钦南久隆的一些村屯，约2000多人。目前尚未见研究成果。

(二)防城港市汉语方言概况

防城人口来源分为两部分。一是土著民族，主要由古壮族和交趾族构成。交趾族后在长期生活中逐渐壮化，和古壮族人一起成为防城的土著民族。二是外来民族，最早的外来人是马援征交趾叛乱胜利后留守的中原汉族人“马留人”。较有规模的人群迁入则起于元明，盛于清朝，来自广东、福建和附近的廉州、博白。主要有六类：(1)汉族客家人，俗称“偃ŋai^{45}佬”。从广东、福建和博白迁来。(2)广府人，俗称“白话佬”。主要从商，对当地人影响很大，后逐渐成为当地的共同交际语，是防城话的主要来源。(3)合浦廉州人，俗称“海獭”，定居于港口区企沙和光坡等地沿海。(4)广东沿海疍民，俗称“疍家人”。移居港口区鱼万半岛一带，语言近似广府人。(5)瑶族，俗称“斑衣”，移居于十万大山区。(6)京族，来自越南，移居东兴市江平镇沿海。1993年地级市防城港市建立后，外来人口大量涌入，对语言环境也产生较大影响。①防城港市统计局2010年第六次全国人口普查主要数据公报：防城港市全市总人口为86.01万人，全市普查登记的常住人口中，汉族人口为48.55万人，占56%；各少数民族人口为38.14万人，占44%。

防城港市区的语言主要有五种，分别是白话、客家话、瑶语(主要分布于大录镇、那勤乡、扶隆乡、板八乡、峒中镇、那梭乡的高山地带，人口约2万)、廉州话、京族话(主要分布于江平镇巫头村、山心村和万尾村，人口约1万)。各民族间的日常交际共同语主要是白话。少数民族中，除了瑶族使用的语言相对稳定之外，绝大多数壮族人被汉化转而讲白话或客家话，少数讲“村话”(壮语的一种)。另外，原来讲客家话、廉州话、京族话的群众也大多逐渐讲白话。汉语方

① 黄伟.防城话语音系统[J].桂林师范高等专科学校学报，2009(3)：2.

言具体分布如下：

（1）白话。即防城话。主要分布于防城镇、东兴镇、江平镇、江山乡、防城乡等，人口约15万。防城话最突出的特点是浊去读阳平，这一点跟钦州话一致，证明了钦州话对于钦廉片的代表性。

（2）客家话。主要分布于茅岭乡、滩营乡、平旺乡、大录镇、那勤乡、扶隆乡、板八乡、峒中镇，华石乡、那梭乡、马路乡等，使用人口约25万。

（3）廉州话。主要分布于企沙镇、光坡乡和江山乡白龙村、江平镇桂明村，使用人口约5万。

（三）北海市汉语方言概况

北海市有2000多年的移民史，与钦州、合浦毗邻，历史上同属一个行政区域，人口来源相似。其古代居民与周去非《岭外代答》的“五民”说基本一致，这里不再重述。北海历史上还经历了三次对外开放。西汉时期，北海是当时“海上丝绸路”始发港之一，是我国与东南亚、西亚乃至欧洲进行海上贸易的商港；清末，北海被迫辟为通商口岸，一度成为我国南方重要对外商贸港口；第三次是1984年被列为我国第一批沿海对外开放城市。对外开放对北海的民族构成影响不大，但外地人带来各地的语言成分，影响了当地语言。①北海市统计局2010年第六次全国人口普查主要数据公报：全市总人口为161.75万，全市常住人口中，汉族人口为150.94万，占98.06%；各少数民族人口为2.99万，占1.94%。

北海本地传统语言主要有属于粤方言的北海白话、疍家话、廉州话、佤话、海边话，属于客家方言的僫话，兼有官话与闽南话特点的军话。

1. 粤语

（1）北海白话。流行于北海市城区及其周边农村。同属于北海白话的南康话流行于南康、营盘部分地区、山口和廉州的少部分地区。与广州白话不同的语音特点：有边擦音［ɬ］（心母），有舌面前鼻音［ȵ］，没有撮口呼，部分鼻音韵尾错位，主要受廉州话影响；上去不分阴阳，全浊去声以及“浊上变去”的字归阳平，与钦州白话基本一致。

（2）疍家话。主要分布在北海市附近海岛及沿海一带。在声类、韵类分合以及实际的读音方面与粤语有着很大程度的一致性。

（3）廉州话。主要流行于合浦廉州、常乐，石康、环城、乌家、西场、沙岗、党江、星岛湖、福城镇的大部分地区、闸口镇的少部分地区，使用人口约55万。是合浦县的主体方言，也是粤语钦廉片的两个代表之一。主要语音特点：古全

① 李永玲.北海白话语音［J］.桂林师范高等专科学校学报，2008（4）：10.

浊声母今读塞音、塞擦音时大多送气，心母主要读边擦音[ɬ]。假开二读后元音[ɑ]，没有撮口呼，鼻音韵母和塞音韵母[m n ŋ]与[p t k]大体保持分工和对应。声调7类，古清音去声合并于古浊音平声，归阳平。浊入声调高化，50%左右合并于清入。

（4）佤话。流行于合浦闸口镇、营盘镇的部分地区。

（5）海边话。流行于山口、沙田两镇，使用人口约6.5万。

2. 军话

流行于合浦山口和营盘镇的少部分地区。兼有官话和闽南话的特点。使用人口约2.8万。

3. 俚话

即客家话，流行于合浦公馆、曲樟、白沙、山口、沙田、闸口的大部分地区、常乐的少部分地区。使用人口约33.8万。

4. 其他话

黎话。是当地人的自称，接近闽南话，与海边话混杂，难以统计。[①]

二、广西沿海地区汉语方言研究概况

据已掌握资料，目前对广西沿海地区汉语方言研究的主要情况如下。

（一）总体研究

关于广西沿海地区汉语方言的总体研究有两部分，一部分是各地县志、市志的方言志部分。例如，《广西通志·汉语方言志》《钦州市志》《北海市志》《防城市志》中的方言志部分。另一部分是概要性的文章。如：杨焕典、梁振仕、李谱英、刘村汉《广西的汉语方言（稿）》[②]；梁振仕《桂南粤语说略》[③]；梁猷刚《广西钦州地区的语言分布》[④]；陈晓锦、陈涛《广西北海市粤方言调查研究》[⑤]；白云《广西疍家话语音研究》[⑥]。

这方面的成果颇有价值。特别是专著的研究，比较深入。语言分区的分析，给广西沿海地区的汉语方言研究起到了总领、指引的作用。但有些文章未作具体全面的研究，只是简单涉及。而方言志研究部分，体例不统一，不少研究方法欠科学，有些内容的记录不规范，有待完善。

① 利敏.廉州话概说[J].桂林师范高等专科学校学报，2010（3）：14.

② 杨焕典，梁振仕，李谱英，等.广西的汉语方言（稿）[J].方言，1985（3）.

③ 梁振仕.桂南粤语说略[J].中国语文，1984（3）.

④ 梁猷刚.广西钦州地区的语言分布[J].方言，1986（3）.

⑤ 陈晓锦，陈涛.广西北海市粤方言调查研究[M].北京：中国社会科学出版社：线装书局，2005（1）.

⑥ 白云.广西疍家话语音研究[M].南宁：广西人民出版社，2007.

(二)个别研究

在对广西沿海地区汉语方言的个别研究上，在语音、词汇、语法这几方面都有成果，亦有不少相关文章。

1. 语音研究

例如，蔡权[①]、王宗孟[②]分别研究了廉州话音系；黄宇鸿[③]分析了北海话音系特点；陈滔对合浦沙田镇对达村海边话音系[④]、廉州镇廉州话音系[⑤]分别作了揭示，还选取了北海市市区白话、南康话、廉州话、低话、海边话五个代表点的语音[⑥]，对它们在声母、韵母、声调方面的共时表现作了描写，并与粤方言的代表点广州话进行比较分析。近年来，当地某些研究者也纷纷开始把目光投向身边的方言，对某些方言音系进行了描写分析，形成了同音字汇。有些是继续或重新研究，如李永玲[⑦]、利敏[⑧]对北海白话、廉州话语音做了概述并附同音字汇。其他人如：黄昭艳对灵山横州话[⑨]、钦州新立话[⑩]、钦州正话[⑪]，林钦娟对钦州白话[⑫]、灵山话[⑬]，颜丽娟、黄伟、庞纲声、梁德涛等人分别对浦北小江话[⑭]、防城话[⑮]、浦北福旺背山话[⑯]、浦北白石水麻佬话[⑰]等，作了音系的首次描写和研究。

比较而言，语音的研究成果最多。主要侧重音系的描写、同音字汇的列举，这类成果的出现，奠定了本地区方言研究的基础，为后期音韵的深入研究提供了宝贵的素材。但总的来说，这方面的研究大多侧重于描写，虽与中古音和普通话作比较分析，但缺乏语音特点本身的历史层次分析，方言之间的比较研究也较少见。

2. 词汇研究

成果主要有：陈朝珠《北海白话词汇特点分析》[⑱]《北海白话词汇与周边方言词

---

① 蔡权.广西廉州方言音系[J].方言，1987(1).
② 王宗孟.廉州话的声韵调[J].广西民族学院学报，1990(2).
③ 黄宇鸿.广西北海话的音系特点[J].湛江师范学院学报，1997(3).
④ 陈滔.广西合浦县沙田镇对达村海边话音系[J].广州大学学报，2008(8).
⑤ 陈滔.广西合浦县廉州镇廉州话音系[J].韶关学院学报，2004(4).
⑥ 陈滔.广西北海市五个粤方言点语音研究[D].暨南大学硕士学位论文，2002(4).
⑦ 李永玲.北海白话语音[J].桂林师范高等专科学校学报，2008(4)：10-18.
⑧ 利敏.廉州话概说[J].桂林师范高等专科学校学报，2010(3)：14；13-24.
⑨ 黄昭艳.灵山横州话同音字汇[J].桂林师范高等专科学校学报，2006(3).
⑩ 黄昭艳.钦州新立话同音字汇[J].桂林师范高等专科学校学报，2008(2).
⑪ 黄昭艳.钦州正同音字汇[J].桂林师范高等专科学校学报，2008(4).
⑫ 林钦娟.钦州话同音字汇[J].桂林师范高等专科学校学报，2013(1).
⑬ 林钦娟.灵山话纪略[J].桂林师范高等专科学校学报，2010(3).
⑭ 颜丽娟.浦北小江话音系及语音特点[J].钦州学院学报，2008(5).
⑮ 庞纲声.浦北福旺背山话概说[J].桂林师范高等专科学校学报，2011(1).
⑯ 庞纲声.浦北福旺背山话概说[J].桂林师范高等专科学校学报，2011(1).
⑰ 梁德涛.浦北县白石水麻佬话同音字汇[J].桂林师范高等专科学校学报，2011(1).
⑱ 陈朝珠.北海白话词汇特点分析[J].广西广播电视大学学报，2007(2).

汇关系的计量分析比较》[①]；吴伟琴《北海粤方言词汇比较研究》[②]。

词汇研究内容不多，主要集中于对北海词汇的研究，多采用了数据统计法，加强了比较研究，进行了词汇内部与普通话词汇和古代汉语词汇的比较，研究方法较科学，对沿海其他地区的词汇研究提供了很好的借鉴。

3. 语法研究

成果主要有：黄昭艳《广西钦州新立话代词》[③]；黄昭艳，黄宇鸿《钦州新立话句法特点》[④]；陈朝珠《北海白话词汇的语法分析》[⑤]；李永玲《北海白话的否定词"冇"》[⑥]；施日梅《钦州白话后缀词"□hɛ13"》[⑦]、《钦州白话"得"的使动用法及特点》。

语法研究内容少，成果较单薄。主要侧重于某地某方言单一语法现象的研究，未见语法的综合与比较研究。

虽然一些学者已经对广西沿海地区的汉语方言展开了研究，并取得了一定的成果。但总的来讲，对西沿海地区语言研究目前尚属一个薄弱环节，研究还存在诸多问题：一是研究不够全面。大多侧重粤语的研究，其他方言譬如客家话、官话、闽语等方言的研究成果少见。二是研究不够深入。主要侧重田野的调查描写，理论探讨不足，与普通话和汉语史研究相结合做得不够，缺少历史层次的比较研究和综合研究，对沿海地区方言的形成、演化规律的研究也有待加强。三是缺乏与其他学科的交叉研究。语言是文化的积淀，语言与文学、与历史文化、社会经济等其他学科领域关系密切，但利用语言进行的跨学科研究目前未见成果，尤其是对沿海地区方言的形成、演化规律和沿海历史文化、经济发展等关系的综合研究还有待开发和深入。因此，在全面了解广西沿海地区方言地理分区、方言历史层次等问题基础上，进一步在研究中注意横向与纵向的联系，加强比较研究、类型学研究以及方言史、语言史、语言文化等方面的深入研究，应是广西沿海地区汉语方言研究的发展趋势。

本文原刊于《广西社会科学》2012年第4期。基金项目：广西教育厅科研项目。
作者：黄昭艳，钦州学院人文学院教授。

---

① 陈朝珠.北海白话词汇与周边方言词汇关系的计量分析比较[J].广西广播电视大学学报，2003(1).
② 吴伟琴.北海粤方言词汇比较研究[D].中国优秀硕士学位论文全文数据库，2007.
③ 黄昭艳，黄宇鸿.钦州新立话句法特点[J].广西社会科学，2007(10).
④ 陈朝珠.北海白话词汇的语法分析[J].广西电大学报，2008(1).
⑤ 李永玲.北海白话的否定词"冇"[J].桂林师范高等专科学校学报，2010(2).
⑥ 施日梅.钦州白话后缀词"□hɛ13"[J].钦州学院学报，2011(4).
⑦ 施日梅.钦州白话"得"的使动用法及特点[J].广西职业技术学院学报，2011(1).

论京族传统文化格局及其成因

何 波

【摘 要】京族是一个跨境民族。京族传统文化观念以儒家文化为主，融合了道教、佛教和天主教等文化观念，呈现出一种包容与开放的格局与姿态。这种一元为主、多元融合的文化格局，充分体现在京族民间文学、节庆与婚丧习俗乃至日常生活之中。族源的多元，中原汉文化的浸润和聚居区周边汉、壮、瑶等民族文化的交流与碰撞，是这一文化格局形成的主要原因。

【关键词】京族；传统文化；儒家；道教；佛教；天主教；成因

京族，是中国西南边陲的跨境民族，也是中国为数不多的海洋民族之一。近年来，不少学者对京族文化、京族文化的多元性等进行研究，取得了积极的成果。笔者通过对京族民间文学的探究，节庆与婚丧习俗乃至日常生活的考察，认为京族传统文化观念以儒家文化为主导，融合了道教、佛教和天主教等文化观念，呈现出一元为主、多元融合的文化格局，体现出京族作为中国南疆海洋民族的鲜明特征。

一、儒家文化：京族传统文化的主导

儒家文化是以儒家思想为指导的文化流派。孔子是儒家学说的创始人。孔子的思想核心是“仁”。而“仁”的意义几乎包括了一切美德。孔子说：“仁者爱人”，即人与人之间要彼此相爱。“爱人”的方法就是“推己及人”，一方面是“己欲立而立人，己欲达而达人”，把自己想要得到的好处也给予别人；另一方面是“己所不欲，勿施于人”，自己不想得到的东西、不想做的事情，绝不要强加于人。孟子继承和发展了孔子的德治思想，发展为仁政学说，成为其政治思想的核心。他把“亲亲”“长长”的原则运用于政治，以缓和阶级矛盾，维护封建统治阶级的长远利益。孟子还把道德规范概括为四种，即仁、义、礼、智。同时把人伦关系概括为五种，即“父子有亲，君臣有义，夫妇有别，长幼有序，朋友有信”。总之，儒家学说倡导血亲人伦、现世事功、修身存养、道德理性，其中心思想是孝、弟、忠、信、礼、义、廉、耻，其核心是“仁”。

以孔子首创的儒家学说经历代统治者的推崇，以及孔子后学的发展和传承，对中国文化的发展起了决定性的作用，成为两千余年封建社会的文化正统，影响极大。地处中国南疆的京族同样受到儒家学说的深刻影响，在京族人生活的各个领域、各个方面毫无例外地打上儒家思想的烙印。下面仅以京族民间文学和京族传统习俗为例，进行简要分析。

（一）京族民间文学蕴含的儒家文化观念

京族民间文学颇为丰富。神话、传说、故事、歌谣等是京族民间文学主要类型。其中歌谣有史歌、叙事歌、仪式歌、生活劳动歌、情歌和“唱哈”词等。

京族传统叙事歌取材于京家人所见所闻的真人实事，以歌叙事，供后人唱传。其中《刘平杨礼》《金云翘传》等几首在京族聚居区广泛流传，故事主人公备受京族人民敬重。《刘平杨礼》述说的是杨礼与刘平为结义兄弟，两人决心十年齐举金榜的故事。杨礼刻苦攻读考取了状元，而刘平却因终日游荡，功名未成。一天刘平去探访义兄，杨礼故意激他，不予理睬，只赏饭充饥，不认义弟。刘平自责命运不好，愁闷不乐返家。杨礼见义弟落到此境，心感不安。他拿出十两黄金交给其三妾珠龙，叫她前去刘家“替夫助友”。珠龙到了刘家，劝说刘平刻苦攻读，待其显荣结为夫妇。刘平因而日夜勤奋学习，一年后应考成功。珠龙闻讯立即返回夫家报喜。刘平荣归拜祖，准备迎娶珠龙，却不见她的踪影。数日后，刘平拜访杨礼，见珠龙在杨家门前迎候，方知珠龙确是杨妻，十分感动。这首叙事诗反映了杨礼与刘平的兄弟情深，赞美了龙珠替夫助友的高风亮节。《金云翘传》主人公金仲和阿翘两人均出身于财主家庭，郎才女貌，于清明节外出相遇，一见钟情，私定终身。金仲请求父母下聘礼迎娶阿翘，却遭父亲痛骂，认为金仲胸无大志，要他考中状元后再考虑婚事。金仲无奈，只好遵从父命，日夜苦读。临进京赶考前，金仲叫书童送信给阿翘，告知考中状元后就回来娶她。天有不测风云，金仲进京后，一个不良商人贪恋阿翘美貌，陷害阿翘父亲至家破人亡，阿翘被迫嫁给商人。金仲中了状元，衣锦还乡，却获悉恋人已被迫嫁与他人，无奈遵从阿翘意愿与其妹阿云成婚。阿翘几经沉浮，两次被卖入青楼，受尽了苦难。十五年后，金仲在钱塘江边的一个寺庙，与削发为尼的阿翘相遇，旧梦重圆。这首叙事歌歌颂了金仲与阿翘忠贞不渝的爱情。

京族哈歌是京族传统节日“哈节”中“哈妹”唱哈时的唱词。它不仅具有娱神、自娱的功能，还有教化的功能。即通过唱哈，缅怀祖先的丰功伟绩，感恩各路神仙的庇佑，弘扬本民族所倡导的传统美德，以达到教育族人尤其是子孙后代的目的。因而收录于《京族哈节唱词》中的歌谣是经过认真挑选、不断锤炼的经典，具有经典性、教育性和形象性。

京族哈歌之道德教育歌，是京族教育家庭成员尤其是子女如何为人处世的民歌。苏维芳的《京族字喃传统民歌集》收录的京族道德教育歌有138首。京族重视道德教育，但凡中国传统美德，都在倡导之列。方法有二，其一，直接灌输，谆谆教诲。如“父养儿恩如泰山，母育儿情似海深，为儿必敬严父情，为儿要报跪乳恩”。“儿女要想长成人，谆谆教诲心中存，女儿勤守家务事，织布刺绣本事真”。“男子学习勤吟诗，攻读史经赶科试，日后成才报家恩，璞玉发光成人时”。“自强之志立心头，功名勿弃债莫愁，人有成就天护佑，智勇双全显英豪”。教育后代敬老、勤业、自强。再如：“京族人要有骨气，不偷不抢要记住，不贪不占人家财，仁义道德传千里”。“京族人永远记牢，自强不息立心头，待人接物要客气，诚实取信显英豪。”提倡真善美，反对假恶邪，重仁义，讲道德，扬正气，树新风。其二，借古喻今，语重心长。如《修仁积德为人好》，借赞美历史人物宋珍，教育人们积德行善：“修仁积德为人好，凿钟铸象济贫民，遇见贫人赐食穿，远近四处皆闻名。”如《同结日月义同天》借三国刘、关、张桃园结义，弘扬团结友爱精神：“一代春秋功在汉，同结日月义同天，忠心耿耿来发誓，天崩胆裂肩并肩。”“义基牢固无生客，结义忧心事千年，桃园义酒喝不尽，天崩地裂永相传”。如《驱风拨云观星辰》，借古代京族贤官名刘频振复仇的故事，褒扬除暴抗恶的义举。凡此种种，不胜枚举。

“京族哈歌”之家庭感情歌，是表现京族教育家庭成员如何和谐相处的民歌。苏维芳编的《京族字喃传统民歌集》收录的京族家庭感情歌352首。京族家庭在感情方面与其他民族有些不同的地方：京家子女对父母、妻子对丈夫处处轻声和气、事事躬身点头，以表示儿女尊敬父母养育之恩和妻子对丈夫的恩爱之情，充分体现了京族人晚辈尊敬长辈，女性尊重男性的民间礼规习俗。如“父母话儿记在心，一生一世做好人，乡亲邻里要和睦，不负父母教儿恩”。“夫妻恩爱要长久，免得父母心担忧，尊老爱幼夫妻情，求少健康老长寿”。

（二）京族婚姻、丧葬和节庆礼俗体现出儒家文化观念

1. 婚姻礼俗

京族婚姻是一夫一妻制。男女青年的婚事，大多为父母包办，遵循“父母之命，媒妁之言”决定终身大事；只有极少数是自由恋爱，但也要经父母同意，蓝

媒说合。以本民族内通婚为主，姑舅表不能通婚，京族同姓或五服之内不能通婚，但也可与外村、外族通婚。京族青年男女从相识相悦到结婚，须经12道程序：(1)合年庚；(2)定彩头；(3)议聘礼；(4)报命好；(5)送日子；(6)哭朝；(7)开容；(8)拜祖；(9)迎亲；(10)唱歌；(11)拜堂；(12)回朝。当然，随着时代的发展，当今京族青年男女大多追求自由恋爱，婚俗也发生了较大的改变。

婚礼是传统社会的人生大礼，因为结婚是"合两姓之好"，以及繁衍后代的家族大事。因此，中国古代聘娶婚姻必须遵循"父母之命，媒妁之言"的原则，按"周公六礼"婚礼制度办理。所谓"周公六礼"，即一是"纳采"，即男方向女方求婚、等同现在的"相亲、说媒"。二是"问名"，即男方的媒人问女方的名字、生辰，然后到宗庙里占卜吉凶，结果为吉的才能进行下一步，凶的则到此为止。三"纳吉"，就是占卜得到吉兆后定下婚姻。四是"纳征"，男方派人送聘礼到女方家。五是"请期"，即请女方确定结婚日期。六是"亲迎"，婚礼之日，男方必须亲自去女方迎接，然后男方先回，在门外迎候。

把"周公六礼"与京族婚姻礼俗作简单比较，不难看出京族的婚俗跟汉民族延续几千年的封建聘娶婚程序基本一致，稍有不同的是京族婚姻礼俗在程序上多了一些环节。

2. 丧葬礼俗

京族50岁以上的老人去世，称为"百年归老"(或称"正寿")，按正常的礼仪办丧，其过程大体是：(1)报丧。老人去世后，孝子孝女分头到族内、亲友家中报知老人去世的消息。如死者是女性，还要派族兄到外家报丧。(2)妆身。报丧后，孝子孝女用热水给死者抹身，然后给其换上一套丝绸或麻布做成的寿衣，给男性死者头戴黑布帽，女性死者则黑布包头、腰束白带、脚穿黑布尖鞋。(3)入殓封棺。为死者更衣后，孝子和亲友把死者抬放在祖公厅的草席上，待道公做完法事后，孝子孝女再抬尸入棺，最后由道公封棺。(4)修斋。封棺后，主家选好日子，请道公来修斋，为死者超度亡灵。(5)出殡。出殡时，先将棺柩放在专为抬棺用的一个长方形的木架上，然后由16个人抬柩出殡。出门后，在法师的引导下，由一人撒纸钱开路先行，意为向野鬼买路通行。长子以布带牵着棺柩，走在行列的前面。其余孝子持着孝杖、身着白色孝衣、头戴白色孝帽，孝女身着白孝衣、头包白孝巾，伴着灵柩一路哀哭而去。(6)埋葬。埋葬的地点(坟地)及方向由道公根据死者的命庚选定，坟穴由族兄去挖，由大力盖土起坟堆。葬后第三天，孝主备好三牲及香烛纸钱，到新坟前祭拜，再用新泥填上，俗称"覆坟"。

葬后第七天晚上送饭，逢七必送饭，如此反复七次，到路上祭祀。埋葬后如不开坟拾骨谓之“大葬”。如葬地不好，待葬后三年的重阳节当天或葬后的十年左右，请道公择吉日，开坟“拾骨”入金埕，择好吉日、吉地，再另行安葬。

丧礼在古代属于凶礼。根据“事死如事生”的原则，在丧礼中贯穿着儒家一向倡导的明尊卑、别亲疏、序人伦的道德要求。古代汉民族的丧礼主要分为初终、入殓、下葬三大步骤：(1)初终。古代讲究“寿终正寝”“善终”。所以，将死之人要居正室，死者亲属要守在周围，“属纩以俟绝气”。同时，要报丧—铭旌—沐浴—饭含—设重—设燎。(2)入殓。入殓分“小殓”和“大敛”。“小殓”是指为死者穿上入棺的寿衣。“大敛”指死者入棺仪式，一般在小殓次日举行。(3)下葬。下葬的前一天要把灵柩迁入祖庙停放。第二天，灵车启行，前往墓地，即“出殡”。出丧队伍经过之处，亲友可设“路祭”——搭棚祭奠。下柩时，家属分男东女西肃立默哀。灵柩安放平稳后，主人及亲属痛哭，并抓起泥土扔向灵柩上，叫做添土，最后筑土成坟。下葬完毕，丧主还要反哭。至100天，家人再次对死者进行祭奠。至此，丧礼基本结束。

相对于中国古代葬礼，京族葬礼多了两道仪式，一是修斋(做法事超度亡灵)，二是二次葬。而二次葬在客家人(汉族一个民系)中非常盛行。但京族葬礼没有古代汉民族葬礼繁琐与严格。因此，京族葬礼与古代葬礼的差异只是繁简问题，没有本质的不同。

3. 哈节礼俗

哈节也叫“唱哈节”，“哈”是京语，即“歌”的意思，“唱哈”即唱歌。哈节是京族唯一的本民族传统节日。据传是为了纪念神公诞辰而举行的，是以唱歌贯穿始终的祀神、祭祖、祈福、消灾活动。整个节日活动过程，大体分为四个阶段：(1)迎神。在“唱哈”前一天，由村中的成年男子组成迎神队伍，集队举旗擎伞抬着神座到海边，遥遥迎神，把神迎进哈亭。(2)祭神。祭神的具体时间为节日的当天下午3点左右，祭神时读祭文。祭神分大祭和小祭，大祭在迎神后的第二天正午或下午进行，小祭则是每日一次。祭神时，还要唱“进香歌”，跳“进香舞”“进酒舞”“天灯舞”等。(3)入席。也叫乡饮，是整个活动气氛最热烈、内容最丰富的一个程序。祭神毕，入席饮宴与听哈，称为“坐蒙”(又称“哈宴”)，每席六至八人。酒肴除少数由“哈头”供应外，大部分由各家自备，每餐由入席人轮流出菜，且边吃边听“哈妹”唱歌。“唱哈”是“哈节”的主要活动项目，“唱哈”的主要角色有三人，即一个男子叫做“哈哥”(又称“琴公”)，两个女子叫做“哈妹”(又称“桃姑”)。主唱的“哈妹”站在“哈亭”的殿堂中间，手里拿着两块小竹片，一边唱一边摇摆着敲，伴唱的“哈妹”坐在旁边地上，两手敲打竹制的梆子和之。“哈妹”每唱完一句，“哈哥”就依曲调拨奏三弦琴一节。如此一唱一和一伴奏，直到主唱的“哈妹”困倦了，转由另一个“哈妹”出来主唱。“唱哈”要连续进行三天。(4)送神。“唱哈”完毕就送走了神灵。送神时必须念《送神调》，还要“舞花棍”。送神后整个“哈节”的仪礼便结束了。

京族“哈节”具有极其丰富的文化内涵。从迎神、送神等仪式和敬神、娱神的活动看，无疑属于道家文化；但从唱哈的相关规定和哈词的内容来看，儒家文化特点非常鲜明。哈节的第三个环节“入席”有两个规定，一是妇女只是捧菜上桌，不能入席。妇女、儿童只能在哈亭外而不能进入哈亭内听歌。这分明是儒家男尊女卑的观念作怪。二是哈亭正厅两侧设有可容纳一二百人阶梯形坐席，供唱哈时不同辈分(或等级)的人在入席和听哈时就坐。简言之，有资格参加“哈宴”的男性京族人，必须按长幼尊卑入座。可见，京族的等级观念森严，而等级观念正是儒家文化的内容之一。至于唱哈词的内容，前文已作了分析。

二、道教、佛教和天主教文化：京族传统文化的重要组成部分

(一)道教

道教是中国本土最重要的宗教。它是以道家学说为基本理论，吸收民间信仰和各类方术，以成道升仙为目的的宗教。道教从张陵于汉顺帝汉安元年(142年)在鹤鸣山声称受太上老君之命被封为天师，首创天师道至今已有1800多年历史。金代以降，道教分为正一、全真两大教派。

道教是京族传统的宗教信仰。主要体现在以下三个方面：

1. 奉祀的神祇

京族奉祀的神祇按场所分，有家神、庙神和哈亭神；从观念来说，有鬼神崇拜、祖先崇拜和英雄崇拜。

(1)鬼神崇拜

鬼神崇拜是原始社会就普遍存在的一种宗教迷信。其主要内容有：相信人死后灵魂不灭；迷信灵魂有超人的能力；把人的生活和社会关系附加给幻想的鬼魂世界。京族奉祀的神祇主要有镇海大王、高山大王、安灵大王。其中镇海大王位居诸神之首，全称为“白龙镇海大王”，是京族三岛的开辟神和海上保护神。每年农历二月和八月，京族三岛都要各自派代表择吉日到镇海大王庙里进香祈福和

还福。镇海大王在哈亭中的神位平日只是虚设，每逢哈节，要到海边举行仪式，将镇海大王迎回哈亭享拜。安灵大王全称为“点雀神武安灵大王”，在茶古（越南）称之为“白点雀大王”，又称鸟神，是京族三岛专掌人们精神灵魂的保护神。

奉祀的神祇还有：海龙王、水口大王（澫尾村建海龙王水口庙）；水神（巫头村建有水井庙）；“三婆”，即是民间传说中的“王母娘娘”“观音娘娘”“妈祖娘娘”（山心村有三位婆婆庙、澫尾村有灵婆庙）；“朝婆娘娘”即春花公主、万花公主、梅花公主、海恩公主、春容公主、金封公主（澫尾哈亭的左侧建有六位朝婆庙）；澫尾村公庙婆庙供奉海底公主、水晶公主、圆珠公主、圆红公主四位神灵；巫头村水晶公主庙，供奉水晶公主。此外，还供奉本境土地神、天官、灶君、十殿阎王。

（2）祖先崇拜

祖先是指与崇拜者有血缘关系的人，它被当做保护本族或本家庭的神秘力量而受崇拜，这就是所谓的祖先崇拜。京族敬奉的祖先神有圣祖大王、兴道大王和广泽大王。圣祖大王是京族从原居地带来的主神。神位在哈亭中。每年哈节为大祭日，与其他诸神一起，接受京族人的隆重祭拜。另外，每年农历的五月五、七月十五、十月十、腊月下旬、正月二十五以及每月的初一、十五，京族各姓氏、宗支、家系也要到哈亭中举行规模大小不等的祭祖仪式。兴道大王全称为“陈朝上将敕封兴道大王”，亦简称“陈朝上将”。京族三岛的哈亭均设有兴道大王神位，供人们的拜祭。广泽大王全称为“圣祖灵应广泽大王”，又称太祖神。据说广泽大王是越南后黎的开国皇帝黎利。越南人民对他的敬仰不下于兴道大王，关于他的传奇故事在民间广为流传。

此外，还有祖灵，又称“家神”。京族民间相信祖宗有灵，认为祖灵能庇佑子孙后代，有时还能以某种形式表其“神意”。因此，京族人家各家各户的厅堂正壁上都设有神台，供奉列祖列宗神灵。这种神台又称“祖公”，上写“（姓）门堂上历代先远宗亲之位”，有固定的香炉，逢年过节、农历每月初一、十五、添丁、婚嫁等喜庆事都要焚香拜祭。

（3）英雄崇拜

京族把汉伏波将军马援和宋康保裔将军当神顶礼膜拜。在江平镇红坎村与澫尾村建有伏波庙和康王庙。伏波庙始建于1948年，每年正月十五为伏波将军的诞辰日，为常规祭祀，其余每年的农历正月初十、七月十一日、十二月二十日，村民也会在祭祀社神王后同时祭祀伏波将军。澫尾康王庙始建于清朝末年，至今已有一百多年的历史。年首岁末，良辰佳节，村中百姓、各地香客、远途信士、商家名流、达官贵人等纷纷前来祈福许愿，还福谢恩，门庭若市，香火鼎盛。

2.“师傅”和“降生童”

京族道教活动中的主要角色是“师傅”和“降生童”。“师傅”即道教里的法师、道公，京族人惯称为“师傅”。京族聚居区的每个村庄都有几名师傅。师傅也分“品级”，以其掌握经文符篆的多寡、统帅阴兵的多少分为“一家师”“二家师”“三家师”，以此类推。“五家师”是京族“师傅”中最高品级。“降生童”也称“生童”，是自称能让神灵附体从而替神显灵代言的男子。“师傅”和“降生童”都是京族民间宗教活动中较受尊崇的人物，但他们不“出家”，也不“斋戒”，平时也生产劳作，同普通老百姓一模一样，只是村中有红白婚丧、生育、寿诞以及意外事情(诸如天灾人祸、牲畜暴病等)，才请他们去诵经作法，驱邪解厄，占卜吉凶。

京族“师傅”已非纯正的“正一派”，不仅没有系统的道教典籍，而且“道”的观念也很淡薄，也不太注重“道”的修炼。他们不以传统道教的道、经、师为“三宝”，而尊佛、法、僧为“三宝”；其所诵经文也是道、佛相杂。京族法师是道、佛兼济。他们信奉多神，既尊奉道教、佛教的神灵，也崇奉本民族的民间诸神。其所做的法事，既道佛并举，却又非道非佛，有的法事还带有浓厚的民间巫术色彩，事事都以“杯珓”占卜。

京族“师傅”做法事时所用经书用汉字或“字喃”书写，但在诵念时一律用京语。京族人但凡家中有人去世，须请法师设坛作法，超度亡灵，即“做功德”“做斋”；家中有人重病，或久病不愈，或意外器物伤身，认为是触犯了阴间鬼神的缘故，要请法师来作法，代向神灵忏悔说情，请求神灵宽恕；如人畜不安、家厄迭起，也要请法师前来驱邪除魔，在家中“贴鬼符”“过油镬”等。其中的一些法事带有浓重的巫术色彩。京族法师在执行法事时，将道、佛、巫融为一体，自成一格。

3. 节庆活动

哈节。哈节礼俗及其蕴含的文化意义，前文已作分析，不赘述。

撑渡节。撑渡节是京族传统节日，曾盛行于“京族三岛”的巫头村。每年农历正月初一至正月十五期间举行。相传，该节起源于400年前，京族先民为祭奠因出海捕鱼遭遇台风的遇难者，祈求出海捕捞平安，渔业丰收而设。节日活动分为“纳祥”和“祝福”两个程序进行。初一早上、全村老少身着节日盛装，云集至哈亭旁边的观亭前，竖起一根高高的竹或木杆，然后由节日的主事人将一只竹篾制作的喜鹊(吉祥鸟)升挂于杆的顶端，意为把一年四季的喜庆吉祥集纳于杆上。接着，由村中的“格古”(头人)赶制“渡船”。“渡船”以竹片编织构架，外糊色纸，形如龙舟。“渡船”造好后，先“泊放”于观亭内，直到正月十五举行“撑渡”仪式时才使用。这一段时间，称为“纳祥”期。正月十五正午吉时，举行“撑渡”仪式。主事人恭敬虔诚地行至杆下，将杆顶上的吉祥鸟降下来，安放于“渡船”中。随即一声吆喝，“渡船”载着吉祥鸟，由一纤夫用绳子拉着从亭中缓缓驶出。船上扮成夫妇的男女“撑渡人”一边“划船”一边唱着祝福歌。亭外围观的人群，纷纷拥向“渡船”，争相将钱币抛向吉祥鸟，以博取头福。整个“撑渡”仪式约持续两个多小时，直到“渡船”顺利抵达“彼岸”。此节今已消失。

“施幽”。“施幽”是京族中元节上一项传统仪式。民间相传，无人供奉的野鬼缺衣少食就会侵扰村庄，故须请法师施以衣食，称为“施幽”。农历七月十五日，京族群众在哈亭前的空坪立起“招魂榜”，两旁铺两行芭蕉叶，放上炒玉米、饭团、饼子、冥衣、冥钞、纸宝，数人戴面具扮演饿鬼，一位法师于锣鼓声中持法刀上场，喝令四方饿鬼集合在“招魂榜”前，读榜念词，要饿鬼均分衣食莫扰村庄。卜以杯珓，得胜珓，便是饿鬼已受食。然后法师令下，扮饿鬼者便与围观的儿童将食品抢光，小孩抢到“施幽”食品为“得福”。最后将一只芭蕉船(用芭蕉杆拼成，长两米，宽一米，上面插红三角纸旗，装几把米、一些冥衣、冥钞、纸宝)放入海中。芭蕉船入水时，鸣放鞭炮，焚烧“招魂榜”和冥衣、冥钞、纸宝，将鬼送走，恐防它们为祸人间，又或祈求鬼魂帮助治病和保佑家宅平安。

(二)佛教

佛教自从东汉末年传入中国汉地，流传至今已有将近两千年的漫长历史，成为中国传统文化一个重要组成部分。佛教的基本教义是所谓“苦、集、灭、道”四圣谛。“苦”是指佛法认为人类生活的一切，包括人生的全过程，都是无量之苦；“因(或集)”是指佛法揭示了人们由于贪、嗔、痴、慢、疑、恶见这“六根本烦恼”，还有行为(身体)、语言(口)、思想(意)“三业”所造成的因果报应，使自己陷入了无休止的生死轮回的痛苦中；“灭(或尽)”是佛法指出的只有信奉佛法最后达到涅槃，才能彻底实现苦的消灭的唯一出路；“道”是教给信奉佛法者达到涅槃、实现灭苦的一系列理论和具体方法。

京族信奉佛教，奉祀佛祖、观音和菩萨。东兴市江平镇京族地区供奉观音的寺庙有巫头的灵光禅寺和滈尾、山心、红坎等村的三婆庙。灵光寺座落于京族三岛的巫头村，也叫佛寺，庙宇颇为壮观，供奉有20多个佛位。三婆庙座落于京族三岛的山心村。庙中的主神是观音，被尊奉为“观音老母”。在农历二月十九、六月十九和九月十九这三个被京族人称为“观音诞”的日子，京族人都要到到三婆庙祭祀朝拜、求子求福，其中尤以妇女居多。

（三）天主教

天主教是基督宗教的主要宗派之一，在基督宗教的所有公教会之中，罗马公教会（罗马天主教会）的会众最为庞大，全世界信众有11.3亿，占世界总人口17%。天主教信奉天主和耶稣基督，并尊玛丽亚为圣母。教义统一，基本教义信条有：天主存在；天主永恒、无限、全知、全能、全善，他创造世界和人类，并赏善罚恶；圣父、圣子、圣神三位一体、道成肉身、圣子受难，复活升天，末日审判等。天主教把耶稣的诞生、死亡、复活、升天、圣母的升天都定为节日，记于专门的教历之上，每逢这些节日要举行的弥撒为主的仪式。又设有圣洗、坚振、圣体、终傅、告解、神品、婚配七项圣事。

约在1850年，法国传教士来到京族地区设立教堂，进行传教活动。在今江平镇的恒望村、竹山的三德村，都设有天主教堂。当地信仰天主教的京族人，归北海教区指导，教区派有司铎、修女在此主持教务。信教群众在教堂里念经祷告，信奉上帝，遵从教习，遵守教规，结婚时按照天主教的教规举行仪式。京族中信仰天主教的人大都集中在恒望（红坎）、三德村。

由上面粗浅分析可见，京族信仰多神，受道教、佛教、天主教深刻影响。民间的神灵崇拜，并不在乎神的神位、神格和神权的高低大小，而在乎神灵本身对民俗生活的参与程度。如对玉皇大帝，民间只承认其存在，不作祭祀，但对保佑渔民出海平安的镇海大王及救苦救难的观音菩萨则倍加崇奉。

三、京族一元为主、多元融合的文化格局成因

（一）族源的多元性

京族是一个跨境民族。据考，京族是于16世纪从越南涂山、吉婆（译音）等地迁到广西东兴的。在越南，京族是主体民族，也称越族，人口占越南总人口的86%。而京族的族源，有学者认为是以骆越为主体并在历史发展过程中吸收了周围的占人、孟高棉人、汉族等不同民族，到10世纪以后融合成了一个单一民族。缘于京族的族源是多元的，在文化上既深受中原汉文化的影响，也受到邻近的占人和高棉人文化的影响，因此，京族文化呈现出一种七彩斑斓、多元合一的复杂性。

（二）中原汉文化的浸润

京族受到中原汉文化的影响是多方面的。以语言文字为例，据专家考察与研究，京族的语言文字深受汉语言文字的影响。语言方面，京族有本民族的语言——京语，与越南语言基本相同，但有大量的汉语借词。由于与当地汉族人交往频繁，京族人在日常生活、生产和商业交往中使用当地的强势语言——粤方言进行交流，学校教育中也部分使用粤方言（小学低年级教育主要是通过粤方言来讲授）。一部分京族人已经实现了语言转用，不会说本民族语了，其余的也是京—汉双语使用，只会京语的已经不多了。

由于历史原因，越南有相当长的时间使用汉字，因此汉字是京族一直使用的书面工具。大约在公元9世纪，越南出现了记载本民族语言的土俗字——“喃字”。这是古代越南一些知识份子按照汉字“六书”原理创制出来的汉字孳乳仿造字。16世纪初京族陆续迁来后，自然也把喃字带了过来。随着京族与汉族的交往日益密切，京族使用汉字的逐渐增多。到民国期间，汉字取代喃字成为京族地区正式使用的文字，官方文书、民间契约都普遍使用汉字。新中国成立后，随着国家统一教育的推行及民间宗教活动受到一定限制，汉字得到了普及，汉字早已成为京族人民日常记事以及交际的主要工具。喃字的使用人群日趋萎缩。如今京族人绝大部分都是用汉字，会喃字的人已不多了。

汉字是中华文化智慧的标志。汉字是汉语的基本语素，它构成了千变万化、绚丽多彩的汉语言。而汉语是中国传统文化的载体，它承载了最久远、最壮美和最丰富的人类文明史。汉语具有独特的文化内涵：对联、骈文、排比、对偶，无不体现出汉语的魅力；大量的反义词，深深地影响了中国人辩证思想的形成；根据汉字的构造特点，人们创造了汉字书法艺术和玺印艺术。一句话，汉语言文字本身是中国传统文化的一个重要组成部分，同时又是中国传统文化的重要载体。京族同胞长期使用汉字，越来越多的京族人使用汉语（包括粤方言与普通话），自然会受到中原汉文化的浸润。而中原汉文化自汉代以降，就是以儒家文化为主导，儒释道三种文化观念共生并存。

（三）聚居区人文环境的作用

根据2010年全国第六次人口普查数据，东兴市常住人口14.47万，流动人口15万多。主要居住有汉、京、壮、瑶等民族，其中京族人口约1.5万。占该市总人口（流动人口不计在内）约10%；东兴市下辖的江平镇是京族主要聚居区，人口为3.86万，京族人口占该镇总人口约40%。这就告诉我们，京族无论是聚居于三岛，还是散居于东兴市各村镇，都与当地的汉、壮、瑶等民族交往密切，京族传统文化在各族文化的交流与碰撞中走向融合。

本文原刊于《钦州学院学报》2015年第6期。作者：何波，钦州学院人文学院副教授。

广西北部湾地区少数民族乐器的传承研究

卢丽萍

【摘　要】广西北部湾地区聚集着壮、京、瑶、苗等几个少数民族，其中以壮、京族两个民族最具代表性，而铜鼓和独弦琴是其特有的民族乐器。它们的产生、发展与人民有着密不可分的关系，对它们进行传承现状、传承的原因以及传承方式等的研究，不但让人们更清晰地认识到它们，更能丰富广西的民族音乐文化。

【关键词】广西北部湾地区；铜鼓；独弦琴；传承

前　言

广西壮族自治区是一个多民族聚居区，除了汉族外，还有壮、瑶、苗、侗、仫佬、毛南、回、京、彝、水、仡佬等11个少数民族，总计约1900万人，占全区人口总数的38.5%。素有“歌海”之美誉的广西，不但是民歌的海洋，也是少数民族乐器的博展之地。北部湾地区作为广西的沿海地区，随着广西北部湾经济区开放开发建设热潮的涌来，其民族音乐文化也得到了相应的关注。

广西北部湾地区的少数民族民间乐器及其音乐，是广西民族民间音乐文化的重要组成部分，因其地域、文化等特点，形成了不同的音乐风格，从而也拥有了不同的代表性乐器。它涵盖着本民族民间的传统意识、信仰观念、风情习俗和数千年来的文化积淀。正确认识这些乐器，不但对该乐器的传承起到了作用，更能发扬本民族的音乐文化。

一、广西北部湾地区少数民族民间乐器概述

广西北部湾地区主要由南宁、钦州、防城和北海四个城市所辖行政区域组成，主要聚集着壮族、京族、苗族、瑶族等几个少数民族，总计约342万人，而壮族和京族的人口数占北部湾地区人口总数的30%。壮族的民间乐器很多，但在北部湾地区，最能代表壮族的民间乐器当属铜鼓了，而京族的代表性乐器则是独弦琴。

（一）击打体鸣类乐器——铜鼓

所谓体鸣类乐器是指敲击其本身整体振动而直接发出音响的乐器。在中国，很多民族都拥有这样的体鸣乐器，它广泛流行于民间，使用很频繁。而铜鼓在广西数量最多，分布量最广。关于铜鼓的起源，历来众说纷纭，据考古学者们通过对大量的铜鼓资料进行分析研究后得出，它与古代的炊具铜釜关系很密切，而铜鼓倒置时的形状也与铜釜十分相似。专家们由此推断，铜鼓是由铜釜演变而来的。至今，铜鼓流传了两千多年，在大部分地区和众多的民族中已相继退出了历史的舞台，而在广西的壮族中还保留着使用铜鼓的古老习俗，为绵延千古的铜鼓文化留下了"活化石"。

铜鼓以铜、锡、铅合金为原料，采用了泥模范法或失蜡法成型铸造而成，一般分鼓面、鼓腰、鼓胸和鼓足四部分。铜鼓的规格大小各异，相差甚远。铜鼓通体都布满了各种花纹图案，有"云纹""钱纹"，有些还直接刻有汉字。这些图案，形象的反映了当时人民对美好生活的向往。铜鼓的用途很多，在古代往往一物多用，有时用做生活中的实用器皿，有时又可以当锅，因为它本身就是一种工艺品，又被视为福贵的象征，也被当做贡品、观赏品或者葬品使用。发展至今，它最主要的用途还是用做乐器使用，合奏或者给舞蹈伴奏。每到壮族重大节日、喜事庆典，如"三月三"、丰收时节等，都会看到它们的身影。

（二）弹弦类弦鸣乐器——独弦琴

所谓弹弦乐器是指弹拨弦振动而产生音响的乐器。这类乐器在现今的民族乐队中常见，如古筝、琵琶等。广西的弹弦乐器比较少，但特色却很突出，以京族的代表性乐器独弦琴为甚。独弦琴因其只有一根弦而被世人称之为独弦琴，又称匏琴，主要流行于北部湾地区防城港市东兴的澫尾、巫头、山心，俗称京族三岛。关于独弦琴的起源，众说纷纭，据文字的记载，最早可以追溯到殷代。也有些学者认为："京族是从越南迁入到中国的民族，作为其民族乐器，独弦琴也应由京族人带入我国。"至今已有500多年历史的独弦琴因其独特的音色和演奏方式，逐渐得到了大家的认可和关注，走向了被大众所认知的舞台。

独弦琴在民间有竹制和木制两种，由琴体、摇杆、弦轴及挑棒等构件组成。琴体一般长约1米。独弦琴的音色很美妙，很有韵味。其乐曲基本都用"分音"演奏，推拉摇杆，擅长弹奏滑音、波音、回音、颤音等，风格古朴典雅。在每年一次的京族"哈节"盛会上，都能看到独弦琴的身影。

二、广西北部湾地区少数民族民间乐器的传承

2008年以来，广西北部湾经济区上升为国家发展战略，北部湾地区最具代表性的两种少数民族乐器也得到了相应的保护和发展。

（一）广西北部湾地区少数民族民间乐器得以传承的原因

一个事物得到质的改变，必定由内因与外因相互促成，铜鼓和独弦琴得以传承当然也离不开这一自然规律。从内因来说，笔者认为首先它们都有着深厚的历史文化内涵。作为最能代表壮族乐器的铜鼓，有学者认为其与壮族的起源有着密不可分的关系，壮族也被誉为“鼓族”。铜鼓作为中国“鼓文化”的一部分，它寄托着古壮族人民的思想感情，对美好的生活的渴望，是壮人最神奇的传承物和象征体。作为京族最具代表性的乐器独弦琴，其产生的历史渊源和京族的关系更是显而易见的了，它与京人的精神、物质生活息息相关，象征着京族人民的民族精神。再者它们与现代社会的发展齐头并进。铜鼓独特的外型被普遍用于各种民族服饰、旅游饰品以及景区的大型造型当中，时时映入人们的眼帘，给人们留下了深刻的印象。而独弦琴无论是其演奏手法、乐曲还有情感的表达方式等，都兼容并包，广泛吸收了外来优秀的音乐文化。不同的文化相互交织，对独弦琴的发展产生了积极而深远的影响。而外因，笔者认为随着社会文明的发展，我国也逐渐认识到这些可贵的非物质文化遗产必将对社会的发展起到一定的促进作用。近年来，一个个民族的民歌、民俗、民族乐器等被认定，最终被写进中国非物质文化遗产的保护书内，这无不说明，这些文化遗产是无比珍贵的。

（二）广西北部湾地区少数民族民间乐器的保护现状

目前，政府将把广西壮族自治区铜鼓博物馆建成为南宁用来打造成为中国—东盟自由贸易区核枢纽城市的必备项目，该项目对加快广西北部湾经济区建设、促进广西民族文化产业的发展具有十分重要的意义，将为广西铜鼓文化提供一个展示和交流的平台。目前馆内收藏着目前最大的一面铜鼓，其出土于广西北流，高67.5厘米，面径166厘米，胸径149厘米，腰径139厘米，体重达300斤，号称“铜鼓之王”。在防城港，作为京族的聚集地，在2008年成立了东兴京族博物馆，2009年正式开馆。馆内收藏着各式各样的独弦琴，其中就有目前广西最为原始的独弦琴，博物馆的成立，为独弦琴以及京族文化的传承提供了发展平台。

（三）广西北部湾地区少数民族民间乐器的传承方式

随着社会的进步，关于民族乐器的传承方式也呈现出了多样化。由之前的政

府出台相关政策以及选派专人进行学习传承、艺人传承，到现今的学校传承，方式的多样化，显示出了该民族乐器的魅力所在。如独弦琴，从艺人的传承来说，随着现代文明的迅猛发展，独弦琴得到了全面的改良改进，独弦琴的演奏家们已不再只拘于广西当地，他们来自于全国各地。独弦琴的传承经由民间艺人的口传心授到专业人员的介入，并与之紧密结合，革新其传承方式，逐渐建立起一套系统、完善、科学的教学传承体系。从学校传承来说，独弦琴本身所具有的独特的艺术价值和文化价值，悄然成为了学校素质教育的重要资源。对于广西各个学校，特别是北部湾地区的学校，把独弦琴列为本校的特色课程是发挥本土资源利用的一大举措。对于其他地方的学校而言，了解和学习独弦琴，也能更好地了解京族音乐文化。作为广西音乐最高的学府——广西艺术学院也首开先河，开设了独弦琴专业。广西大学、广西民族大学等几所广西高校也将独弦琴的演奏列入选修课程；钦州学院，桂林师专等地方院校也将独弦琴曲目赏析列入大学生音乐欣赏课程中。

社会的进步促进了人们对民族音乐文化的渴望，相继带动了民族乐器相关的教材、书籍以及音像制品的发展。通过出版发行音像、文字读物及教材等来普及乐器文化及其保护知识。

结　语

北部湾地区作为广西唯一一个靠海的地区，其经济的发展是迅猛的，音乐文化作为文化产业中的一部分，影响并牵动着整个地区的全面发展。壮族和京族作为北部湾地区最具代表性的两个民族，其典型的乐器也因其特殊性而受到格外的关注，保护传承和发展它们，能让我们的民族音乐文化这朵民族奇葩之花，开得更加绚丽！

本文原刊于《黄河之声》2014年第7期。作者：卢丽萍，钦州学院音乐学院讲师。

广西北部湾地区海歌的艺术特点探析

卢丽萍

【摘　要】广西北部湾地区文化有着深厚的历史渊源，海歌历史悠久，它是广大劳动人民在生产劳动中抒发自己的情感以及表达内心世界时而自行创作和演唱的音乐作品，题材广泛，丰富多彩，在旋律风格、文化内涵、歌词结构、表现手法和曲调形式以及情感表达等方面别具一格。

【关键词】广西北部湾；海歌；特点；探析

以生活与劳动为主题的广西北部湾地区海歌与我国其他地区民间歌曲一样，是伴随着劳动而产生，是劳动与音乐巧妙和完美结合的产物。它是广西北部湾地区人民在生产劳动中抒发自己的情感以及表达内心世界时而自行创作和演唱的歌曲。它由广大劳动人民通过口头形式反复传唱而得以在民间流传，在广大人民群众的参与下，广大文艺家对民间歌曲进行筛选改造、加工制作和精辟提炼，使广西北部湾地区的海歌呈现出了新的特点。因而，流传至今的广西北部湾地区海歌，它是广大人民群众在不同的历史时期通过自身不同的经历，用音乐艺术的形式来表现人民群众的情感智慧和人生体验的自我表达形式，是我国民间音乐的一朵奇葩。

一、魅力四射的广西北部湾地区海歌

（一）充满深远优美的时代意境

广西在中国享有“歌海”盛誉，广西北部湾地区海歌更是誉满全国。几十年来，这里的海歌既传承发展又打破了传统手法，既保持了海歌的原汁原味，又使海歌更加悦耳动听。例如由广西音乐家梁绍武作词、唐力作曲的《北部湾情歌》，是一首构思精巧、独具匠心、魅力四射的海歌。“我和你一路相伴，走进那银色地沙滩，捧起缕缕相思，寻找南方的浪漫……”这些描绘北部湾银沙滩上南方的浪漫景象歌词十分凝炼。“啊！北部湾银沙滩，有多少太阳伞；啊！北部湾银沙滩，你让我们流连忘返……”优美的意境中饱含着流连忘返的心情。“我和你扬起风帆，海浪在轻轻地召唤，小岛潮起潮落，留下蓝色的梦幻……”北部湾扬起风帆烘托出大西南出海通道的崛起，千百年来的蓝色梦幻在扬起风帆中得到了实现。这首海歌充满了对大海、对家乡、对祖国浓烈而深刻爱恋之情，具有很强的艺术感染力。因此，这首海歌先后荣获了中央电视台音乐电视大赛铜奖、广西民族歌曲优秀创作奖和广西精神文明“五个一”工程的“桂花奖”。我国著名的独弦琴演奏家何绍先生欣赏了这首海歌后赞不绝口，称赞是天籁之音，并立即将此曲改编成独弦琴演奏曲。

（二）充满浓郁的海边生活气息

广西北部湾沿海地区海歌旋律优美流畅，琅琅上口，词曲浑然一体，易于传唱，充满浓郁的海边生活气息。例如由广西音乐家苏宏发作词作曲的歌曲《月亮湾》在艺术上取得了可喜的成功。“天上有个弯月亮，地上有个月亮湾，天上月亮挂着笑脸，地上月亮拥着海浪……”海歌让人们的心神进入了神奇美丽的北部湾，浓郁的海边风情如风抚浪。“弯弯的沙滩咧，蓝蓝的海湾。我曾在沙滩上啰放风筝，我曾在海湾里打水仗……”海歌表现了北部湾人民对于生活的无限热爱和自信。“尝着咸咸的海水哟心里甜，吹着咸咸的海风透心凉。啊！月亮湾，我热恋的故土，月亮湾啊！我可爱的家乡……”海歌让人充分感受北部湾人民对于未来的美好展望。“啊！月亮湾，梦中的圣地；啊！月亮湾，我心灵的天堂……”海歌给大家吹来了一股浑厚大气的海风，倾注着音乐家对家乡深深的爱恋。这首海歌在2013年喜获第九届中国音乐金钟奖优秀作品奖。

二、题材广泛的广西北部湾地区海歌别具一格

广西北部湾地区海歌形式多样，别具一格。渔业是这里的人民主要从事的生产产业，渔船是他们出海捕鱼时主要运用的交通工具。根据渔民出海捕鱼时划船的节奏变化，海歌通常是前短后长，音调轻重缓急，起伏有致，这种规律直接影响了北部湾海歌旋律特征，使它具有委婉抒情、深沉缠绵的特点，时而分离，时而交织，更加丰富了歌曲的变化性。

（一）出海歌旋律跌宕起伏，音调轻快明朗

海歌与渔业密切相关，富有海洋性特点。通常是在渔民捕鱼过程中或渔船返港时传唱，它是渔民自由抒发劳动生活中的内心情感和切身感受的一种山歌，通过对唱或低声独唱的形式表达他们出海捕鱼满载而归的愉悦心情。海歌的旋律多以分解和弦构成，变化起伏大，以sol、do、mi、sol 4个音为基本腔调作和

弦分解式进行，旋律中常出现向下属方向的转调，使音调明朗悠扬，并出现切分节奏。如京族海歌《赏月歌》“高山一圣月，既赏月要知月，青山斜映明月下，山和月更添美景。”以分解和弦式的进行为主，曲调自由、柔婉而幽雅，描绘出一派纯净、盛世、祥和的景象。同时注重四五度跳进和五声性级进，如《出海》，只有十八小节的短小精悍歌曲，就有十小节的四五度跳进和七小节的五声性级进，具有极强的表现力。

（二）风俗歌文化内涵各异，情感表达各具特色

北部湾沿海海歌中的风俗歌包含哈歌、情歌与婚嫁歌、丧葬歌，它们各自代表着不同的文化内涵。如哈歌主要是歌唱神灵，传唱道德观念；情歌与婚嫁歌主要是借歌声来表达男女双方彼此的情义；丧葬歌则是表达对逝者悼念和伤感之情。根据歌唱场合的不同，情感表达会有所差异，即使是同一首歌曲也会有所变化。如《哭嫁歌》，在女子出嫁前演唱，表达的是父母与女儿难舍难分的离别心情；但在迎送新娘时演唱，表达的则是一种祝愿新娘幸福的欢乐情感。这两者之间的情感表达明显不一样。

（三）叙事歌以小调为主，音乐形象丰富

叙事歌是由当地人民以说唱形式，对历史传说、神话故事以及民间盛行的一些叙事歌谣经过世代相传而流传下来。这类歌曲采用民族语言演唱，而且有固定的唱本，通俗易懂，曲调简单，抒情性与朗诵性紧密结合，把衬腔、拖腔与装饰音巧妙融合并加以运用，达到了丰富音乐形象的效果。如京族海歌《雁儿捎信》：“雁百事靠你，不要忧虑展翅高飞，一直飞到他那花园楼檐栖身歇息。如果主人在家递上书信，表我哀思。”这是一首京族传统的说唱歌曲，语言直白，旋律与有节奏的京语自然音调接近。曲调开头旋律缓慢，结尾稍有加快，但旋律总体起伏不大，歌词与旋律结合较为紧密，丰富了歌曲的音乐形象。

（四）儿歌旋律平稳舒缓，情感柔美温馨

儿歌多数出自母亲之口，通常是为了使婴儿酣然入睡而由母亲吟唱的歌谣。这种歌谣节奏简单，结构自由，旋律平稳缓慢，充满温馨的情感，容易让婴儿进入甜美梦乡。如京族海歌《摇篮曲》：“孩子快睡吧，爸爸出海打渔快回来啦！现在风浪多么平静啊，乖乖孩子快睡吧。”是母亲在网床边给婴儿唱的充满爱意的摇篮曲。同时，这种歌曲也常为儿童所传唱，由于这里的孩子是在海边长大，生活中渗透着海洋的气息，所唱的歌也多与海上生活有关。如“爸爸去打渔，妈妈去插秧，我把大门锁，海滩去游荡，捉得小螃蟹，大海水已涨，浪涛催赶我，携篮走得忙，回家拿刀斩蟹爪”，唱出了孩子从小和大海有着亲密接触的与众不同的童年生活。这些儿歌虽音域不宽，旋律较平稳，音乐形象简单，但却充满着童趣，洋溢着孩子们天真无邪的天性。

三、内容丰富的广西北部湾地区海歌令人耳目一新

广西北部湾地区海歌内容涉及领域广泛，包括人民的劳动、生活、节庆、风俗等各个方面。歌词语言表达凝练，言简意赅，能唱能诵，唱之优美动听，诵之朗朗上口，百听不厌，令人耳目一新。

（一）海歌有别于壮族的山歌

广西北部湾地区的海歌曲调高亢、节奏自由、充满激情，有别于曲调优美流畅、节奏平稳、委婉动听的山歌。山歌的演唱者是生活在山区里的壮族人在“歌节”寻觅对象时所唱的对歌形式，他们从小接触山歌，对山歌的魅力充满自信，期待自己的歌声能够为自己寻找到一位如意伴侣。而海歌演唱者多为生活在海边的人，海边人唱歌是由于这片海域给他们提供了涌动的大海、奔突的浪花、翻腾的波涛等这些具有诗的智慧和歌的灵性的意象，从而激起了海边人欲试踏滩振臂而喊，乘潮放声而歌的激情与冲动。如《出海歌》中“海水浪叠浪，姐妹哎，出海心欢畅；撒网捕鱼遍南海，鱼虾堆满仓，姐妹笑声扬，叮当叮，叮当叮！”描绘了海边妇女出海捕鱼获丰收时面对汹涌大海翻滚波涛兴奋而歌的画面。

（二）海歌贴切于沿海人民的生活

海歌贯穿于沿海人民的日常生活当中。男子常是出海捕鱼的主要对象，妇女常常是从事洗贝、摸螺、捶螺等近海的劳动。男子常传唱的歌曲有《摇船歌》《拉网歌》等，妇女则传唱《洗贝歌》《渔家四季歌》《采茶摸螺歌》等海歌。由于海上捕捞是一种风险性的活动，它受各种自然条件的制约，比如海上风云的变化莫测就令人难以估摸，充满危险。因而亲人出海的平安归来成了京族人最虔诚的祈祷，如《鱼满载》：“鱼满载，沉甸甸，海面无风来鼓帆，船儿累得走不动，摇橹一天未见岸。姑娘心，急如焚，踩踏京家渔港湾，望穿大海盼船归，嗨哟！”海歌成为了沿海人民生活中不可或缺的表现生活的形式。

（三）海歌歌词结构独具一格

海歌与语言有紧密的联系。歌词结构常为四句一首，两句、六句、八句或若干句（双数）为一首的较少，遵守“六六、八六环链腰、脚韵”的规律。即上

句为六言下句为八言，就是说上句为六个字，下句则必须是八个字，这种形式在民间俗称为上六下八或唱六八。押韵方式是压“六六腰韵”(即第一句最后一字与第二句的第六字押韵)和“八六脚韵”(即第二句的第八字与第三的第六字押韵)，这是一种被称为“环链韵”的连环相扣的押韵形式。如《问月歌》中的“忧愁借问弯月，弯月你在把谁来等？花儿含苞未放，里门虚掩外门递信。”第一句的最后一个字“月”押第二句的第六字“谁”，第二句的最后一个字“等”押下句第六字“放”，就是如此连环相扣地链接下去。

(四)海歌的表现手法运用巧妙

海歌歌词与诗歌在表现手法的运用上有相通之处，两者之间可以相互借鉴使用。在对赋比兴的手法的运用上，比喻最为常见。如情歌《送新娘》:“种棵树五寸长，树大斜别人园墙，大树茁壮成荫，我苦培育给人乘凉。”就是用种树来比喻养育女儿，小树长大了，树荫是为别人遮阴乘凉，女儿长大了，要离开父母身边。借种树的辛劳比喻养育女儿的辛苦，表达了父母对女儿的不舍之情。同时，海歌对谐音双关手法的运用也颇为常见，如:“拆屋围园栽红豆，未成家计为相思；亡人口里含灯草，死落阴间芯不移。”把红豆与相思，灯草与芯和盘托出，直言其意。“芯”与“心”还采用了谐音的手法，恰如其分的把相思之情溢于言表。通过对赋比兴手法的巧妙运用，不但增添了海歌的语言魅力，而且使歌曲的情感表达更加丰富。

四、独具魅力的北部湾京族海歌奇葩绽放

在我国南方少数民族当中，尽管京族人数是最少的，但京族海歌却像一朵奇葩一样绽放在中国海歌的百花园中。它风格独特，旋律优美动听，兼以温柔、圆润、脆嫩的特色以及和顺、轻飘、甜美的基调而倍受人们青睐。在演唱过程中，演唱者常用娇嫩的音色表达韵白，以达到用假声声调说话的效果，从而使说话的话音细腻而娇脆，腔调如婉如袅，进而为音乐内容的展开造出声势。

(一)京族海歌包罗万象

京族海歌题材内容广泛，涉及京族社会生活的各个领域。既有反映京族历史、族群迁徙的内容，也有叙述民间故事传说；既反映旧社会痛苦生活，又反映生产劳动内容；还有反映爱情婚姻生活和唱述人生哲理、友谊，反映抗击外来侵略者的内容……可谓包罗万象。如讲述京族聚居地巫头、山心和㵲尾三个小

岛来历的《三岛传说》和《京岛传说》；通过京族渔民从日常生活中提炼的典型事物的“十二月歌”程式，如《左除右扣两手空》：“正月里来正月中，远离父母去打工，离乡背井步步远，如同尖刀刺心中。二月里来二月中，背起包袱四处碰，年年打工难温饱，一年更比一年穷……”诉唱了渔民当时所遭受的剥削之苦；运用一连串自然景物和生活场景细腻表达穷苦渔工恋爱心理的情歌，如《见鱼无网抛》“担酒过海络子断，双手抱埕（情）不舍丢；白鹤飞去滩底住，眼见游鱼抵肚饥。万丈高楼结花鼓，怎得成梯上去敲；眼见海湾鱼摆尾，叹息无钱买网抛。”再如反应京族人民联合保卫家园、反抗法国侵略者决心的《抗法歌》“兄弟姐妹们！迅速起来赴战场，为了我们的民族，先要爱国后爱家。大家一起来吧！万众一心尽全力，献身给我们的祖国，对敌战斗复河山，驱逐法兰西帝国，获得民主和自由。”……把京族人民的历史文化情感背景都赋予在京族海歌当中，在京族地区世代流传，使之不仅成为京族人民不可或缺的精神食粮，更是中华民族传统文化的瑰宝。

（二）京族海歌调式丰富多彩

京族海歌调式种类繁多，其中以徽调式、宫调式、羽调式和商调式以及调式交替最为常见。据了解，《中国民间歌曲集成·广西卷》中海歌的辑录显示，京族海歌收集了19首，徽、羽、宫三种调式分别是11首、6首、2首，占总数的比例分别为57.9%、31.6%、10.5%，由此可见，在京族海歌中，徽调式的运用率是最高的。但转换和转调也常使用，如F宫系统调式转换，不同宫系统的调式转换以及同宫和不同宫系统调式转换同时运用等等。如《出海歌》，第1至11小节为F徽调式，第12至22小节为F宫调式，就运用了同主音转调。虽然调号的改变不明显，从谱面上看不出来，但若从音的相互关系来看，便可以清晰地看出曲调的变化，其实是由另外一个宫系统转到F宫系统的。通过对调式的转换和转调的综合运用，给京族海歌的调式增添了新的形式，同时旋律色彩也发生了明显的变化，表现出更强音乐表现力，令人感觉耳目一新。

（三）京族海歌影响深远

民间歌曲是民族文化的重要组成部分，京族海歌是京族文化中不可或缺的一部分。京族海歌的继承和发展是北部湾经济区战略中的内容之一，它对于我国面向东盟开放合作，加强同越南、泰国等东南亚国家的音乐文化交流，增进彼此之间的友谊有深远意义。同时，传承和发展京族海歌，有利于发展我国的民族音乐文化，弘扬多元文化价值观，促进民族音乐文化朝多样化方向发展。更有利于我国非物质文化的传承，而且还能把京族文化传播世界，让世界人民共享人类文明的一切优秀成果。

本文原刊于《音乐创作》2014年第7期。课题项目“广西少数民族民间乐器的传承研究”成果。作者：卢丽萍，钦州学院音乐学院讲师。

北部湾地区原生态民歌研究

郑国栋

【摘　要】北部湾地区居住着壮族、京族、瑶族、苗族、侗族等11个少数民族，这些少数民族拥有丰富的民族民间歌曲，其风格特点比较鲜明。北部湾的少数民族民间歌曲总的来说具有如下特点：在音阶调式上以五声音阶为主，也有少量的七声音阶，调式以徵调式为多，宫、羽调式次之；节奏节拍比较多样，有混合节拍，节奏较为自由；装饰音比较丰富，大量作品都有出现倚音，波音，滑音等等；在演唱风格方面各个少数民族兼有不同，比如京族民歌歌曲的曲调柔和，婉转缠绵；壮族民歌比较粗犷和舒展修长；瑶族的民歌中的山歌曲调高亢、辽阔响亮，旋律起伏较大，瑶歌则曲调平直。

【关键词】北部湾地区；民间歌曲；少数民族

一、前言

一个区域的民间音乐直接反应一个地区的文化历史、社会背景、生活劳动、风俗人情、爱情婚姻等等，这都是跟当地人们平时生活紧密相连的。优秀的民间音乐往往能共振人们的心灵，陶冶人们的情操，升华人的精神世界，激励人们用文明、道德的方式追求美好的事物。研究民间音乐能使更多的人了解民间音乐文化的知识和技能，影响人们的思想观念，因此也具有一定的教育意义。

北部湾（旧称东京湾），位于中国南海的西北部，是一个半封闭的大海湾。东临我国的雷州半岛和海南岛，北临我国广西壮族自治区，西临越南，南与南海相连。为中越两国陆地与中国海南岛所环抱。广西北部湾地区，如今正在进行着前所未有的大开发。特别是广西泛北部湾地区经济合作更是激起了千重浪，引起了国家乃至世界的关注。北部湾民间音乐文化正处于中国东盟北部湾经济文化交流平台的中心区域。在这个以钦州为中心环北部湾地区居住着，非常有特色的三个少数民族，分别是中国唯一一个海上少数民族——防城京族，钦州、上思等地的壮族和防城十万大山的瑶族。它们拥有的民族音乐文化非常丰富，所以本文以上述三个少数民族的民间歌曲为主进行基本的研究与分析，归纳出北部湾地区少数民族的音乐特点。

二、北部湾地区京族、壮族、瑶族民间歌曲分析

（一）京族民间歌曲的特点

京族民歌的调式有宫、商、徵、羽。根据《中国民间歌曲集成·广西卷》中收集的19首京族民歌分析来看，其中徵调式11首，占总数的57.9%；羽调式6首，占总数的31.6%；宫调式2首，占总数的10.5%，可见，在京族民歌中，徵、羽调式是被运用的及其广泛的。①

京族民歌大致分有三种类型：

第一种是瑶歌，这是过去京族人民男女老少皆晓的曲调。它的节奏自由平稳，速度徐缓，旋律简朴，以五声“徵宫”调式为主，不超过六度音程，演唱时围绕着骨干音和基本音型，按照唱词的自然韵律，不断加以变化重复。演唱者根据个人的经验和才能，运用各种装饰音和颤音加以修饰，听起来给人一种温暖、恬静、缠绵之感。此外还有几种其他调式的瑶歌，它们的共同点是旋律性较强，富于变化，曲调委婉悠扬，善于抒情。歌词一般以四六上下句为一个基本乐段，反复扩充为四个乐句或八个以上乐句的复合乐段，用于表达比较深厚细腻复杂的感情。如：《送妹回故乡》。其结构为前呼后应的两句结构体，它是在七声音阶进行的，其调式为七声清乐徵调式，音在四、五度间进行但是也有七度大跳。旋律比较深情、婉转、内在，歌词一般以两句为一个乐段，歌词表达的感情也非常的深厚细腻而复杂。其节拍是复合型并出现切分节奏，装饰音较多。京族人们不但用此调来演唱情歌，风俗歌，还用来演唱带故事情节的歌曲。

第二种是小调，京族民歌中数量最多和最有代表性的小调是“唱哈调”“送新娘”“棹船调”“叮叮”等。唱哈调：哈节中演唱，曲调有多种类型，一定内容的唱词都有其固有的曲调，如：《赏月歌》，它的基本歌腔以sol、do、mi、sol这4个音作和弦分解式进行，旋律中常出现向下属方向的转调，音调明朗、华彩、悠扬，采用五声宫调式，装饰音较多，有切分节奏。

第三种是舞歌，舞歌是哈节中表演的歌舞曲，曲调主要来自小调，但加强了节奏，因此更为明朗，富于弹性；它的旋律流畅，富于歌唱性。此外，京族民间

① 王涛.京族民歌的音乐特征[J].西安音乐学院学报,2009(12).

歌曲中还有曲调接近口语，多唱故事、童话内容的叙事歌，以及曲调简单、朴素、徐缓的摇儿歌等。

（二）壮族民间歌曲的特点

壮族民歌大致有三种类型：

第一种是高腔山歌，其特点是曲调高亢、宽阔嘹亮、旋律进行方面四度、五度以至七度音程跳进较多，节奏自由，用假嗓演唱，每到句中衬词长句拉腔的地方，运用花腔的方法演唱。音色稍有变化，过去歌词要按照壮歌的押韵规则，现在已用当地的汉族方言演唱，韵律较为自由，便于即兴抒咏。

第二种是平调山歌、常用真嗓自然音域演唱，曲调舒展优美，善于抒咏。有的用衬词作短拉腔，还有起首是直唱式不用衬词，中间和结尾加入短衬词或者不加的，形式多样、富有情趣，如《同妹交情心正甜》。很明显旋律进行非常的平稳几乎没有大跳，歌词中的衬词出现在中间有长拉腔也有短的，两头却没有。有变化音出现，节奏较自由属于混合节拍。

第三种是评语山歌，用当地汉族方言——平话演唱，音域不宽、节奏平稳，旋律朴素无华，善于叙咏。歌词一般是以七言四句为一段，一二句用“啊”等衬词来统一整首歌词的旋律，听起来协调和谐，亲切感人。如《早日结婚真不好》，它的曲调为徵调式，歌词采用七言四句为一段，旋律中有较多装饰音倚音，音域不宽。

从上述分析中我们不仅仅能欣赏到壮族人民动听的民族歌曲，更是能够看到壮族人民的勤劳与智慧。

（三）瑶族民间歌曲的特点

瑶族民歌音阶调式以五声音阶为主，调式采用较多的是宫调式、羽调式、徵调式。旋律一般在四、五、六度的范围内，也有个别的歌曲达到八度。旋律进行以大二度、小三度级进和大三度、纯四度小跳为主。开放性的、起伏较大的旋律不多，滑音、倚音等装饰音在旋律进行中出现较为普遍，节奏一般都比较自由。

瑶族的民间歌曲大致分三种：

第一种是山歌，它的曲调高亢，辽阔、响亮、节奏比较自由，速度较为徐缓，节奏平稳，律起伏较大，装饰音也较丰富，情绪开朗奔放，常用于即兴抒咏。如：《唱瑶山》歌词结构多是七言四句体，一、二、四句押韵。曲调开头和中间常用长句衬腔扩充曲体，烘托和抒发感情。此类歌多为“花头瑶”所唱。由于他们与汉族交往频率，有些山歌已用当地汉语演唱，甚至将汉族山歌的语巢融进本族的山歌里来。如《踏上云梯看天项》。山歌与其不同之处，则是节奏平稳，速度徐缓，音域较窄，曲调稍为简朴，以五声音阶为主，加进了一些变音和偏音，音乐色彩稍暗，情绪稍为压抑。

第二种是瑶歌，它的曲调较为平直，具有朗诵性和瑶唱性，音域较窄，一般在四、五声度间，调门偏低接近口语，结构简练，旋律在四、五声音阶中进行，而且每句都落在调式主音上。

第三种是舞歌，它与瑶歌有许多共同特点，所不同者则是它的节奏明快跳跃，曲体稍有变化，与长鼓和铜鼓的节拍相协调，情绪开朗，音乐性格比较粗犷活泼。

三、总结

综上所述，北部湾地区少数民族的音乐特点大致如下：在音阶调式上都是以五声音阶为主，也有少量的七声音阶，调式以徵调式为多，宫、羽调式次之。节奏节拍比较多样，有混合节拍，节奏较为自由。装饰音比较丰富，大量作品都有出现倚音、波音、滑音等等；在演唱风格上各民族的民歌特点各具特色，如京族民歌歌曲的曲调柔和，婉转缠绵，演唱风格受京族语言及其独有的乐器——“独弦琴”影响较大；壮族民歌中像山歌曲调都是比较粗矿，舒展优美演唱时善用假嗓，而平调山歌则用真嗓演唱。瑶族的民歌中的山歌，曲调高亢、辽阔响亮，旋律起伏较大，瑶歌则曲调平直。

本文原刊于《大众文艺》，为校级课题“广西北部湾地区原生态民歌的保护现状研究”成果。作者：郑国栋，钦州学院音乐学院声乐讲师。

北部湾经典著述《岭外代答》海外研究述评

林　澜

【摘　要】国内外学者对宋朝周去非的《岭外代答》评价很高，此书被海外/境外学者用于对东南亚海交史，对宋代广西经济贸易、陶瓷贸易、科学技术的状况，对东南亚国家和地区的历史发展的研究和考证。但是相对于国内对它的多方面研究而言，海外学者关于它的专门研究还很缺乏，我们应该加大对该古籍的对外译介力度。同时，作为一部难得的钦州地方史，如此受国内外学者的关注，本地对它的普及程度尚有待提高。

【关键词】海外学者；岭外代答；宋朝

一、引言

《岭外代答》由宋代曾任钦州的地方教职官和静江府（今桂林）所属古县县尉的周去非参考范成大《桂海虞衡志》格式撰成。一般认为，该书主要记载了南宋广西的政治、经济、军事、地理物产、风俗民情、少数民族、中外贸易等方面的内容。而其中“外国门”中的史料保存了南海、南亚、西亚、东非、北非等地古国史资料，记载了南海及印度洋周围约40余国，是中外学术界公认的研究宋代中西海上交通和12世纪南海、南亚、西亚、东非、北非等地古国、部落及各国的国情、土产风物、人情世俗、交通的宝贵资料。该书中集中记载的陆路、海路对外交通情况，保存的数十条交通路线的详细情况，都是前所未有的记录，对研究中外交通史、中外贸易史及有关宋代接受朝贡情况都有很高价值。①

二、学者对《岭外代答》的评价

《岭外代答》问世之后，被引述颇多，然而，古人对于《岭外代答》的研究与评介资料甚少。《四库》馆臣于乾隆三十八年所作《提要》、文渊阁《四库全书》本

① 刘俊玲.《岭外代答》研究［D］.河南大学历史文献学，2009：1–2，38.

所作提要都肯定了该书具有史料价值。《四库全书简明目录》认为其中边帅、法制、财计诸门可与正史相补充。清代孙诒让《温州经籍志》认为《岭外代答》详细记载了广西的沿革、风土，记载国外的交通贸易情形虽得之传闻，未有确证，但海外之地广阔茫然，记录未能详审也情有可原。①

到了近现代，《岭外代答》引起了很多国内外海交史专家、汉学家等的关注，“近代有关中西交通史、东南亚史等的重要论著，如冯承钧《中国南洋交通史》、日本藤田丰八《中国南海古代交通丛考》、美国劳费尔《中国伊朗编》、法国伯希和《交广印度两道考》、马伯乐《占婆史》等，述及十二世记时，无不援引《代答》，以为史证。马伯乐考证越南李朝晚期（十二世记下半叶）之政区，就全凭《代答》所记，……尤可见《代答》之史料价值。”②

其中，美国汉学家柔克义对此书是较为重视的。1911年柔克义在其与夏德合译的《诸蕃志》(*Chao Ju-Kua: His Work on the Chinese and Arab Trade in the Twelfth and Thirteenth Centuries, Entitled Chu-fan-chi*)导言中介绍古代中国与世界各地的海上贸易交往时，把《岭外代答》几个部分进行了翻译，如“航海外夷”部分、“海外诸番国”部分和“木兰舟”部分，而且还对此书给予简单却高度的评价：“选文部分（指柔克义引用的《岭外代答》部分——笔者注）无疑让我们了解了在作者那个时代一般中国人所具有的关于蕃人世界的地理知识。值得庆幸的是，他留给我们那个时代世界自然地理学和政治地理学的观念，他的叙述是全面而完整的（这是宋朝其他作家都做不到的）。”(This extract naturally suggests an inquiry into the general geographical knowledge of the Chinese concerning the world of the Barbarians in the time of this author. Fortunately he has left us a comprehensive and complete statement (the like of which is found in no other Chinese writer of the Sung period) of his notions on the physical and political geography of the world in his time.)③

当代日本学者、上智大学亚洲研究和人类发展中心主任(Director of the Sophia Asia Center for Research and Human Development)、柬埔寨吴哥遗迹研究专家 Yoshiaki Ishizawa 在他的文章《东南亚大陆历史上印度化和中国化的反思》(*Reconsideration of Idianization and Chinization in the History of Mainland Southeast Asia*)里说：“……公元1200年（宋朝）左右，极具价值的史料保存下来，如周去非

① 温玉珍.《岭外代答》与南宋广西民俗[D].河南大学民俗学，2011：5.

② 杨武泉.周去非与《岭外代答》[J].中南民族学院学报（哲学社会科学版），1994(2)：80-84.

③ Hirth.F., and Rockhill, W.W. *Chao Ju-Kua: His Work on the Chinese and Arab Trade in the Twelfth and Thirteenth Centuries: Entitled Chu-fan-chi*.[M]. Charleston: Nabu Press, 2011.

的《岭外代答》、赵汝适的《诸蕃志》、汪大渊的《岛夷志略》和周达观的《真腊风土记》等……”①

曾任教于中央民族学院历史学系及研究部、自1982年4月起到香港定居的陈佳荣，在其《中外交通史》导论中将《岭外代答》归为有关朝贡、市舶的记录与外事官员之专著。②他著于1986—1987年的《中外交通史》(*A History of the Communication between China and Foreign Countries*)，第五篇“两宋时期海外交通之发展”第二章的第一节题为“《岭外代答》、《诸蕃志》对海外交通之记载”，在此高度评价了《岭外代答》和《诸蕃志》：“宋代全面而又详细记载海外交通的私家专门著作，当推周去非的《岭外代答》与赵汝适的《诸蕃志》。”“全书……其余如卷一地理门介绍了秦代航运工程灵渠，卷六器用门述及木兰舟、藤舟、刳木舟等之体制与船舶附具，均有很大的参考价值。”③陈先生还在其2014年5月24日下午在香港海事博物馆演示厅的讲稿“中国历代的海路、海图及针经”中说：“南宋载籍周去非《岭外代答》、赵汝适《诸蕃志》及吴自牧《梦粱录》，更是广州、泉州、明州、杭州等交通海外的重要实录。”陈先生在论证地处南海的香港在古代中外交通史上曾占有一席重要之地位时，根据是香港附近的屯门一带早在唐代就是南海对外交通之冲要，为广州交通海外的必经之地。而史料来源之一就是《岭外代答》。④

三、海外学者的研究情况

柔克义在其与夏德合译的《诸蕃志》导言中认为，在公元前2世纪晚期，中国已经开始了和东京（越南北方地区）及印度的贸易往来，而在陆上的官方贸易线路是从河内到钦州，这使得钦州此后几个世纪都是中国与印度支那路上贸易的中心。⑤到了宋代周去非的笔下，钦州更是占着天时地利：

“The coast departments and the prefectures of the empire now stretch from the north-east to the south-west as far as K'in-chou, and these coast departments and prefectures (are visited) by trading ships (市舶).”⑥这句话即是《岭外代答》“航海外

① Yoshiaki Ishizawa. Reconsideration of Idianization and Chinization in the History of Mainland Southeast Asia. http://angkorvat.jp/doc/cul/ang-cultu20700.pdf

② 陈佳荣.《中外交通史》导论[M].香港：香港学津书店，1987.

③ 陈佳荣.《中外交通史》导论[M].香港：香港学津书店，1987.

④ 陈佳荣.中国历代的海路、海图及针经.http://www.world10k.com/blog/index.php?s=嶺外代答 2014-12-1.

⑤ Hirth.F., and Rockhill, W.W. Chao Ju-Kua: His Work on the Chinese and Arab Trade in the Twelfth and Thirteenth Centuries, Entitled Chu-fan-chi.[M]. Charleston: Nabu Press, 2011, 6.

⑥ Hirth.F., and Rockhill, W.W. Chao Ju-Kua: His Work on the Chinese and Arab Trade in the Twelfth and Thirteenth Centuries, Entitled Chu-fan-chi.[M]. Charleston: Nabu Press, 2011, 22-23.

夷”中所说的:“今天下沿海州郡，自东北而西南，其行至钦州止矣。沿海州郡，类有市舶。”①实际上，在汉代，以合浦为中心的钦州湾沿岸地区是我国海上丝绸之路的重要起点。汉末三国至隋，钦州成为中国皇朝与东南亚、南亚各国朝贡往来的要地和佛教进入中国的途经地之一。唐宋时期，钦州湾地区对外交往与贸易空前频繁，钦州是通往越南的捷径。②

柔克义在翻译《岭外代答》“木兰舟”部分时，将“器用门·舟楫附”的“柂”部分翻译以为注释。他说，这种用钦州乌婪木造舵的藩船的装载量比起一般的商船要大得多，一般的船只能装载一万斛，而它可以装载几万斛。这种船开起来平稳，多大的风浪也不怕，但是这种舵在钦州不值钱，到了广东或泉州，价格可翻十倍，然而也还是只有十分之一二的木材能运到那里，因为这种木料太长，海运不易。③宋元时一尺约为32厘米，五丈则为16米长，这种用钦州乌婪木造舵的藩船比郑和船的舵还长五米。由此可知:钦州当时的物产具有很高价值。可惜由于当时的钦州距离中国经济政治中心依然遥远，在一定程度上阻碍了它和中国其他发达地区的经济来往。

《岭外代答》还在很多当代海外/境外学者的研究里被提及。在经济研究方面，现任美国康奈尔大学美术馆馆长、研究钱币学和货币制度的Robert S. Wicks在其代表作《早期东南亚的钱、市场和贸易:公元1400年本地货币制度的发展》(*Money, Markets, and Trade in Early Southeast Asia: The Development of Indigenous Monetary Systems to AD 1400*)对于南诏、大理与中原边贸情况的论述资料主要转引自《岭外代答》。Robert S. Wicks引用了美国查尔斯·巴克斯(Charles Backus)著《南诏国与唐代的西南边疆》(*The Nan-chao Kingdom and T'ang China's Southwestern Frontier*)(中文版由林超民译)里的一段话:“广西邕州附近边界地区的贸易本身似乎一直是间接的，受限的。那里的当地人作为中间商，从大理购来马匹，然后在集市换购中原的盐、丝绸和白银。在鼎盛时期，每年从大理运送到南宋都城的马匹多达五千。马匹贸易似乎也刺激了边境其他商品的贸易;尤其是麝香、药材、毛毡，以及云南刀……”④这段资料主要来自《岭外代答》的“经略司买马”。

---

① 周去非著，杨武泉校注.岭外代答[Z]. 北京:中华书局，1999:126.

② 吴小玲.“海上丝绸之路”与钦州的发展[J]. 钦州师范高等专科学校学报，2002(04):58-63.

③ Hirth.F., and Rockhill, W.W. Chao Ju-Kua: His Work on the Chinese and Arab Trade in the Twelfth and Thirteenth Centuries, Entitled Chu-fan-chi.[M]. Charleston: Nabu Press, 2011: 34.

④ Robert S. Wicks. Money, Markets, and Trade in Early Southeast Asia: The Development of Indigenous Monetary Systems to AD 1400[M]. Ithaca: SEAP Publications, 1992: 51.

在陶瓷贸易研究方面，Adam T. Kessler的《宋朝丝绸之路的青花瓷》(*Song Blue and White Porcelain on the Silk Road*)以《岭外代答》和《诸蕃志》等相关内容作为判断大件青花瓷是否在元之前已生产的依据之一。[①]尽管西方普遍认为青花瓷生产时间是明以前的元朝，中国也有“元青花”之提法，Adam T. Kessler却论证了青花瓷制造生产的时期是南方的南宋时期(960—1279年)，或北方的金统治时期(1115—1234年)。Adam T. Kessler在书中还认为，在潘达莱英尼[今印度西岸卡利卡特(Calicut)北十六英里处]—奎隆(位于印度西南海岸)发现的明前青花瓷是12至13世纪南毗国(今印度西南部马拉巴尔海岸一带)属国哑哩喏购自宋朝的商品，这是毫无疑问的。褐釉瓷器——一种宋朝时在广州大量生产和出口的瓷器的出现证明了这一观点。又，据《岭外代答》所述，故临国(即奎隆)是中国最重要的贸易伙伴之一,《诸蕃志》也记录了宋朝时中国和马拉巴尔海岸(即南毗国)的陶瓷贸易。据此，Adam T. Kessler认为：柯玫瑰(Rose Kerr)的论断“中国陶瓷14世纪前在与印度的贸易中的地位相对不是那么重要……”是比较武断的。[②]Adam T. Kessler提出：“很多人注意到：一般都认为大的青花瓷碟适用于摆放食物以手取食的习俗。”[③]而宋人已经很熟悉这一习俗了，根据便是周去非的《岭外代答》：“波斯国……食饼肉饭，盛以甆器，掬而啖之。”[④]柯玫瑰是被誉为英国古陶瓷界泰斗的人物，Adam T. Kessler在其著作中大胆提出他的观点与《岭外代答》等古籍似乎不无关系。

在中国科技研究方面，有着西方教育和生活工作背景的华裔大学者、李约瑟主持的《中国的科学与文明》(《中国科学技术史》)项目的重要研究成员和作者何丙郁(Peng Yoke Ho)在其英文著作《理、气、数：中国科学和文明概要》(*Li*, *Qi and Shu: An Introduction to Science and Civilization in China*)中，把《岭外代答》的“炼水银”则翻译成英文，作为介绍中国炼丹术的史料。[⑤]

此外,《岭外代答》作为东南亚国家历史考证的史料，也有着不可忽视的作用。日本桃山学院大学(Momoyama Gakuin University)的深见纯生(Fukami Sumio)参加芬兰赫尔辛基第十四次国际经济历史会议的论文《十三世纪单马

---

① Adam T. Kessler. *Song Blue and White Porcelain on the Silk Road*[M]. Leiden: Brill, 2012: 347.

② Adam T. Kessler. *Song Blue and White Porcelain on the Silk Road*[M]. Leiden: Brill, 2012 : 459.

③ Adam T. Kessler. *Song Blue and White Porcelain on the Silk Road*[M]. Leiden: Brill, 2012: 467.

④ 周去非著，杨武泉校注.岭外代答[Z]，北京：中华书局，1999：467.

⑤ Peng Yoke Ho. *Li*, *Qi and Shu: An Introduction to Science and Civilization in China*[M]. New York: Courier Dover Publications, 2000: 207.

令的崛起与东南亚的商业繁荣》(*The Rise of Tambralinga and the Southeast Asian Commercial Boom in the Thirteenth Century*)多处引用《岭外代答》《诸蕃志》《岛夷志略》等来论述马来古国单马令的崛起，说明中国以及国内两广在东南亚国家的历史进程中起着一定的作用。单马令原系三佛齐属国，至元代则为独立国家。在文中，Fukami Sumio取《岭外代答》中的“中国舶商欲往大食，必自故临易小舟而往，虽以一月南风至之，然往返经二年矣。”以及《诸蕃志》中的相类似描述，论证12到13世纪——最为可能是13世纪早期，中国在南海的扩张有了很大的发展。因为据《岭外代答》所言：“欲往其国(注辇国)，当自故临国易舟而行，或云蒲甘国亦可往。”[①]Fukami Sumio认为中国船只可行至马拉巴尔海岸的故临(奎隆)，但却没有探访印度的科罗德尔海岸，可见由蒲甘到注辇国的线路不过是道听途说。[②]而到了元代，就有杨庭璧顺海路出使到俱蓝国，即今印度西南端之奎隆，共凡四次。元史记载杨庭璧从中国到南印度的行程是利用了冬季风和夏季风，穿过马六甲海峡，无需再作停留。尽管在《岭外代答》和《诸蕃志》里，马六甲海峡地区以成为海盗之巢而出名，但是在元人穿过海峡的时代对此并无提及。据此，Fukami Sumio认为：在《岭外代答》《诸蕃志》和南宋末期期间，中国的航海技术有了很大的改进，因而船只可以在一年的时间里从中国一直航行到南印度，再回到中国，沿途无需在马六甲海峡停留。最终的结论是：《岭外代答》《诸蕃志》里的三佛齐靠“扼诸番舟车往来之咽喉”(诸蕃志 · 卷上志国 · 三佛齐国)，夺取有价值的货物，再出口获利，但是到了元代，几乎没有关于它的历史记载。在15世纪马六甲成为东南亚重要的海上强国之前的12至13世纪，单马令就已经是一个重要的国家。在它崛起的背后，有中国扩张的影响，还有东南亚自身经济重要性的增强，以及通过小乘佛教和巴利语与斯里兰卡的联系的加强，都使得单马令成为与以海盗为主的三佛齐完全不同的国家。[③]

泰国泰中学会副会长黎道纲则以《岭外代答》等古籍作为考证古代城市地理位置的资料，考证了最早由《岭外代答》提到的东南亚港口佛罗安在今泰国南部宋卡府乍汀泊稍北的越帕鸽。[④]

---

① 周去非著，杨武泉校注.岭外代答[Z]，北京：中华书局，1999：91.

② Fukami Sumio. The Rise of Tambralinga and the Southeast Asian Commercial Boom in the Thirteenth Century XIV[J]. International Economic History Congress, Helsinki 2006, Session 72, p8-9.

③ Fukami Sumio. The Rise of Tambralinga and the Southeast Asian Commercial Boom in the Thirteenth Century XIV[J]. International Economic History Congress, Helsinki 2006, Session 72, p9-11.

④ [泰国]黎道纲.《岭外代答》佛罗安方位考[J].海交史研究，2009(1)：34-44.

四、启示

纵观海外/境外学者对《岭外代答》的研究情况，我们发现，尚无专门研究该古籍的论文或专著，基本都是在论述某个问题时引用该书的部分内容。柔克义对它的论述算是较多的，也只是限于用来论述宋朝中国的海上对外交通情况。而国内学者对《岭外代答》进行专门的研究颇多，包括对其史料价值、对外交通、贸易、宋代广西科学技术水平等等的研究。鉴于此，我们有理由认为，海外对《岭外代答》之类古籍的了解恐怕还不够，我们需要进行对这类古籍的外译工作。1977年，Almut Netolitzky就已将《岭外代答》翻译为德文[①]，遗憾的是，至今尚无英译本。

其次，《岭外代答》的记录将重点放在钦州，它对于考察广西地方史，尤其是钦州史，是有着独特价值的。柔克义在其《诸蕃志》导言中就数次论及钦州地理位置之重要、物产之稀贵等。但是钦州本地对周去非，对《岭外代答》的普及程度并不如冯子材、刘永福，或林希元，尚有待加强。

本文原刊于《钦州学院学报》2015年30卷6期，为钦州学院校级科研项目“中国古籍中的北部湾形象研究”“国外学者对宋元明中外交通古籍的研究”成果。作者：林澜，钦州学院人文学院副教授。

① Geoff Wade. The Pre-Modern East Asian Maritime Realm: An Overview of European-Language Studies [J]. Asia Research Institute Working Paper Series No. 16, P37.

○教育文化篇○

国际化背景下的跨境民族教育的若干思考

徐书业　梁　庆

【摘　要】社会的转型必然会引发学校文化的重构，跨境民族地区有不同的经济、文化背景，必然会出现各种不同文化的冲突与交融。为使民族地区的教育与社会经济发展相适应，同时还使民族文化得以保存，必须发展具有区域特色的民族教育。在发展民族教育时必须充分考虑教育与经济、文化背景相适应，必须把握民族教育的现状与问题，必须选准发展路径。

【关键词】跨境；民族教育；京族；民族文化

教育适应并促进社会的发展和教育适应并促进人的发展是教育的两条铁定的规律，是教育生存与发展的根本价值所在。当前，中国的社会政治、经济、文化等都处在深刻的变革、转型时期，社会的变革与转型、人的生存方式的根本转变必然引发教育的变革与转型，学校文化的重构将成为必然。为了了解社会转型期社会的政治、经济、文化对民族地区教育的影响，为民族地区学校文化的重构提供依据，我们《社会转型期民族地区学校文化生态研究》课题组成员来到了广西西南边陲地区——东兴市进行课题田野考察、研究。

东兴，位于中越边境的北仑河东岸，距越南最大的经济开发区芒街市不足100米，是我国直接通往越南，面向东盟的水路、陆路兼备的唯一窗口。特殊的地理位置，使东兴成为中国面向东盟的桥头堡。在东兴市，聚居了汉、京、壮、瑶等民族。此外，因通婚与商贸活动的原因，在东兴市还长期定居了不少越南人，是一个典型的跨境民族地区。在这里，不同民族的人聚居在一起，不同民族的人有不同的文化背景，必然会出现各种不同文化的冲突与交融。为探讨社会转型期民族地区的教育发展动态，我们课题组以东兴市人口最多的少数民族——京族作为个案研究对象。

京族，曾叫越族，1958年改称京族，明末清初时期从越南的涂山等地迁来而逐渐繁衍而成的一个少数民族，是一个地道的跨境民族。在我国，京族是一个靠海为生的特殊民族，改革开放以后，京族的经济快速发展起来，成为我国最富有的少数民族。我们课题组以京族作为个案研究对象具有典型的代表意义。

通过对东兴市教育与科学技术局、旅游局，宗教事务局、统计局、京族地区的中小学、乡村和教会的深入走访，我们感受到了这个跨境民族地区的主位文化与客位文化的碰撞，感受到了该地区学校文化变革的自觉，同时更引发了对该地区教育的一些思考。

一、民族教育发展必须充分考虑与经济、文化背景相适应

当前我国的社会经济正处在深刻变革时期—计划经济的解体、市场经济的建构，加入WTO和东盟自由贸易区，使我国与世界各国的经济合作日益频繁，这些变革为我国经济发展提供了无限商机。在这背景下，处在优越地理位置的东兴市的经济得以快速发展起来。

东兴地处广西西南部，位于东经107°53′～108°15′，北纬21°31′～21°44′，是典型的亚热带地区，东濒北部湾，西南与越南接壤，陆地疆界长27.8千米，海岸线50千米，与越南海陆相连，是广西通往越南的要塞。有史以来，中越两国的政治、经济、文化等一直保持密切的往来，即使在中越关系紧张时期，民间往来也没中断过。我国进行改革开放以后，越南随即也实行了改革开放。两政策的放宽，加快了中越边境的经济往来，促进了两地经济的发展。

地处亚热带，使东兴市的动植物资源丰富；优良的天然港湾，使东兴市的海洋资源丰富；靠海与延边，加上别具一格的京族民族风情，使东兴市的旅游资源丰富。现在，东兴市的经济集工业、商业（主是边贸），旅游、农业（含渔业）于一体，使东兴市的经济得以迅速腾飞。据东兴市2005年政府工作报告显示，这个人口仅10.91万的城市在2004年全市生产总值达12.47亿元。城市居民可支配纯收入8518元，农民人均纯收入3088元。在京族人民聚居澫尾、巫头、山心、竹山四个地方，经济以渔业（捕捞和养殖）、旅游、边贸和航运为主，当地居民的纯收入要高于全市的平均水平。据澫尾村支部书记苏明芳同志反应，澫尾村居民的人均纯收入已超万元，资产超百万元的有数十户人家，有数户人家的资产甚至已超千万元。

优越的地理环境不仅为东兴市的经济发展提供了良好的物质基础，也为其文

化发展提供了物质基础。区域的原因和历史的原因，使这个跨境民族地区集儒家文化、西方文化、京族文化、壮族文化等于一体，文化变得丰富多元，展现出一派繁荣的景象。

东兴市地方语言以粤语为主，还有客家话、京语（越语）和壮语等。随着内地商家的纷纷到来和我国对普通话的推广，普通话也成了市区的通用语言。由于东兴市汉族人口居多，我国的主流文化是汉族文化，汉族文化（儒家文化）是东兴市的主位文化。

由于历史在原因，西方文化在东兴民间也流行着，其中西方文化的典型代表是天主教文化。由于历史记载的原因，天主教何时传入东兴的说法不一，据东兴市宗教志记载，“1844年，法国教士包文华首先在广东建立第一间教堂，接着以到北海建立北海教府。1849年包文华从北海来到防城县。并先后在罗浮、东兴、竹山、江平建立天主教堂点，开展传教活动。”而东兴罗浮天主教堂记载中的时间则更早，“教堂始建于公元1832年（清道光十二年）是继东兴东郊把塘教堂（建于1692年）和罗浮三门滩教堂（建于1808年）之后所建。”这些记载说明，早在17世纪，天主教就在东兴一带活动。现在，在东兴市的辖区内，保存完好的天主教堂有三个：罗浮天主堂、竹山天主堂和江平天主堂。我们课题组成员到这些教堂进行考察时了解到，教堂的活动仍在继续，现在罗浮天主教会有教1000多人，竹山天主教会有教民500多人，江平天主教会有教民600多人。由于春节尚未过完，我们在进入教民的居住区时看到不少教民也贴春联，内容却是反应天主教思想的，展现出一幅西方文化与儒家文化交融的景观。在深入到竹山教民家庭采访时我们了解到，在教民家庭通常是一人信教，全家信教，在这里，我们感受到了主位文化与客位文化的碰撞。

在京族人民聚居的澫尾、巫头、山心、竹山四个地方，还有另一幅别具一格的文化景观——京族文化。京族的民间文化多姿多彩，京族的习俗、婚俗、食俗和节庆等都具有浓厚的民族风格。在京族众多的民间文化中，过哈节是京族文化的集中体现。在京族人聚居的澫尾、巫头、山心、红坎四个岛上过哈节的时间各不相同（由于没有文字记载，是何原因无从考究），如巫头的哈节从农历八月初一开始，山心的哈节从农历八月初十开始，澫尾的哈节从农历六月初九开始，红坎的哈节从农历正月二十六开始，节日一般持续3～5天。各地的哈节的时间虽不相同，但哈节的活动的内容都有迎神、祭神、聚餐（全村成年人在哈亭入席聚餐庆祝）、送神四个部分。外出的人都要返乡参加哈节活动。每当过哈节时，他们要把他们崇拜的众神请回哈亭祭拜，然后人们吃、喝、玩、乐，载歌载舞，欢庆自己的节日。在京族人聚居的澫尾、巫头、山心、红坎四地都建有富丽堂皇、又充满神秘色彩的哈亭，这足以说明京族人民对哈节的重视。哈亭成了记载京族文化的重要标志。

歌圩，是京族人传承京族文化的另一种方式。每月公历10日、20日、30日为京族人的歌圩。到了歌圩这一天，许多喜欢歌唱的京族、汉族老人们兴高采烈早早来到圩场。在歌圩中，人们用歌声来讲述历史、传播生产生活知识，颂扬良俗新风，表达自己的心声，唱出生活中的丰富多彩。

随着东盟自由贸易区的建立及我国改革开放的进一步推进，东兴市加大了改革开放的力度，面向世界招商引资，国内外的不少商家纷纷来到东兴投资、置业，这预示着，多元文化交融在这个边陲小城还在不断继续着。

经济的快速发展为东兴的教育的发展提供了坚实的物质基础，文化的多元为东兴市的教育提供了众多的选择。为促进当地社会经济的可持续发展，必须要有相应的教育机制作为支撑。为此，为使该地区的教育与经济发展相适应，使主位文化得以传播的同时又使客位文化得以保存，成为该地区教育面临的一个重大课题。

二、民族教育发展必须把握现状与问题

改革开放以后，东兴市的归属与域名曾几度变更，在中越关系紧张时，东兴市的教育曾一度受到冲击，中越邦交正常化以后，尤其是国务院批准东兴成立县级市以后，东兴市的教育得到了长足的发展。根据东兴市教育与科学技术局提供的资料显示，这个10万多人中的小城市，在2005年3月有中学7所（包括2所高完中，2所九年一贯制学校），小学36所，教学点17个。在校生20503人，其中少数民族学生7382人，占学生总人数的36%。全市有专任教师1199人，其中本科学历153人，大专学历604人，中师学历442人，按当前国家对师资的学历要求，东兴市中小学教师的合格率为100%。在这些教师中，目前正在进修本科的有171人，进修大专的有217人。在普九工作上，东兴市2004—2005学年适龄儿童入学率为99.8%，适龄少年入学率为98.5%。2004—2005年度，小学生辍学率为0.3%，初中生辍学率为1.69%。2004—2005年度，小学教育完成率为98.5%，初中教育完成率为98%，基本达到了普及九年义务教育的要求。

当前我国的基础教育正在全面推行课程改革，东兴市的基础教育也进入了课

程改革。在我们走访过的江平中学、江平中心校、山心小学、巫头小学、京族学校等学校的课程改革也在轰轰烈烈地进行。在京族学校我们看到该校2005年秋季学期的工作计划，看到了他们在课程改革、进行校本师资培训等方面的内容，这说明这个跨境民族地区的主流教育与我国其他地方的教育一样，没有太大的区别。但“没有区别”本身也就是该地区教育的问题所在。在东兴市，少数民族学生达36%(其中主要是京族学生)，在我们走访过的这五所学校中少数民族学生都超过半数，如江平中学现有学生1275人，其中少数民族学生有668人。京族学校有学生986人，其中京族学生有706人等。这些少数民族(主要是京族)聚居的地区，其教育若不能体现一些民族特色，其民族文化将会被主位文化同化掉，民族特色将不复存在。

京族原本是越族，在明末清初时期才从越南的涂山等地因打渔来到东兴江平镇的巫头、山心、澫尾等地居住下来，逐渐繁衍成的一个民族，是一个典型的“海上漂来”的民族。京族人祖祖辈辈靠打渔为生，在当时背景下，他们所受的教育是非常有限的，所以在他们移居来到我国时，只能在脑中带来了一些习俗(如唱哈)，并没有文字对他们的历史进行记载，他们的文化只能靠哈亭与唱哈、歌圩等民间流传的方式来进行保存。京族人来到我国定居以后，由于他们自身素质的限制，在文化教育方面一直比较落后，对其本民族文化的保存也不能进行很好的补救。另外，对于京族人而言，在他们移居来到中国后，一个最为现实的问题是如何适应汉族人的生活问题，这是京族人生存的必须。在这过程中，虽然有文化的交融，但一个强势民族文化与弱势民族文化的交融，弱势民族文化的保存始终是处于劣势。斗转星移，岁月沧桑，哈亭与唱哈虽然延续了京族的文化片断，但已物是人非，久而久之，京族失去的将不仅是它的历史，还将会失去它的个性。没有了个性，这个民族也将不复存在。

一种文化，是民族的，也是世界的。一个民族的生存与发展，必须要有坚实的根，根深才会叶茂。民族的根就是这个民族的文化，京族要在世界上立足，必须得把自己本民族的文化保存下来，而要把民族文化保存下来，必须依靠教育，源正才能清流。

值得欣慰的是，京族文化的保存问题已引起了各界尤其是当地政府和有关教育主管部门的关注，并在京族文化的教育方面做了一些实质性的工作。如在1995年成立了京族中学，2003年京族中学与澫尾小学合并建立了京族学校。在教学内容方面，广西大学东南亚研究中心人员与原京族中学的老师在2002年8月研发了

《京族乡土教材》，并在当地的一些中小学推广使用。2003年京族学校成立以后，京族学校从小学三年级起开设了越语课，京族人会说越语不会写越语的现状有望从此改变。

这些举措，使我们感受到了民族地区学校教育为适应社会经济发展需要和民族文化保存需要所进行的学校文化变革的自觉，但同时也感受到了一些比较突出的问题，主要表现在：

（一）文字的保存与现实需求的矛盾问题

京族的原有文字是“字喃”，这种文字是从汉字演化而来。越南文化与中国的文化源远流长，我们都知道，越南在历史上曾是中国的属国，现在越南人民所保留的习俗如过春节、贴春联、插桃花与我国的传统习俗是相一致。“字喃”像汉字也就不足为怪了。“字喃”形虽然像汉字，字义也与汉字相近，但发音迥异，现在全岛上会“字喃”的人很少，能读能写能解意的只有区区数人。为拯救“字喃”，保存京族文字，曾为国家干部的苏维芳老人做了大量的工作。我们课题成员在“京族文化长廊”所看到的《宋珍》手迹，便是苏维芳老人整理京族文化的成果。但由于“字喃”无论是在越南还是在京族内部都不是通行文字，况且由于历史的原因，这种文字在“文革”时受到极大的破坏，京族现存的“字喃”也不完整。现在，京族学校虽然开设有了越语课，但学生所学的文字不是“字喃”而是现行越南语。现在的越南语已是一种字母文字，而不是“字喃”。京族学校开设了越南语，一方面能使京族人能说会写“京语”，使京族文化得以保存；另一方面更是出于边境地区的政治、经济、文化交流的需要的考虑。虽然，“字喃”在越南的文化中还存在，但已不是越南的主流文字。所以，从现实需要的角度看，“字喃”似乎已无学习、保存的需要。但作为一种民族文化的载体，一旦失传，京族文化将会出现极大的缺憾。“字喃”的存与不存，成为京族文化的一大困惑。

（二）越语在当地的普及与推广问题

京族三岛上的土著居民大多数会说京语（越语），但能写京语（越语）的却为数不多。2003年，为了满足京族学校开设越语的需要，东兴市教育科技局派了两名教师到广西民族学院去学习越语，进修一年。现在这两名教师中只有施维铭老师一人从事越语教学。在京族三岛的学校中，开设了越语课的学校只在京族学校，从四年级到九年级开设。我们课题组采访施老师时了解到，京族学校的学生，由于他们平时就说京语（越语），在学习书面语言时他们的积极性还是比较高，兴趣较浓的。这些现状为越语在当地的普及推广打下了良好的基础。但由于种种原因，除澫尾岛上的京族学校外，在京族人聚居较为集中的巫头、山心、红坎和江平镇等地的学校都未开设有越语课，越语在京族地区远未达到普及的程度。

（三）课程资源的开发与利用问题

要保存和发展京族文化，必须要做好课程资源的开发与利用。目前，京族学校在课程资源的开发与利用方面已做了一些实质性的工作，如广西大学东南亚研究中心人员与原京族中学的老师联合开发了《京族乡土教材》；为了开设越语课，京族学校的施维铭老师到越南的芒街市去寻找越语教材样本，结合京族的实际自编了具有京族特色的越语教材，这些举措为京族文化开发与利用总结出了丰富的经验，但仅有这些还不足以对京族文化进行保存。

京族文化的多姿多彩为京族教育的课程开发与利用提供了丰富的可利用资源。在京族众多的民间文化中，"唱哈"、竹竿舞、独弦琴，被誉为京族文化的三颗"珍珠"。在唱哈中，虽然其中不少内容有浓厚的宗教色彩，与主流文化不符，但其中也有不少内容，如对歌及庆祝丰收、赞美生活舞蹈，则是健康向上的。歌圩是京族民间传统的娱乐方式。以前，每月的10、20、30日，京族的男女老少都会来赶歌圩，现在只有少数老人来参与，气氛也不象以前热烈了。现在很多年轻人已经不会唱山歌了，如果这种民间艺术得不到保护，随着时间的推移，这种文化习俗将会有消失的危险。独弦琴是京族最有民族特色的传统乐器，京族文化的瑰宝。独弦琴只有一根弦，却能奏出各种悠扬、动听的乐曲。但现存会演奏独弦琴的京族人已是麟毛凤角，我们课题组在京族文化长廊所看到的独弦琴是花重金从越南购回来的，如果得不到开发与利用，这种艺术也将会失传。

（四）师资培训问题

要做好京族文化的教育，师资是关键。但由于京族文化教育一直比较落后，致使精通京族文化的人才奇缺，2003年，东兴市教科局选派了两名教师去广西民院去培训越语，其中施维铭老师已挑起了越语教育的大梁，另一位教师由于工作调动、越语尚未在当地普及的原因，现存从事的也不是京族文化的教育。即使这两位教师同时任教越语，也难以支撑起有两万人的京族教育重任。在京族其他文化教育方面的人才现在还是空缺。

三、民族教育的发展必须选准发展路径

促进民族地区教育的发展是政治经济发展的必须，也是民族文化的延续和保

存的必须。跨境民族地区要促进民族教育的发展，必须根据社会政治、经济、文化的发展情况，选准路子，做好规划。

（一）加大越语教学力度，促使越语在东兴市普及推广

东兴市之所以兴，最为重要的是边贸以及由此而带动的其他产业，对东兴市人民来说，掌握越语是必要的。因此，越语的教学问题不仅是京族人民的问题，而是整个东兴市人民的教育问题，越语教学应在东兴市的中小学普及推广。为恰当处理学校的主位文化与客位文化的关系，东兴市的中小学在开设越语课时可采用选修课的方式进行教学。在这方面，京族学校已经走出了一条成功的路子，可借鉴推广。

（二）挖掘民族教育资源，进行校本课程研发

民族教育的意义不仅在于为经济发展服务，还在于对民族文化的保存。为使这些文化得以保存，东兴市文化和体育局把京族民歌歌圩、独弦琴和哈节列为广西民间文化保护工程的项目，并向自治区提出了保护申请。但要保护这种文化，需要多方的努力，关键是要落实在行动上。作为文化教育机构的学校，对京族文化的保存可做许多实在的工作。对学校来说，保存民族文化的最好方式是对民族文化进行挖掘，进行校本课程开发，把那些健康向上的内容变为课程或教学内容，如把对歌、独弦琴列为选修课，把竹竿舞列为体育课或课外活动的内容等，这些举措既可充实学校的教育内容、丰富学生的课余生活，也可使这种文化在年轻一代中流传，这不失为一种好的文化保存方式。

京族在我国是一个小民族，京族文化也只在东兴市，尤其是在京族人民聚居上的四岛流行，具有典型的民族特色。要做好课程资源的开发与利用，京族人民要自救，同时也要社会各界的大力支持，专家与学校教师联合开发课程的路子是可行的，应予推广。

（三）突出民族特色，多渠道培训师资

发展民族教育，师资是关键。在主位文化的教育上，东兴市的师资已达到了国家规定的学历要求，但在民族文化教育的师资方面，除了有两个教师接受过越语培训外，其他文化方面的教师还是空缺。东兴市现在有中小学共43所，以每校需要一名越语教师计，还缺41人。为解决师资问题，当地政府、教育主管部门和学校应做好京族文化教育的规划，根据教育的需求选用和培训教师。

要解决京族文化教育的师资问题，途径是多种多样的。在越语教师的培养上，可继续走原来的路子，选派教师到广西民院进行培训。其他文化教育方面的师资，一方面可充分挖掘当地的教育资源，就地选才；另一方面可到越南聘请教师来任教。这些举措对于已经步入小康社会的东兴市来说应该不是一件难事。

本文原刊于《百川横流——全球化背景下的多元文化教育国际论坛论文集》，为全国教育科学“十五”规划重点课题“社会转型期民族地区学校文化生态研究”阶段性成果。作者：徐书业，钦州学院院长，教授，硕士生导师；梁庆钦州学院教育学院院长。

涉海类地方院校海洋类公共选修课建设的思考
——以钦州学院为例

吴小玲

【摘　要】涉海类地方院校开设海洋类公共选修课适应了中国实施“海洋强国”战略的需要，是培养大学生海洋意识的重要途径，是涉海类地方院校特色课程建设的需要。从实践上来看，国内一些办学历史较为悠久的涉海类大学都开设了相关的海洋类公共选修课，建立了较为全面而系统的公选课（通识课）课程体系，充分反映了学校的专业特色。钦州学院涉海学科专业群正在形成，海洋性特色正在彰显，海洋类公共选修课的建设已有一定成效。为此，必须要进一步明确海洋类公选课的建设目标、完善课程内容及课程体系，拓宽课程资源开发和课程建设的途径、方法，完善公选课课程管理办法，确保教学质量，为学校涉海学科专业群的建设及海洋性特色的进一步彰显奠定坚实的基础。

【关键词】涉海类；地方院校；公共选修课

公共选修课（或称通识课程）是指高等学校内由各院（二级学院）系开设的面向全校所有各专业学生的，目的在于提高大学生的人文和科学素质，拓宽知识面，培养学生各方面技能，增强适应社会发展能力的课程。公选课的开设不仅可以进一步完善学生的知识结构，而且可以促使学校从教育观念、课程设置、教学内容与方法、师资队伍和教学管理等方面深入开展教学改革。

钦州学院是广西沿海地区唯一的公立本科高等院校。自2006年升格为本科大学以来，学院以“地方性、海洋性、国际性”作为办学特色，加大涉海类学科群建设力度，提出了“培养适应经济社会发展需要的，具有实践能力、创新能力、就业能力和创业能力的应用型高级专门人才”[①]的办学目标，海洋特色日益凸显，海洋类公共选修课的建设也相得益彰。为此，特以钦州学院为例，探讨涉海类地方院校公共选修课建设的一些基本思路。

① 李尚平，李雪娇，任才茂.牢记使命矢志海洋——钦州学院凸显海洋特色的发展之路[J].广西教育，2011(9).

一、涉海类地方院校开设海洋类公共选修课的意义

(一)海洋类公共选修课的开设适应了我国实施“海洋强国”战略的需要

21世纪是海洋的世纪,《中国海洋21世纪议程》明确提出:“合理开发海洋资源,保护海洋生态环境,保证海洋的可持续利用,单靠政府职能部门的力量是不够的,还必须有公众的广泛参与……”①中共十八大明确提出要实施“海洋强国”战略。在当前我国实施海洋战略的重要时期,通过开展海洋通识教育,引导学生理解海洋与人类的关系,树立正确的海洋价值观和道德观,培养现代海洋意识,对协调社会经济与海洋环境之间的关系,促进海洋的可持续发展、维护我国的海洋权益具有重要的意义。

(二)在大学开设海洋类公共选修课是培养大学生海洋意识的重要途径

学校课程教育在提高公众海洋意识,促进海洋资源合理,保护海洋生态环境,保证海洋的可持续利用、维护海洋权益方面越来越发挥着重要作用。在海洋经济时代,有必要让大学生重视海洋,了解海洋,并把提高海洋意识作为维护国家主权的重要组成部分。培养大学生的海洋意识,在大学开设海洋类公共选修课是重要的举措。通过课堂教学,可以使学生学到关于海洋科学、海洋人文的基本理论知识,从中增长见识、陶冶情操,提升精神境界,从知海、懂海,到爱海、用海、养海、护海,最终成长为有丰富的海洋意识并为海洋强国事业做贡献的人才。

(三)海洋类公共选修课建设是涉海类地方院校特色课程建设的需要

办学特色是指一所学校在办学过程中形成的与其他学校不同的教育特色,它在一定程序上推动学校的教学理念的转变,新型课程体系的建立、教学方法的改革、教学内容的更新,高素质教师队伍的形成、创新型的学生工作的出现、富有特色的校园文化的形成等,带动学校的整体发展,并进而提高学校的教学质量和声誉。一个学校只有在办学中形成了学校发展的特色,才能在同行的竞争中凸现自身的价值,适应经济社会发展的需要。

涉海类地方院校的特色就体现在能把海洋特色“做实、做精、做强”。体现在课程体系的建立上,就是要着手在科技海洋和人文海洋这两方面强化海洋的内涵,形成一系列海洋经济、海洋文化、海洋科学等涉海学科体系,使涉海类高校形成与其他院校不同的办学特色。同时,还要加强学生的海洋人文意识教育,使

① 国家海洋局编.中国海洋21议程[M].北京:海洋出版社,1996(4).

学生有高于其他类型院校的海洋文化素养，为涉海科学研究和人才培养打下较好的基础。

广西是中国西部唯一拥有海洋疆界的少数民族地区，钦州学院是目前广西唯一拥有海洋学院的高校。近年来，学校围绕打造“地方性、海洋性、国际性”办学特色，不断完善和优化学科专业结构，大力发展海洋学科等富有地方特色的优势学科和专业，培育和打造与广西北部湾经济区的重要支柱产业和临海工业发展相适应的涉海类学科群和专业群，如海洋科学、港口物流、海产品储运与加工、水产养殖、轮机工程、航海技术、港口机械等专业，填补了广西无海洋类专业的空白，形成涉海类学科的办学特色构架。①目前已招生的涉海类12个本科专业有在校生达1800人。开设海洋类公共选修课，开展海洋通识教育是彰显学校办学特色的有效途径。

二、国内一些涉海类院校开设海洋类公选课的情况

从实践上来看，国内一些办学历史较为悠久的涉海类大学如厦门大学、中国海洋大学、大连海事大学、上海海洋大学等校都开设了海洋通识类、人文学科类、自然科学类等相关的海洋类公共选修课。

（一）国内一些涉海类院校开设海洋类公选课的基本情况

厦门大学开设的海洋类公选课有海洋环境与人类、海洋生态学浅说、海洋生物学概论、海洋环境污染概论、海水淡化和直接利用、海洋战略能源、海洋与全球变化、海洋与地球历史演化、海洋技术概论、南极、北极及海洋探秘、观赏鱼的鉴赏与饲养、贝壳演化及观赏、船舶与航海、海洋资源开发与管理、观赏鱼品析与养护等17门课程。

广东海洋大学的公选课开设情况是：在自然科学类中开设有珍珠养殖与鉴赏、海洋技术、海洋生物鉴赏、海洋食品资源学、海洋生物一览、海洋科学进展等；在海洋素质类公选课中开设了化学与海洋、经济海藻、海洋与人类健康、海洋探秘等；在海洋人文类公选课中开设了海洋旅游概论、海洋海事法律与案例、海洋文学艺术鉴赏、海派文学欣赏等14门课程。

中国海洋大学教务处提供的公选课中，涉海类课程有海商法事务与案例分析、认识海洋、海洋学、海洋生物、生态文明、海洋地质学概论、海洋经济学概

① 黄家庆.广西高校开设涉海专业研究——以钦州学院为例[J].广西教育，2013(8)：56-58.

论、海洋政策与法律、海洋权益与中国、海洋环境保护等11门课程。

大连海事大学开设了海事管理概论、海商法、航海医学、环境保护、海事案例评析、海商行政法、海上保险法、航运法、海商法、海事法、海事国际私法等20门涉海类公共选修课程。

上海海洋大学的公选课开有海洋学导论、鱼类学导论、海洋与环境、海洋科学进展、水产品活运与保鲜、水族趣话、游钓渔业学、观赏鱼养殖、渔业导论、珍珠与珍珠文化、海洋中的药物宝藏、渔业海洋学、海洋牧场、海洋科学导论、龟鳖文化与龟鳖鉴赏、海洋管理概论、海洋文化概论、海域使用论证、海洋生物学、海洋考古与探测、海洋英语阅读等20多门涉海类公共选修课课。

浙江海洋大学的公共选修课开设有海商法、海洋法、中国造船史、海洋通论、海洋世界、海洋设施渔业、水产保鲜与加工、水产养殖学概论、观赏鱼类养殖学、海洋生物学、海洋科学导论、渔业概论、海上救生、船舶原理概述、船舶与海洋工程法规等近30门涉海类课程。

（二）国内一些涉海类院校开设海洋类公选课的基本特点

1. 建立了较为全面而系统的公选课（通识课）课程体系

厦门大学是国内开出全校性海洋通识课程最全面、系统的学校，通过在厦门大学教务处课程库中查询，我们了解到厦门大学的课程模块有公共基本课程模块、通识教育模块、学科和专业类模块等类型，属海洋通识课的有17门课程。

中国海洋大学在该校发布的“关于通识教育课程建设的原则意见”中提出：课程设置的的领域有“海洋环境与生态文明”“科学精神与科学技术”“社会发展与公民教育”“人文经典与人生修养”“艺术鉴赏与审美人生”五个领域，其中“海洋环境与生态文明”放在第一位，它主要涵盖海洋科学、海洋技术、海洋生物、海洋文化、海洋经济、地球科学、生命科学、环境科学等内容。①

大连海事学院根据《大连海洋大学关于制订2012版本科培养方案的原则意见》，将公共选修课课程分为六大类：蓝色海洋类、人文社科类、艺术体育类、经济管理类、综合科技类与创新创业类。②

2. 各校开设的公选课（通识课）都反映了学校的专业特色

厦门大学的选修课重在反映海洋科学研究和人文科学研究方面的特色，课程

① 中国海洋大学教务处：“关于组织2013年度中国海洋大学本科通襄樊教育课程立项建设工作的通知”（2013年第106号）［EB/OL］.http://jwc.ouc.edu:8080/jwwz/new.jsp?new_id=2203.

② 大连海洋大学教务处.关于制订2012年牌本科培养方案的原则意见［EB/OL］.http://jwch.dlou.edu.cn/index.php/cms/item-list-category-163-page-2.shtml.

集中在海洋环境保护、海洋战略、海洋资源开发与管理、海洋环境与人类、海洋生态学、海洋生物学等方面。广东海洋大学重在突出其在海洋生物养殖方面的优势，所开课程集中在海洋生物、海洋食品及海洋文化方面，如珍珠养殖、海洋生物鉴赏、海洋食品资源学等。大连海事大学的公选课主要与海事管理、海商、航海等有关。上海海洋大学的选修课主要与海洋学、鱼类学及海洋管理有关，如有珍珠文化、海洋中的药物宝藏、龟鳖文化与龟鳖鉴赏、海洋考古与探测、海洋英语阅读等。浙江海洋大学的选修课主要与海洋设施、水产保鲜与加工、水产养殖学、海上救生、船舶原理及工程有关。

三、钦州学院开设海洋类公共选修课的现状

2006年升本以来，钦州学院围绕服务地方经济、服务海洋经济这个中心，组织科研立项400多项，其中获得厅、省、部级立项200多项，涉海类研究项目达90项，在海洋生物珍稀物种研究和海洋文化研究方面已取得了一定的成效。同时，与国家海洋局第一研究所、中国海洋大学、广西海洋局、广西沿海三市海洋监测机构、北部湾港口集团等共建科研实验基地和教学实训基地，与广西沿海三市海洋局、海事局、科技局、文化局、图书馆、博物馆等部门建立了紧密合作关系，为发展海洋特色专业学科打下了雄厚的基础。同时也为海洋类公共选修课的开设奠定了基础。

自2012年秋季学期开始，钦州学院全校性公共选修课启动，开始是16门课程，2013年秋季学期增加到81门，2014年春季学期是65门，2014年秋为56门课程，涉海类有广西海洋文化概论、北部湾区域历史、海洋资源、海洋美学、海洋生态学、海洋石油工程概论、海岸带规划与管理、国际航运管理、海商法、环境影像、环境学概论、环境伦理学、地球概论等13门课程，内容涵盖了海洋科学和海洋人文两大类，基本上反映了钦州学院近期在海洋研究方面的主要成果，也进一步突出了自身的鲜明特色——海洋性。此外还有反映北部湾地区特色的一些课程如坭兴陶艺专题等。

但与其他同类高校相比，钦州学院涉海类公选课的开设还处于起步阶段，课程的门类不多，大多是因教师的研究方向而设，偏重于海洋自然科学方面的课程，海洋人文社会科学方面的课程相对较少；没有很好地与广西海洋经济发展的现实需要结合起来，形成相对完整的涉海类选修课课程体系。另外，师资力量也较缺

乏。从学生的选课人数来看，从2012—2014年秋，参加选课的学生有10000人次，但选修海洋类课程的学生只有900人次。从选修的容量来看，每个学期每门海洋类选修课的容量仅为30～60人不等，而同期开设的一些其他类型的通识课程则达250人甚至500人的容量。海洋类选修课课时量少，覆盖学生人数不多，影响力没有充分发挥。

四、涉海类地方院校开设公选课的设想与实践

钦州学院的涉海学科专业群正在形成、海洋性特色正在彰显，海洋类公共选修课的建设已有一定成效。为此，必须要进一步明确海洋类公选课的建设目标、完善课程内容及课程体系，拓宽课程资源开发和课程建设的途径、方法，为学校涉海类课程设置及海洋性特色的进一步彰显奠定坚实的基础。

（一）钦州学院海洋类公共选修课的建设目标

钦州学院海洋类选修课的建设的总目标是：通过学习相关课程，使学生了解海洋自然环境、海洋生物知识、海洋文化知识、海洋经济与社会发展的关系、国家的海洋安全及海洋开发政策等，激发学生的海洋意识，培养学生了解海洋、热爱海洋、保护海洋、开发海洋的兴趣，形成良好的海洋素养，进而能够从整体上认识和把握人类与海洋的关系，形成正确的海洋观。

（二）海洋类公共选修课的课程内容及课程体系

结合钦州学院的办学特色，与涉海学科群的建设相配合，选修课的设置应主要包括了海洋科学、海洋技术、海洋环境、海洋生物、海洋文化、海洋经济、海洋政策与法规、海洋资源开发与利用、地球科学、生命科学等内容，形成海洋自然科学和海洋人文科学两大门类共同发展的选修课课程体系。在具体内容上，不但要与广西海洋发展的各方面相联系，而且还要反映广西北部湾海洋科学、海洋经济和海洋文化研究的成果。例如：“海洋生物学”要着重介绍广西北部湾地区海洋生物的发展由低级到高级的演变过程，介绍广西海洋植物、海洋无脊椎动物、脊椎动物和海洋生物多样性的保护、人类活动对海洋生物资源的影响等。“海洋生态学”不但介绍海洋权益、世界海洋情况，我国海洋主要分区和广西海岸生态的基本情况，而且还要介绍广西海岸生态系统的主要类型、常见的海滨生物种类及其特点；海洋、海岸湿地及其保护等。“广西海洋文化概论”要重点介绍广西海洋文化的形成与演化的背景、特色和内涵，海洋历史文化，海洋商贸文化，海洋

宗教文化，海洋渔业文化，海洋民俗风情，海洋文学艺术，广西海洋科教文化，海洋旅游文化，涉海名人文化，海洋文化产业等。使学生了解广西海洋文化产生和发展的历史背景、文化内涵、主要特点和基本精神、进一步掌握广西海洋文化发展的基本脉络，把握广西海洋文化发展所面临的机遇和挑战，理解广西海洋文化发展的现实意义及其实现途径，更好地为利用和开放广西海洋文化，建设富民强桂新广西服务。

（三）海洋类公共选修课课程建设和课程资源开发的途径、方法

1. 找准海洋类公选课建设的切入点

把“海洋文化”的开设作为切入点。海洋文化是一门具有综合学科，其内容涵盖海洋自然科学、海洋技术及人文社会科学等诸多方面。通过学习，学生不但可以增长海洋知识，了解海洋文化的历史及其与海洋社会的关系，同时还能培养起热爱海洋、开发海洋的自觉性。“海洋文化”公共选修课的开设内容、授课方法及培养目标等方面的学科建设是高校发展的主旋律，是最能体现办学特色的方面。鉴于此，许多涉海院校均开设了海洋文化类课程。为此，钦州学院要以开展“广西海洋文化”教育为切入点，把海洋意识的教育纳入本科生的教育体系。通过课堂教学，不但使学生了解广西海洋文化的特点、内涵及规律，而且还可以了解广西海洋资源的状况，认识海洋活动、海洋产业的特点，把握我国海洋可持续发展战略等，对自己处身的广西这一片海有正确的认识，更好地适应广西海洋强区战略的需要。

2. 加强课程建设和教材建设是关键

课程建设是培养目标实现的基本途径。因此，必须合理设计公选课的课程教学内容，教学内容设计不但要体现各门课程的科学性、应用性、知识性、系统性等要求，还要体现两个方面：一是课程内容要尽可能反映海洋学科发展的学术研究最新成果，二是教学内容要与当前国家的海洋热点问题相结合，使学生有更多的参与体验的空间。

由于广西在海洋科学、人文研究方面还处于起步阶段，大量的涉海课程特别是具有地方特色的涉海课程还未成为常设课程，课程的开设还缺乏现有教材的支撑。因此，加强教材建设也成为课程建设的关键。近年来，钦州学院依托一批区级及厅级研究项目的成果，已在特色教材建设方面取得了一定的成效，如出版了《多彩的广西海洋文化》《环钦州历史文化研究》《广西北部湾物流》等，编写并形成了《广西海洋文化奇观趣闻》和《广西海洋经济概论》等讲义及文稿，为选修课的建设提供了重要保障。随着广西高校人文社会科学重点研究基地“北部湾海洋经济与北部湾文化研究中心”在钦州学院的建立及运行，钦州学院将整合各种校内外资源，加大对海洋人文社会科学的研究，这将有利于学校公选课特色课程与优秀教材的出现。同时，学校还应大力鼓励在选修课程中选择部分有特色的课程，通过加强课程建设，成为校级精品课程，并创造条件申报省级甚至国家级精品课程；争取编辑出版一批关于海洋类通识教育的系列教材并获得省级以上优秀教材立项。要采取一定措施鼓励高职称教师开设公共选修课程，特别是鼓励开设新课。

3.不断改进和更新教学方法

课堂教学主渠道作用的发挥，有赖于学生对课程的兴趣。因此，必须通过不断改进和更新教学方法，吸引学生的学习兴趣，提高公选课的教学效果。在教学方法上，要充分研究公共选修课的特点，注重教学内容的趣味性，采用开放式教学，发挥影视等多媒体的作用，有效利用并拓展选修课教学资源，激发学生的兴趣。要引入多种形式的教学考核指标，强化对学生综合素质的训练。在课型上，可设计成导论型、影视作品选读型、专题研究型、技能型等。[①]教学重点是启迪学生的思路，让学生了解不同学科知识体系之间的内在联系，培养学生发现问题、分析问题和解决问题的能力。要充分运用课堂讨论、情景模拟、项目参与、社会实践、角色扮演等教学方法，使学生真正成为学习的主体。此外，学校也要定期对开设选修课程的教师进行必要的培训，创新教学方法，使教学内容更加适合等公选课的目标要求。

4.充分利用各种校内外资源，拓展选修课的第二课堂

校园海洋文化氛围的形成可为海洋类选修课的开设创造良好的条件。学校可利用校园的网络、广播、报纸及板报等，经常并反复播放海洋信息报道，加大海洋时事、海洋科研、探险活动等专题报道的发布力度，图书馆内可划定区域开设海洋专栏，放置海洋知识类的杂志，定期举办海洋知识讲座、海洋画展及摄影展览，开展演讲比赛和论坛等，以提高学生学习海洋知识的兴趣，烘托学生学习海洋课程的氛围。

社会实践活动是选修课学习的最好补充。课堂上的学习必须与社会实践活动相结合才能收到好的效果。为此，学校可联系企业和社会，签订校企合作办学协议、建立校外实习及实践基地，充分发挥产学研相结合对培养学生能力的作用。如可与当地海洋局、海事部门、海监基地、海军共建海洋活动基地，坚持“请进

① 孔令民，汤去峰，覃柳怀等.海洋类高校公选课改革和教学管理探讨[J].管理观察，2014(6)：160—161.

来，走出去”的原则，定期举办一些海洋夏令营、海洋社会实践活动等，邀请海洋问题专家到学校讲学，开展观摩活动、海洋体验活动及海洋知识竞赛等，让学生走出校门，接触海洋。此外，还可通过在暑期开展大学生“三下乡”活动和举办夏令营等活动，让学生走进海滩、海岛、渔港、渔村，参观码头、港口、临海工业区等，置身于海洋文化氛围，体验海洋经济的价值，培养海洋人文情怀。

（四）完善海洋类公共选修课等公选课的课程管理办法，确保公选课教学质量

为进一步提高海洋类选修课等通识教育课程的质量，与新的人才培养方案的相适应，学校要制订相应的制度，严格并完善公选课的立项和申报程序，加强过程管理。对于已获立项的选修课程要给予相应的课程建设经费，以确保其后续发展。要建立选修课（通识教育）课程更新制度。此外，还要出台一些措施鼓励学生修读公选课，并加强选课指导。

本文原刊于《钦州学院学报》2015年第8期，为钦州学院高等教育改革工程项目“涉海地方院校海洋类公共选修课建设的研究与实践”研究成果。作者：吴小玲，钦州学院教授，广西人文社会科学重点研究基地北部湾海洋文化研究中心执行副主任。

海洋文化资源在高校思政课教学中的运用
——以广西沿海高校为例

赖 燕

【摘 要】广西沿海高校把北部湾海洋文化资源引入思想政治理论课实践教学，有利于增强大学生民族自豪感和爱国情操，培养大学生的审美情趣和人文素养，培育大学生的生态文明观，激发大学生服务北部湾经济区发展的热情。必须通过“三个坚持”来加强广西北部湾海洋文化资源在广西沿海高校思想政治理论课实践教学中的运用：一是坚持“引进来”——把海洋文化资源融入课堂和校园文化活动；二是坚持“走出去”——组织海洋文化资源调研；三是坚持“拓渠道”——引导学生多渠道了解海洋文化。

【关键词】北部湾；海洋文化资源；高校思想政治理论课；开发与利用

党的十八大提出，要提高海洋资源开发能力，发展海洋经济，保护海洋生态环境，坚决维护国家海洋权益，建设海洋强国。这极大地凸显了加强海洋教育，增强海洋意识的紧迫性。广西北部湾海洋文化资源丰富，广西沿海高校在思想政治理论课实践教学中大力利用海洋文化资源，充分发挥其思想政治教育功能，必然有助于增强大学生海洋意识。然而，由于广西北部湾海洋文化资源的开发利用起步较晚，广西沿海高校对其在思想政治理论课实践教学中的开发利用还比较欠缺。本文将围绕广西沿海高校在思想政治理论课实践教学中大力开发与利用广西北部湾海洋文化资源，充分发挥其思想政治教育功能，从根本上加强海洋意识教育进行一些探讨。

一、广西北部湾海洋文化资源的类型与特征

海洋文化是相对于内陆文化而言的一种文化，是人类在长期对海洋认识利用的基础上，通过海洋实践创造的物质文明和精神文明的总和。[①]海洋文化资源是人

① 黎炳明.广西北部湾经济区海洋文化资源数据库建设研究[J].科技情报开发与经济，2011(3)：96-99.

类海洋生活的遗迹和结晶，广西北部湾海洋文化资源类型主要有：以贝丘遗址、伏波、刘永福故居等为代表的历史人文文化，以疍家文化为代表的渔家盐业文化，以京族为代表的少数民族文化，古代港口遗址和现代港口并存的海洋港口文化，以大清界碑遗址和古炮台为代表的边海防军事文化，以红树林为代表的海洋湿地生态文化等，它们都是广西北部湾海洋文化的精髓。①

广西北部湾海洋文化资源丰富，主要特征如下：第一，历史文化底蕴深厚。自汉代起，中国就以广西沿海合浦、徐闻为主要起点开辟对外交往的“海上丝绸之路”；北部湾至今还保留有新石器时代中期的贝丘遗址、南珠文化、水上木偶戏、京族哈节文化、疍家文化、“三娘湾”神话等一批历史资源、民间文化资源。②第二，资源丰富多样。北部湾海域拥有丰富而独特的空间资源、港口资源、海洋生物资源、滨海旅游资源、海洋油气和矿产资源以及海洋能源资源等。第三，生态优势突出。北部湾分布着红树林、珊瑚礁、海草床等典型海洋生态系统，尤其是广西山口国家级保护区的红树林以及分布于涠洲岛周围浅海、处于我国成礁珊瑚分布边缘的珊瑚礁，作为重要的热带海洋生态系，具有极大的科研和生态价值。③

二、北部湾海洋文化资源在高校思政课实践教学中的作用

开展以海洋文化资源为载体的思想政治理论课实践活动，就是引领学生走进海洋世界，了解海洋的特点、海洋的资源以及海洋对人类发展的现实意义等，不仅直接丰富和充实了思想政治理论课的实践教学内容，还有利于增强学生的海洋意识，极大地提高教学实效性。归纳起来，广西北部湾海洋文化资源在广西沿海高校思想政治理论课实践教学中的作用主要体现在以下几个方面：

（一）增强大学生民族自豪感和爱国情操

一方面，海洋是人类巨大的战略资源宝库，当前，国际海洋开发竞争日益激烈，海洋已成为国防、政治、军事、经济、外交的重要舞台。弘扬中华海洋文化，加强海洋意识的宣传教育已成为当务之急。广西沿海高校在思想政治理论课教学过程中，以广西北部湾海洋文化资源为切入点，把海洋知识教育纳入思想政治教育的范畴，尤其是对大学生围绕我国作为海洋大国在海权方面的历史经验和教训，进行认真总结和汲取，加强海权意识的培养，把海权意识培养作为大学生开

---

① 广西沿海地区发展概况［EB／OL］. http：//finance.sina.com.cn/hy/20120504/113811986713.shtml，2012-05-04.

② 立足本土资源打造北部湾海洋文化产业［EB／OL］. http：//www.gxzx.gov.cn/new_index/newsview.asp?id=28565&module=n_importantoverture，2010-06-08.

③ 广西沿海地区发展概况［EB／OL］. http：//finance.sina.com.cn/hy/20120504/113811986713.shtml，2012-05-04.

展爱国主义教育的重要方面，不仅有利于增强大学生维护我国领海主权完整、维护海洋权益的信心和决心，还有利于增强他们的民族自豪感和爱国情操。

另一方面，北部湾海洋孕育了悠久的人文历史文化，广西北部湾是我国古代“海上丝绸之路”的始发港之一，同时有着丰富多彩的渔家习俗、海洋人文历史遗迹，以及各种民俗文化交相辉映，光彩夺目。这些人文资源留下了远古的足迹，民族的印记，对浸润学生的文明素养，促进学生的身心健康成长具有重要的影响作用。以广西北部湾海洋文化为载体开展思想政治理论课实践教学，使大学生对北部湾海洋所孕育的人文历史文化有更深入的了解，如了解刘永福、冯子材民族英雄的爱国精神，既让他们开阔眼界，丰富知识信息，又使他们受到人文精神的感染和鼓舞，增强他们的民族自豪感和爱国情操。

（二）培养大学生的审美情趣和人文素养

《国家中长期教育改革和发展规划纲要（2010—2020年）》明确指出：要加强美育，培养学生良好的审美情趣和人文素养。这项要求也应体现在高校思想政治理论课的教学过程中。海洋文化资源包括海洋历史文化、海洋民间文化、海洋景观文化、海洋节庆文化和海洋经济文化等，这些文化包含了丰富的人文信息和艺术美。一方面，广西北部湾除了有众多美丽的海洋自然景观，海洋生物种类也非常丰富，这些动物的造型丰富、生动，是大自然所创造的生物美。另一方面，北部湾经济区沿海居民在长期征服海洋、繁衍生息的过程中，孕育了绚丽的海洋文化艺术，创造了属于他们自己的独特文化和民俗艺术。如京族的“唱哈”、水上木偶戏、独弦琴、桂南采茶、北海咸水歌、老杨公、鹩剧、八音以及与海洋相关的嘲剧、丛剧等。独特的民俗艺术有着丰富内涵，也代表着北部湾海洋文化的民俗美。大学生在实践教学活动中接触这些自然景观美、生物种类美和民俗美等，不仅可以鉴赏其中美的形象、美的意境，还可以了解北部湾海域渔民的风土人情，必然有助于培养他们良好的审美情趣和人文素养。

（三）培育大学生的生态文明观

如前所述，北部湾海洋具有独特的资源优势与环境优势，这是丰富的自然生态教育资源。关心自然生态是人类发展的重大主题，在思想政治理论课实践教学中引导大学生关注北部湾的生态优势，有助于培养他们的生态文明观。例如，广西钦州三娘湾海域水质优良，海产资源极为丰富，是中华白海豚世代栖息地之一，被誉为“中华白海豚的故乡”。钦州市在建大港、兴产业、造新城的过程中，如何处理好工业发展和海洋生态保护的关系，保护好钦州这片海域，从而保护中华白海豚，就是值得大学生关注的生态问题。大学生在关注这样的生态问题过程中会自觉地增强生态意识，从而培育生态文明观。

（四）激发大学生服务北部湾经济区发展的热情

长期的文化积淀，耕海牧渔的北部湾人身上已逐渐聚成了一种自信自强自立、奋斗不息、不甘落后、积极向上的可贵精神。例如，上世纪九十年代初，钦州人不等不靠，在“敢想、敢干、敢冒”的思想指导下，自筹资金建设钦州港起步码头，大胆地拉开了钦州建港的序幕。正是以这样的拼搏创业精神，自信自立的现代北部湾人今天又在唱响着家乡加快发展的主旋律。他们正在以港口建设为龙头，以发展沿海工业为重点，以基础设施为保障，以城市群为依托，以开放创新为动力，拉开了北部湾经济区实现跨越式发展的序幕。

北部湾经济区的建设与发展需要大批的人才，这些人才最主要是来自广西高校特别是广西沿海高校。在思想政治理论课实践教学中让大学生了解北部湾人民的精神品质和北部湾的发展现状，引导他们学习北部湾人民的可贵品格。在这样的品格熏陶下，有利于加深他们对北部湾的热爱，从而激发他们服务北部湾经济区发展的热情。

三、北部湾海洋文化资源在高校思政课实践教学中的运用

要充分发挥广西北部湾海洋文化的思想政治教育功能，从根本上增强广西沿海高校大学生海洋意识，提升思想政治理论课教学的实效性，探索如何把广西北部湾海洋文化资源引进实践教学环节是关键。

（一）坚持“引进来”——把海洋文化资源融入课堂和校园文化活动

把海洋文化资源融入课堂，就是在思想政治理论课的课堂教学中，根据教学内容安排，有选择地引用一些与海洋文化资源有关的案例，把“海洋文化”作为大学生思想政治教育的着力点。例如，可以设计以下的思考讨论题：钦州作为养育国家一级保护动物中华白海豚的沃土和乐园，在开放开发中应如何让白海豚与大工业同在？如何让民族英雄刘永福、冯子材留给北部湾人民的宝贵精神财富发扬光大？北部湾要发展成为中国沿海发展“新一极”，大学生应培养哪些过硬素质服务北部湾发展？围绕海洋在国际竞争中的重要地位和新形势下我国海洋权益面临的挑战，谈谈如何建设海洋强国等。

把海洋文化资源融入校园文化活动，就是广西沿海高校在举办校园文化活动

过程中，应突出面向海洋的特色，举办“海洋文化进校园”为主题的活动，大力宣传海洋文化，营造浓厚的海洋文化教育氛围。用海洋文化声张海洋权益，用艺术形象塑造海洋意识，让海洋主权深入人心。比如，可以开设海洋文化活动月，举行海洋知识展览和海洋知识竞赛，举办北部湾海洋环保征文竞赛，聘请知名专家做海洋文化讲座等活动；还可以在校园网创办海洋文化教育网，让学生在各类海洋文化活动的参与中进一步了解海洋知识文化，了解北部湾，增强利用海洋、保护海洋的现代理念，坚定服务北部湾发展的信心与决心。

（二）坚持“走出去”——组织海洋文化资源调研

海洋文化资源调研对象包括海洋历史文化、海洋民间文化、海洋景观文化、海洋节庆文化和海洋经济文化等，如渔家小院、渔港码头、海洋主题公园、沿海著名历史遗迹、沿海民间传统艺术等。这些海洋文化资源包含了丰富的人文历史信息和经济社会发展信息，组织学生开展海洋文化资源调研，使他们增强学习海洋知识的乐趣，进一步开拓眼界，增长海洋知识和为海洋事业发展服务的兴趣和信心，以更好地与所学专业结合起来，不断地提升自我。

广西沿海高校可以利用节假日或双休日，组织学生围绕钦州、北海、防城港三个沿海城市的海洋文化资源进行调研。由于经费限制，可以选取个别班，或者每个班抽选部分学生参与，也可以让学生按照一定的名额报名参加。参加调研的学生可以分成若干个小组，出发前对他们提出调研要求，例如，要求学生了解海边渔民的生活状况，探访他们近几年海域捕捞的情况，搜集渔民对海洋环保的看法，等等。调研回来后要按小组写好调研报告并上交，教师把一些写得比较好的调研报告向全体学生展示，让全体学生都有机会了解调研的情况，领略海洋文化资源信息，使海洋文化资源的思想政治教育功能得到更大程度上的发挥。

为了让学生更方便地开展海洋文化资源调研，高校应跟一些单位合作，建立长期稳固的实践教学基地，如三娘湾、钦州港中山公园、北海合浦海上丝绸之路始发港、北海银滩、防城港大平坡等著名的景区和遗址，都可创建为稳定的海洋文化资源实践调研场所。

（三）坚持“拓渠道”——引导学生多渠道了解海洋文化

除了在教学活动中，给学生创造机会认识和利用海洋文化，还应该引导学生在平时的生活中多渠道了解广西北部湾海洋文化，增强海洋意识。

一是在进行北部湾海洋休闲旅游活动时，应关注当地的文化信息，并带着些问题玩、看、体验，例如，结合海洋强国建设的目标和当地历史人文信息、海洋经济与海洋文化发展等方面信息进行思考；二是在业余时间可以通过网络、报纸、书本等方式学习了解北部湾海洋文化，比如，欣赏《中国北部湾》纪录片，可以较生动全面地了解北部湾发展状况和北部湾海洋文化；三是鼓励来自北部湾沿海的学生主动在同学当中畅谈分享家乡的海洋文化信息，使得学生能在日常交流中自然而然地了解到北部湾海洋文化；四是鼓励学生积极向涉海专业的同学请教学习海洋知识，同时，涉海专业学生也应主动与其他同学介绍分享自己的一些基本专业知识，开拓他们的海洋文化视野。

本文原刊于《钦州学院学报》2013年第6期。作者：赖燕，钦州学院社科部讲师。

广西北部湾经济区海洋文化资源数据库建设研究

黎炳明

【摘　要】海洋经济对经济发展的促进作用日益突出，而海洋文化对海洋经济的发展具有推动作用。随着北部湾经济区的发展，这个区域的文化研究不可避免地把目光投向海洋，海洋文化逐渐成为一个相对独立的研究对象，本文就广西北部湾经济区海洋文化资源数据库的建设提出探讨。

【关键词】北部湾经济区；海洋文化；数据库建设

引　言

21世纪是海洋世纪，海洋经济被喻为"蓝色经济""蓝色引擎"，海洋经济对经济发展的促进作用日益突出。近年来，中国的海洋经济发展势头持续趋好，经济发展与海洋产业开发的关系越来越紧密，海洋经济是推动国民经济快速发展的强大动力，海洋经济生产总值在国家GDP中的比重逐步提高，从2001年占国内GDP总值的3.4%到2009年的8.6%，2009年海洋经济生产总值达到3.196万亿元人民币。而拥有长达1629千米海岸线的广西北部湾经济区（以下简称北部湾经济区）在海洋经济和临海产业上的发展才刚刚开始，明显落后于其他沿海省份。海洋文化是推进海洋产业开发的隐性力量，为海洋产业开发提供智力和精神支持，在海洋产业开发中起着重要的作用，同时海洋文化对海洋产业开发的领域、方法和内容也有着重要影响[①]。随着北部湾经济区的发展，这个区域的文化研究不可避免地把目光投向海洋，海洋文化逐渐成为一个相对独立的研究对象。

对于北部湾经济区沿海三市唯一的普通本科院校图书馆来说，钦州学院图书馆承担起北部湾经济区海洋文化资源数据库的开发和建设是责无旁贷的，依托区位优势、高校的学术优势和在资源、技术、人才方面的优势，收集、整理和开发海洋文化资源，为北部湾经济区的海洋经济发展提供坚实的保障。

① 林宪生，张磊. 海洋文化对中国海洋经济的影响[J]. 经济研究导刊，2009(10)：128-129.

一、北部湾经济区海洋文化释义及其全方位认识

海洋文化，被喻为“蓝色文化”，“蓝色”是海洋文化的色彩属性。海洋文化是与内陆文化相对而言的一种文化，是人类在长期对海洋认识利用基础上，通过海洋实践创造的物质文明和精神文明的总和，包括海洋制度、海洋意识、海洋观念等众多分支。①海洋文化在任何时代都代表了当时的一种先进文化，其显著特点就是开放、开拓和进取。②

北部湾经济区的沿海城市有钦州、防城港、北海三市，海岸线长达1629千米，自新石器时代就有人类活动，当时的先人也进行简易的渔业活动以获取食物。北部湾是南中国海的一部分，从地域范围来看，由于北部湾沿海地区毗邻岭南区域，因此北部湾海洋文化与岭南文化关系非常密切，岭南文化是北部湾海洋文化的基础，而北部湾海洋文化最初形成于先秦时期，随着与外界的交往日益频繁，其后深受中原文化的熏陶。借助于北部湾沿海独特的区域优势和资源优势，孕育了北部湾独特的海洋文化风格和体系。

北部湾海洋历史文化源远流长。历史上，合浦是我国最早的海上丝绸之路的始发港，秦汉时期，合浦沿海一带就有了船舶航运的记录，创造一条连接亚、非、欧的开放之路，大胆吸引外来文化。合浦是著名的还珠故郡，有着灿烂的古郡文化，盛产“南珠”，享誉“珍珠城”。

由于海上交通便捷，明宋时期，北部部湾地区已经成为当时中国最活跃的商业贸易地区之一，对后期的商业文化产生深远的影响。汉代以后，更成为南越地区的经济文化交往中心，跨地区、跨国界的商业贸易日益频繁。据《廉州府志》记载：“盛朝之远播，薄海之风外洋，各国夷上商无不航海梯山源源而来，现在幅辏肩摩，实为边海第一繁庶地。”逐渐催生了商品经济意识，形成了以中原汉文化为主、南越土族特色文化为辅、并吸收了海外文化的多元化的文化体系。

二、北部湾经济区独特的海洋文化资源

由于北部湾独特的地理位置，孕育了北部湾海洋的特色文化。这里讲的北部湾经济区区域主要包括钦州、北海、防城港等沿海三市，此区域属于泛珠三角海洋文化区域，具有闽南海洋文化、潮汕海洋文化、闽粤海洋文化的特征，长期以

① 农作烈等. 借海洋文化之风扬泛北部湾经济合作之帆［J］. 南方国土资源，2007（11）：12-15.

② 吴继陆. 论海洋文化研究的内容、定位及视角［J］. 宁夏社会科学，2008（4）：126-130.

来吸纳了中原文化和海外文化，形成了北部湾地方特色的海洋文化。

（一）海洋历史文化资源

1. 史前文化

“灵山古人类洞穴”是目前已发现的广西地区分布最南且时代最早的旧石器时代文化遗址，再如钦州的独料和谭池岭唐瓷新石器遗址，均表明新石器时期北部湾沿海就有先民活动。贝丘文化和大石铲文化均为北部湾地区新石器时期文化遗址的主要特征。[①]

2. 伏波文化（马援）

伏波文化是指东汉名将马援及其将士征战于中国岭南沿海地域，为巩固边疆、安定国家立下赫赫战功，为促进中国岭南地区经济、社会和文化的发展作出了突出的贡献，后人在岭南沿海地域甚至越南建立伏波庙加以供奉，进而演绎和积淀了丰富多彩的伏波文化，包括历史文化、宗教信仰、思想道德和民风民俗等。马援班师回朝后，留下大批的士兵和部分将领，这部分被称为“马留人”的人群与当地的雒越人居住生活在一起，使中原地区的生产技术和中原文化更好地在当地传播开来。因此，伏波文化也称“马留人”文化、马援文化。

3. 海神文化

波澜壮阔、气象万千的大海赋予北部湾沿海人民坦荡的胸怀和顽强拼搏的精神。独特的生产、生活环境铸造了他们独特的海神信仰。具有代表性的是入选第一批自治区级非物质文化遗产名录的东兴市京族人的“京族哈节”，哈节是为了纪念海神公的诞生。京族人以海洋渔业生产为主，信奉海神，已经有近五百年的历史。“唱哈”、竹竿舞、独弦琴，被誉为京族文化的三颗“珍珠”。每逢节日喜唱海歌，喜跳海舞，以嘹亮的歌声和优美的舞姿将海神迎回哈亭敬奉，祈求人畜兴旺，五谷丰登。此外，还有北海的外沙龙母庙会，钦州康熙岭镇横山伏波大庙将军出游活动等。

4. 疍家文化

学界认为，疍家是两广和福建一带以水上居住的渔民，疍家不是一个独立民族，是一个独特民系，属汉族。而《广东通志》中记载：“疍民，是当年越人抵抗秦始皇统治的遗民”；也有人认为疍民是古百越族人的后代；还有一种具有传奇色彩的说法，认为在东晋末年，农民起义领袖卢循顺海南下，失败后部下四散，有一部分乘船漂泊成为水上人家，从事打渔、摆渡等职业。统治者们对他们约法三

① 吴小玲等．环钦州湾历史文化遗产现状及开发利用［J］．钦州学院学报，2008，23（4）：31-35.

章：不准上岸居住，不准读书识字，不准与岸上人家通婚。一千多年来，这种清规戒律延续下来，水上人家就逐渐演变成为特殊阶层——疍家。

沿海三市的疍家人主要集中在北海，在长期的生产和生活中，疍家人形成自己独特的生活习俗和风土文化，常见的文化活动是唱咸水歌，最具特色的是疍家婚礼。北海疍家咸水歌和疍家婚礼均入选了自治区级非物质文化遗产。

5. 钦州坭兴陶艺

据《钦州县志》记载，远在一千二百多年前的唐开元年间已发现有类似的陶艺品，到清代咸丰年间发展昌盛，得名为“坭兴”。钦州坭兴陶艺是选取钦江两岸红土泥，经淘洗、选练、拉坯成型、烧制、打磨而成 陶品的系列工艺技能，与江苏宜兴紫砂陶、四川荣昌陶、云南建水陶同被誉为“中国四大名陶”。2008年6月钦州坭兴陶传统烧制技艺被确定为第二批国家级非物质文化遗产。

6. 戏剧文化

北部湾经济区沿海三市历史悠久，在漫长的的社会发展过程中，沿海各族人民不仅创造了丰富的物质文化，也创造了极富地方民族特色的非物质文化。以戏曲为例，桂南采茶戏(钦南采茶戏)，被列入第一批自治区级非物质文化遗产扩展项目名录。钦州采茶戏是在福建、安徽、江西的“采茶灯”、湖南、湖北的“采茶歌”、桂北地区的采茶舞“的基础上发展起来的，属桂南采茶类的地方小戏，极富地方特色。“北海咸水歌”被列入第三批自治区级非物质文化遗产，“北海咸水歌”是北海疍家所唱的一种洋溢着海之韵味、极富情调的民间歌谣。此外还有水上木偶戏、鹩剧、八音，以及与海洋相关的嘲剧、丛剧等。

7. 民间文学

钦、北、防三市的民间文学和民间传说非常丰富，极具代表性的是被列入第一批自治区级非物质文化遗产名录的“合浦珠还”民间传说。再如被列入钦州市第二批非物质文化遗产名录的灵山大芦村楹联；被列入第三批非物质文化遗产名录的有冯子材的传说、刘永福的传说、龙泾还珠、景公庙的传说、马援命陨交趾、三婆石、苏三娘的传说、朱千岁在灵山、环秀桥的故事、烟墩大鼓的故事等。

(二)海洋生物文化资源

北部湾享有最洁净港湾之美誉，海洋生物资源突出，特色鲜明，生物资源种类繁多，驰名中外的合浦珍珠（又称南珠）就产在北部湾。钦州三娘湾是国家一级保护动物华白海豚的栖息地。北部湾的浮游生物十分丰富，浮游植物2000个/立方米，浮游动物150毫克/立方米，底栖生物143克/立方米，是高生物量的海区，也是中国著名热带渔场。北部湾鱼类有500多种，虾蟹类220多种，主要经济鱼类50多种、经济虾类有10多种，沿海经济贝类多；还有许多有科学、药用价值的海洋生物和珍贵稀有资源。此外，沿海一带拥有10.8万亩的红树林，居全国第2位，具有极高的科研价值。

（三）海洋工业文化资源

北部湾沿海三市的海洋工业已初具特色。沿海石化、钢铁、林浆纸、电力等重大工业项目的建设正密锣紧鼓，经过十几年的西南出海大通道的建设，沿海的公路、铁路、通讯、港口等均得到了较快发展。沿海区域具有较大开发价值的海洋能，主要有潮汐能和波浪能，其中潮汐能开发条件良好，年发电量可达10.8亿千瓦时。未来3～5年内，广西将投资1.5万亿元建设北部湾经济区，重点打造产业、港口、交通、物流、城建、旅游等八大方面，形成以石化、钢铁、林浆纸、电子、能源、生物制药、轻工食品、海洋经济为主的产业集群。

北部湾经济区沿海三港合一，港口产能和竞争力得到进一步提升，2010年港口吞吐能力将突破1.48亿吨。北部湾经济区沿海大小港口21个，港口具有水深、避风、浪小等自然特点，距港澳地区和东南亚的港口都较近，从东到西分布有铁山港、廉州港、三娘港、钦州港、防城港、珍珠港等港湾，形成“天然港群海岸”，彰显独具特色的港口工业文化。

随着钦州港的中石油1000万吨炼油项目的建成投产、防城港核电站的开工建设，在一系列工业项目的布局下，全力打造北部湾经济区临海、临港工业链条，形成北部湾经济区独特的海洋工业文化。

（四）海洋旅游文化资源

北部湾经济区海洋旅游文化的特征与广西沿海地区居住的各种民族民俗资源密切相关，区域内有客家、壮家、蛋家、南珠、侨乡等各种文化，更有别具一格的京族海洋文化，各种民俗文化交相辉映，光彩夺目，形成独特的北部湾海洋文化旅游体系。

京族海洋文化是中国少数民族风情旅游资源中的稀有品种。京族是中国少有的以海洋文化为主要特征的少数民族，京族地区滨临北部湾，从事渔业生产、制盐和鱼类加工等传统劳作，在生产和生活过程中形成了绚丽多彩的生活习、俗宗教信仰和京族文化艺术，极具旅游开发价值。[①]

---

① 廖国一. 东兴京族海洋文化资源开发［J］. 西南民族大学学报（人文社科版），2005（1）：327-331.

北部湾经济区沿海三市的旅游资源十分突出，发展潜力巨大。北海拥有5A级的北海银滩，为特品级旅游资源；另外北海和钦州均拥有4A级景区3处，著名的景区有三娘湾旅游区、八寨沟风景区、北海海洋之窗等。北部湾经济区区域内岛屿众多，最具盛名的是北海涠洲岛，是中国最大、地质年龄最年轻的火山岛，拥有优越的自然条件、丰富的海岛资源、多样的资源类型，具有良好的旅游开发条件。

从资源的分布和组合上看，可以说沿海三市的旅游资源多种多样、各具特色，优势互补，其中北海主力打造滨海休闲度假旅游、海洋资源、海上跨国游，钦州重点发展海岛生态观光、历史文化、休闲度假游，防城港发挥山海特色资源优势创建“上山下海出国”的特色旅游，全面打造北部湾经济区海洋旅游圈。

三、北部湾经济区海洋文化资源数据库结构组成

北部湾经济区海洋文化资源开发和建设相关探讨在学界和政界均有表现，比如梁燕《北部湾海洋文化特质及开发路径研究》、刘镜法《北部湾海洋文化的构架及其利用》、农作烈等《借海洋文化之风扬泛北部湾经济合作之帆》、廖国一《东兴京族海洋文化资源开发》等从不同层面对北部湾经济区海洋文化资源开发和建设提出了见解。近期，由防城港市科协承办的“北部湾海洋文化论坛”取得很好的效果，其中有关“伏波文化”的征文32篇，另91篇征文围绕“弘扬北部湾海洋文化，推动区域经济发展”的主题进行阐述，特点明显，效果显著，为北部湾海洋文化开发和研究提供了导向，具有非常重要的意义。但区域内有关对于北部湾经济区海洋文化资源收集、整理和开发的著作较少，付之于实际行动的单位和机构更少，涉及到北部湾海洋文献的开发建设仅有梁爱香的《浅谈广西北部湾海洋文库的开发建设》以及本人的《浅议北部湾海洋文献库的建设》等为数不多的文章。

（一）北部湾经济区区域文化数据库

主要收录有关区域文化古文献及研究性文献。包括区域内史前遗址、史前文化、沿海各市县概况、历史沿革、地图、海岸线分布、航运、船舶制造、气候资源等。文献资料形式可以多种多样，书籍、文字、口述、图谱、图片、视频、音像以及数字化文献等。地方志作为中华宝库的珍贵财富，享有“地域百科全书”的美誉，因此，沿海三市的市志及各辖市县的县志也应收录在内。利用区域内丰富的信息内涵，建立北部湾经济区区域文化数据库。

（二）北部湾经济区特色文化数据库

主要收录包括伏波文化（马援）、海神文化、民俗文化、民间文学和传说以及钦州坭兴陶艺等。可以建设具有针对性的京族海洋文化子库、伏波文化子库、民俗文化子库、钦州坭兴陶艺子库和刘永福、冯子材等名人数据库。

（三）北部湾经济区海洋文化艺术库

北部湾经济区沿海居民在长期征服海洋、繁衍生息的过程中，孕育了绚丽的海洋文化艺术，形成了独特的海洋文化形式。如京族的“唱哈”、水上木偶戏、独弦琴、桂南采茶、北海咸水歌、老杨公、鹩剧、八音，以及与海洋相关的嘲剧、丛剧等。可收集沿海三市的书画碑刻、石器陶瓷、建筑艺术、工艺美术作品及民间艺术、音乐、戏曲等的文字资料、道具、图片、视频和音频资料，全面反映北部湾经济丰富的海洋文化艺术内涵，为北部湾经济区海洋文化艺术的深入研究提供信息支持。

四、建设北部湾经济区海洋文化资源数据库应遵循的原则

（一）地域独特性和社会需求原则

社会需求是推动信息资源建设的原动力，信息资源建设最终极的目标是为了利用。因此，海洋文化资源数据库要立足于社会需求，充分反映北部湾经济区地域特色，考虑其于社会的使用价值和需求程度。

（二）标准化和规范化原则

文献资源标准化、规范化是文献资源共享的极其重要的基础性工作，没有标准化、规范化，就谈不上文献数据库的网络化和资源共享。标准化和规范化原则应贯穿数据库建设的整个过程，从数据库的规划和设计、数据源采集、数据识别、数据获取、重组、处理、存储、传播、维护和更新等方面都就严格遵循标准化和规范化的原则。在书目格式、元数据、信息交换码、网络协议等方面，自始自终采用科学、统一的标准和规范。

（三）协作共建共享原则

海洋文化资源数据库的建设必须遵从整体规划、共建、共享的原则，避免不必要的浪费。联合沿海三市及下辖县区大专院校、图书馆、宣传部、博物馆、科研机构等建立一个海洋文化资源联合目录，在区域内搭建一个统一的、开放的

元数据交换平台，建立海洋文献信息资源保障体系，[①]为海洋文化资源数据库的共建、共享奠定坚实的基础。

（四）技术前瞻性原则

数据库开发之初，其设计结构选择、数据库制作软件、数据存储和加工系统等在技术上就应有前瞻性，数据库平台应具有兼容性、检索界面友好、功能齐全以及易维护等特点。数据库建设是一项长期性的工作，把前期工作做好，可以避免多走弯路，节省时间和经费。好的数据库制作软件无论在技术上、界面上、还是在售后都有一定的保障，可以节省一定的人力和物力，把更多的时间和精力放在数据库的开发和建设当中。

五、北部湾经济区海洋文化资源数据库的资源采集

海洋文化资源数据库的资源收集路径包括：沿海三市的大专院校及市县区图书馆、博物馆、民俗馆、出版社、档案馆、史志办、宣传部、文物管理所、明宗局、广电局、民族艺术团、政协文史委及民族研究机构等部门的文献信息资源及网络资源。

目前钦州学院图书馆已经启动北部湾经济区海洋文化资源的搜集工作，前期已经通过互联网搜集到大量的地域文化信息资源，正在紧张有序的加工和整理，往后的工作就是联合区域内图书馆、政府机关、科研院所，建立长期的、固定的协作共建共享的关系，构建海洋文化信息资源采集网络，以达到全面收集北部湾海洋文化信息资源。

据不完全统计，钦州、北海、防城港三市图书馆及宣传部均收藏了大量反映当地政治、历史、民俗、旅游、曲艺、商业、工业、航海、海洋生物等地方特色文化文献。比如钦州市宣传部收藏有大量民族英雄刘永福、冯子材的文献信息资源，北宋大诗人苏东坡、清末民初著名画家齐白石和现代诗人田汉都在钦州留下他们的足迹和美好的诗词佳作，还有反映大量珍贵的文物史料的《钦州文化丛书》等；而反映北海民风、民俗、民态的《北海旅游文化丛书》和反映防城港文化遗产的《防城港文化遗产丛书》都已经出版，非常具有收藏价值。

① 梁爱香．浅谈广西北部湾海洋文库的开发建设[J]．图书馆界，2008(4)：45-48.

结 语

北部湾经济区海洋文化信息资源丰富多彩，它记录着沿海三市居民从事生产、生活和实践创造的史实和经验，是一笔极其重要的精神财富。北部湾经济区海洋文化资源数据库的建设具有积极的社会意义，但北部湾经济区海洋文化资源数据库的建设单靠一个人、一个部门或者一个单位是无法完成的，需要北部湾沿海人民的群策群力，合力攻坚，早日完成数据库的建设，为北部湾经济区海洋经济的发展保驾护航，为创建海洋文化名区而不懈努力。

本文原刊于《农业图书情报学刊》2010年第2期。作者：黎炳明，钦州学院图书馆副研究馆员。

广西北部湾经济区民族文化保护与传承
——特色文献馆藏建设策略

龚军慧

【摘　要】广西北部湾经济区民族文化是各民族在漫长的历史进程中融合发展起来的以“海洋性”为特征的多元一体民族文化模式。广泛收集和挖掘整理北广西部湾经济区民族文化资源，构建特色文献馆藏，对于促进广西北部湾经济区经济社会发展，具有十分重要的现实意义。本文从“收藏图片与民族歌舞音像、收集艺术类实物与文史资料成果，以及文献资源数字化”等方面入手，探讨了钦州学院图书馆民族文化特色文献馆藏建设的策略。

【关键词】民族文化保护与传承；特色文献馆藏建设；广西北部湾经济区

广西北部湾经济区主要由南宁、钦州、北海和防城港即所谓“南钦北防”4个城市组成，2008年上升为国家发展战略。随着经济区内人们生活水平的提高，长期以来形成的民族文化模式也将发展变化和变迁，经济区内的非物质文化和活态文化模式的保护不容迟疑。本文拟通过对特色文献馆藏建设对民族文化保护与创新的重要性分析，探讨了广西北部湾经济区民族文化保护与创新中特色文献馆藏的实现策略。

一、民族文化模式与特征

（一）民族文化模式

广西北部湾经济区有着丰富的民族文化资源和悠久的历史传统，与中原文化相比较，其民族文化是一种具有相对独立、特色鲜明、内涵丰富的独特文化模式[①]：第一，以广西北部湾经济区的自然生态环境为依托的海洋文化；第二，以农耕文明为基础的稻米文化；第三，是以传统对外贸易活动与活态文化传承为主题的古代“海上丝绸之路”和铜鼓文化；第四，以近代通商口岸城市和当代中国—

① 余益中，刘士林，廖明君.广西北部湾经济区文化发展研究[J].广西民族研究，2008(02)：124-130.

东盟博览会为平台的城市文化。[①]广西北部湾经济区海洋文化底蕴深厚，并与各少数民族文化有机结合，形成了上述四种文化模式的核心。经济区内有壮、瑶、京族等民族聚居，民族文化多姿多彩，以海湾文化为主要表现形式。[②]从文化传统角度看，以古代“海上丝绸之路”为链接的国际合作与文化交流和以京族民族文化为代表的少数民族文化，是广西北部湾经济区海洋文化最典型的代表。[③]

（二）民族文化特征

据史料考证，广西北部湾经济区的民族文化形成于先秦时期，由于距离中原文化核心区较远，又深受海洋恶劣生存环境的长期熏陶与影响，在漫长的历史演变过程中，逐渐形成了与我国岭南文化相似类似的南方文化特征，并打上了“开放冒险性、开拓创新性、商贸异域性和多元兼容性”的烙印。[④]

二、民族文化保护与传承的现状及其存在的问题

（一）保护与传承的现状

广西北部湾经济区拥有内涵丰富、特点鲜明的民族文化资源，其主体内容主要是由自然遗产、物质文化遗产、非物质文化遗产和都市文化等四种类型所构成。[⑤]就文化发展而言，经济区民族文化资源，大多数尚未得到很好地开发与利用。目前，在广西北部湾经济区内，利用文化资源既没有看到开发成世界级别的遗产项目，也没有看到开发成国家5A级的观光景点。[⑥]从文化资源的开发价值看，广西北部湾经济区有望成为世界级文化资源的，诸如铜鼓文化、国际民歌艺术节和中国—东盟博览会等。而钦州坭兴陶艺、北海银滩、德天瀑布、青秀山、三娘湾、刘冯故居等则有望成为国家级文化资源。[⑦]近几年来，各级政府加大了对非物质文化遗产保护的力度，以京族为代表的各种文化资源的保护才真正受到当地政府和有关部门的重视。

① 林加全，梁芷铭，官秀成.构建面向东盟的广西北部湾经济区企业文化建设保障体系［J］.东南亚纵横，2011（08）：53-60.

② 符蓉.浅谈广西民族民俗文化的保护、传承与艺术职业教育的有机结合与良性互动［J］.广西教育学院学报，2012（05）：31-33.

③ 余益中，刘士林，廖明君.广西北部湾经济区文化发展研究［J］.广西民族研究，2008（02）：124-130.

④ 林加全.广西北部湾经济区高校思想政治理论课实践教学新模式探讨——以钦州学院为例［J］.教育教学研究，2011（09）：95-96.

⑤ 林加全.广西北部湾经济区高校思想政治理论课实践教学新模式探讨——以钦州学院为例［J］.教育教学研究，2011（09）：95-96.

⑥ 余益中，刘士林，廖明君.广西北部湾经济区文化发展研究［J］.广西民族研究，2008（02）：124-130.

⑦ 余益中，刘士林，廖明君.广西北部湾经济区文化发展研究［J］.广西民族研究，2008（02）：124-130.

（二）存在的问题

1. 活态文化活动缺乏系统规划部署

防城港市东兴京族哈节作为活态文化载体长期延续下来实属不易。该节日主要是由翁村（村里的长者）来主持，而节庆饮食负责人则按照“乡饮簿”登记的顺序安排成年男子担任。但是传统上整个哈节活动的费用均为个人自掏腰包。迎神和送神活动仪式都有要卜卦，出现三次“胜珓”（阴阳卦）的卦才可到海边举行，而且天气转好时迎神队伍才开拔等，这也表明了哈节活动的随意性。此外，在“哈哥”、“哈妹“的“唱哈”中也未规定演唱者的具体要求，全凭参与者自愿，程序虽然繁复，但整个过程具有较大的随意性。最具京族文化特色的三颗“珍珠”——唱哈、竹竿舞、独弦琴的表演，由于没有严格的设计与规划，所以它的演出地点和时间均有不确定的特点。[①]正是由于缺乏系统规划部署，因而不能让游客完整地领略京族文化的风情而留有遗憾。

2. 政府主导与文化主体的意愿脱节

随着国家对非物质文化遗产保护的高等重视，广西北部湾经济区的民俗文化也日益受到关注，文化事业发展也逐渐将京族文化的传承纳入当地政府重要的议事议程。比如，“哈节”就不仅是东兴的“哈节”，而逐渐发展成为防城港市的“哈节”，甚而至于又进一步推出了以“哈节”为“药引子”，以“金滩旅游度假旅游区”为“平台”的所谓商贸旅游文化活动了。这种由“哈节”而引发的各种活动，实际情况是并没有得到当地民众的大力支持的，其原因是该地区的民俗活动只属于当地民众自身与生俱来的东西，况且这种借“哈节”而开展的活动真正获利的却不是民族文化活动主体——京族人，所以参与“哈节”等系列活动的积极性和效果大打折扣。

3. 经济快速发展使民俗传承出现断流

随着我国实行改革开放，特别是北部湾经济区上升为国家发展战略，中国与东盟各国的贸易往来频繁，势必对区内民族文化带来巨大的影响与冲击。例如，随着中国和越南两国外交关系的好转，由于京族人精通越南语，很多京族年轻人积极从事到边境贸易等商业活动，居民的生活水平得到提高，生活质量也得到了很大的改善，经济社会持续稳步发展。经济社会的快速发展导致京族人原有思想观念发生改变，由于年轻人大都外出打工赚钱，因此现在很少有人沿用京族的字喃或独弦琴，在某种程度上在京族文化的传承和保护上出现了“断层”或“断流”，

① 蓝武芳.京族海洋文化遗产保护[J].广东海洋大学学报，2007：6-9.

这无疑将极大地影响京族民族民俗传统文化的传承与发展。

三、特色文献馆藏建设的重要性

钦州学院是广西北部湾沿海地区唯一的公立本科院校，肩负着服务广西海洋经济和广西自治区重点产业发展对高层次应用型人才需求的历史使命，面临着转型发展和加快创建北部湾大学的双重目标任务。加强特色文献馆藏建设，可有助于发挥钦州学院在人才培养、科学研究、社会服务以及文化引领等方面的功能作用，更好地保护和传承广西北部湾经济区的优秀民族文化。

（一）保护民族文化，满足世界文化多样性的要求

广西北部湾经济区的民俗风情文化类型多样，内容丰富多彩，群众文化独特。民间的、民族的文化艺术形式，如跳岭头、采茶、龙舞等活动呈现出百花齐放，万紫千红的局面，也就为广西北部湾地区经济社会发展注入新的文化活力。比如广西的壮族歌谣、客家歌谣、海歌和采茶歌的钦州民间歌谣（海歌）等，它们的传播范围就比较广，是典型的口头文化与非物质文化的宝贵遗产。钦州陶艺如坭兴陶，作为我国四大名陶之一，具有深厚的文化内涵和丰富的艺术表现形式，也是促进北部湾经济区持续稳定发展的宝贵文化财富。①

（二）建立平台载体，加强学术研究

建设钦州学院加强民族文化特色文献馆藏，可拓展图书馆作为民族文化教育教学场所与科研实验基地的职能，学生通过各种文化载体和先进的传媒手段，领略该地区民族文化的精髓与风采。②如学生们可以在此学习钦州陶艺、绘画与雕塑、艺术设计、滨海新城规划等；可以学习民族的音乐、舞蹈，如壮族歌谣和钦州的民间歌谣；学习民族的语言、文学；学习钦北防地区的历史地理、风土人情等。特色文献馆藏的建设为北部湾经济区民族文化的研究与发展提供了全方位的思路与平台，可提升该地区民族文化的研究的水平，使我国学者在国家和世界文化遗产的研究方面上占有一席之地。

（三）构建文化交流窗口，促进民族文化发展

首先，特色馆藏建设，宣传北部湾经济区优秀民族文化，尊重当地优秀民族传统文化艺术，一方面，可促进各民族和平相处，共同繁荣，另一方面也可体现

① 龚军慧.旅游地区特色馆藏建设中的非物质文化保护——以湘西少数民族非物质文化保护为例[J].图书馆学刊，2009：27-28.

② 龚军慧，魏伟.试论地方高校图书馆的特色馆藏建设——以湘西土家族、苗族等少数民族文化保护为例[J].科技情报开发与经，2006（05）：16-17.

党和国家的民族平等政策，密切党群关系。[①]其次，北部湾经济区独特的区位和地利优势，可将北部湾经济区的旅游经济定位在“滨海生态旅游”上，体现以人为本的文化活动和深厚的民族文化底蕴。第三，特色馆藏是作为研究广西北部湾经济区优秀民族文化资源的人文基地，宣传优秀民族文化精华的窗口，在继承优秀民族传统文化的基础上，并不断借鉴外来民族的先进文化，不断发展本民族的新文化，为世界民族文化宝库的文献资源建设添砖加瓦。

四、特色文献馆藏建设的策略

通过对北部湾经济区民族文化特色文献馆藏建设，可以较好地起到保护和传承民族文化，促进学术研究与交流的作用，满足世界文化要求多样性的需要。然而，由于历史的和现实的原因，目前，对北部湾经济区内优秀民族文化资源的保护、开发和利用，还存在缺乏统一部署和规划、政府指导与文化主体愿意脱节等问题。为加快北部湾经济区民族文化的保护与传承，提升服务经济区发展的职能，笔者认为还应从特色文献馆藏建设的原则和内容等方面入手进行认真地分析和研究。

（一）特色文献馆藏建设的原则

1. 突出特色原则

特色文献馆藏建设是地方本科科院校服务地方或区域经济社会发展的需要。钦州学院的办学宗旨，就是为广西海洋经济和自治区重点产业发展培养培养高层次应用型人才。[②]因此，要有重点地收集广西北部湾沿海地区民族文化特色文献资源，挖掘整理并打造民族文化的馆藏特色和优势，打造馆藏资源文献的“人无我有，人有我特”的特色，也只有这样，馆藏资源的特色和优势才能凸显。同时，特色馆藏建设还要结合广西北部湾经济区民族文化的特色，找准发展方向和着力点。宁夏回族自治区图书馆就十分注重收集回族的文献资料；宁夏大学还成立了回族研究所，藏书近 2000余册，逐渐形成自己的馆藏特色与优势，成为宁夏地方民族文献中心。[③]但钦州学院图书馆目前有关民族文献所占比例较少，具民族特色的重要文献资料的收藏更显不足，这势必会给钦州学院的高等教育教学与科学

① 杨昌斌.高校图书馆特色馆藏建设与苗侗民族文化的传承［J］.图书馆建设，200(04)：23-25.

② 朱其现.图书信息资源建设与办学特色目标的实现——以广西新专升本地方院校为例［J］.贺州学院学报，2008(12)：79-82.

③ 石永梅.论加强高校图书馆的地方文献建设［J］.塔里木大学学报，2005(03)：101-103.

研究等活动带来一些不利的影响。[①]

2. 开发与保护并举原则

文献情报信息资源是图书馆服务功能的基础。钦州学院在构建特色文献馆藏的同时，还要围绕高校的“专业设置、教育教学改革，科学研究与科技服务”来展开，重视对文献情报资源的开发、利用与保护，保障重要文献资源的完整性与连续性。[②]因此，将特色文献资源开发与利用好，把馆藏静态的特色文献转变为动态的知识及信息资源，并通过不同的媒介形式，最终实现能最大限度地被广大读者所利用的目的。此外，一方面还要根据民族文化特色文献馆藏建设的特点，尽量收集本校出版物和本校教师的学术论文、科研成果，本校学生和研究生的毕业论文等作为特色文献馆藏的资源。另一方面也要广泛收集整理地方民族的其他文献信息资源，其中包括不同文字记录的民族文献与信息，无文字民族的简易图符记录或用语言世代相传形成的口头文化信息文献资源等，以不断充实特色文献馆藏建设的内容。

3. 服务学科与专业群建设原则

在全面深化改革的新形势下，高等教育改革的目标之一，是推进建立现代职业教育体系，引导一批地方高校向应用技术大学转型发展。钦州学院目前面临着“转型发展”和创建北部湾大学的双重目标任务。转型发展工作重点是构建以培养高层次应用型人才为目标的学科专业群。因此，广西北部湾经济区民族文化特色馆藏建设，要坚持与构建学科专业群相结合的原则，因为高校图书馆的特色文献馆藏建设，只有与本校的学科建设和专业建设有机地结合起来，才能更好地促进学科专业的发展，适应广西北部湾经济区发展的需要。钦州学院特色文献馆藏建设的理念应该是：突出反映广西北部湾经济区民族民风民俗、风土人情、歌舞技艺等文化特色，更好地为高等教育事业服务。

（二）特色文献馆藏建设的内容

广西北部湾经济区内文化资源开发利用的潜力巨大。多年来由于经济基础差，教育水平低下，文化发展的观念相对滞后，却极具开发潜力，但也面临巨大的挑战。根据需要和实际，北部湾经济区民族文化特色文献馆藏建设的主要内容从以下几个方面加以考虑。

---

① 王兰英，李洁.民族高校图书馆民族文献特色建设[J].图书馆理论与实践，2004(05)：85-86.

② 马翠凤，李淑英.专业图书馆的特色馆藏资源建设与服务创新[J].图书馆学刊，2006(04)：89-90.

1. 收藏图片与民族歌舞音像

京族聚落文化的表现形式多样、底蕴深厚，尤其是京族一年一度的“哈节”，就代表了京族人祈福、祭祀、拜祭、团聚等增进乡情、娱乐交友的祈愿，这种活态的文化形式需要加快采取措施进行录音录像加以收藏。同时还要收藏典型民间歌舞如跳岭头、采茶、龙舞等图片。收录壮族歌谣、客家歌谣、海歌、和采茶歌的钦州民间歌谣的影像资料。收藏少数民族如京族的头饰服饰变化图、节日庆典活动图、风情图，民族英雄刘永福、冯子材等历史人物及重要遗址图——刘冯故居全景布局图。

2. 收集实物与文史资料成果

在美术实物方面，主要收藏钦州陶艺的坭兴陶作品、广西北部湾经济区各民族在实际的生产生活中创造了丰富的、特色鲜明的民族民间乐器，如铜鼓等实物及其制作工艺，钦州学院坭兴陶艺专业方面教师和学生的部分优秀的陶艺作品等。笔者对钦州学院近几年来科研内容的统计表明，约有35%的课题是关于北部湾地区当地的民族民俗文化的研究，涉及民族语言、迁徙、边境贸易、民俗习惯等。因此还要对相关民族文化的研究成果(如论文、论著、曲目等)、研究成果目录、研究方向的介绍资料等实物进行收集整理，以充实馆藏实物资源。

3. 文献资源数字化

图书馆要充分利用录音、录像及多媒体等现代技术，对京族等少数民族的语言文学、民间曲艺、音乐舞蹈、美术绘画、传统工艺、民居建筑、民族服饰、日用器具以及传统节日、庆典活动、民间体育与民间游艺、民俗风情等，对它们进行真实的记录，数字化处理后保存与图书馆馆藏文献资源之中。

结　语

钦州学院图书馆文献馆藏建设要在“特色”上下功夫，针对特色文献馆藏建设的主要任务、功能、工作任务和服务对象，按照“人无我有，人有我特”的基本原则，建立科学合理的民族特色文献收藏规则与制度，加强特色馆藏资源的数字化处理，突出专业性、完整性、全面性、连续性的资源特点，力争其覆盖其他院系以及相关科学研究单位与机构。挖掘整理广西北部湾经济区民族文化资源，要采取“收藏图片与民族歌舞音像，收集艺术类实物与文史资料成果，特色文献资源数字化”等策略，以构建特色文献馆藏。因此，依托特色文献馆藏，塑造独具特色的服务品牌，开展深层次特色文献信息资源服务，为广西北部湾经济区民族文化的保护与传承，这对于促进广西海洋经济和北部湾经济区经济社会的快速发展具有十分重要的现实意义。

本文原刊于《当代图书馆》2015年第3期。为钦州学院校级课题“广西（北部湾）高校图书馆服务地方文化建设研究”成果。作者：龚军慧，副研究馆员。

广西北部湾滨海体育带的构建

尹继林

【摘　要】在运用文献资料法并结合相关研究界定滨海体育带概念的基础上，分析了广西北部湾滨海体育带构建的自然环境、政策环境、区位优势和丰富的特色资源等基础，建议以科学发展观为指导思想，坚持“以点促带，点带结合，主次分明，立体规划”的原则，分层次的合理开发滨海体育项目，并根据市场导向、突出特色和科学管理的策略进行滨海体育带的构建。

【关键词】滨海体育；构建；北部湾

滨海体育带是充分利用滨海地区的地理与人文环境，并依托不同地区滨海体育发展的相似性和文化的认同性，集体育与旅游、文化、休闲、产业于一体的跨地区、跨行业的新型体育发展模式。[①]北海、钦州和防城是广西北部湾经济和社会发展的核心区域，广西北部湾滨海体育带是指以钦州、北海和防城三个沿海城市为中心，充分利用滨海地区开展体育活动内容形式的娱乐性和刺激性、开展体育运动项目的互补性和多样性以及区域人文发展的独特性和依存性，集体育与旅游、康复、休闲和文化于一体的跨地区、跨行业的新型体育发展模式，该模式必将带动滨海各地居民体育服务消费的增长，从而对其他地区居民产生辐射、导向和示范作用。由于滨海体育带的构建是一项长期系统的工程，研究针对广西北部湾滨海体育开展现状结合生态体育和科学发展的构想进行体育带的构建。

一、广西北部湾滨海体育带构建的基础

滨海体育是指依托滨海的自然环境，在滨海进行的以健身、娱乐、休闲、医疗、竞技等多种目的的系列活动，是人们塑造健康体魄、调整身心健康的一种重要方式，滨海体育丰富和开拓了体育的开发利用领域。近年来，滨海体育蓬勃发展，其内容非常丰富，集观光、娱乐、健身、度假等为一体，具有广泛的社会经

① 韩会君，叶细权，朱跃夫等.构建环珠江口体育带的初步研究［A］.第七届全国体育科学大会论文摘要汇编（一）［C］，2004.

济价值和发展前景。

广西北部湾地区濒临我国西南沿海，拥有优良的自然环境。北部湾是一个半封闭的海湾，东临我国的海南岛，北临广西壮族自治区，西临越南，南与南海相接，为中越两国陆地与中国海南岛所环抱，属于典型的亚热带海洋性气候，森林覆盖率高达50%以上，负氧离子含量高，空气清新，气候宜人，拥有1595千米的海岸线，沿海滩涂1000多平方千米，软质沙滩约占90%，具有海底平缓、暗礁少、风浪小等特点，为开展滨海体育奠定了的良好自然环境基础。

广西北部湾是我国大西南最近的出海通道，有着突出的区位优势。地处华南经济圈、西南经济圈和东盟经济圈的结合部，是我国与东盟国家既有海上通道，又有陆地接壤的区域，随着2004年中国—东盟博览会落户南宁和中国—东盟自由贸易区的建立，使广西迅速成为中国面向东盟的门户和前沿阵地，其区位优势明显，战略地位突出，为滨海体育的发展提供了良好的空间。

广西北部湾经济区作为与东盟合作的最前沿，有着优越的政策支持。2008年1月16日国务院批准实施《广西北部湾经济区发展规划》，2008年底《中国（广西）红水河流域民族体育工程规划纲要》和《中越边境（广西）全民健身工程规划纲要》相继出台，2009年9月《北部湾旅游发展规划》通过审议，2010年11月广西钦州港经济开发区上升为国家级经济开发区，逐步将广西北部湾地区的开放开发推升为国家发展战略，这对广西北部湾滨海体育的发展是一个历史性的机遇。

广西北部湾处于少数民族地区，滨海风情、异域风情和民族风情别具特色。广西北部湾地区多民族人文资源十分丰富，如北海的南珠文化和疍家文化以及防城港的边关文化和京族风情等，各少数民族每年都会举行别具韵味的节会活动，如壮族的元宵歌节、三月三歌圩节、四月八歌节、中秋歌节、重阳歌节和至冬歌节等，在歌节期间举行丰富多彩的传统体育活动。据不完全统计，广西现存民族体育项目共238项，少数民族节庆活动已经发展到130多个，每个节庆活动过程中均会开展相应的民族体育运动项目，这些资源为体育带的构建提供了丰富的元素。

二、广西北部湾滨海体育带构建设想

（一）指导思想

广西北部湾滨海体育带构建的指导思想是以科学发展观为指导，借助广西北部湾经济区开放开发的东风，紧抓广西壮族自治区第十二届运动会的契机，充分利用广西北部湾滨海地区的现有体育资源，深层挖掘滨海体育的资源的潜在价值，对广西北部湾滨海体育带进行宏观规划，力争实现集资源开发、利用和保护于一体的开发最优化、利用充分化、破坏最小化和效益最大化的滨海体育发展格局。①

（二）广西北部湾滨海体育带构建思路

广西北部湾滨海体育带构建要对不同地区甚至不同景点进行合理的功能分区、功能定位、结构规划和市场定位，坚持“以点促带，点带结合，主次分明，立体规划”模式，争取达到滨海体育发展与商业企业共赢的目的。构建北部湾滨海体育带分三步走：第一，对北部湾滨海体育带构建的建设环境、区域市场和政策保障等进行深入的项目调研，并对区域滨海体育发展的优势和劣势、机遇和挑战、现状和前景进行分析，明晰广西北部湾滨海体育发展和体育带构建的必要性和可行性；第二，进行滨海体育带的市场定位、价值定位和形象定位；第三，进行项目规划建设、基础配套建设、运营管理和营销推广策划。

（三）广西北部湾滨海体育带运动项目开发

滨海体育是针对陆地体育提出的一个相对概念，是按人们休闲方式所在地域不同划分的，我们把在滨海地区、海上、海底、海岛上的体育活动称为滨海体育。目前在学术界尚无对于滨海体育项目分类进行权威统一的规定，研究结合相关学者对滨海体育的研究，以广西滨海核心景区为中心进行运动项目的开发。

广西滨海体育带应充分利用滨海的空间资源，突出不同空间位置开发的重点与特色，并采用“以点促带，点带结合，主次分明，立体规划”的模式对滨海体育带进行合理的功能分区与项目设置（表1）。另外，通过深度的市场调研，并针对消费者社会阶层、兴趣和生活方式、参与的动机、品牌敏感度以及价格敏感度等因素合理开发滨海体育运动项目。②

① 王芳.环渤海体育旅游带的构建与2008年奥运会互动关系的研究[D].曲阜师范大学，2007.

② 尹继林.广西滨海体育休闲的发展研究[J].体育成人教育学刊，2012，28(6)：50-52.

表1 广西北部湾滨海体育带体育项目开发一览表

城市	景区名称	环境特征	开发方向及待开发项目
北海	银滩	北海银滩以“滩长、沙白、水净、浪软”而被誉为“中国第一滩”，东西绵延24千米的银滩，宽度在30米到3000米之间，空气清晰，素有“中国最大天然氧吧”之称，是最理想的滨海浴场和海上运动场所之一。	打造以保健和康复为特色，以休闲型和刺激型运动项目为依托的综合项目群。特色传统体育、藤球、网球、高尔夫、海上摩托艇、海上垂钓、海上滑翔伞、水橇等。
	涠洲岛、斜阳岛	气候宜人，风光秀丽，四季如春，富含负氧离子，分布多处海滩，海底景色斑斓，是潜水佳地，浪小沙细松软。斜阳岛海水碧蓝清澈见底，四周多陡峭悬崖。	打造以潜水为特色的休闲型和刺激性滨海体育项目群。包括潜水、划船、海钓、泅渡、跳水、滑翔伞、拖拽伞、帆船帆板、拓展运动、定向越野。
钦州	三娘湾 月亮湾	以碧海、沙滩、奇石、绿林、渔船、渔村、海潮、中华白海豚著称，有“中华白海豚之乡”美称。三娘湾海水浴场能同时容纳近5万人游泳，海滩呈金黄色，松软细腻。月亮沙滩长约1.5千米，沿线碧波闪烁，绿树成荫。	打造以竞技型和休闲型体育项目为特色的滨海运动中心。特色传统体育、藤球、网球、高尔夫、帆船帆板、赛艇、泅渡、弄潮、海钓、冲浪、海上摩托艇等。
	麻蓝岛、龙门群岛	麻蓝岛四面环海，沙滩宽阔平坦，沙质金黄，是绝佳的天然海滨浴场。龙门群岛山环水绕，风光旖旎，奇特秀丽，富有热带风情，有“南国蓬莱”盛誉。	打造休闲型和刺激型体育项目为特色的运动项目群。包括特色传统体育、探奇、动力伞、冲浪、休闲度假、保健康复等。
防城港	火山岛	火山岛海水清朗湛蓝，沙滩细软柔和，海沙和海泥里含有火山灰遗留物，有对人体有益的超微量放射性元素及多种天然矿物质，和海水杀菌作用的微生物一起，成为天然护肤品，是保健健美的时尚项目。	打造以体育保健为特色的休闲运动项目。海泥浴、海钓、观潮、滑沙、划船、滑翔伞、围网捉鱼、挖螺捉蟹。
	白浪滩	宽1～2.8千米，长6千米，坡度小沙质细软，因含钛矿而白中泛黑。十里长滩，坦荡如坻，一望无际，最高潮与最低潮的潮差带达千米，可同时供几十万人活动，是开展海滨体育运动最佳场所。	藤球、网球、高尔夫、藤球、沙滩赛车、海上摩托艇、水橇、拖拽伞、海上滑翔伞、冲浪等休闲与刺激型滨海体育项目。

续表

城市	景区名称	环境特征	开发方向及待开发项目
防城港	东兴金滩大平坡	金滩位于金石滩国家旅游度假区核心区位，南邻国家一级海水浴场及主题广场，西靠金石发现王国主题公园，沙质细软金黄，滩平浪静，是优良的海滨浴场。	藤球、网球、高尔夫、沙滩赛车、沙滩球类、追捕沙马、海上滑翔伞、海上打靶、漂流等休闲型的滨海体育项目。
城际	滨海三市	广西滨海公路连接钦北防三市，紧沿海岸线，连通沿海三市主要景区，打造“车在海边走，人在画中游”的观光旅游公路，沿线景区众多，滨海风光优美。	打造以竞技和休闲为特色的体育运动项目群。环北部湾自行车赛、自行车骑游、观光游等。

（四）广西北部湾滨海体育带构建策略

科学发展已成为当前经济社会发展的重要趋势，广西北部湾滨海体育带的建设必须符合区域乃至国家长期发展规划。

市场导向。滨海体育市场是决定滨海体育蓬勃发展的重点，广西北部湾滨海体育带的构建需要以市场为导向，针对自身优势，打造质量过硬、竞争力够强的滨海体育品牌是争取客源市场进而促进体育带建设和发展的关键，因此，必须加强滨海体育带服务水平和宣传推介力度，拓展国内外市场，立足北部湾，面向广西，进军东盟，树立北部湾滨海体育休闲的良好形象，提高市场知名度和影响力。

突出特色。特色是保持品牌旺盛生命力和竞争力的有效手段，针对区域民族体育资源丰富且特色突出的现状，当务之急是要对特色民族传统体育项目进行全面的挖掘和整理利，并进行分类、选优、改造和提供器材，力争在不影响发挥项目特色的基础上，融入到北部湾滨海体育运动中，借助北部湾经济区开放开发、中国—东盟博览会落户南宁以及第十二届区运会和广西少数民族体育运动会的契机，以消费的时尚性促进需求的稳定性，进而拓展客源市场。

科学管理。出于区域经济发展的需求，广西北部湾滨海地区尚存在着重开发、轻保护的现象，且项目重复建设和管理权责不分的现象屡见不鲜，严重阻碍了滨海体育的可持续发展进程。因此要建立和健全滨海体育带的管理机制，将科学管理纳入滨海体育发展的总体规划中，并构建相应的管理质量评估机制和保障机制，确保滨海体育资源的合理开发、项目的有效经营和环境的良好保护。

三、结语

滨海体育带是一个具有鲜明时代特征的概念，是伴随着人们对海洋的认识和利用进程的加快，滨海体育不断发展而出现的显性概念，也是集体育与旅游、文化、休闲、产业于一体的跨地区、跨行业的新型体育发展模式。广西北部湾地区拥有构建滨海体育带的自然环境、政策环境、区位优势和丰富的特色资源等基础，应该以科学发展观为指导思想，坚持“以点促带，点带结合，主次分明，立体规划”的模式，分层次的合理开发滨海体育项目，并根据市场导向、突出特色和科学管理的策略进行滨海体育带的构建。

本文原刊于《体育科技》2013年第2期。为广西教育厅科研立项项目“北部湾滨海体育带的构建及与区域体育赛事的互动关系研究”和钦州学院校级重点科研项目“广西北部湾滨海体育带的构建及与第十二届区运会的互动关系研究”成果。
作者：尹继林，钦州学院体育教学部讲师。

广西北部湾经济区海洋文化建设的宏观战略与路径选择

张开城

广西是中国南部沿海省区之一，北部湾（广西）经济区建设为广西、为北部湾地区经济社会发展带来前所未有的机遇。推进广西北部湾经济区建设，要高度重视文化资源优势和文化建设。

一、充分认识北部湾经济区海洋文化建设的重要意义

21世纪是文化是海洋世纪，同时也是文化的世纪，这事实上决定了广西北部湾地区海洋文化建设的重要意义。什么是文化？文化就是“人化”、人的本质力量的对象化。与天然的本然的事物和现象相区别的，人类意志行为及其结果就是文化。广义文化包括物质文化、精神文化、制度文化和行为文化，狭义文化是指社会的精神现象。文化是社会结构的三大组成部分之一，是具有张力和势能的重要社会要素，在当今社会，文化力作为一种软实力业已引起人们的高度关注。文化力是民族、国家或区域文化所具有的势能和效用。是凝结在主体创造活动及其产物中的人文力量，表现为经济发展中的创造力、导向力、激励力、凝聚力、规范力。它经由渗透、物化和外化的过程而转化为现实的物质力量。文化力的构成包括：科技文化力、思想文化力、制度文化力、行为文化力、物态文化力。其中，科技文化力和思想文化力也可以合称为精神文化力。

在知识经济时代，知识、文化成为经济社会发展的战略性资源。在未来的区域经济发展进程中，以人文环境、文化氛围等要素为核心内容的“软环境”“文化竞争力”，将成为能否持久保持综合竞争力重要因素。文化本身就是不可多得的财富，同时又是能产生另一种财富的财富。随着科学技术的不断发展，文化与经济的联系日益紧密，从一定意义上讲，现代经济也是“文化经济”。文化经济可以界定为以文化为推进经济发展的重要战略资源，文化发展和经济发展互为前提并相互促进，文化与经济一体化的具有高文化附加值的经济形态。有时专指文化产业经济。

在文化经济时代，要充分利用本国本地区的文化资源优势，促使文化与经济互动，多方面、多渠道的加快经济的发展。文化力，是综合实力的重要标志，与经济、政治、军事所拥有的力量一样，文化的力量也是综合国力的重要组成部分。一国综合实力的强弱，不仅体现在经济发达程度上，而且也体现在文化发展水平上，体现在一方百姓思想道德和科学文化素质上。西方一些战略问题学者如托夫勒、亨廷顿、布热津斯基等，都把文化力提到一个国家国际竞争力的高度来认识。文化是经济社会发展水平的重要体现，是社会文明程度的一个显著标志，文化可以提高素质，文化可以凝聚人心，文化可以提供动力，文化可以塑造形象，文化可以吸引人才，文化可以优化环境，文化可以创造财富，文化可以出生产力。中共十六届四中全会《决定》提出了关于解放和发展文化生产力的重要论断。通常，人们理解的文化生产力是指人们生产文化产品、提供文化服务的能力。但文化可以转变为物质生产力，所以文化生产力有时又指物质生产力系统中的结构性文化元素，是文化张力的物质表现。

2002年5月13日，张德江在《深化文化体制改革，加快文化发展，进一步推进文化大省建设》的报告中就指出："文化作为经济社会发展的内源动力，在新世纪对于推进经济社会发展的作用越来越重要。""随着知识经济的兴起和信息技术的发展，物质生产和精神生产的联系更加密切，文化和经济出现加快融合乃至一体化的趋势。经济活动中注入的文化内涵越多，物质生产中产品的档次和附加值就越高，竞争力就越强，效益就越好；文化发展中吸收的经济成分越多，科技含量越高，文化的覆盖面就越广，影响力就越大，渗透力就越强。"应对文化经济时代要以新型工业化为主导推进经济文化化，以发展文化产业为枢纽推进文化经济化。

当今世界，文化与经济的相互交融，文化与经济一体化趋势已十分明显，文化对社会经济的发展已显示出了强大的力量，"文化力"在经济发展与社会全面进步中的作用越来越突出，现代商品中的文化含量与文化附加值越来越高，文化、科技在投入产出中的贡献率越来越大。现代经济竞争的胜败，已不再单纯取决于财富的多寡，而在很大程度上受制于构建在不同经济结构、模式下的文化力的强弱及其变化。文化软实力已成为大国争雄的角力场。当前，文化经济一体化的趋势越来越明显，文化贸易额年年攀升。发达国家强劲的文化产业更是成为文化贸易的主导力量，其文化产业普遍优于其整体经济，得到长足发展。

党中央、国务院高度重视文化建设，把文化建设作为中国特色社会主义事业

“四位一体”总体布局的重要组成部分。党的十七大明确提出要兴起社会主义文化建设新高潮，更加自觉、更加主动地推动社会主义文化大发展大繁荣，提高国家文化软实力。在这样的形势下，搞好广西北部湾经济区文化建设具有十分重要的意义。

二、北部湾经济区海洋文化建设的战略思维和宏观视野

北部湾经济区搞好海洋文化建设，要有战略高度的思考和宏观视野，具体包括以下几方面。

(一)“八个三”的战略思维

1.“三好”：定好位，走好路，创好业。

广西北部湾要做海洋文化的文章要定好位、走好路、创好业。要看到海洋文化在北部湾经济区中的重要地位和价值，要寻找一条适合北部湾经济区海洋文化建设的路子，要下大气力做好海洋文化这篇大文章。

2.“三化”：全球化，国际化，现代化。

广西北部湾要做海洋文化的文章要有全球化视野，国际化思维，现代化目标。北部湾海洋文化建设要有全球化的视野；要有国际化的思维；要有现代化的目标。作为海的子民应该有这种胸怀，应该有这样的气魄，也应该有这样的胆略，应该有这样的信心，应该有这样的自信。在全球化的今天，文化的传播、交流和互动是全球性的现象，因此，北部湾海洋文化建设要有国际化思维世界性眼光。中国处在现代化建设的过程中，而且北部湾海洋文化建设要与时代同步，在定位上要有现代化目标。

3.“三接”：一接广东，二接海南，三接东盟。

北部湾经济文化建设要做到“三接”，一是要对接广东，第二个是对接海南，第三个要对接东盟，形成梯度型格局，如图1：“北部湾海洋文化建设空间梯度示意图”所示。

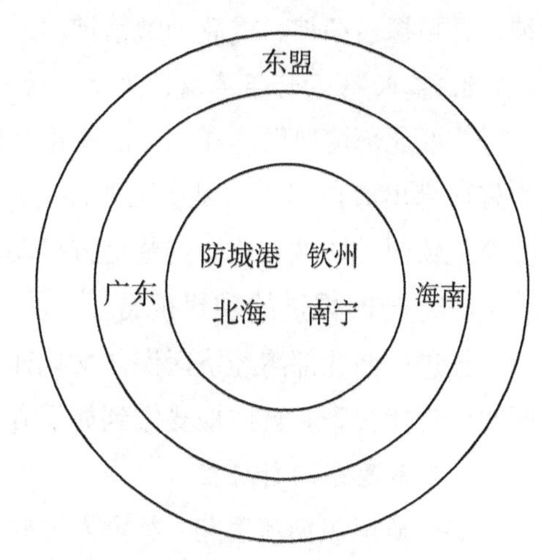

图1 北部湾海洋文化建设空间梯度示意图

4.“三识”：文化忧患意识，文化自觉意识，文化使命意识。

广西北部湾做海洋文化的文章要

有文化忧患意识，文化自觉意识，文化使命意识。在全球化的背景下，世界性的文化传播、交流与互动加强，异质性文化尤其是西方文化在中国广泛传播，良莠杂陈、泥沙俱下，本地文化受到强烈冲击。面对现代文明，许多传统文化元素日趋消亡。面对这样的文化生态环境，北部湾海洋文化建设要发挥主体能动性，强化文化忧患意识，文化自觉意识，文化使命意识，积极保护域内各种物质的和非物质的文化遗产，维护民族文化的文化主权，使优秀传统文化得到继承、发扬和发展。

5.“三相”：海陆相依，古今相通，中外相联。

广西北部湾要做海洋文化的文章要做到海陆相依（海陆统筹，陆海一体），古今相通（传统文化、革命精神、时代风采），中外相联（各美其美，美人之美、美美与共、互动共荣）。

6.“三海”：找到海的感觉，看到海的希望，做好海的事业。

广西北部湾要做海洋文化的文章要找到海的感觉，看到海的希望，做好海的事业。要好好反思反思，前些年广西找到海的感觉没有，意识没意识到我们是沿海的省份，想到没想到是海的子民。近几年这方面有较大进步，海洋建设进入破冰期。这时更要找到海的感觉，要有海味，文化要有海味，经济要有海味，政府的机构设置要有海味，社会发展要有海味，远大的目标也要有海味。

7.“三发”：发掘海洋文化资源，发扬海洋文化精神，发展海洋文化产业。

广西北部湾要做海洋文化的文章要发掘海洋文化资源，发扬海洋文化精神，发展海洋文化产业。海洋文化精神，我们认为是一种开放包容精神、刚毅无畏精神、开拓探索精神、重商勤勉精神。

8.“三西”：西部沿海省，海上广西，西部出海口。

广西北部湾要做海洋文化的文章，要发挥西部沿海省的作用、建设海上广西、当好西部出海口。广西是中国西部的出海口，三港合一是大手笔啊，前景广阔，整个把钦州、防城、北海这些地方拉动起来了。

（二）与时俱进的现代视野

推进广西北部湾经济区海洋文化建设，要解放思想、与时俱进，具有与时代同步的现代视野。具体地要做到如下方面。

1. 解放思想创新思路

要解放思想创新思路，尊重人民群众在文化产业发展中的主体地位，更大范围，更大程度地发挥市场在资源和要素配置中的作用，依据文化产业的特点和发展规律科学制定规划，探索文化产业发展的创新之路。

2. 打造特色文化品牌

要突出特色打造特色文化品牌。必须实事求是，因地制宜，盘活区域文化资源，发展区域特色文化产业和文化产品，打造区域特色文化品牌，走出一条区域特色文化产业发展之路。

3. 重视文化创意

要重视“文化创意”，加强文化产业的研究与开发，提高自主创新能力，提高产品的原创率。加快关键技术设备的改造更新，研发核心技术。

4. 培育文化产业基地

要培育“文化产业基地”。文化产业基地的建设是一个新型的文化产业发展初期必经的阶段。产业基地的功能主要有两项：一是要发挥集聚效应，二是发挥孵化功能。要在基础设施建设、税收优惠，包括资金支持上给予重点支持。

5. 培育骨干文化企业

要选择成长性好、竞争力强的大型公司，培育成成跨地区、跨行业经营、有较强市场竞争力的骨干文化企业。

6. 提高科技含量

要采用数字、网络等高新技术，大力推动文化产业升级。注意移动多媒体广播电视(CMMB)、网络广播电视、数字广播电视、手机广播电视、新一代广播电视项目(NGB)等方面的国内外动向。

7. 发展对外文化贸易

要发展对外文化贸易。坚持以企业为主体，推动文化走出去。重点是扶持体现民族特色的文化产品和服务的出口。

8. 抓好重大文化产业项目

要抓好重大文化产业项目。结合实际情况，应对国际金融危机的新形势，支持一些具有先导性、全局性同时对产业有比较大的拉动效应的重大项目。

9. 加大文化企业改革力度

要加大文化企业改革力度，鼓励上市融资，鼓励民营资本、外资进入政策许可的文化产业领域，特别是要参与国有文化企业的股份制改造，最终目的是形成以公有制为主体、多种所有制共同发展的文化产业发展格局。

10. 重视文化产业人才培养

要重视文化产业人才培养。随着文化产业发展速度不断加快，文化产业的影响面越来越大，需要解决人才匮乏，特别是懂经营、善管理的人才少的问题。要通过引进、培训、在高等院校设立专门的学院来加快文化产业人才的培养，也可以采取适当的方式在国外吸引一些专门人才投身于北部湾经济区文化产业的发展。

（三）北部湾海洋文化建设的战略原则

1. 贯彻“三性”的原则

北部湾海洋文化建设要贯彻“三性”的要求，即开放性、特色性、协调性。

开放性原则：海洋文化是一种具有明显开放性的文化，海洋文化建设也要本着开放的精神，这包括企业部门间的开放、省际的开放和国际的开放三个层次。以高度的文化自信置身于文化全球化的潮流中，做推波助澜的弄潮儿。

特色性原则：全球化时代国与国之间的竞争加剧，历经三十多年的发展，中国市场经济建设取得举世瞩目的成就，国际和国内市场的发育使市场主体参与能力大为增强，在竞争形势日趋严峻的情况下，求生存和谋发展是必须面对的问题。寻找自己在产业链中的位置、保护和拓展发展空间是每一个企业都需要做的事情。面对供应链饱和的买方市场，谋求差异化发展是明智的选择。北部湾海洋文化建设要本着特色性原则，按照极化发展、优势聚集的思路，发掘特色资源、培育特色品牌、塑造特色形象。

协调性原则：科学发展观视野下的发展，是全面、协调、可持续的发展，北部湾海洋文化建设应本着科学发展的精神，做到全面发展、协调发展。这里的协调包括域内城市间的空间协调、域内各种文化元素文化资源开发利用的协调、区域文化发展与经济增长和社会进步的协调、社会与自然的协调等。

广西北部湾经济区文化发展是作为国家战略的《广西北部湾经济区发展规划》不可缺少的有机部分。根据文化发展理论与区域文化现状，探索适合北部湾城市群文化发展模式，目标是建设一个经济发达、社会文明、文化繁荣的文化城市群。其核心是，共建文化服务体系、共建文化市场体系、共建文化企业体系、共同配置文化资源、共同制定文化政策、共同实行文化体制改革，为国内中西部地区的文化发展起到示范与引领作用。①

2. 做到“四个结合”

北部湾海洋文化建设要做到四个结合，即内外结合、虚实结合、软硬结合、

① 余益中，刘士林，廖明君：广西北部湾经济区文化发展研究[J]广西民族研究，2009(2).

古今结合。

内外结合：2005 年12月12日，时任中国国务院总理温家宝在吉隆坡出席第九次中国—东盟领导人会议（10+1）上，在《深化全面合作推进中国—东盟战略伙伴关系不断发展》讲话中，把交通、能源、文化、旅游和公共卫生确定为中国与东盟新的五大重点合作领域，得到大家认同。文化和旅游成为重点，提升了双方的合作层次。把文化作为中国与东盟合作的一个新领域，是中国在经济全球化大背景下文化战略的一种表现，确定了中国与东盟进一步合作的方向。温家宝总理和东盟十国领导人2006 年10月30 日在南宁共同签署《中国—东盟纪念峰会联合声明》也明确强调加强各国社会文化的交流合作。

在国家文化部和广西的大力推动下，首届中国—东盟文化产业论坛2006 年9月18–21 日在南宁成功召开，来自中国和东盟多个国家的文化官员、文化产业专家学者和企业家，就中国和东盟各国文化产业的发展与合作进行了广泛深入的讨论。各国代表共同签署了“南宁宣言”，对于“文化产业作为经济发展的新动力”达成了普遍共识。文化产业论坛建立了中国和东盟各国之间的文化产业对话机制，为本区域内文化产业信息交流、产品展示和项目合作搭建了一个重要平台，为广西构建中国—东盟文化产业开放区，构建中国—东盟文化产业交流中心，奠定了坚实的基础，使广西在与东盟各国的文化产业交流上获得更多机遇，作为中国与东盟文化交流的前沿，广西将发挥更为重要的作用。①

虚实结合：北部湾海洋文化建设要做到虚实结合。要做好宣传发动和普及教育工作，通过务虚来营造气氛、提高认识、端正态度、坚定信心、达成共识、形成思路。要把思路和计划落到实处、任务责任到位、部署安排到位、方法措施到位。

软硬结合：北部湾海洋文化建设要做到软硬结合，既要完善法律法规和管理制度、制定规划，优化软环境，又要加强基础设施建设、搞好城市和港口建设，产业平台建设，搞好人才物力配备。

古今结合：北部湾海洋文化建设离不开文化资源，尤其是北部湾地区人民在漫长的历史发展中留下的宝贵历史文化，是不可多得的，要加以整理、保护、开发和利用。同时在文明高度发展、科技日新月异的当代，北部湾海洋文化又被注入了很多的现代元素，如现代城市港口文化、现代科技体育文化、现代艺术表现

① 何颖. 特区模式：构建“中国—东盟文化产业开放区”[J]. 沿海企业与科技，2007（2）.

形式、网络和动漫等等。

3. 坚持“六个统一”

北部湾海洋文化建设要做到六个统一。

(1)文化事业与文化产业的统一

中国在科学发展观指引下形成的新的文化发展理念里，把文化形态分为公益性文化事业和经营性文化产业，形成了两翼齐飞、两轮驱动的理念。凡是公益性文化事业、公共文化服务体系，都必须是政府主导，依靠财政投入，在这个领域里，市场法则不起作用。这是政府的职责，要保障人民群众的基本文化权益，满足人民群众基本的文化需求。不存在市场化的问题。只有在经营性文化产业领域，才要发挥市场在资源配置中的基础性作用，要通过深化文化体制改革，引进新的体制机制，解放和发展文化生产力，形成公有制为主体、多种所有制共同发展的文化产业格局。[①]

(2)经济效益与社会效益的统一

文化活动的经济效益是指一个文化企业通过组织生产、销售文化产品或提供文化服务所获得的一定的利润回报，具体反映在经济指标和统计数字上。社会效益则指文化产品和文化服务对社会所产生的效应，主要表现在公众反映和社会评价体系上。北部湾海洋文化建设要正确处理社会效益与经济效益的关系，始终把社会效益放在首位，努力做到经济效益与社会效益有机统一，这是我国文化建设在市场经济体制条件下，坚持为人民服务、为社会主义服务方向，实现又好又快科学发展的必然要求。作为文化活动，文化产业必然会涉及到社会价值的取向、道德观念的演变等一系列问题，为此不能不把社会效益放在首位。作为一种产业形态，文化产业必须遵循市场经济的规律和要求，满足市场需求，获取丰厚的经济效益。在市场经济条件下，优秀的文化产品必须经过市场经营去生产和传播，其社会效益也就主要通过经济效益的实现而得以实现，所以必须把社会效益和经济效益有机统一起来。

(3)经济建设与文化建设的统一

社会经济、社会文化密不可分。而这种不可分并不如某些人所理解的那样：一个搭台，一个唱戏。因为如果文化的作用仅限于搭台、造势，以此为经济招徕顾客，那还是停留在“经济、文化两张皮”这一肤浅的理解上。只有深入认识经济与文化在本质上的关联性，才能理解它们之间的互动性以及互补共赢的建构意

① 蔡武答记者问：我们从来没有提“文化产业化”[N].学习时报，2010-8.

义。经贸活动中的物质对象（产品），就是社会的物质文化的重要组成部分。从文化本体结构来看，这些物质产品是处于整个文化的最外层。它们一方面以自己独特的方式负载着文化体的思想观念方面的信息，另一方面又呈现出活跃的个性，随时准备着迁移到其他的文化体中，成为被消费的对象。而后者恰恰是使这一层面的文化成为可以通过经济手段互相交换，并且在互相交换中实现文化交流的本质原因。①

（4）开发利用与有效保护的统一

我国文化产业发展，无论是东部沿海城市还是中西部城市，都有一个共同点，那就是十分重视对文化资源的开发利用，这也是我国目前文化产业发展最常见的路径选择。北部湾海洋文化资源是难得的宝贵财富，具有重要的开发利用价值，要加以有效的开发利用，促进北部湾经济社会的发展。但我们注意到，随着我国文化产业的发展，文化资源开发利用速度的加快，文化资源消逝、流失的速度快得惊人，物质文化遗产有的会流失，而一些古代建筑或遗址被毁弃和破坏。非物质文化遗产如有些民间手工艺随着老艺人的逝去而面临失传。文化资源是不可再生的，民族文化就像地下的矿藏一样，挖出一点少一点，必须珍惜和保护，防止流失、被毁和灭绝。

（5）社会发展与生态平衡的统一

海洋是生命支持系统的基本组成部分。海洋不但为人类提供了无尽的鱼类和其他生物资源，而且还吸收和稀释人类活动所产生的污染物。然而，随着世界人口向海岸带的集中，人类对海洋生物的过度捕捞，对海洋纳污能力的过度利用以及随机性突发事件的破坏，海洋正在向“荒漠化”方向发展。海洋环境污染和生态破坏严重。广西近岸海域也属于引起国家关注的海洋污染区域，如果不加以整治，也会对经济社会发展产生不利影响。基于此，在北部湾海洋文化建设中要坚持社会发展与生态平衡的统一。既要搞好经济建设、文化建设，又要搞好环境治理，建设海洋生态文明。

海洋生态行为文明、海洋生态道德文明、海洋生态制度文明和海洋生态产业文明等主要方面。推进海洋生态文明建设重点要提高海洋生态意识，发展海洋生态产业，强化海洋环境保护，推进海洋科技创新。②

① 江建文.论泛北部湾文化圈的自我建构[J].沿海企业与科技，2007(4).

② 张开城.海洋社会学概论[M].北京：海洋出版社，2010：4.

（6）打造品牌与全面开发的统一

北部湾海洋文化建设要有精品意识、强化特色、利用特色文化资源打造知名品牌。培育主导产业、发展龙头企业、打造知名品牌。如桂林的山水溶洞、云南的民族风情、舟山的海天佛国、上海的都市建筑、三亚的海天一色等。在打造精品，推出精品的同时，还要注意到北部湾海洋文化资源丰富的特点，进行全面的调查摸底、实施全方位的统筹开发。北部湾优越的地理位置，丰富的海洋资源，得天独厚的自然风物和蕴藉丰厚的人文景观，使其日益受到人们的关注。北部湾传统文化属岭南文化的一部分，岭南粤文化三大民系的广府文化、客家文化、潮汕文化及中国南方沿海沿江的疍家文化，岭南古骆越民族的后裔壮、黎、京诸少数民族文化，以及融入本地的世界三大宗教等舶来文化在北部湾地区并存，各种传统文化异彩纷呈，可资利用的独具北部湾特质的传统文化资源十分丰富。诸如航海文化（以海上丝绸之路为代表）、商贸文化（“廉州珠市”、廉州盐、钦州博易场）、神话文化（珍珠传说、伏波将军、合浦叶、青牛城、城隍苏缄）、流放文化、征战文化（路博德和马援、高骈、苏缄、冯子材和刘永福、孙中山和黄兴）、民族民俗文化（疍家文化、壮族文化、京族文化、黎族文化等）。[①]

三、“广西北部湾经济区海洋文化建设的微观向度和路径选择

（一）“八个一”工程

1. 一个圈：泛北部湾海洋文化圈

中国与东盟各国由于民族起源、文化交流、历史承传和风习濡染等原因，中国与东盟各国也形成了一些跨国界多民族所共具的文化形态与文化认同理念，共同构成了亚洲文化的重要内容和绚丽景观。在中国与东盟各国结成区域性战略合作伙伴关系、共同建设中国—东盟自由贸易区的进程中伴随着的区域性文化就是泛北部湾文化。体现在泛北部湾区域多国多民族长期形成的生产制度、家庭制度、生活习俗、宗教信仰以及语言、地名等多方面，是包含跨国界多民族具有丰富内涵的文化形态，涉及约1亿人口。而包含中国儒家文化和印度佛教文化的儒佛文化，传入东南亚的地域以中南半岛5国和新加坡为主，连同中国南部沿海地区，涉及人口达数亿。[②]

在历史上，北部湾地区因为地理形势相对封闭，与强势中原文化在文化交流

① 赖昌方.北部湾灿烂的传统文化资源[J].南方国土资源，2007(7).

② 李建平.泛北部湾文化参与中国—东盟区域经济合作的意义与途径[J].沿海企业与科技，2007(3).

一直不太活跃，也因此在长期的历史发展过程中形成了与传统中原文化并存，相对独立、内涵丰富、特征鲜明的文化圈。北部湾文化圈的文化核心是海湾文化模式。从文化传统角度看，北部湾文化圈的海洋文化底蕴深厚，以海上丝绸之路为代表的国际交流和以京族聚落为代表的少数民族文化是其典型代表。具体说主要有四个圈层构成：一是以北部湾自然生态圈为依托的海洋文化；二是以农业经济为基础的稻作文化（那文化）圈；三是以传统洲际贸易与活态文化传承为主题的"海上丝绸之路"和铜鼓文化圈；四是以近代通商口岸城市和当代中国—东盟博览会为代表的国际都市文化圈。北部湾文化圈历史悠久，覆被广阔。与世界上大多数文化圈相比，北部湾文化圈具有强大的文化辐射力，仍以活态传承的方式与西南文化圈、华南文化圈以及东南亚文化圈保持良好的文化互动关系。[①]

2. 一个走廊：北部湾文化走廊

北部湾有悠久的历史文化积淀，文化资源丰厚。要加以保护和开发利用。根据特色历史文化的地理分布，可以建设高脚杯型文化走廊。这一文化走廊的杯口是海南东盟，杯底是北部湾北岸的防城、钦州、北海地区，两壁是越南和广度雷州半岛，杯脚是玉林、南宁、凭祥。在文化走廊上发展文化产业，开发旅游项目，建设主题公园。如图2所示。

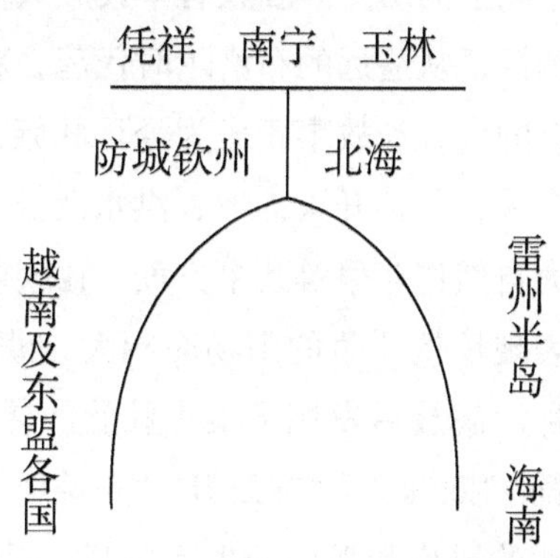

图2 北部湾文化走廊示意图

3. 一个特色品牌：民族民俗文化特色品牌

广西北部湾地区民族民俗文化资源特色鲜明，在北部湾地区海洋文化建设中要打起民族民俗文化这个特色品牌，重点是疍民文化、京族文化、壮族文化等。

沿海疍民是一个特殊的海洋渔民聚落，以住在连家船上的疍民为典型代表。疍家人，疍民，又称水上居民，系指在广东、福建、广西、海南沿海港湾和内河从事水上作业的居民。他们以水为伴，以舟为家，以渔为业，长年与风浪搏斗。疍民作为一个较为特殊的群体，有着一些异于陆上人的习俗，涉及家居、服饰、节庆、婚俗、渔歌、信仰。比如独特的服饰，喜唱咸水歌等。广西北海市外沙海鲜岛投资建设凸显外沙疍家历史神韵的中国疍家民俗村，是一个很好的做法。

京族，是中国南方人口最少的少数民族之一，也是中国唯一的一个海滨渔业

① 余益中，刘士林，廖明君.广西北部湾经济区文化发展研究[J].广西民族研究，2009(2).

少数民族引，同时是中国唯一的海洋民族，京族主要分布在广西壮族自治区防城港市下属的东兴市内，主要聚居在江平镇的“京族三岛”——巫头岛、山心岛、澫尾岛以及恒望、潭吉、红坎、竹山等地区，其他一小部分京族人散居在北部湾陆地上。京族传统民间文艺丰富多彩，具有浓厚的民族风格。京族口头文学内容丰富，其诗歌占有重要地位京族人喜欢的“唱哈”(意为唱歌)、竹竿舞、独弦琴，被誉为连系着京族文化的三颗“珍珠”。“嘲剧”是京族传统的戏剧，独具民族特色。

在长期的社会实践过程中，壮族以自己的聪明才智，创造了灿烂的文化。驰名中外的铜鼓，是古代岭南及西南地区壮族和其他少数民族先民珍贵的文化遗物，是壮族古文化的瑰宝之一，也是中华民族文化宝库中的一颗明珠，已有两千年以上的历史。壮族有本民族共同的语言。壮族语言能够很好地表达人们的思想感情，从遥远的布洛陀时代起，壮族先民就以自己的聪明才智创造了众多脍炙人口的传说和故事，成为今日壮族人民十分珍贵的文化遗产。壮族神话，内容丰富多采，包括开天辟地、洪水泛滥、人类起源、日月星辰、牲畜谷物的来历以及同大自然作斗争等几个方面。壮族舞蹈，以情节舞为主。表现劳动舞蹈，节奏委婉；表现反抗斗争的则场面阔大，悲壮激越。表现劳动和生活的壮族舞蹈多达数十种。解放后发掘了很多壮族的传统舞蹈，较著名的有“扁担舞”“捞虾舞”“舂米舞”“双球舞”“蜂鼓舞”“采茶舞”“绣球舞”和“挑叶舞”“蚂蜗舞”等等，均有特殊的风格和强烈的生活气息。壮族有7种传统戏剧，群众统称为“北路壮戏”和“南路壮戏”。戏的语言、风格和音乐曲调等，都用民族形式表演，群众很喜爱。壮族人服饰多用自织的土布做衣料，款式多种多样。壮族民歌特别发达。唱歌几乎成为壮族人民生活中不可缺少的内容。人人能歌，个个会唱。因此，广阔的壮乡，素有“歌海”的美誉。被诗人称为“铺满琴键的土地”。历史上，还涌现出不少像刘三姐、黄三弟这样被称为“歌仙”、“歌王”的著名歌手。

4. 一地一节：丰富多彩的节庆活动

韩国济州岛以丰富多彩的节庆活动吸引游客，浙江舟山地区有三个国家级节庆：中国普陀山南海观音文化节、岱山中国海洋文化节、象山中国开渔节。北部湾要利用特色文化资源，开发节庆活动，在经典旅游线路每个节点城市主办一个重要节庆。通过丰富多彩的节庆活动聚人气、促旅游。节庆活动可以多渠道筹集经费，避免政府独家买单办节庆。

5. 一台歌舞：北部湾放歌

利用北部湾古今特色文化资源开发创编一台歌舞——北部湾放歌。内容涉及疍民文化、京族文化、壮族文化等特色民族民俗文化，马援等文化名人，秧歌、曲艺、民歌小调、地方戏，新时期成就和当今广西人风采等。利用现代舞台艺术形式和声光电技术，展示泱泱大观的北部湾海洋文化。令人们开眼界、长见识、获享受。

6. 一个产业：文化产业

文化产业是市场经济条件下繁荣发展社会主义文化的重要载体，是满足人民群众多样化、多层次、多方面精神文化需求的重要途径，也是推动经济结构调整、转变经济发展方式的重要着力点。2009年7月22日，我国第一部文化产业专项规划——《文化产业振兴规划》由国务院常务会议审议通过。这是继钢铁、汽车、纺织等十大产业振兴规划后出台的又一个重要的产业振兴规划，标志着文化产业已经上升为国家的战略性产业。国家将重点推进的文化产业包括：文化创意、影视制作、出版发行、印刷复制、广告、演艺娱乐、文化会展、数字内容和动漫等。

北部湾经济区海洋文化建设要利用好科技文化、民俗文化、传统文化资源，加强文化的产业化开发，尤其要发展海洋文化产业。目前，北部湾地区的文化产业贡献率不高，一个主要原因是缺乏集聚平台与核心枢纽，妨碍了优势要素的结合和产业信息的交流。要借鉴《八桂大歌》《印象刘三姐》“漓江画派”的经验，构建文化产业发展的平台。除文化旅游外，可考虑发展壮大庆典会展业（如定期举办北海国际珍珠文化艺术节、钦州国际海豚节、东兴京族唱哈节、中越边境文化旅游艺术节等各种类型的海洋文化节，兴建坭兴陶文化城、北海海上丝绸之路博物馆）和利用现代高科技发展创意文化产业（如动漫基地）。

7. 一条线路：泛北部湾经典旅游线路

利用特色文化资源开发出一条经典的旅游线路，是国内外成功的做法。如西安的“东西南北中”：即东线西线南线北线及西安城区旅游；云南的四点一线四季感受：西双版纳（夏）—昆明（春）—大理（秋）—丽江（冬）；桂林的一峰（独秀峰）一洞（溶洞）一江（漓江）。北部湾也要整合特色文化资源，打造五大国家级旅游目的地城市，分别强化“海”“岛”“城”“港”“人”特色，形成U形经典旅游线路。线路贯穿南宁、防城、北海、雷州、海口、三亚、河内。如图3所示：

图3 北部湾打造经典旅游线路示意图

8. 一个城市群：广西北部湾文化城市群

文化是城市的灵魂，城市是文化的家园。城市文化建设是城市现代化过程中继生产建设、公共设施建设之后迎来的城市发展的更高阶段，是城市品牌化的过程。文化高度富集的城市称之为文化城市。

广西北部湾经济区恰好是以南宁、北海、钦州、防城港组成的一个城市群。作为"中国沿海第四增长极"的广西北部湾经济区城市群，具有中国其他城市群所没有的得天独厚的文化优势，如连结西南、华南、东南亚的区位优势，丰富多彩的民族文化和边疆文化，独具特色的海洋文化等等。广西北部湾经济区要想摈弃传统的工业化与城镇化的老路子，超越以对自然与环境资源的恶性消耗为基本特点的粗放型发展，跳出"先污染、后治理"的怪圈，必然要选择更为先进的文化城市或文化城市群的发展模式，以真正实现广西北部湾经济区城市群又快又好的科学发展。借鉴世界与中国城市群文化发展的成功经验，根据文化发展理论与区域文化现状，探索适合北部湾城市群文化发展模式，目标是建设一个经济发达、社会文明、文化繁荣的文化城市群。其核心是，共建文化服务体系、共建文化市场体系、共建文化企业体系、共同配置文化资源、共同制定文化政策、共同实行文化体制改革，为国内中西部地区的文化发展起到示范与引领作用。①

应该承认，广西北部湾地区四大城市虽然有一定的文化积淀，但总体上城市文化含量不算太高。与北京、西安、洛阳、雅典、罗马乃至中国的曲阜、丽江、

① 余益中，刘士林，廖明君.广西北部湾经济区文化发展研究[J].广西民族研究，2009(2).

韶兴等相比，文化储量相距甚远，南宁、北海、钦州、防城港建设文化城市群，任务艰巨。

（二）做好海洋文化产业

海洋文化产业是指从事涉海文化产品生产和提供涉海文化服务的行业。

海洋文化产业包括滨海旅游业、涉海休闲渔业、涉海休闲体育业、涉海庆典会展业、涉海历史文化和民俗文化业、涉海工艺品业、涉海对策研究与新闻业、涉海艺术业。

海洋文化的产业化开发应从以下几个面着手。

1. 滨海旅游——海洋文化产业的重头戏

滨海旅游业以其投资少、周期短、行业联动性强、需求普遍和重复购买率高等诸多优点而日益成为海洋产业的一个重要支柱。并以大众化趋势、多元化趋势、生态化趋势、休闲化趋势展现良好的发展前景。

统计公报显示，近年来海洋第三产业和海洋旅游业呈上升趋势。

2. 休闲渔业——精神价值与市场前景

休闲渔业（Leisure fishery）是一种劳逸结合的渔业方式，融渔业作业与休闲娱乐于一体。是利用人们的休闲时间、空间来充实渔业的内容和发展空间的产业。涉海休闲渔业主要形式有养殖垂钓、海上垂钓、潮间带采集、渔区生产体验、涉海食品加工与品尝、观赏鱼类养殖、渔村休闲居住等。

3. 休闲体育——在滨海大有用武之地

滨海休闲体育是一种在滨海地区开展的集休闲、娱乐与体育运动为一体的活动，主要包括沙滩项目水上和水下项目、海上空中项目等。据我们了解，国际惯称的“3S”是大海、沙滩、太阳；4S是大海（Sea）、沙滩（Sand）、太阳（Sun）、和性（Sex）。国内有学者去掉了“性”（Sex）换成了“海鲜”（Seafood）。而在人们熟知的“3S”（大海、沙滩、阳光）基础上增加Sport为“4S”，富有新意。另外还有“5S”的提法。“5S”指Sunshine（阳光）、Seabeach（沙滩）、Seawater（海水），Seafood（海鲜）、Seasports（海上运动）。

滨海体育活动是体育运动的重要组成部分，有的项目已纳入世界比赛的内容。同时这项运动的项目越来越多，运动水平也越来越高，因此对旅游者的吸引力也越来越大。目前，已形成一种专项旅游活动。

4. 节庆会展文化——走出重负，找到商机

涉海节庆会展业包含丰富的内容和形式。节庆方面诸如海洋文化节、妈祖文

化节、休渔节、开渔节、郑和下西洋纪念活动等；会展方面诸如博览会、博物馆、文展馆等。

会展业是集商品展示交易、经济技术合作、科学文化交流于一体，兼具信息咨询、招商引资、交通运输、商务旅游等多种功能的新兴产业，是现代服务业的重要组成部分。作为第三产业发展日趋成熟后出现的一种新型经济形态，会展业已成当今世界许多国家国民经济发展新的增长点。

把广西会展业做大做强，我们有以下建议：(1)要加强组织领导，建立健全会展业领导体制与运行机制，搞好规划协调，提高服务质量。(2)要积极推进全市会展信息平台建设，搭造网络平台，利用网络资源，适应全球化时代。(3)要以品牌战略为主体理念，整合布局会展项目，以区域特点为主题特色，打造特色鲜明的会展系列。(4)要推动各类会展企业发展，壮大市场主体力量。发挥大型专业会展企业"龙头"带动作用。(5)要强化专业队伍建设，提高专业素质，培养专门人才，为会展业发展提供人才保障。(6)要加快会展业对外开放步伐。鼓励外资参与新展馆建设，努力吸引有展会资源的国外一流展览集团参与现有展馆经营。(7)要依托济南、青岛，通过优势联合，打造会展"航母"。(8)要加强会展业知识产权保护。

5. 民间工艺——小中见大的运作

民间工艺品的开发在文化世纪具有重要意义和价值，不仅传承了民族文化遗产，而且开发出受欢迎的特色产品。到过丽江古城的人都知道，云南丽江古城中的商埠基本上是靠民间工艺支撑的。在沿海在区可开发的主要是珊瑚、贝类、珍珠工艺品。

主要问题是重视不够没有精品意识，研发力量弱都是几十年不变的传统产品，产品层次太低不上档次，文化含量低，特色不鲜明。加强研发设计力量，提高文化含量，开发特色精品。福建惠安影雕工艺品很有特色，可以借鉴。

6. 涉海艺术——挖掘遗产，开拓创新

广西涉海艺术业发展相对滞后，但有很大的发展潜力。地方政府文化主管部门在区域文化建设上进行政策引导和宏观策划，积极开发区域海洋文化资源，进行新的艺术创造。一是各地的非物质文化遗产的开发利用，本身就是一种继承、传承和提升。二是在作协和民间艺术团体的创作热情和取向上，要关注海洋文化。三是体现知识性、艺术性、奇异性、探险性。

7. 涉海对策与咨询——步入商业化运行、有偿服务

科研院所、大专院校的专家学者可开展海洋开发的对策性研究论证，有偿咨询等。支付方式可灵活多样，如采取委托课题研究的方式。这种涉海对策与咨询将步入规范的商业化运行、有偿服务，而不是停留在课题研究的层面。

进入21世纪，在全球化的推动下，世界各国纷纷把文化发展战略作为一种国家发展战略，许多学者跨入研究文化产业的行列。在这种情况下，我们也要充分利用广西的文化资源优势包括海洋文化的优势，促使文化与经济的多维互动，把文化经济这台戏唱好，把北部湾经济区海洋文化建设这台戏唱好。

本文原刊于《广西社会科学》2011年第11期，作者：张开城，广东海洋大学海洋文化产业研究中心主任，教授。